致密砂岩气勘探与开发

[美]S. P. Cumella　K. W. Shanley　W. K. Camp　主编
李建忠　郑民　马洪　陈晓明　郑曼　胡俊文　等译

石油工业出版社

内 容 提 要

本书是通过总结北美致密砂岩气发展历程，总结了致密砂岩气主要研究成果，内容包括致密砂岩含油气系统和异常压力的成因与演化、致密砂岩储层特性及评价、致密砂岩勘探开发技术的应用案例及致密砂岩气的资源评价方法、风险决策分析等，并对未来发展提出建议。

本书可供从事致密砂岩气研究的勘探、开发及工程人员参考，也可作为相关院校师生的参考书。

图书在版编目（CIP）数据

致密砂岩气勘探与开发／[美]库迈拉等编；李建忠等译.
北京：石油工业出版社，2014.11
书名原文：Understanding, Exploring, and Developing Tight-gas Sands
ISBN 978-7-5021-9103-0

Ⅰ. 致…
Ⅱ. ①库…②李…
Ⅲ. ①致密砂岩—砂岩油气藏—油气勘探—国际学术会议—文集
②致密砂岩—砂岩油气藏—油气田开发—国际学术会议—文集
Ⅳ. ①P618.130.8-53②TE343-53

中国版本图书馆 CIP 数据核字（2012）第 116768 号

Translation from the English language edition: "Understanding, Exploring, and Developing Tight-Gas Sands" by Stephen P. Cumella, Keith W. Shanley and Wayne K. Camp, ISBN: 978-0-89181-902-8
Copyright © 2008 American Association of Petroleum Geologists

本书经 American Association of Petroleum Geologists 授权翻译出版，简体中文版权归石油工业出版社所有，侵权必究。

著作权合同登记号　图字：01-2010-6959

出版发行：石油工业出版社
　　　　　（北京安定门外安华里2区1号　100011）
　　　　　网　址：www.petropub.com
　　　　　编辑部：（010）64523544
　　　　　发行部：（010）64523620
经　　销：全国新华书店
印　　刷：北京中石油彩色印刷有限责任公司

2014年11月第1版　2014年11月第1次印刷
787×1092毫米　开本：1/16　印张：16.5
字数：420千字

定价：130.00元
（如出现印装质量问题，我社发行部负责调换）
版权所有，翻印必究

译者的话

天然气是一种清洁、优质的化石能源，是实现从传统化石能源向清洁能源过渡的重要桥梁。近年来，我国天然气勘探开发理论与技术取得长足进步，相继发现了克拉2、苏里格、普光、安岳等一批大型天然气田，我国天然气探明储量与产量持续快速增长。然而，天然气在我国一次能源消费结构中的比例仍然很低。据BP能源统计，2013年天然气在我国一次能源消费结构中的比例只有5.1%，仅相当于世界平均水平的1/5。加快发展天然气，常规与非常规并重，对改善我国能源结构，实现绿色发展具有重要战略意义。

我国发育多期多类型沉积盆地，演化历史长，致密储层广泛发育，决定了我国致密气资源相当丰富。我国致密气早在20世纪60年代就在四川盆地已有发现，但由于技术不成熟，单井产量低，长期以来都没有获得规模发展。近年来，随着水平井和大型压裂改造技术进步和规模化应用，大大降低了成本并提高了单井产量，改善了资源的经济性，从而推动致密气资源勘探开发取得重大进展，已先后发现了鄂尔多斯盆地苏里格、四川盆地川中须家河组等一批大型致密气田。此外，在松辽、吐哈、塔里木以及渤海湾等盆地也获得了一批产量较高的致密气井。截至2013年底，致密气累计探明地质储量已达2.8万亿立方米，已占全国天然气总探明储量的近40%。2013年致密气产量达343亿立方米，约占全国天然气总产量的30%左右。

致密气具备优先加快发展的条件。据中国工程院预测，"十三五"期间中国主要含油气盆地将全面实现致密气大规模开发利用，2020年产量有望达到800亿立方米，2020年以后致密气产量稳定增长，2030年产量达到1000亿立方米，在我国天然气总产量中占有重要地位。

美国非常规天然气，尤其是致密砂岩气的勘探开发历程与经验值得我们借鉴。美国天然气的开发利用经历了先常规气、后非常规气的发展历程。1973年美国常规天然气产量达到6154亿立方米，创历史最高水平。随后，每年发现新气田的数量和储量增长规模逐年减少。加上政府对天然气价格的管制，难以适应生产成本增加的形势，常规天然气产量出现大幅下降，到1978年，天然气产量降至5415亿立方米，开始出现较大供需缺口。为解决天然气供需失衡、缓解石油供需矛盾等问题，美国政府从1978年陆续出台了一系列税收优惠和补贴政策，以鼓励非常规天然气和低渗透气藏开发，从此掀开了美国非常规天然气资源开发利用的序幕。20世纪80年代初，美国致密气勘探开发率先获得重大突破，并快速进入大发展阶段。到1990年，美国致密气产量突破600亿立方米，1998年突破1000亿立方米，2013年产量达1500亿立方米左右，约占美国天然气总产量的18%。

本书为《Understanding, Exploring, and Developing Tight-gas Sands》一书的译著，原著优选集成了Hedberg AAPG 2005会议的优秀论文，主要着眼于四方面的研究：①致密砂岩含油气系统和异常压力的成因与演化；②致密砂岩储层特性及评价；③致密砂岩气勘探开发技术的应用案例；④致密砂岩气资源评价方法及风险决策分析。该书基于美国致密砂岩气勘探开发实践，研究内容涵盖致密砂岩气地质认识过程、典型致密砂岩气藏解剖、勘探开发技术应用实例等，值得国内致密砂岩气勘探开发研究人员学习和借鉴。

由于译者水平有限，译文难免存在不妥之处，敬请专家与学者批评指正。

前　言

本书是从 2005 年 4 月 24—29 号在科罗拉多州韦尔召开的 AAPG Hedberg 会议征集论文中优选的一些论文，为本次"致密砂岩气的认识、勘探与开发"会议的主要成果（Camp 和 Shaney，2005）。召开本次"致密（低渗透）砂岩气"Hedberg 会议是由 AAPG 分会——非常规气研究委员会（UGR）在 2003 年犹他州盐湖城 AAPG 年会期间提出的，在此之前，非常规气研究委员会还出版了 AAPG Bulletin《非常规油气系统》特刊（Law 和 Curtis，2002）。

2003 年非常规天然气（致密砂岩气、煤层气、页岩气和深盆气）的产量已经占美国国内天然气总产量的 43%，2006 年超过 50%（Nehring，2008）。其中，2003 年致密砂岩气占天然气总产量的份额最大，达到 18.6%（Nehring，2008）。

盆地中心气被认为是致密砂岩气产量的主要组成部分，占美国每年天然气总产量的 15%（Law，2002）。Camp 等（2003）和 Shanley 等（2003）在 2003 年 AAPG 盐湖城年会的"未来天然气远景区——致密砂岩气、盆地中心气及其他非常规气目标"口头报告中对盆地中心气模式的某些方面提出了质疑，并指出对致密砂岩气系统需要进一步的研究。

2005 年 Hedberg 会议的目的是促成各学科和工程领域的权威专家之间进行广泛的跨学科交流，完善致密砂岩气的勘探模式、开发和完井方案，从而更好地开采北美致密砂岩气。

会议为期 4 天，共有 102 位不同领域的研究人员参加，其中工业领域参会人员占 74%，政府部门参会人员占 23%，学术界参会人员占 3%。大部分与会人员来自位于丹佛、休斯敦和卡尔加里的石油工业中心，其他小部分与会人员来自加利福尼亚州、堪萨斯州、马里兰州、新墨西哥州、宾夕法尼亚州、犹他州、弗吉尼亚州、怀俄明州以及英国。与会人员提交论文所涉及的地域包括美国的落基山盆地、西得克萨斯和墨西哥湾盆地以及加拿大的艾伯塔盆地。

会议共组织了 7 场口头报告和 2 场论文报告，在以下四个方面评估了现有致密砂岩气模式的优缺点：①致密砂岩含油气系统和异常压力的成因与演化；②致密砂岩储层特性及评价；③致密砂岩勘探开发技术的应用案例；④致密砂岩气的资源评价方法、风险决策分析。

2005 年 6 月，在加拿大艾伯塔省卡尔加里举办的 AAPG 年会期间，非常规气研究委员会在 AAPG 小组会议上提出了以下几点致密砂岩气的研究成果及对未来研究的建议。

1. 盆地中心气模式

Shanley 等（2004，2005）针对很多致密砂岩气生产盆地，总结了 6 点观测特征：①测井有大量气体显示；②产水少（小于 $1.0 bbl/10^6 ft^3$）；③渗透率低（小于 0.1mD）；④具异常压力；⑤圈闭和盖层定义不清；⑥测井无气水界面。从这些观测特征中得出的一些重要解释结论，构成了现今的盆地中心气模式（Meckel，Thomasson，2008）。

盆地中心气藏产水少（水气比小）可解释为水来自于气体的凝析作用，是束缚水；测井有大量气体显示以及无气水界面，表明浮力作用很小或者不存在，因此，盆地规模的气体聚集没有常规的圈闭和盖层。

据此推测，盆地中心气模式具有如下特征：气藏风险低，周期长，产量主要与开采技术和天然气价格有关。由于缺少井控气藏边界（气水界面），特殊的资源评价方法被开发出来以便能够对大量未发现资源的潜力进行评估（Gautier 等，1996）。

Shanley 等（2005）提供的最新观察数据表明，过去很多与盆地中心气模式相关的结论不再合理。例如，自从 1995 年美国地质调查局第一次对非常规天然气资源评价以来，尽管每年预探井钻井数量都以三倍或者更高的速度增长，但怀俄明州大绿河盆地预探井勘探成功率却从 26% 降到 4%。最新观测结果也表明，在大绿河盆地致密砂岩气探区，盆地中心气不是在全盆地大规模分布。因此，石油工业界需要更深入的研究来指导勘探。但不幸的是，美国许多天然气公司更喜欢低风险的勘探开发和页岩气开采，而无暇顾及发展致密砂岩气藏新的勘探理论。

更重要的是，通过对美国落基山的大绿河盆地、皮申斯盆地、尤因塔盆地等主要盆地中心气区的产水分析表明，70%~80% 井的水/气比超过 $1.0 \mathrm{bbl}/10^6 \mathrm{ft}^3$，比预想的凝析作用产生的水多得多（Shanley 等，2005）。因此，先前推测的盆地中心气的非常规运移和圈闭机制需要在新获得的分布规律和致密砂岩气藏的产水率基础上来重新分析评价。

盆地中心气模式的另外一个重要认识是天然气聚集在非常规圈闭中，而不是依靠常规的构造、地层的遮挡或是上覆盖层（Law，2002）。Camp（2008）通过对大绿河盆地 3 个主要致密砂岩气田新的钻井和地震数据的分析认为，从气藏规模来看，先前认为的盆地中心气非常规圈闭更适合称为常规隐蔽圈闭，Shanley 等（2004）也得出了相似的结论。

韦尔·赫伯格（Vail Hedberg）会议的很多与会专家一致认为，需要建立一个纳入部分常规圈闭的新致密砂岩气模式。该模式与在低渗透砂岩气藏观测到的水分布规律相一致。盆地中心气聚集的新标准简化为三点：①低渗透砂岩储层；②异常压力；③缺乏井控气水边界的饱和气藏。因此，盆地中心气模式中不再需要聚集规模（如区域性普遍分布）、圈闭机制（如水平毛细管封闭）、产水量这些标准来限定。

2. 烃源岩

盆地中心气的烃源岩，之前一直被认为主要是生气倾向的烃源岩，在美国落基山盆地群致密砂岩气区，发育异常超压，同时还有倾气型成熟页岩和煤系沉积。因此，倾气型烃源岩一直被认为是盆地中心气的主要烃源岩。在 2005 年韦尔·赫伯格会议上，来自墨西哥湾的新数据以及最近含水热解模拟实验研究表明，倾油性的海相烃源岩可能是致密砂岩气过去被忽视的重要烃源岩。

通过超压致密砂岩的焦沥青孔隙空间观察（Blanke，2005）以及烃源岩生烃模拟研究表明，墨西哥湾沿岸盆地的博西尔（Bossier）区带的天然气很可能是由早期聚集的原油热裂解生成。博西尔（Bossier）区带中一些地区拥有较好的储集条件，可能部分归因于早期的石油充注阻止了石英的次生加大胶结作用。

由于沉积盆地中普遍存在水，因此，含水的热解实验比不含水的热解实验得出的地球化学数据更加精确。新的含水热解实验研究表明，具有生油倾向的烃源岩成熟之后具有较低的气油比（小于 $150 \mathrm{ft}^3/\mathrm{bbl}$），而高气油比聚集的油气来自生气倾向的烃源岩或者是深部储层的原油热解（Lewan，2005）。同时，实验说明，在相同的有机碳条件下，倾油性的烃源岩生成的天然气是倾气性烃源岩的 2~3 倍。原油热裂解生成的大量天然气是富有机质烃源岩热演化的 3~4 倍。Lewan（2005）建议，需要加强含水热解模拟实验研究，特别是在高成熟度区（R_o 为 1.5%~2.1%）的研究，以提升对天然气生成的认识。

另外，需要对倾油性的干酪根（Ⅰ型，Ⅱ型，ⅡS型）和原油热裂解成气在致密砂岩储层超压气藏中的作用进行评估。

3. 资源评价

基础地质规律控制了油气的聚集，对基础地质规律的研究和认识很大程度上影响着资源评价方法。由于致密砂岩气被称为连续型油气聚集（Gautier 等，1996），并且没有井控的气水界面，根据这些特征，美国地质调查局（USGS）开发出基于 cell 网格的空间数据统计法来评估致密砂岩气待发现资源潜力。

USGS 全国资源评价（1995）结果认为，连续型天然气区带内生产井的单井最终可采储量（EURs）在限定的区带范围内是随机分布的。这一认识使得我们在定义与评估某一大的天然气资源潜力区时，需要有大量已开发井的数据支持。1995 年资源评价没有对商业价值和无商业价值的井作出区分，也没有对有潜力的已发现气藏的勘探开发方案的生命周期给出时间范围限定。

2000 年初，为了提交与联邦政府决策相一致的中期（30 年）规划，美国地质调查局开始升级其资源评价。新的评价认为，井控估算的最终可采储量分布通常出现于聚集带或者甜点区带，而不是呈现随机分布的特征。很明显，油气公司总是试图寻找较好的开发区块来进行勘探开发。因此，20 年中期战略规划中也只针对甜点富集区进行了评估。所以，2000 年资源评价得出的天然气资源潜力与 1995 年评价结果相比大大减少了。

美国地质调查局和能源部门（Boswell 和 Rose，2008）为了结合更加客观的地质模型和变化的钻井与经济方案，目前正在研究改进的计算机模拟方法来进行有效的整合。

4. 存在的问题

致密砂岩气藏在以下几方面还需要作进一步的调查研究并升华认识，以便更好地评价和开采致密砂岩气资源。

（1）产水的本质和作用。在低渗透的砂岩储层中有无可能观测到气水界面？气水界面的缺乏是否是浮力作用不存在的证据？

（2）异常压力的演化。是否存在正常压力聚集的天然气？有没有由于难以鉴定而被忽视的低压系统的存在？在圈闭形成和气体运移时期气藏性质如何？是否存在短暂的原油保存（黏土吸附）或者原油裂解的证据？

（3）倾油性烃源岩。有没有可能为气源岩的区域性海相页岩被忽视了？需要更多的含水热解实验数据来准确评估烃源岩的生烃动力。

（4）甜点的地质控制因素和分布。甜点与常规气田是否不同，有何区别？

（5）较差的有效产层厚度和估算最终储量的关系表明，需要完善信息评估的工具和方法、完善含水饱和度和渗透率的计算，找到更好的方法来定量计算人工压裂的增产数量，从而解决估算最终储量不确定性的问题。

（6）建立更加准确的资源概率模型，包括更好的地质认识和风险分析方法、甜点规模气藏的分布模式。经济方案包括资源品质的不确定性评估、气价和成本的预测、技术进步、井位部署、油气田增长率等因素。

参 考 文 献

Blanke, S. J., 2005, Common attributes of Jurassic tight gas sand reservoirs, greater Gulf Coast Basin: Search and Discovery Article 90042: http://www.searchanddiscovery.net/documents/abstracts/2005hedberg_vail/index.htm (accessed June 6, 2007).

Boswell, R., and K. Rose, 2008, Characterizations and estimates of ultimate recoverability for regional gas accumulations in the greater Green River and Wind River basins, in S. P. Cumella, K. W. Shanley, and W. K. Camp, eds., Understanding, exploring, and developing tight-gas sands — 2005 Vail Hedberg Conference: AAPG Hedberg Series, no. 3, p. 177 – 191.

Camp, W. K., 2008, Basin-centered gas or subtle conventional traps?, in S. P. Cumella, K. W. Shanley, and W. K. Camp, eds., Understanding, exploring, and developing tight-gas sands— 2005 Vail Hedberg Conference: AAPG Hedberg Series, no. 3, p. 49 – 61.

Camp, W. K., and K. W. Shanley, 2005, conveners, Under-standing, exploring and developing tight gas sands, APPG Hedberg Conference, April 24 – 29, Vail, Colorado: Search and Discovery Article 90042: http://www.searchanddiscovery.net/documents/abstracts/2005hedberg_vail/index.htm (accessed June 6, 2007).

Camp, W. K., A. B. Brown, and L. L. Poth, 2003, Basin-center gas or subtle conventional traps? (abs.): Search and Discovery Article 90013: http://www.searchanddiscovery.com/documents/abstracts/annual2003/index.HTM (accessed June 6, 2007).

Gautier, D. L., G. L. Dolton, K. I. Takahashi, and K. L. Varnes, eds., 1996, 1995 national assessment of the United States oil and gas resources: Results, methodology, and supporting data: U. S. Geological Survey Digital Data Series DDS – 30, Release 2, CD – ROM.

Law, B. E., 2002, Basin-centered gas systems: AAPG Bulletin, v. 86, p. 1891 – 1919.

Law, B. E., and J. B. Curtis, 2002, eds., Unconventional petroleum systems: AAPG Bulletin, v. 86, p. 1851 – 1999.

Lewan, M. D., 2005, Experimental insights on sources, amounts and kinetics of thermogenic gas: Search and Discovery Article 90042: http://www.searchanddiscovery.net/documents/abstracts/2005hedberg_vail/index.htm (accessed June 6, 2007).

Meckel, L. D., and M. R, Thomasson, 2008, Pervasive tight-gas sandstone reservoirs: An overview, in S. P. Cumella, K. W. Shanley, and W. K. Camp, eds., Understanding, exploring, and developing tight-gas sands—2005 Vail Hedberg Conference: AAPG Hedberg Series, no. 3, p. 13 – 27.

Nehring, R., 2008, Growing and indispensable: The contribution of production from tight-gas sands to U. S. gas production, in S. P. Cumella, K. W. Shanley, and W. K. Camp, eds., Understanding, exploring, and developing tight-gas sands— 2005 Vail Hedberg Conference: AAPG Hedberg Series, no. 3, p. 5 – 12.

Shanley, K. W., R. C. Cluff, L. T. Shannon, and J. W. Robinson, 2003, Controls on prolific gas production from low-permeability sandstone reservoirs in basin-centered regions: Implications from the Rocky Mountain region for resource assessment, prospect appraisal, and risk analysis (abs.): Search and Discovery Article 90013: http://www.searchanddiscovery.com/documents/abstracts/annual2003/index.HTM (accessed June 6, 2007).

Shanley, K. W., R. M. Cluff, and J. W. Robinson, 2004, Factors controlling prolific gas production from lowpermeability sandstone reservoirs: Implications for resource assessment, prospect development, and risk analysis: AAPG Bulletin, v. 88, p. 1083 – 1121.

Shanley, K. W., R. M. Cluff, and J. W. Robinson, 2005, Models for gas accumulation in low-permeability reservoirs, Rocky Mountain region, U. S. A. — An evolution of ideas and their impact on exploration and resource assessment: Search and Discovery Article 90042: http://www.searchanddiscovery.net/documents/abstracts/2005hedberg_vail/index.htm (accessed June 6, 2007).

目　录

稳定增长与不可或缺的致密砂岩气对美国天然气产量的贡献 …………………………… 1
　　Richard Nehring

广泛分布的致密砂岩气藏 …………………………………………………………………… 10
　　Lawrence D. Meckel　M. Ray Thomasson

连续型致密砂岩气的生成、运移及盖层散失的毛细管模拟实验 ………………………… 28
　　Stephen W. Burnie　Sr. Brij Maini　Bruce R. Palmer　Kaush Rakhit

盆地中心气还是隐蔽的常规圈闭？ ………………………………………………………… 49
　　Wayne K. Camp

低渗透砂岩中气体相对渗透率的分析 ……………………………………………………… 62
　　Alan P. Byrnes

综合利用钻孔微地震资料、三维地面地震资料及三维垂直地震剖面资料研究致密砂岩
气的水压裂缝——以阿约拿油田为例 ……………………………………………………… 80
　　Nancy House　Julie Shemeta

科罗拉多州皮申斯盆地 Mesaverde 群盆地中心气的区带评价 …………………………… 90
　　K. C. Hood　D. A. Yurewicz

皮申斯盆地 Mesaverde 群盆地中心气区气水分布主控因素 ……………………………… 109
　　D. A. Yurewicz　K. Kronmueller　K. M. Bohacs　R. E. Klimentidis　M. E. Meurer
　　J. D. Yeakel　T. C. Ryan　J. Kendall

地层学和岩石力学对皮申斯盆地 Mesaverde 群天然气分布的影响 ……………………… 143
　　Stephen P. Cumella　Jay Scheevel

多井实验（MWX）数据及结果分析：盆地中心气模式 ·· 161
　　　Norman R. Warpinski　John C. Lorenz

大绿河盆地和风河盆地区域气藏最终采收率的描述与评估 ·· 183
　　　Ray Boswell　Keuy Rose

新墨西哥湾圣胡安盆地低压含气系统特征研究 ··· 196
　　　Philip H. Nelson　S. M. Condon

25 年寻找的"答案"——致密砂岩气藏 ··· 226
　　　James L. Coleman Jr.

稳定增长与不可或缺的致密砂岩气对美国天然气产量的贡献

Richard Nehring

摘要：致密砂岩气已成为美国天然气工业不断增长的领域和不可或缺的部分。本文从三个方面讨论了1990—2005年间致密砂岩气对美国天然气产量的贡献：①美国天然气工业的背景；②与国内其他非常规天然气产量的比较；③致密砂岩气的地理和地质分布，并对未来致密砂岩气的产量做了预测。

分析认为，致密砂岩气储层通常定义为致密储层，即低渗透的砂岩储层。它需要大量的水力压裂才能形成商业性产能。美国本土(48个州)有34个区带被认为是致密砂岩气区带。

1990—2005年，美国本土天然气总产量从 $16.9 \times 10^{12} \text{ft}^3$ 增长到 $18.0 \times 10^{12} \text{ft}^3$。总产量的增长可能完全归因于非常规天然气产量的增长，非常规天然气产量从 $2.8 \times 10^{12} \text{ft}^3$ 增长到 $8.9 \times 10^{12} \text{ft}^3$（1990年非常规天然气产量占天然气总产量的16.6%，到2005年则占到49.5%）。致密砂岩气是非常规天然气产量的重要来源，2005年产量达到 $4.34 \times 10^{12} \text{ft}^3$（占天然气总产量的24.1%，占非常规天然气的48.8%）。

在过去的15年中，大部分致密砂岩气产量来自三个区域：西部落基山盆地群，东得克萨斯和西路易斯安那以及南得克萨斯。西部落基山盆地群（占2005年致密砂岩气总产量的42%）、东得克萨斯和西路易斯安那（占2005年致密砂岩气总产量的27%）是主要的致密砂岩气的生产中心。

致密砂岩气生产集中在一些关键的（日产量至少 $500 \times 10^6 \text{ft}^3$）和主要的（日产量 $200 \times 10^6 \sim 500 \times 10^6 \text{ft}^3$）区带。2005年，10个关键区带和11个主要区带的天然气产量分别为 $3.02 \times 10^{12} \text{ft}^3$ 和 $1.08 \times 10^{12} \text{ft}^3$，分别占美国致密砂岩气总产量的69.5%和25%。

由于一半的关键区带致密砂岩气产量在持续增长，因此，致密砂岩气总产量有望能持续增长到2010年。2010—2015年致密砂岩气产量可能稳定在 $5.0 \times 10^{12} \sim 5.5 \times 10^{12} \text{ft}^3/\text{a}$。由于受经济原因和致密砂岩气技术可采资源规模的制约，到2020年致密砂岩气的产量可能开始下降。

人们认识到致密砂岩气对美国天然气工业的重要贡献已有十多年，但它不像煤层气、深水天然气、页岩气等非常规气经常被报道。由于有关致密砂岩气的贡献量到底有多大的报道很少，因此人们对此知之甚少。

本文的目的是对致密砂岩气的贡献提供一个严谨的定量描述，并从三个方面对1990—2005年间致密砂岩气对美国天然气产量的贡献进行讨论：①美国天然气工业的背景；②与其他非常规天然气产量的比较；③致密砂岩气的地理和地质分布。本文就未来致密砂岩气的产量做出了预测，并讨论了主要的影响因素。

一、方法

致密砂岩气的产能不易确定。其他非常规气,如煤层气、页岩气可以通过岩性来明确界定,深层气通过气藏深度来明确界定,深水气可通过水深来明确界定,但是没有明确的标准来判定致密砂岩气的产能。

致密砂岩气的基本定义是储层低渗透,但是具体渗透率多低的储层才算是致密呢?目前总体上有一个共识,即认为渗透率在微达西尺度(小于 1 mD)内的储层是明显的致密储层。一些人把较低毫达西尺度(1~5 mD 或 1~10 mD)内的储层也纳入致密储层。致密砂岩气藏渗透率的非均质性使对其产能的确定更加复杂。渗透率的中值或者平均值一般都处于微达西范围内,但是,在一些较好的产气区(甜点)的渗透率可能在低毫达西范围内。因此,致密砂岩储层可能被误认为是常规的低渗透储层,然而事实却恰恰相反。

取样的偏向性只是渗透率测量问题中的因素之一。渗透率需要在原始地层条件下测量(主要是原始压力),在地表压力下测量渗透率会高估储层的相对渗透率。

由于这些不确定性,本文本着务实的态度来面对致密砂岩气的界定问题。无论是 15~20 年前联邦能源监督委员会,还是最近发表的文章和出版物中通常认为是致密砂岩储层的,本文也认为是致密砂岩储层,另外,还包括一些区带中记录的平均渗透率小于 10mD 的比较明确的致密砂岩气藏。这样一个界定标准与 Holditch(2006,P86)的定义很相似,即"除非采用人工压裂增产或是用水平井或丛式井生产,否则不能够产生经济流量或是经济开采数量的天然气"的气藏称为致密砂岩气藏。

这种研究方法对问题的分析有极大的帮助。当一个区带中一个重要的气藏属于致密砂岩气藏,那么其余的也几乎都是。所以,任务可以简化,只需收集各个区带的生产历史资料或者各个区带中明确的致密砂岩气藏的产量资料。这样,全国范围内,共鉴定出 34 个致密砂岩气区带,其中,表1和表2列出的是 34 个致密砂岩气区带中的 21 个较大的致密砂岩气区带。在这 34 个区带中有 4 个值得注意的区带,阿巴拉契亚盆地克林顿(Clinton)砂岩区带和 Anadarko 盆地的三个宾夕法尼亚系(Cherokee,Granite Wash,Missourian)区带,由于不能获得它们的气藏生产数据,或数据不完整,从而导致美国本土(48 个州)的致密砂岩气产量低估了 1%~2%。

表1 美国关键的致密砂岩气区带表

区 带	成为重要区带的年份	产量峰值 年份	产量峰值 峰值 ($\times 10^9 \text{ft}^3$)	2005 年产量 ($\times 10^9 \text{ft}^3$)
769Bio Grande Valley Lobo	1984	1994	462	335
671 Sabin Uplift Cotton Valley	1990	2005	468	468
103San Juan Mesa Verde	1992	2004	311	302
798 South Texas DowndipVicksburg	1994	2002	391	237
165 Moxa Arch Mesozoic	1995	1995	215	175

续表

区　带	成为重要区带的年份	产量峰值 年份	产量峰值 峰值（×10⁹ft³）	2005年产量（×10⁹ft³）
373 Ozona – Val Verde Pennsylvanian	1996	1998	227	222
171 North – central Green River Upper Cretaceous	2001	2005	494	494
672 West Tyler Basin Cotton Valley	2003	2005	265	265
137 Piceance Basin Cretaceous	2004	2005	271	271
679 Sabin Uplift Lower Cretaceous	2004	2005	248	248

资料来源：Nehring Associates，美国重要油气田数据库，2005年数据。

表2　美国主要的致密砂岩气区带表

区　带	成为主要区带的年份	产量峰值 年份	产量峰值 峰值（×10⁹ft³）	2005年产量（×10⁹ft³）
111 San Juan Dakota	1970前	2001	116	103
375 Midland Basin Upper Pennsylvanian Slope	1992	1993	87	28
155 Red Desert – Washakie Upper Creataceous	1993	2002	169	168
475 Deep Anadarko Cherokee Sandstone	1993	2004	119（E）	118（E）
266 West Denver Basin Codell	1994	2005	102	102
681 Tyler Basin Travis Cliffs	1995	1995	77	44
102 San Juan Pictured Cliffs	1997	2000	79	69
135 Uinta Upper Cretaceous – lower Tertiary	2000	2005	147	147
276 Wattenberg Delta Front Dakota	2003	2003	80	63
669 North Louisiana Salt Basin Cotton Valley	2004	2005	133	133
485 West Anadarko Permo – Penn GraniteWash	2005	2005	107（E）	107（E）

资料来源：Nehring Associates，美国重要油气田数据库，2005年数据；
（E）Nehring Associates估算的产量。

美国天然气产量数据来源于能源信息管理委员会发布的关于探明储量的年度报告。致密砂岩气和其他非常规天然气产量的估计来自Nehring协会的美国重要油气田数据库，第22升级版本（数据至2005年）。这里记录的所有天然气产量数据都是折干计算的。

二、美国天然气生产的基本趋势

1990—2001年，尽管美国本土天然气产量小幅波动，但是总体上呈缓慢增长的趋势，年产量由 $16.9 \times 10^{12} ft^3$ 增至 $19.3 \times 10^{12} ft^3$（图1），平均增长率为1.2%。2001—2002年，产量下降了2%。2003—2005年，主要受卡特里娜和丽塔飓风影响，破坏了输气管道和生产设施，产量又下降了5%。

美国天然气总产量的相对稳定掩盖了这段时间里产量构成的重大变化（图1）。在此期间,最重大的变化是非常规天然气的重要性逐步增加。1990—2005年,非常规天然气产量保持稳定增长态势,从 $2.81\times10^{12}\text{ft}^3/\text{a}$ 增至 $8.90\times10^{12}\text{ft}^3/\text{a}$,平均每年的增长率接近于8%。非常规天然气产量占天然气总产量的份额由1990年的16.6%增至2005年的49.5%。大约到2006年,美国本土非常规天然气的产量将超过总产量的一半。

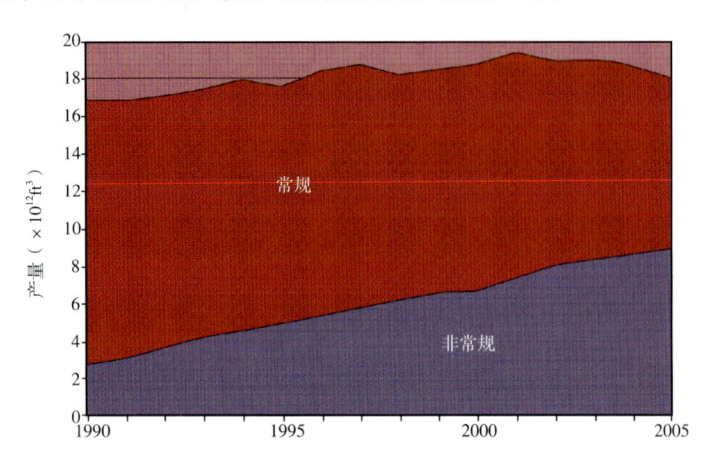

图1　1990—2005年美国48州天然气产量(常规与非常规)趋势图
(资料来源:美国能源信息局、纳林协会、美国主要油气田数据库)

与此同时,常规天然气产量的绝对值和相对值都减少了。从绝对值来看,常规天然气的产量从1990年的 $14.09\times10^{12}\text{ft}^3$ 降至2005年的 $9.09\times10^{12}\text{ft}^3$,降幅超过35%。从相对值来看,常规天然气产量占天然气总产量的份额从1990年的83.4%暴跌至2005年的50.5%。常规天然气产量的下降突出了非常规天然气的重要性,如果没有非常规天然气的快速增长,1990—2005年天然气总产量呈递减趋势。

从1990年开始,各种非常规天然气(致密砂岩气、煤层气、深水气、页岩气、致密碳酸盐岩气、深层气)的产量都呈增长趋势(图2)。致密砂岩气目前是最重要的非常规天然气资源,2005年的产量达到了 $4.34\times10^{12}\text{ft}^3$,占非常规天然气产量的48.8%,占美国总天然气产量的24.1%,超过了1993年全部非常规天然气产量的总和。

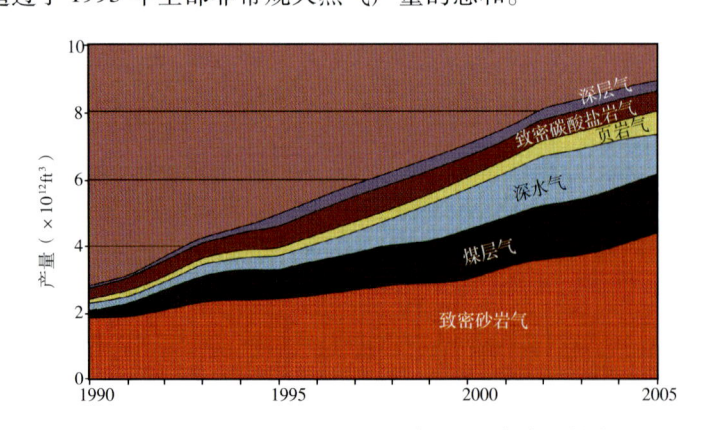

图2　1990—2005年美国48州非常规天然气产量构成图
(资料来源:美国能源信息局、纳林协会、美国主要油气田数据库)

从1990—2005年,美国致密砂岩气的产量增加了 $2.47\times10^{12}\text{ft}^3$,其增幅是天然气总产量增幅的2.25倍。然而,这个增幅只占过去15年间非常规天然气总增幅的41%,煤层气占

25%,深水气占16%(受飓风影响深水气没有达到预期的超过20%),页岩气占了9%。

致密砂岩气是对美国天然气总产量作出重要贡献的非常规天然气,但由于其他非常规天然气产量的迅速增长,致密砂岩气在非常规天然气产量中所占的份额从1990年的67%下降到2005年的49%(1990年,致密砂岩气占美国总天然气产量的11.1%,而其他的非常规天然气均没有超过2%)。在这15年中,致密砂岩气的产量增长了134%,而另外两个较大的非常规天然气资源(煤层气和深水气)的产量分别增长了770%和465%(1990年两者的产量都小于$0.25 \times 10^{12} ft^3$,而致密砂岩气的产量是$1.87 \times 10^{12} ft^3$)。

从1990年开始,随着非常规天然气重要性的日益增加,美国天然气产量的区域分布也产生了重要变化(图3)。如2003年墨西哥湾已不再是美国天然气的主要生产基地了,尽管深水气和深层气(Norphlet)的产量有所增加,但是,由于64%常规天然气产量的下降(2004—2005年的飓风影响较大),使墨西哥湾天然气总产量从1997年的峰值$5.58 \times 10^{12} ft^3$下降至$2.399 \times 10^{12} ft^3$(下降了43%),而墨西哥湾陆上区成为天然气总产量最大的区域。从1990—2005年,墨西哥湾陆上区天然气总产量增长了15%,这主要归因于东得克萨斯和南得克萨斯致密砂岩气产量的有力增长,而且常规天然气产量下降的幅度也相对较小。

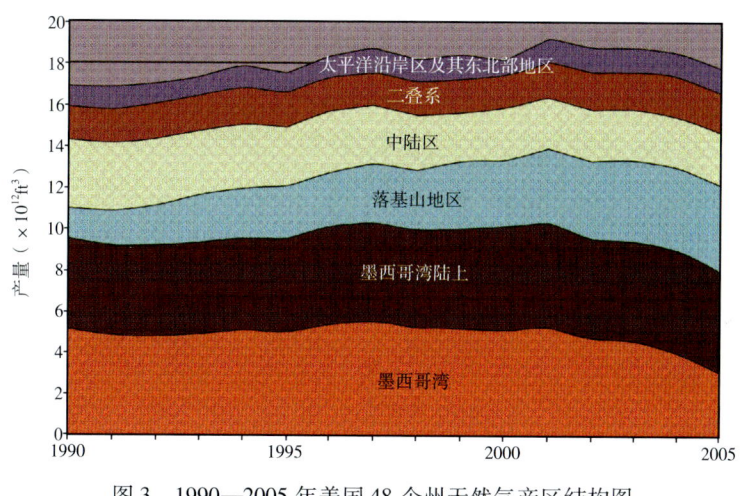

图3 1990—2005年美国48个州天然气产区结构图
(资料来源:美国能源信息局)

从1990年开始,落基山地区天然气产量的区域排名从第五位跃升为第二位,预计将在2010年唱主角。在过去的15年中,落基山地区天然气总产量增长了184%($2.71 \times 10^{12} ft^3$),几乎全部来自于致密砂岩气和煤层气的产量增长(增长$2.67 \times 10^{12} ft^3$,占98.5%)。中陆地区的产量相对下降幅度最大,从1990年开始下降了22%。而从2000年开始,天然气产量又开始趋于稳定。这主要是由于Anadarko盆地宾夕法尼亚区带致密砂岩气产量的增长。Permian地区天然气产量自1995年增长了18%,它主要依靠Fort Worth盆地Barnett页岩气产量的增长。

从1990年起,美国天然气生产区域分布的变化彰显了非常规天然气的重要性。非常规天然气产量有可观增长的地区,其天然气总产量也有增长。在非常规气产量较小的区域,其天然气总产量呈递减趋势。因此,非常规天然气已经成为维持美国天然气产量稳定不可或缺的重要部分。

三、致密砂岩气生产的重要特点

近期,美国天然气生产具有如下两大特点:
(1)致密砂岩气产量主要集中在三个地理区域。
(2)致密砂岩气产量重点集中在几个关键的和主要的区带。

在过去的15年中,以下三个区域提供了绝大部分致密砂岩气的产量:①西部落基山盆地群;②东得克萨斯和北路易斯安那(ArklaTex);③南得克萨斯(图4)。落基山盆地群中大多数盆地(圣胡安(San Juan)、尤因塔(Uinta)、皮申思(Piceance)、大绿河(greater Green River)和风河(Wind River))的白垩系储层是美国致密砂岩气的核心产区。1990—2005年期间,落基山盆地的致密砂岩气的产量增长了225%,占全国致密砂岩气总增长量的51%。过高的增长率使其在全国致密砂岩气产量中所占的份额从1990年的30%提升至2005年的42%。

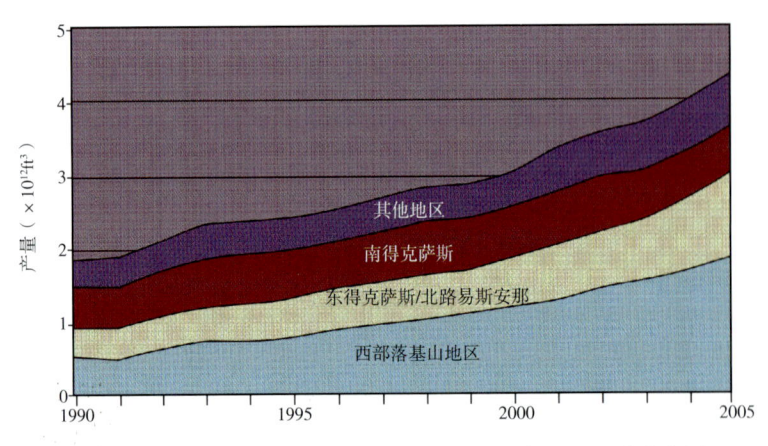

图4 1990—2005年美国48个州致密砂岩气产量的区域分布图
(资料来源:美国能源信息局、美国主要油气田数据库)

从1990年开始,东得克萨斯和北路易斯安那的上侏罗统(Cotton Valley)和下白垩统(Travis Peak和Hosston)储层致密砂岩气产量增长了185%,使该区域成为美国第二大致密砂岩气的生产中心。由于西部落基山盆地群产量增长率更高,因此,ArklaTex地区致密砂岩气产量增长不显著,在全国所占份额仅从1990年的23%增至2005年的27%。

1990年,南得克萨斯古新统(Lobo和Vicksburg)以及上白垩统致密砂岩气产量与西部落基山盆地群产量相当,但由于其增长率太低,使其产量在全国致密砂岩气产量中所占份额从1990年的29%下降至2005年的14%。

其他地区的致密砂岩气产量都不大。Permian地区产量虽然小但稳定。东落基山盆地群产量比1990年增长了两倍多,但是底子薄,基数小。Anadarko盆地致密砂岩气产量的快速增长有可能使其到2010年成为美国一个重要的致密砂岩气的产气区。

致密砂岩气产量主要集中在少数几个关键的和主要的区带是其另外一个重要的特点。区带是指一系列油气藏组合或者是相同地区具有相似地质条件的远景区。界定区带主要依靠地质信息,另外还包括圈闭类型、油气类型、沉积环境、压力体系等一些其他划分区带的标准。本文所用的是由Nehring协会研制的用于美国重要油气田数据库中的"区带定义"的方法。他们的方法与美国地质调查局新的油气资源潜力评价中所用的"评价单元"定义的方法比较类似(在很多例子中是相同的)。

上述所说的致密砂岩气主要的区带是通过年产量水平来区分的。关键区带的产气量至少为 $500×10^6 \text{ft}^3/\text{d}(183×10^{12}\text{ft}^3/\text{a})$，约占国内天然气总产量的1%。主要区带的产气量为 $200×10^6 \sim 500×10^6 \text{ft}^3/\text{d}(73×10^{12} \sim 183×10^{12}\text{ft}^3/\text{a})$。

目前,美国共有10个关键区带(表1)。2005年,这些区带共生产天然气 $3.02×10^{12}\text{ft}^3$，占美国天然气总产量的16.8%,占致密砂岩气总产量的69.5%(图5)。除了1个在1989年,4个在2000年成为关键区带外,这些区带大多数都是最近成为关键区带的。它们几乎都已处于或者接近生产高峰期,其中,5个区带在2005年达到产气峰值。有两个区带目前的产气量仅是历史峰值产气量的3%。2003年,Moxa Arch Mesozoic 区带产气量已经降至最低产量期产量,但仍然属于关键区带之列。

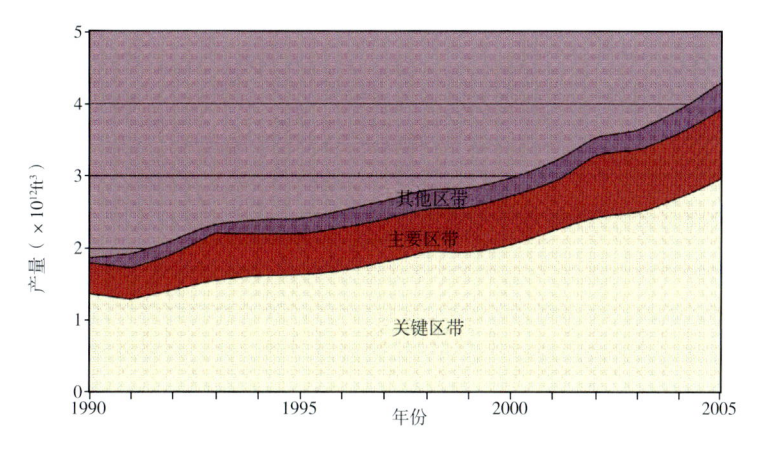

图5 1990—2005年美国48个州致密砂岩气产量区带结构图
(资料来源:美国能源信息局、美国主要油气田数据库)

另外11个致密砂岩气区带在1990年至2005年期间成为主要区带(表2)。随后,其中的4个区带产气量降至主要区带产量的最低水平之下。只有6个区带产气量水平还在历史峰值的10%以内。2005年,这些区带天然气产量为 $1.08×10^{12}\text{ft}^3$,是致密砂岩气总产量的25%。

总体来说,关键区带和主要区带的天然气产量占据了致密砂岩气产量的主导地位。2005年,其占致密砂岩气总产量的95%,比1990年占总产量的97%稍有下降。美国致密砂岩气未来的发展基本还在这些区带之中。

四、预测

21世纪第一个10年致密砂岩气的产量不断继续增加。2010年之前,每年的产量会在 $5.0×10^{12} \sim 5.5×10^{12}\text{ft}^3$,占美国本土天然气总产量的26%～30%。最近,各区带致密砂岩气生产趋势充分支持了这个预测。致密砂岩气产量总体上还是依赖于原来的或是新出现的几个关键的和主要的区带。

在2005年,达到历史生产峰值的5个关键区带(North-central Green River Upper Cretaceous(Jonah and Pinedale fields); the Sabine Uplift Cotton Valley; the Piceance Basin Cretaceous; the West Tyler Basin Cotton Valley; the Sabine Uplift Lower Cretaceous) 在接下来几年中应该会继续保持增长。它们都有巨大的资源潜力, 都有探明的未开发气藏; 而且都在继续部署一些重要的钻探计划 (这 5 个区带 2005 年产量占致密砂岩气总产量的 40%)。

另外 4 个关键区带 (Rio Grand Valley Lobo, San Juan Mesa Verde, Ozona – Val Verde Pennsylvanian, and Moxa Arch Mesozoic), 估计在 2005—2010 年会有小幅下降。唯一一个需要有新的发现来维持产量的南得克萨斯的 Downdip Vicksburg 区带产气量将很有可能继续递减 (这个区带不仅是致密砂岩储层, 也是超高压、超高温区带, 勘探开发上有一定的经济和技术制约)。

到 2010 年, the Red Desert – Washakie Upper Cretaceous 和 the Uinta Upper Cretaceous – lower Tertiary 这两个主要区带会跃升为关键区带。The west Anadarko Permo – Penn Granite Wash 区带也是一个潜在的关键区带。在"十一五"最后几年里, 除了 San Juan Dakota, West Denver Bain Codell 和 Deep Anadarko Cherokee Sandstone 这几个区带将维持现有的生产水平外, 其余的主要致密砂岩气区带产量均将下降。在 13 个非主要区带中, 从现今的生产趋势看来, 最近没有一个可能成为关键或者主要区带的, 最乐观估计, 只有两个区带 (the Northern Wind River Lower Tertiary 和 the North – west Anadarko Missourian Sandstone) 到 2010 年可能成为主要区带。

2010—2015 年, 致密砂岩气产量可能维持稳定, 2020 年后, 其产气量开始下降。致密砂岩气产量增长了 20 年后开始出现逆势主要是受经济技术因素及致密砂岩气可采储量规模影响。

到 2005 年, 致密砂岩气的累计产量为 $85 \times 10^{12} \text{ft}^3$。开发和未开发的探明储量共约 $60 \times 10^{12} \text{ft}^3$。致密砂岩气总资源量 (累计产量和探明储量之和) 共 $145 \times 10^{12} \text{ft}^3$。落基山盆地致密砂岩气资源量有 $71 \times 10^{12} \text{ft}^3$, 接近总资源量的一半。

2006—2015 年, 将增加 $50 \times 10^{12} \text{ft}^3$ 的致密砂岩气产量。因此, 到 2015 年, 致密砂岩气的累计产量为 $135 \times 10^{12} \text{ft}^3$。假设, 2015 年年产量为 $5.0 \times 10^{12} \sim 5.5 \times 10^{12} \text{ft}^3$, 那么, 探明储量到时候将为 $50 \times 10^{12} \sim 60 \times 10^{12} \text{ft}^3$。致密砂岩气总资源量将为 $185 \times 10^{12} \sim 195 \times 10^{12} \text{ft}^3$。

未来致密砂岩气产量将取决于可采致密砂岩气储量规模。美国地质调查局对落基山盆地群最近的资源评价表明, 截至 2000 年底, 连续型致密砂岩气的平均资源潜力大约是 $85 \times 10^{12} \text{ft}^3$。2001—2005 年, 落基山盆地群总资源量增加了 $22 \times 10^{12} \text{ft}^3$ (可采资源量), 剩余资源量为 $63 \times 10^{12} \text{ft}^3$。假设落基山盆地群占到了 50% ~ 60% 的剩余致密砂岩气资源量 (美国地质调查局已经完成和发布了其他重要的致密砂岩气盆地的评价报告), 那么截至 2005 年, 致密砂岩气的资源潜力为 $105 \times 10^{12} \sim 125 \times 10^{12} \text{ft}^3$。这表明致密砂岩气最终资源量为 $250 \times 10^{12} \sim 270 \times 10^{12} \text{ft}^3$。

油气藏的年产量峰值一般出现在总产量中值处, 或者中值之前。如果这个历史规律对致密砂岩气藏也起作用的话, 那么, 致密砂岩气的产量峰值将出现在 2010—2015 年期间。到 2013 年, 其累计产量将达到 $125 \times 10^{12} \text{ft}^3$, 2015 年将达到 $135 \times 10^{12} \text{ft}^3$。

如果是这样的话, 那么, 致密砂岩气的最终产量要比刚才预测的 $250 \times 10^{12} \sim 270 \times 10^{12} \text{ft}^3$ 高得多。地下致密砂岩气资源量是巨大的, 但是到底有多大, 这是个颇具争议的问题, 关系到烃源岩、储层的性能以及数据的充分性。致密砂岩气估算采收率很低 (不仅与常规天然气相比如此, 与油藏相比也是如此)。2010 年后, 高居的气价 (超过 10 ~ 20 美元/10^3ft^3) 以及改善的完井、增产技术都将促使井网的加密, 井距将缩减至 20acre, 10acre 甚至 5acre (8hr,

4hr 甚至 2hr)。因为开发井的加密,将导致单井储量和产量的下降,这将延长致密砂岩气产量峰值时间(形成高值稳定区而不是峰值点),降低产量递减率。

致密砂岩气无论在过去还是现在都是美国天然气生产中不断增长的、也是不可或缺的领域。它对国家天然气工业的日益增长的重要性可能会在 21 世纪第二个 10 年的早期开始减弱。但是,它仍将是美国天然气工业今后几十年不可或缺的一部分!

参 考 文 献

Holditch, S. A. ,2006,Tight gas sands(SPE Paper 103356):Journal of Petroleum Technology,v. 58,no. 6,P. 86-94.

广泛分布的致密砂岩气藏

Lawrence D. Meckel   M. Ray Thomasson

摘要：本文主要有三个目的：①为普遍存在的致密砂岩气藏研究提供一个历史视角；②对现今的理解提供一些看法；③预测其今后发展前景。

1979—1987 年，很多研究者（石油公司、政府部门、学术界）讨论了广泛分布的致密砂岩气，并建立了烃源岩、成熟度、排烃和运移、压力、储层品质以及流体性质之间的关系。研究认为，致密砂岩储层中的天然气是动态的，不断变化的，这与常规构造、地层圈闭中静态的天然气不同。1987 年，对致密砂岩气的认识有了一个思维的转变，认为，这些气藏在不断进行着调整，并与不同时间和空间的地质条件相适应。最近几年记载的一些实例对原来致密砂岩气模型的适用性提出了质疑，且注意到这样一个事实，即在一些致密砂岩气系统中有水的存在，这与模型预测的不同。

处于大量生烃、排烃时期的成熟烃源岩与储层紧邻，这一点对致密砂岩成藏很关键。烃源岩的数量和丰度一定要满足储层的可充注空间。这些条件的合理组合能够产生比正常压力条件下更多的天然气。天然气的充注量与储层的可容空间的相对关系决定了气藏的压力。

广泛分布的致密砂岩气藏在北美 20 多个盆地中已被发现，是目前正在勘探开发的主要方向。这些生产单元的平均孔隙度为 8%～9%，平均原始渗透率为几百毫达西左右。

分析认为，石油工业将向着以下四个方向发展：①重新分析成熟探区（盆地）勘探潜力；②扩大新区新盆地勘探；③向碳酸盐岩储层进军；④继续开发越来越致密的储层。随着技术的不断进步（尤其是钻井和完井技术）以及气价稳健地上升，石油工业将涉足资源金字塔更下端的资源。

不管以何种名称——深盆气、盆地中心气、连续型气藏，或者广泛分布的致密砂岩气——这些资源潜力巨大的非常规天然气聚集是大规模勘探开发的对象。在未来几年，在经济和技术条件允许的情况下，它们将成为重要的资源。

近来，由于专业出版物、公司报告甚至报纸的频繁提及，这些资源区带成了探索的前沿领域。自从阿巴拉契亚盆地最早发现这类资源，并成为北美储量的一部分，至今已有将近 100 年了。早在 1920 年，研究人员就意识到，这些天然气的分布不符合常规圈闭模式。直到 80 年代中晚期，石油工业界才提出一个完整的研究模式（Law，1984；Masters，984；Law 和 Dickinson，1985；Meissner，1987）。

Gray（1977）是运用资源三角图来描述这些资源的第一人。之后，Masters（1979）推广了这个概念。这个概念实际上来自矿业部门，它是用来描述那些只能通过加大投资、采用先进技术才能开采的广泛分布的低品味矿石。资源三角图实际上是资源金字塔（图 1），它充分反映了若要追求低品味资源就要投入更多的资金和技术。直到 1970 年气价高涨、新的压裂技术应用到致密储层，很多新的气田才具有经济可采价值。目前，更加稳健上升的气价和先进的技术给勘探家带来了新的挑战：应该去哪里运用这些先进的技术？从资源金字塔往下多少才是经济开采的极限？

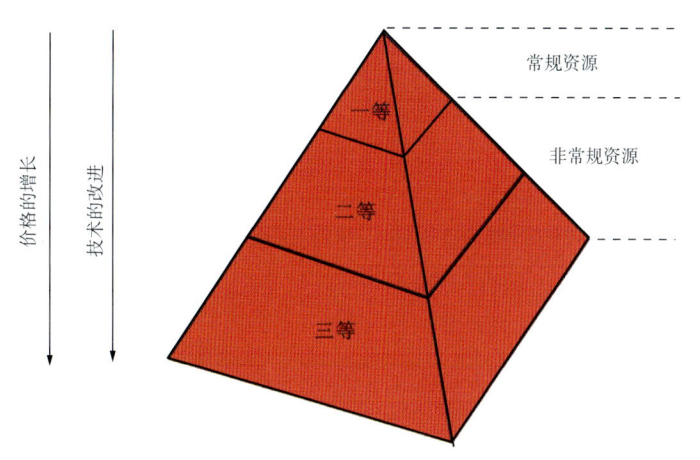

图 1 资源金字塔图（据 Kuuskraa 和 Schmoker,1998,修改）
虽然部分致密砂岩气存在于目前技术条件下无法经济开采的三等资源带中，
但绝大部分致密砂岩气存在于二等资源带中

致密砂岩气藏有很多不同的定义。美国通常把渗透率小于 0.1mD 的气藏称为致密砂岩气藏。加拿大通常用 1.0 mD 作为统一的界限。当今石油工业所面临的大部分致密砂岩气藏单元的平均渗透率远小于 20 世纪 70 年代所建立的分界线。本文用"致密"这个术语来指低渗透气藏。

另外两个描述这些单元的术语是"深盆气"和"盆地中心气"，因大部分实例都处于或邻近盆地中轴而得名。资源区带是最近描述这些资源更加概括的术语。

下面章节描述的致密气单元还会出现在盆地的边缘和浅处。因此，本文更加倾向于使用"广泛分布的致密砂岩气"这个术语，因为它去除了地理上的含义。"广泛分布"这个词具有重要作用，它将致密砂岩气油气单元从墨西哥湾地区古近—新近系的超压常规气田中区分出来（如 Wilcon, Vicksburg, Frio）。这些气田储层致密，地层压力异常，但是，有可识别的底水界面，也产水，因此，它们属于常规天然气聚集，与本文讨论的致密砂岩气不同。

20 世纪 70 年代，美国天然气年产量中只有 $800 \times 10^{12} ft^3$ 来自这些单元。从 20 世纪 90 年代早期开始，产量开始快速增长，到 2000 年，年产量高于 $3000 \times 10^{12} ft^3$（天然气技术研究协会，2001）。如今，这些单元的产量更高，而且，将来还会不断增长。广泛分布的致密砂岩油也存在，它们拥有邻近的或内部烃源岩，且烃源岩处于生油窗内。如 Altamont（尤因塔盆地），Cardium Pembina trend（艾伯塔盆地），奥斯汀白垩（墨西哥湾沿岸），Spraberry field（陆中盆地），Chicontepec field（墨西哥），Bakken fields（威利斯顿盆地）。这些油藏不在本文的探讨范围内。

一、典型致密砂岩气的储集场所

不同类型的盆地以及同一个盆地的不同地方都有可能存在致密砂岩气区带。与成熟烃源岩相邻对致密砂岩气的分布很重要，这一点将会在下面讨论。目前，大部分致密砂岩气藏是含煤系烃源岩，特别是阿巴拉契亚和奥亚基塔（Ouachita）前渊盆地的宾夕法尼亚系—二叠系煤层以及拉腊米构造运动的前渊盆地下三叠统—上白垩统的煤层。同时，还有成熟海相或者湖相的类脂烃源岩也为致密气聚集成藏作出一定贡献，如得克萨斯墨西哥湾沿岸的上白垩统奥斯汀白垩带，Val Verde 盆地（得克萨斯州）的二叠系浊积岩，圣胡安盆地（科罗拉多州)的达科塔区带,丹佛盆地(科罗拉多州)的侏罗系砂岩以及阿巴拉契亚盆地(俄亥俄州和宾夕法尼亚州)的志留系。

大多数致密砂岩气区带处于盆地深部位且多位于盆地向斜,从而出现了两个很盛行的术语——"深盆气"和"盆地中心气"。虽然,这两个术语都有可取之处,但是,致密砂岩气也可能聚集在盆地相对浅部位,而不在或者不接近盆地中心。东部俄亥俄州的(志留系)Clinton 区带便是一个例子。由于广泛的抬升剥蚀(Ryder 和 Zagorski,2000),该区带的初期产量来自较浅处,约 2952~4825 ft。另外两个相对浅部位的致密砂岩区带实例是黑勇士盆地的宾夕法尼亚系 2952~4925ft(900~1500m)与 Wasatch 地台的上白垩统 2000~6000ft(600~1800m)。两者都是由于抬升作用和伴随着随后的多达 9843ft(3000m)的剥蚀作用才居于浅部位的。

致密砂岩气储层也可以是碳酸盐岩,尽管目前为止还不常见,这可能仅仅是由于认识的问题或是缺乏邻近的成熟烃源岩。三个值得注意的碳酸盐岩储层的例子是①阿巴拉契亚北部的 Trenton 碳酸盐岩(奥陶系);②得克萨斯州上白垩统的奥斯汀白垩;③东得克萨斯下白垩统的 James Lime。

现在,北美有超过 20 个盆地有广泛分布的致密气藏。这些气藏的烃源岩热演化程度都达到了成熟阶段,一般分布在盆地深部位,且烃源岩处于生气窗范围内。现在,一些处于相对浅层的致密砂岩气藏曾经都经历过生气窗阶段,随后又遭遇抬升剥蚀。

煤系烃源岩(III 型干酪根)通常产生干气。I 型和 II 型干酪根据其热演化程度可以产油或者产气。在一些区域,普遍分布的致密砂岩气藏通常与致密砂岩油藏相邻近。得克萨斯奥斯汀白垩(上白垩统)是气—油—水倒置系统的一个典型例子(Meckel,Smith,1993;Berg,Gangi,1999)。San Antonio 和奥斯汀附近的露头显示,上白垩统孔渗较好,含水,越往下储层越致密,但仍然是水润湿相。在更深处,水润湿的白垩系变成范围较窄的致密油藏,该油藏已有 50 年的开发史。随着埋深的继续增加,油藏变为凝析气藏,再往深处,则是不含水的致密气藏,该气藏区是最近勘探的区带。流体随着埋深的加大而发生的变化与盆地内热演化程度有关(Meckel,Smith,1993)。奥斯汀是普遍分布致密油气藏的一个典型生产区带。

二、认识过程

本节的目的是描述对致密砂岩气藏的认识过程。许多研究者过去提出过很多好的观点。初期阶段都是描述性的观点,通常对某个盆地中具体的单元或者气田进行描述。在该阶段的早期,人们的见解分歧很大。后来,研究者开始在全盆地内进行总结,并把各个盆地进行比较。这加快了对致密砂岩气藏的认识,并建立了较为可靠的致密气藏的生烃、运移、压力系统、聚集模式。如今又给模式添加了新的实例,并为模式建立了切实可行的边界条件。

美国哲学家 Kuhn(1996)分析了很多自然科学(天文、物理、化学、生物和地质学),剖析了各科学的重大突破性进展。他把科学革命划分为三个阶段:第一阶段是前思维转变期。该时期没有统一的理论,人们各执己见,百家争鸣。第二阶段是思维转变时期。这是个相对短暂的阶段,但却产生了一个大家认可的模式,对事物的认识水平有了快速提升。而这样一个思维的转变也很难把方方面面的问题都解释清楚。第三阶段是思维转变后期。该阶段增添了更多的实例,解释模式的物理成因,建立模型的边界条件,解释实例的多样化,在模式不太适用或需要改进之处添加一些有效实例,图 2 反映了这三个阶段。致密砂岩气的思维转变阶段始于 1979 年,结束于 1987 年。

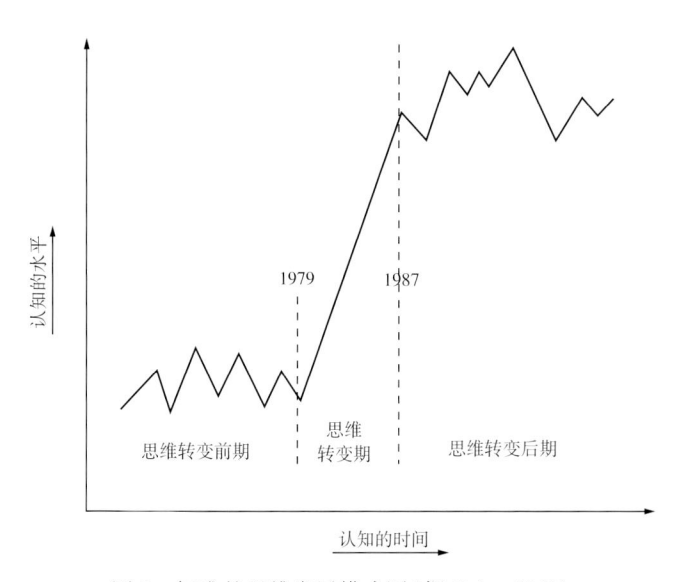

图 2　标准的思维发展模式图(据 Kuhn,1962)
对致密砂岩气的主要认知过程发生在思维转变期(1979—1987)

致密砂岩气的认识过程非常符合 kuhn 的思维发展模式。Surdam(1997)在关于落基山致密砂岩气的文章中提及了该思维发展模式。

(一)前思维转变期(1920—1978)

最早报道的非常规油气田在阿巴拉契亚盆地。Emmons(1921)在他的经典著作《石油地质学》中指出,宾夕法尼亚地质调查局的很多研究者反对背斜理论,他们认为"有很多油气聚集在向斜中"。这说明很早以前,这些大量的非常规油气聚集已经被注意到了,然而,没有发展出相关理论来解释它们。

在早期阶段,一般将这些油气聚集解释为常规的地层或者构造圈闭。在这个时期,一些盆地经常被提及,如阿巴拉契亚、阿纳达科、沃思堡、Val Verde 和圣胡安。这是因为这些盆地中的气田发现的早,发现规模也不断扩大。早期的这些气田大多数都是在深部钻探过程中偶然发现的。然而,当这些气藏的规模被新钻证实越来越大时,早期的那些解释就变得不适用了。很多研究者只是研究各个盆地的一些具体的单元,只关注了这些聚集的独特性,而没有创造性地提出一些新的理论。

比如说,Hills(1968)注意到 Ozona 气田致密的 Canyon 储层具有异常压力,而且整个体系中含水很少。Budd(1952,P113)观察到,在 Blanco 气田(圣胡安盆地),生产井和非生产井之间没有清晰的分界线,产量似乎与各个井钻遇的储层孔隙度和渗透率有关。Russell(1972)认为,阿纳达科盆地宾夕法尼亚砂岩具有很低的孔隙度,且天然气主要来自向斜部位。

在沃思堡盆地 Booneville 油气田的早期描述中指出(Blanchard 等,1968),"构造因素对天然气聚集影响很小。在单个透镜体油气藏中,构能使流体产生重力分异作用,导致低部位的井产油"。那时,还没注意到产水的问题。

Silver(1950)也描述了圣胡安盆地(新墨西哥)天然气的普遍分布。他也认识到各个盆地中有大量低压的油气藏,它们分布在盆地向斜或者深部位;气藏或者油藏基本不含水。他把这些分布称为"isolani",但这个术语从没得到认可。

随后,对这些非常规油气聚集逐渐出现了一些新解释。开始认为,圣胡安盆地的梅萨维德(Mesaverde)砂岩是地层尖灭,随着认识的深入,发现这些气藏沿着沉积走向一直到附近的露头呈连续分布,但为什么天然气不会运移到露头散失掉?为了解释这个问题,Berry(1959)和Hill等(1961)猜想,这些天然气可能处于一个与底水相关的等势封闭箱中(气水倒置),即这个巨大的天然气藏很可能是个水动力圈闭。

在早期阶段,最好的单个油气田案例可能是1967年在丹佛盆地向斜部位发现的Wattenburg气田(Matuszczak,1973,1976)。这个处于盆地向斜的气田当时被认为是常规的地层圈闭,但是其分布面积很大,没有底水。

在这个时期,几乎所有的研究者都把注意力集中在单个油气田或者单个单元的研究中。Dickey和Cox(1977)独辟蹊径,比较了不同盆地(艾伯塔、圣胡安、阿纳达科、阿巴拉契亚)的各个单元,发现一些油气田具有如下特征。

(1)分布在盆地的向斜部位;
(2)没有底水或者边界水;
(3)具低压;
(4)即使含气单元与附近露头连续分布,天然气也没有散失。

更重要的是,通过详细研究发现,当考虑到整个体系的物理性和化学性时,现存的各个解释都存在着问题。但是,他们也没有提出完整的模式,只是提出了"我们需要了解产生这种聚集类型的地质背景"。

(二)思维转变期(1979—1987)

从20世纪70年代晚期开始,更多的研究者开始在盆地间进行对比,并提出完整的解释。他们关注到地球化学、烃源岩、运移、压力、储层以及勘探等各方面的问题。图3对一些主要的贡献者(很多人)、盆地(很大的一个资料库)、属性(通过这些属性建立各种有用的关系)进行了概括。

思维转变期(1979—1987)		
主要研究人	研究对象	研究内容
Bostick,Neely Chiang,Kam Dickinson,Warren Gies,Bob Law,Ben Mast,Richard Masters,John McPeek,Larry Meissner,Fred Spencer,Charles	艾伯塔 阿纳达科 阿巴拉契亚 Denver-Julesburg 东得克萨斯 沃思堡 绿河 二叠 皮申斯 Rio Grande Embayment 圣胡安 Val Verde Wind River	地化特征 烃源岩 生烃 含油气系统 岩石力学 流体 压力 结果 产能特征

图3 思维转变期主要的研究盆地、特征描述研究人员(1979—1987)

Master(1979)第一个运用烃源岩、成熟度、测井曲线岩性标定以及压力等资料作出了综合解释,他将这类非常规油气聚集定义为深盆模式。他的公司开发了艾伯塔盆地深部的Elmworth大气田。该气田位于盆地侧翼较浅处常规圈闭的下倾方向。在首次发表该模式(Master,1979)之后,他又在AAPG第38期的专题报告(Master,1984)上发表了更加精细的描述,并组织了一些学科的专家对这些气水倒置气藏的各个不同方面进行了讨论。其论文报告集包括了地球化学(Welte等,1984;Wyman,1984)、测井曲线岩性标定(Snerder等,1984)、压力(Davis,1984)、区域沉积相编图(Jackson,1984;Rahmani,1984;Smith等,1984)、生产特性(Smith,1984)、完钻井(Myers,1984;Stayura,1984)以及具体单元的勘探史(Chiang,1984;Giers,1984)等方面的文章。总体上,他们建立了艾伯塔盆地气田的新模式,和大多数模型一样,这个模型也没能解释所有的观察现象和数据。

在同一时期,其他一些研究者也为思维模式的发展提供了一些有价值的见解。Law,Dickinson(1985)和Meissner(1979,1982,1987)通过描述起初的超压气到现在的低压气的演化过程,解决了异常压力的问题。他们强调了天然气的生成量与散失量、上倾运移量、扩散量之间相对平衡的重要性。他们认为,从超压单元到低压单元是由于区域性抬升剥蚀作用使生烃灶关闭以及天然气的不断散失导致的。Law等(1979,1982,1984,1987)强调了烃源岩、地下温度、成熟度和异常压力单元之间的相互关系对怀俄明州西南部上白垩统和第三系低渗透储层中天然气分布的重要性。Mcpeek(1981)报道了大绿河盆地东部上白垩统路易斯(Lewis)和梅萨维德(Mesaverde)地层中巨大的天然气资源潜力。

Spencer和Mast(1986)从储层的角度讨论了问题,出版了一本AAPG著作,总结了大量盆地及地质背景下的致密砂岩气藏的数据和资料。他们提出了裂缝和二次溶蚀在甜点形成过程中的重要作用,这些甜点的区域储层特性及天然气产量都非常好。

Meissner(1979,1982,1987)和Spencer(1987)两人都建立了成熟烃源岩、超压和含气饱和度之间的重要联系。他们认为,低压聚集是从超压聚集演化而来的。Meissner把这些自生自储(生—运—聚)的单元称为"产气机器"。到1987年,正值对致密砂岩气聚集模式发生转变的时期(图3),"深盆气"、"盆地中心气"是该时期描述这些非常规资源最常见的术语。

这个模式主要在对各个盆地气藏的描述基础上建立起来的,确切的物理控制因素有待商榷。然而,从Law(1984)和Meissner(1982,1987)的观点中可以看出,基本的圈闭概念已经显现。在常规圈闭中,由于受毛细管力封闭,天然气是静态的,这样的圈闭需要顶部、底部以及横向的封闭,可以找到这些常规构造、地层及岩性圈闭的封闭层。这些圈闭的气柱高度与盖层的封闭能力或者圈闭溢出点相关,圈闭内的油气是静态的。

在普遍分布的致密砂岩气藏中,天然气是动态的(图4),低渗透的砂岩使圈闭具有瓶颈作用。在一个相对较短的时期内,天然气充注量大于常规运移或扩散的天然气。通常没有可界定的横向封闭层(下文中会出现特例),只有一个上倾的转换带连接更好的储层。通过转换带,天然气可以向上运移到常规圈闭中。

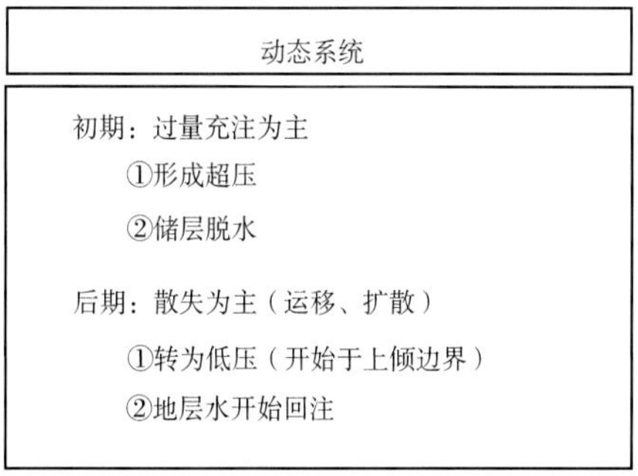

天然气生成初期,从烃源岩中生成的天然气进

动态系统
初期:过量充注为主 ①形成超压 ②储层脱水 后期:散失为主(运移、扩散) ①转为低压(开始于上倾边界) ②地层水开始回注

图4 动态系统中超压、低压的时间次序

入邻近的储层,形成超压封隔箱,随着干酪根的全部转换或者生烃灶因抬升作用而关闭,封隔箱中的天然气继续散失,使得超压系统从上倾的边界开始逐渐变为低压系统。Meissner(1987)展示了封隔箱随着时间的变化从超压到低压的变化过程(图5)。在一个独立单元或者层系中,经常可以见到一个下倾的超压区和与之邻近的上倾的低压边缘。Chiang(1984)在艾伯塔盆地 Hoadley 障壁沙坝天然气系统中发现了这样一个实例(图6)。

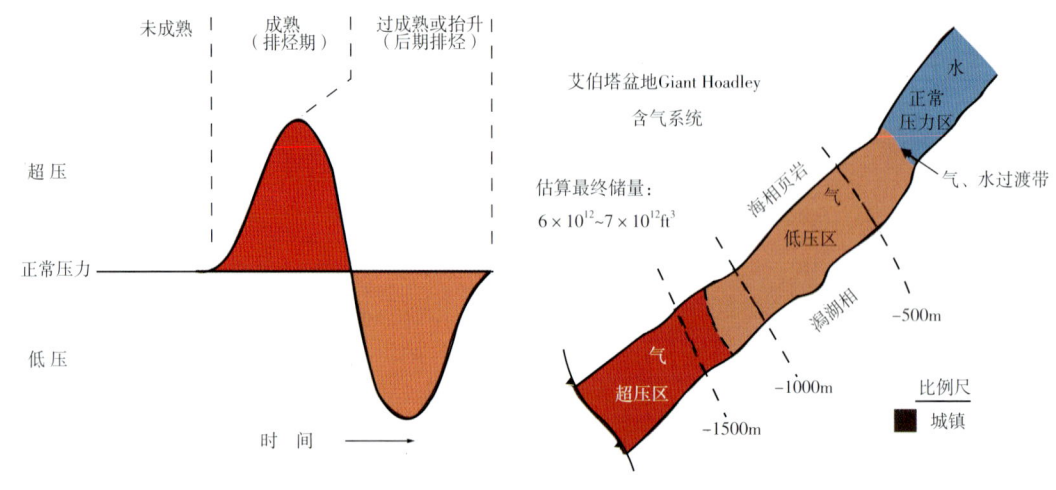

图5 压力动态系统随时间变化的概念模型(据 Meissner,1997,修改) 红色区域为超压,粉色区域为低压

图6 均位于正常压力之下的上倾端为低压、下倾端为高压的实例(艾伯塔盆地下白垩统)

常规圈闭也可能出现于普遍分布的含气系统中,它在某种程度上阻止了天然气的向上运移。这样圈闭的上部就具有较高的含气饱和度。这是甜点的一种形式(Meissner,2007,口述),这在下文中将继续讨论。

(三)思维转变期后(1988年至今)

Master 的文章发表后的第25年,加拿大、美国、墨西哥致密砂岩气盆地都正如火如荼地进行着各种评价、勘探甚至开发。但是,这些致密砂岩气的很多方面仍然需要去认识和研究。另外,在很多盆地中,还有很多潜在的致密砂岩气藏需要去识别与开发。

这个阶段遵循 Kuhn(1962)所描绘的大部分自然科学发展的模式:记载更多的实例,定义其多样性和合理的边界,指出一些模式不适用的地方。在这个阶段,关于非常规资源涌现出很多具有里程碑式意义的文章、学术论文报告集和学术会议。

Spencer(1989)回顾了由美国能源部资助,地质调查局主持,完成的所有致密砂岩气藏地质特征研究。另外一个由经济地质局和天然气研究学会合作的研究(Dutton 等,1993),总结了美国13个盆地24个低渗透砂岩气藏的地质、工程及产量信息。这本书至今仍然有可取之处,其原因可能是由于它对所有的生产单元有完整的记载。

Surdam 等(1994,1997)阐述了盆地压力封隔箱和甜点的重要意义以及如何在落基山拉腊米盆地中标示(map)这些参数。这些文章讨论了自由水是怎样从含气系统中排出并形成饱含气的异常压力系统的。

1998年,四个学会联合在科罗拉多丹佛召开了1天的会议,13位发言者描述和总结了落基山拉腊米盆地群白垩系和古近—新近系各个盆地中心气(天然气研究学会等,1998)。

随后,在2000年,落基山地质家协会主持了盆地中心气论坛,也介绍了美国和加拿大一些盆地中心气的勘探历史。本文讨论的致密砂岩气藏从中生界到第三系都有分布。

Law(2002)在一篇AAPG文章中总结了盆地中心致密砂岩气系统,并把它们分为直接型和间接型两类。在这个阶段,学者们研究了具体的单元(如怀俄明州西南部Moxa Arch的边缘,Dutton等,1995)和具体的致密砂岩气田(如大绿河盆地Pinedale气田,Law和Spencer,1989;Val Verde盆地Ozona和Sonora气田,Hamlin等,1995;大绿河盆地的Jonah气田,Robinson和Shanley,2004)。

Shanley等(2004)认为,怀俄明州西南部大绿河盆地的低渗透气藏不属于连续型气藏,而是常规构造、地层和复合圈闭。他们注意到系统中存在的水超过了现有模式的标准,而且浮力作用很普遍。可能现有的模式不适合这个区域,也可能这是模式的一个重要的变异,需要引起重视。

Shanley等(2004)认为,含水饱和度在50%~95%之间的低渗透气藏气相和水相都没有相对渗透率可言。Shanley等(2004)参考了A. Byrnes(2002)的观点,A. Byrnes把这种情况叫作"渗透率死亡区",天然气在这种条件下不能被开采。

那么,是不是所有的问题都解决了呢?肯定没有!关于各个观察结果到底意味着什么的讨论正火热地进行着。回顾这个时期的许多文章和摘要,不禁使人想起印度盲人摸象的寓言故事。我们的确是在描绘和记载一个大而复杂的怪物——普遍分布的致密砂岩气藏。

美国发育很多盆地(图7),盆地中还有很多地层单元需要研究。图7中出现的一些盆地还只是处于评价的早期阶段,如Black Warrior,Bighorn,Wasatch Plateau和Sabinas(墨西哥)盆地等。

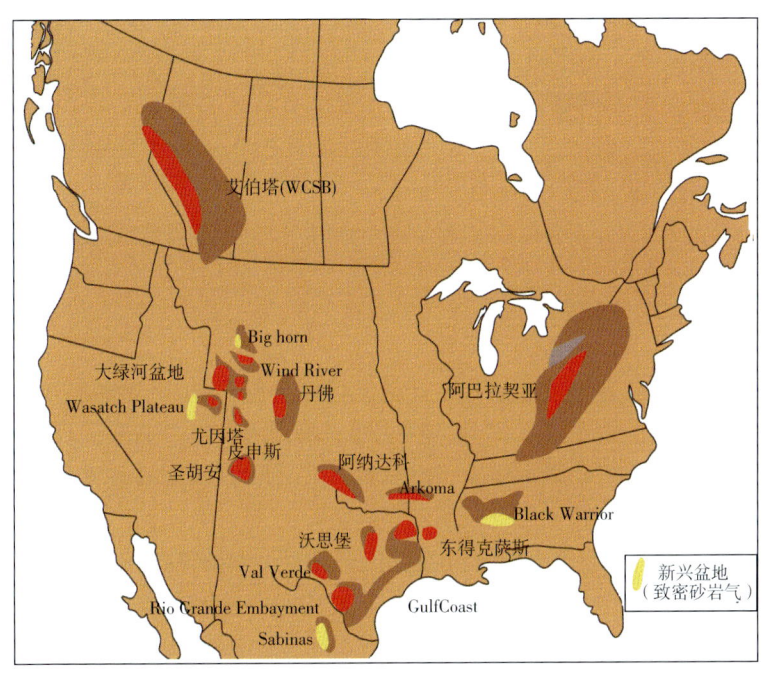

图7 北美致密砂岩气生产盆地区位图

红色为当前正在开发的盆地,黄色为新发现致密砂岩气的盆地

· 17 ·

三、当前状况

下面讨论评价致密砂岩区带需要考虑的一些主要地质因素。

(一)与气藏邻近的成熟烃源岩

以下三点很重要:
(1)烃源岩正处于生烃或者排烃高峰期。
(2)烃源岩须邻近储层,这样,排烃动力才能把天然气驱替进储层中。
(3)充足成熟的烃源岩保证气体能够持续充注。

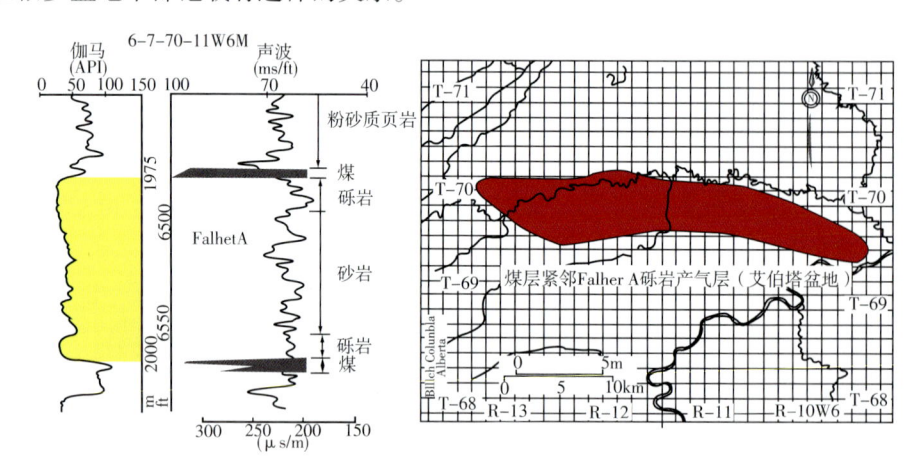

这样的组合方式能够产生大量天然气,是理想致密砂岩气藏形成的关键。一些被煤系烃源岩直接覆盖的海岸滩坝砂岩接受了很好的充注,如艾伯塔盆地深层的Falher A(图8)。Meissener(1987)把圣胡安和大绿河盆地中这样的组合称为"产气机器":成熟煤系源岩、致密储层、页岩封盖。他认为,成熟烃源岩与储层直接相通,产生了天然气完全充注的无水气藏。在很多盆地中都记载有这样的关系。

图8 艾伯塔盆地Falher A储层(下白垩统)与大面积生烃煤层紧密接触(据Wyman,1984)

(二)异常压力

一些产层常常具有压力异常。这些生产单元可以是低压,也可以是超压,或者可以是两者兼具。超压程度取决于生烃速率、有效储集空间(孔隙度)和渗透率。烃源岩产生的大量气体来不及或者不能从致密砂岩中排出,这样就产生了压力瓶颈,过量的气体导致了超压系统的形成(Meissener,1987)。

一旦生烃作用停止(干酪根全部转换或者抬升作用),随着超压上倾边缘的天然气不断散失,在超压区上倾边缘产生了低压系统(Chiang,1984;Johnson等,1999),见图5(概念模式)和图6(实例)。如果这个过程进行到底,除了一些残留的超压槽(如圣胡安和艾伯塔盆地)以外,整个系统将变成低压。

因此,气藏压力取决于烃源岩与储层的距离、烃源岩丰度、生烃史、地温梯度变化、地层抬升量以及天然气运移和扩散的损失量。

（三）储层质量

美国 14 个盆地中正进行商业生产的致密砂岩气藏的数据表明，致密砂岩储层孔隙度分布范围为 5%～14%，平均原始渗透率从几个毫达西到千分之几毫达西不等（图9）。图表显示，孔隙度一般为 7%～10% 之间，渗透率为百分之几毫达西，清晰地反映了正在从事商业生产的致密砂岩气储层的质量。在这样一个储层性质范围内，还有一些待发现机会。

储层属性：美国目前正在开采的致密砂岩气			
孔隙度（%）	原位渗透率 （mD）			
	X.0	0.X	0.0X	0.00X
1~2				
3~4				
5~6			◆ ◆	◆
7~8		◆ ◆	◆◆◆◆◆◆◆	◆◆◆◆
9~10	◆	◆ ◆	◆◆◆◆◆◆◆	◆◆◆◆◆
11~12			◆◆	
13~14		◆	◆◆◆	
≥15				

图 9　美国正在开采的致密砂岩气储层属性交会图

图中每个交会点代表了一个盆地一个产气层位的平均孔隙度与原位渗透率，图表中统计的数据资料来源于美国能源局、天然气研究院系及得克萨斯大学的经济地质调查局的各种研究报告。

（四）系统的效能

气体充注的效率决定了天然气系统的效能（图10）。当气体充分充注时，气藏是高效的，气藏系统没有底水界面，不产水。当充注效率不高时，气藏系统内会存在一些残留的小水包，但是这些水包互不相通，也与上倾地层中的区域性水层不相连。当充注效率低时，大量的水会滞留在气藏系统中。

充注的特性决定了含气系统的有效性	
有效含气系统	无底水界面、不产水
较为有效含气系统	少量残留水、水袋与区域性水层无关
无效含气系统	系统含水

图 10　含气系统有效性与充注特征关系图

（五）甜点

在现存的致密砂岩气区带中，一些生产井的产量比其他井的产量高很多，这些井被认为是位于甜点处。甜点往往因单元、盆地而异。很多研究人员记录了各种地质参数来解释甜点。这些地质参数包括：

（1）更高的压力（大绿河盆地的 Jonah 气田、艾伯塔盆地的 Hoadley 气田）。

（2）更厚的储层（瓦尔贝尔德盆地的 Ozona 和 Sonora 气田、阿纳达科盆地的 Morrow 气田）。

（3）更好的储层质量，包括岩相变化（沃思堡盆地盆地的 Booneville 气田）、在致密围岩内部具有出乎意料的原始孔隙度和渗透率（艾伯塔盆地的 Eleworth 气田）、有深部成岩作用造成的淋滤带（Olmos 地层，Maverick 盆地，得克萨斯州）。

（4）有裂缝存在或者发育充足的裂隙（Berea，阿巴拉契亚盆地，奥斯汀白垩，得克萨斯墨西哥湾沿岸）。

（5）在致密砂岩气中有常规圈闭（大绿河盆地）。

目前仍存在的问题包括：所谓的甜点是否仅仅是常规地层或者构造圈闭中发现的气藏；甜点是否形成于那些受不同作用改造致使饱含气的致密砂岩气藏储层质量较好的地方；或者是否在各个盆地、各种环境下都有各种作用的存在，由于需要考虑这里提到的所有变量，从而使勘探家的工作更加困难？

（六）地层水

一些典型的致密砂岩气藏可能并不十分理想，事实上，存在着一些伴生、可采的地层水。很多研究者注意到，这种情况可能在以下条件下发生：

（1）致密单元处于下倾饱含气系统与上倾含水系统之间的过渡带。这样的过渡带也属于致密砂岩气系统。

（2）单元没有被完全充注。这可以在以下情况下发生：①烃源岩与充足的储集空间相比较有限；②烃源岩品味较低；③烃源岩不在生气窗内；④成熟烃源岩不靠近储层。

（3）系统被破坏。随着气体的散失，水向下回流占据过渡带中一部分原充注天然气的储集空间。

（4）一个储层质量较好的地层单元的水平方向上与上倾的水层连续性较好，中间夹杂一些致密砂岩气单元。这种地层单元呈现为一个被饱含气单元包围的异常含水单元。

一般情况下，产水的多少与烃源岩的相对数量、成熟度及储层孔隙空间有关。

四、识别甜点的技术

（一）地球物理

盆地中心气的勘探经历了如下三个阶段，初始认为盆地中心气储层太致密而没有商业价值（19 世纪六七十年代）、发现一些气藏中含有甜点（Iverson 和 Surdam，1995）、运用现在的压裂技术能使它们成为商业性的气藏（19 世纪 80 年代至今）。

Suadam(1997)和Surdam等(2004)提出,声波测井和地震层速度剖面可以用来鉴定异常压力水—岩系统中气藏压力高值和天然气充注区域。另外,Surdam等发现,在落基山盆地某些层段,一些甜点的孔渗值比致密砂岩气藏的平均值高很多。Suadam(1997)和Surdam等(2004)认为,具有异常压力的甜点可以用异常低地震速度谱结合其他的地震参数(如频率)来识别。

早期用来识别甜点的振幅—炮检距关系(AVO)技术是由Johnson等(1995)开创的。1987年,在粉河盆地应用AVO技术有所发现。AVO技术在超压区能够找到与纯净砂岩(石英含量高)伴生的天然气藏。天然气和石英的AVO响应具有叠加效应,所以,其具有更加明显的异常。AVO技术在尤因塔盆地应用也很成功,识别了Natural Buttes气藏中叠置的Wasatch砂岩产层,该产层不含水(W. E. Johnson,2004,口述)。

AVO技术在怀俄明州南部Washakie盆地的应用可以追溯到1988年,那时,AVO实地研究正在Dripping Rock地区进行。新获得的穿过Dripping Rock单元1以及周边地区的长偏移距地震数据对识别甜点中的产气层具有重要作用(J. E. Blott,2004,口述)。

方位角,振幅—偏移距或者振幅—入射角、方位角(AVAZ)已经在怀俄明州Pinedale气田用来预测裂缝密度,并成功预测了盆地中心气构造上的产量。裂缝密度越高,用AVAZ预测到更高产量的成功率也越高,成功率大约为75%(D. Gray,2004,口述)。

Gaiser和Van Dok(2005)阐述了在P波转换为S波的界面处运用多元三维地震勘探来分析裂缝属性。在Pinedale气田南端运用的三元(3C)三维转换波(PS波)勘探识别了Lance砂岩层中裂缝发育的气藏。通过S波的速度快慢分析,可以观测到储层非均质性的区域方向。另外,通过方位角的非均质性分析可以识别潜在的裂缝密度更高的甜点。

在得克萨斯的奥斯汀白垩层,S波对裂缝带位置的预测很实用。通过S波地震数据预测的裂缝位置与取心井显示的裂缝实际位置很一致(Mueller,1991)。

在Washakie盆地,高分辨率反演和频谱成像等新的地震技术被用来预测裂缝高度发育的砂岩气藏。由于裂缝和天然气都会使地震反射衰减,所以,天然气的直接成像是可能的(Ouenes等,2004)。12000~14000ft(3657~4267m)的古生界气藏也能被成功地识别(A. Ouenes,2004,口述;J. Leaver,2004,口述)。

(二)非地震技术

在Pinedale气田运用的土壤微生物法,Jonah气田的土壤气法,皮申斯盆地的航空电阻率测量法,对甜点的预测都有很好的作用。Jonah气田在高产井和低产井采集的土壤气数据表明两者有很大差别。产量特征图与气田边界的断层样式有很好的相关性(D. Seneshen,2004,口述)。

Jonah气田还运用了微生物方法开展研究工作(D. Schumacher,2002,口述)。气田区域与边界转换断层西南部地区相比,有明显的微生物异常。同样的微生物勘探法还运用于Pinedale背斜北部的典型区,该典型区中的异常区域,随后证明是高产区。

皮申斯盆地的Rulison和Mamm Creek气田用航磁法测量了气田上部电阻率的变化(T. Barringer,2002,口述)。两个气田都有电阻率异常显示,Rulison上部的异常很值得关注,因为它的高异常与高产量有很好的相关性(J. Leaver,2004,口述)。

五、今后方向

一些研究者(如 Nuccio 等,2000;Law,2002)预测了部分新的盆地和区域,以供美国将来的勘探。本文介绍这些文章,让读者了解这些作者的评价和预测。

石油工业界仍然在学习怎样识别甜点,如何提高钻完井技术来拓宽具有商业价值的孔隙度和渗透率范围。在美国的落基山区域,圣安盆地是一个相对成熟的天然气矿区,距初始开发约50年后的2004年,为了寻找致密砂岩气藏,新钻了400多口井。同样,阿巴拉契亚盆地的若干部分也属于高成熟探区,但是,经过80年的生产,对阿巴拉契亚盆地的大部分油气区仍然认识不清。随着气价的不断增长,可以预期,在像俄亥俄的 Clinton – Median 这些最终采收率较低(小于 $0.5 \times 10^{12} \mathrm{ft}^3$/井)的区带估计会增加井的部署。

Masters(1979)认为,Elmworth 矿区是加拿大艾伯塔盆地深盆气勘探的对象。25年之后,在该盆地 Sierra 新区带中,发现了 $4 \times 10^{12} \mathrm{ft}^3$ 可采储量的气(Roche,2004)。最近 Sierra 在原来 Helmut – Peggo 地区的基础上南北扩张了 175mile(281km),东西扩张了 75mile(120km),从而形成了新区带。这表明,对一个气田的认识从原来的常规气转变为非常规气,它的资源潜力也随之有了大幅度增长。

图 7 列出的是处于不同发展阶段的盆地。研究人员按照现在的勘探程度把它们分为三类(图 11)。这些分类的准确性还有待商榷,但是,有一不争的事实是很多处于中间阶段或者不成熟阶段的盆地将是下一步勘探开发的重要目标。

图 12 总结了石油工业未来的几个发展方向。

盆地的勘探情况		
高成熟勘探盆地	中成熟勘探盆地	低成熟勘探盆地
阿纳达科 Arkoma Denver–Julesberg 沃思堡 Rio Grande Embayment 圣胡安 Val Verde	艾伯塔 阿巴拉契亚 东得克萨斯 绿河 皮申斯 尤因塔 Wind River	Bighorn Burgos(Mexico) Columbia River Sabins(Mexico) Sacramento Wasatch
高成熟勘探盆地——在大部分有利单元进行了高度开发的盆地		
中成熟勘探盆地——多数单元和层位正在积极开发的盆地		
低成熟勘探盆地——早期潜力认知阶段的盆地		

图 11 北美几个盆地的勘探程度分类图

今后的勘探方向	
高成熟勘探盆地重探	阿巴拉契亚、艾伯塔
勘探新盆地	Sacramento、Bighorn
二氧化碳	观望阶段
致密岩层	借助于页岩气的压裂技术分析研究储层性质

图 12 致密气藏今后的勘探方向图

在北美,一些致密砂岩气藏勘探开发比较成熟的区域仍然有较大的增长空间。"资源金字塔"的理念很好地描绘了所考虑盆地的增长潜力。石油工业将继续发展钻完井技术,这将使我们能够勘探开发更致密的砂岩储层,从而可涉足资源金字塔更下端的资源。正在页岩气中成功运用的新的水力压裂技术可能运用到致密砂岩气的开发中。随着气价的飞涨,石油工业将越来越无所不能。

除了将工作目标从明显的常规气田扩张到主要的致密砂岩区带外,石油工业还要将目光转向新的盆地,以后,将在这些新盆地开发普遍分布的非常规致密(和没那么致密的)气。现在,在这些盆地中,仅仅勘探了一部分。在某些情况下,致密砂岩气模式还没有作为潜在的勘探指导。这可能部分因为在盆地中心很少做过深部钻探来作为对比,也可能与天然气管道建设的不完善有关。

在本文中,碳酸盐岩只是随笔带过,碳酸盐岩层段具有重要的资源潜力。很多盆地的石灰岩层和白云岩层与成熟烃源岩邻近,因此,它们是普遍分布致密气的有利分布区。现在,碳酸盐岩致密气领域不活跃,为将来的勘探留下了足够的空间。

总之,现在仍然存在着一些足具诱惑、切实可行的勘探领域有待于石油工业去关注。

参 考 文 献

Berg, R. R., and A. F. Gangi, 1999, Primary migration by oil – generation microfracturing in low – permeability source rocks: Application to the Austin Chalk, Texas: AAPG Bulletin, v. 83, p. 727 – 756.

Berry, F. A. F., 1959, Hydrodynamics and chemistry of the Jurassic and Cretaceous systems in the San Juan Basin, northwestern New Mexico and southwestern Colorado: Ph. D. thesis, Stanford University, Stanford, California, 269 p.

Blanchard, K. S., O. Denman, and A. S. Knight, 1968, Natural gas in Atokan (Bend) section of northern Fort Worth Basin, in B. W. Beebe and B. F. Curtis, eds., Natural gases of North America: AAPG Memoir 9, p. 1446 – 1454.

Budd, H., 1952, Blanco field, San Juan Basin, in Geological Symposium of the Four Corners Region: Four Corners Geological Society, p. 113 – 118.

Chiang, K. K., 1984, The giant Hoadley gas field, southcentral Alberta, in J. A. Masters, ed., Elmworth: Casestudy of a deep basin gas field: AAPG Memoir 38, p. 297 – 314.

Davis, T. B., 1984, Subsurface pressure profiles in gas – saturated basins, in J. A. Masters, ed., Elmworth: Case study of a deep basin gas field: AAPG Memoir 38, p. 189 – 204.

Dickey, P. A., and W. C. Cox, 1977, Gas and oil in reservoirs with subnormal pressure: AAPG Bulletin, v. 61, p. 2134 – 2142.

Dutton, S. P., S. J. Clift, D. S. Hamilton, H. S. Hamlin, T. F. Hentz, W. E. Howard, M. S. Akhter, and S. E. Laubach, 1993, Major low – permeability sandstone gas reservoirs in the continental United States: University of Texas at Austin, Bureau of Economic Geology Report of Investigations 211, 221 p.

Dutton, S. P., H. S. Hamlin, and S. E. Laubach, 1995, Geologic controls on reservoir properties of low – permeability sandstone, Frontier Formation, Moxa Arch, southwestern Wyoming: University of Texas at Austin, Bureau of Economic Geology Report of Investigations 234, 89 p.

Emmons, W. H., 1921, Geology of petroleum: New York, McGraw – Hill, 736 p.

Gaiser, J. E., and R. R. Van Dok, WesternGeco, 2005, Converted shear – wave seismic fracture characterization analysis at Pinedale field, Wyoming: 11th Annual 3 – D Seismic Symposium, The Rocky Mountain Association of Geologists and the Denver Geophysical Society, February 27, 2005, Denver, Colorado.

Gas Research Institute, et al. ,1998, Developing a better understanding of basin centered gas plays: Abstracts and Papers from the Denver conference, Consortium for Emerging Gas Resources in the Greater Green River Basin, April 27, 1998, Denver, Colorado, 250 p.

Gas Technology Institute, 2001, Tight gas resource map of the United States: Fort Worth, Texas, Quicksilver, 1 sheet.

Gies, R. M. ,1984, Case history for a major Alberta Basin gas trap: The Cadomin Formation, in J. A. Masters, ed. , Elmworth: Case study of a deep basin gas field: AAPG Memoir 38, p. 115 – 140.

Gray, D. , S. Boerner, D. Todorovic – Marinic, and Y. Zheng, 2003, Analyzing fractures from seismic for improved drilling success: World Oil, v. 224, no. 10, p. 62 – 69.

Gray, J. K. , 1977, Future gas reserve potential Western Canadian sedimentary basin, in The 3rd National Technology Conference Canadian Gas Association, Calgary, 1977.

Hamlin, H. S. , S. J. Clift, S. P. Dutton, T. F. Hentz, and S. E. Laubach, 1995, Canyon Sandstones— A geologically complex natural gas play in slope and basin facies, Val Verde Basin, southwest Texas: University of Texas at Austin, Bureau of Economic Geology Report of Investigation 232, 74 p.

Hill, G. A. , W. A. Colburn, and J. W. Knight, 1961, Reducing oil finding costs by use of hydrodynamic evaluations, in Petroleum exploration, gambling game or business venture: Institute of Economic Petroleum Exploration, Development, and Property Evaluation: Englewood, New Jersey, Prentice – Hall, p. 38 – 69.

Hills, J. M. , 1968, Gas in Delaware and Val Verde basins, west Texas and southwestern New Mexico, in B. W. Beebe and B. F. Curtis, eds. , Natural gases of North America: AAPG Memoir 9, p. 1391 – 1432.

Hottmann, C. E. , and R. K. Johnson, 1965, Estimation of formation pressures from log – derived shale properties: Journal of Petroleum Technology, v. 17, p. 717 – 722.

Iverson, W. P. , and R. C. Surdam, 1995, Tight gas production from the Almond Formation, Washakie Basin, Wyoming: Society of Petroleum Engineers Rocky Mountain Regional/Low Permeability Reservoirs Symposium, Denver, Colorado, March 20 – 22, SPE Paper 29559, 12p.

Jackson, P. C. , 1984, Paleogeography of the Lower Cretaceous Mannville Group of Western Canada, in J. A. Masters, ed. , Elmworth: Case study of a deep basin gas field: AAPG Memoir 38, p. 49 – 78.

Johnson, R. C. , R. A. Crovelli, B. G. Lowell, and T. M. Finn, 1999, An assessment of in – place gas resources in the low permeability basin – centered gas accumulation of the Bighorn Basin: U. S. Geological Survey Open File Report 99 – 315 – A, 123 p.

Johnson, W. E. , W. T. Brown, and J. B. Peterson, 1995, Seismic detection of gas, in R. R. Ray, ed. , Cretaceous sandstones and fractured sandstones: Rocky Mountain Association of Geologists high – definition seismic 2 – D, 2 – D swath, and 3 – D case histories, p. 205 – 214.

Kuhn, T. S. , 1996, The structure of scientific revolutions, 3rd ed. : Chicago, University of Chicago Press, 212 p.

Kuuskraa, V. A. , and J. W. Schmoker, 1998, Diverse gas plays lurk in gas resource pyramid: Oil & Gas Journal, (June 8), p. 123 – 130.

Law, B. E. , 1984, Relationships of source rocks, thermal maturity, and overpressuring to gas generation and occurrence in low – permeability Upper Cretaceous and lower Tertiary rocks, Greater Green River Basin, Wyoming, Colorado, and Utah, in J. Woodward, F. F. Meissner, and J. L. Clayton, eds. , Hydrocarbon source rocks of the greater Rocky Mountain region: Rocky Mountain Association of Geologists Guidebook, p. 469 – 490.

Law, B. E. , 2002, Basin – centered gas systems: AAPG Bulletin, v. 86, p. 1891 – 1919.

Law, B E. , and W. W. Dickinson, 1985, Conceptual model for origin of abnormally pressured gas accumulations in low – permeability reservoirs: AAPG Bulletin, v. 69, p. 1295 – 1304.

Law, B. E. , and C. W. Spencer, 1989, Geology of tight gas reservoirs in the Pinedale anticline area, Wyoming, and at the multiwell experiment site, Colorado: U. S. Geological Survey Bulletin, v. 1886, p. 39 – 61.

Law, B. E. , C. W. Spencer, and N. H. Bostick, 1979, Preliminary results of organic maturation, temperature, and pressure studies in the Pacific Creek area, Sublette County, Wyoming, in 5th Department of Energy Symposium on Enhanced Oil and Gas Recovery and Improved Drilling Methods: Oil and gas recovery: Tulsa, Oklahoma, Petroleum Publishing, v. 3, p. K – 2/1 – K – 2/13.

Law, B. E. , C. W. Spencer, and N. H. Bostick, 1980, Evaluation of organic maturation, subsurface temperature, and pressure with regard to gas generation in low – permeability Upper Cretaceous and lower Tertiary strata in the Pacific Creek area, Sublette County, Wyoming: Mountain Geologist, v. 17, no. 2, p. 23 – 35.

Law, B. E. , C. W. Spencer, and N. H. Bostick, 1984, Geological characteristics of low – permeability, Upper Cretaceous and lower Tertiary rocks in the Pinedale anticline area: U. S. Government 1 – 19. 76:84 – 753; also Prelim Chart w elog correlations 82 – 129.

Masters, J. A. , 1979, Deep basin gas trap, western Canada: AAPG Bulletin, v. 63, p. 152 – 181.

Masters, J. A. , ed. , 1984, Elmworth: Case study of a deep basin gas field: AAPG Memoir 38, 316 p.

Matuszczak, R. A. , 1973, Wattenburg field, Denver Basin, Colorado, in J. Braunstein, ed. , North American oil and gas fields: AAPG Memoir 24, p. 136 – 144.

Matuszczak, R. A. , 1976, Wattenburg field: A review, studies in Colorado field geology, in R. C. Epis and R. J. Wiemer, eds. , Colorado School of Mines Professors' Contributions 8, p. 275 – 279.

McPeek, L. A. , 1981, Eastern Green River Basin—A developing giant gas supply from deep, overpressured Upper Cretaceous sandstones: AAPG Bulletin, v. 65, p. 1078 – 1098.

Meckel, L. D. , and J. T. Smith, 1993, The Austin Chalk: A vast resource in the Gulf Coast: Paper and Abstract for AAPG Convention in New Orleans, April 25 – 28, 1993: AAPG Bulletin, v. 77, p. 519.

Meissner, F. F. , 1979, Examples of abnormal pressure generation by organic matter transformations: AAPG Research Conference on Abnormal Pressure Generation and Maintenance Mechanisms, Keystone, Colorado, September 10 – 11, 1979: AAPG Bulletin, v. 63, no. 8, p. 1440.

Meissner, F. F. , 1982, Abnormal pressures produced by hydrocarbon generation and maturation, and their relation to processes of migration and accumulation: 1981 – 1982 AAPG Distinguished Lecture Series: AAPG Bulletin, v. 65, no. 11, p. 2467.

Meissner, F. F. , 1987, Mechanisms and patterns of gas generation, storage, expulsion – migration and accumulation associated with coal measures in the Green River and San Juan basins, Rocky Mountain region, U. S. A. , in B. Doligez, ed. , Migration of hydrocarbons in sedimentary basins: 2nd Institut Francais du Petrole Exploration Research Conference, Carcais, France, June 15 – 19, 1987, Paris, p. 79 – 112.

Mueller, M. C. , 1991, Prediction of lateral variability in fracture intensity using multicomponent shear – wave surface seismic as a precursor to horizontal drilling in the Austin Chalk: Geophysics Journal International, v. 107, p. 409 – 415.

Myers, D. L. , 1984, Drilling in the deep basin, in J. A. Masters, ed. , Elmworth: Case study of a deep basin gas field: AAPG Memoir 38, p. 283 – 290.

Nuccio, V. F. , T. S. Dyman, J. W. Schmoker, R. S. Johnson, T. Gognat, M. A. Popov, M. S. Wilson, and C, Bartberger, 2000, Geologic screening of thirty – three potential basin – center gas accumulations in the U. S. , in Rocky Mountain Association of Geologists Basin – Center – Gas Symposium, October 6, 2000, Denver.

Ouenes, A. , G. Robinson, and A. M. Zellou, 2004, Impact of pre – stack and post – stack seismic on integrated naturally fractured reservoir characterization: Society of Petroleum Engineers Asia Pacific Conference on Integrated Modeling for Asset Management, Kuala Lumpur, Malaysia, March 29 – 30, SPE Paper 87007, 11 p.

Rahmani, R. A. , 1984, Facies control, Lower Cretaceous Falher "A" Cycle, Elmworth area, northwestern Alberta, in J. A. Masters, ed. , Elmworth: Case study of a deep basin gas field: AAPG Memoir 38, p. 141 – 152.

Robinson, J. W., and K. W. Shanley, eds., 2004, Jonah field: Case study of a tight – gas fluvial reservoir, Rocky Mountain Association of Geologists 2004 Guidebook: AAPG Studies in Geology 52, 283 p.

Roche, P., 2004, Are tight gas resources overstated? Authors say estimates are likely three to five times too high, and risks equal conventional exploration: New Technology Magazine, v. 10, no. 7, p. 29 – 34.

Rocky Mountain Association of Geologists, 2000, Basin – centered gas symposium: Conference notes for the Rocky Mountain Association of Geologists 2000 Basin – centered Gas Symposium.

Russell, W. L., 1972, Pressure – depth relation in the Appalachian region: AAPG Bulletin, v. 56, p. 528 – 536.

Ryder, R, T., and W. A. Zagorski, 2000, The Lower Silurian oil and gas accumulation, Appalachian Basin: A Paleo zic example of basin – centered gas, in Rocky Mountain Association of Geologists Basin Center Gas Symposium Publication: Rocky Mountain Association of Geologists, Denver, Colorado.

Shanley, K. W., R. M. Cluff, and J. W. Robinson, 2004, Factors controlling prolific gas production from low – permeability sandstone reservoirs: Implications for resource assessment, prospect development, and risk analysis: AAPG Bulletin, v. 88, p. 1083 – 1121.

Silver, C., 1950, The occurrence of gas in the Cretaceous rocks of the San Juan Basin, New Mexico and Colorado, in New Mexico Geological Society, First Field Conference, San Juan Basin, p. 109 – 123.

Silver, C., 1968, Principles of gas occurrence, San Juan Basin, in B. W. Beebe and B. F. Curtis, eds., Natural gases of North America: AAPG Memoir 9, p. 946 – 960.

Silver, C., 1973, Entrapment in isolated porous bodies: AAPG Bulletin, v. 55, p. 726 – 740.

Smith, D. G., C. E. Zorn, and R. M. Sneider, 1984, The paleogeography of the Lower Cretaceous of western Alberta and northeastern British Columbia in and adjacent to the deep basin of the Elmworth area, in J. A. Masters, ed., Elmworth: Case study of a deep basin gas field: AAPG Memoir 38, p. 79 – 114.

Smith, R., 1984, Gas reserves and production performance of the Elmworth/Wapiti area of the deep basin, in J. A. Masters, ed., Elmworth: Case study of a deep basin gas field: AAPG Memoir 38, p. 153 – 172.

Sneider, R. M., H. R. King, R. W. Hietala, and E. T. Connolly, 1984, Integrated rock – log calibration in the Elmworth field, Alberta, Canada, in J. A. Masters, ed., Elmworth: Case study of a deep basin gas field: AAPG Memoir 38, p. 205 – 282.

Spencer, C. W., 1987, Hydrocarbon generation as a mechanism for overpressuring in Rocky Mountain region: AAPG Bulletin, v. 71, p. 368 – 388.

Spencer, C. W., 1989, Review of characteristics of low – permeability gas reservoirs in western United States: AAPG Bulletin, v. 73, p. 613 – 629.

Spencer, C. W., and R. F. Mast, eds., 1986, Geology of tight gas reservoirs: AAPG Studies in Geology 24, 299 p.

Stayura, J. A., 1984, Completion practices in the Alberta deep basin, in J. A. Masters, ed., Elmworth: Case study of a deep basin gas field: AAPG Memoir 38, p. 291 – 296.

Surdam, R. C., 1997, A new paradigm for gas exploration in anomalously pressured tight gas sands in the Rocky Mountain Laramide basins, in R. C. Surdam, ed., Seals, traps, and the petroleum system: AAPG Memoir 67, p. 283 – 298.

Surdam, R. C., Z. S. Jiao, and R. S. Martinson, 1994, The required pressure regime in Cretaceous sandstones and shales in the Powder River Basin, in P. J. Ortoleva, ed., Basin compartments and seals: AAPG Memoir 61, p. 213 – 234.

Surdam, R. C., Z. S. Jiao, and H. P. Heasler, 1997, Anomalously pressured gas compartments in Cretaceous rocks of the Laramide basins of Wyoming: A new class of hydrocarbon accumulation, in R. C. Surdam, ed., Seals, traps, and the petroleum system: AAPG Memoir 67, p. 199 – 222.

Surdam, R. C. , J. Zunshong, and Y. Ganshin, 2004, Reducing the risk of exploring for anomalously pressured gas assets: GasTIPS, Winter, v. 10, p. 4 – 8.

Welte, D. H. , R. G. Schaefer, W. Stoessinger, and M. Radke, 1984, Gas generation and migration in the deep basin of Western Canada, *in* J. A. Masters, ed. , Elmworth: Case study of a deep basin gas field: AAPG Memoir 38, p. 35 – 48.

Wong, P. M. , and S. Boerner, 2003, Ranking geological drivers for mapping fracture intensity at the Pinedale anticline, 65th Meeting: European Association Geoscientists and Engineers, p. C17.

Wyman, R. E. , 1984, Gas resources in Elmworth coal seams, *in* J. A. Masters, ed. , Elmworth: Case study of a deep basin gas field: AAPG Memoir 38, p. 173 – 188.

连续型致密砂岩气的生成、运移及盖层散失的毛细管模拟实验

Stephen W. Burnie Sr.　Brij Maini　Bruce R. Palmer　Kaush Rakhit

摘要: 加拿大艾伯塔盆地和美国落基山盆地群低渗透气藏呈区域性大规模连续性分布。这些致密气也被称为"深盆气"或"盆地中心气",拥有巨大的天然气资源量。

实验和理论研究表明,区域性连续分布的天然气是经过生气、过渡、稳定、渗吸四个阶段形成的。这个过程包括气体生成、运移、散失,并伴随区域性排水作用,甚至在粉砂岩和页岩中也是如此。生气阶段涵盖了气藏形成早期的常规气藏和晚期的非常规气藏。生气作用晚期的主要特征是高气柱,以及清楚的正常下倾的气水界面。这些高气柱能产生足够的毛细管力来驱替低渗透储层中的水,使气体在盆地中形成大规模的连续相,这标志着气藏的形成。过渡阶段气藏既有正常压力的气藏,也有低压的气藏,在压力—海拔图上高气柱横穿区域水层。稳定阶段的气藏具有低压,气柱较高,有上倾气水界面。渗吸阶段标志着气藏的萎缩,主要特点是气柱低,低压,伴生水低压。

毛细管模式的实验支持了区域性低渗透气系统的四阶段演化模式,证实了在生气阶段中,既有正常压力的气—水系统也有超压的气—水系统。这些实验表明,过渡阶段和稳定阶段气藏的低压机制是由于气体的散失,这也进一步证实了毛细管理论得出的结论。

压力—海拔交会图和毛细管实验的综合应用产生了一些有趣的结果。比如,区域低渗透含气系统可看作是正在进行初次运移的烃源岩,气体可以是热成因,也可以是生物成因。因此,对于艾伯塔南部和中部的牛奶河(milk River)和马蹄形峡谷(Horseshoe Canyon)地层的浅层生物成因气层,四阶段的成因模式也同样适用。生气阶段的气藏含有一些可动水,在其下倾处具有叠加的高产水构造圈闭和地层圈闭。因为生气阶段含水饱和度变化较大,所以,需要关注相对渗透率。

一个盆地中可能只有四个阶段中的一个阶段发育较好,也有像艾伯塔深部盆地那样,四个阶段都有发育。只有完全了解气藏的这四个演化阶段,才能更好地识别气藏,制定有效的勘探战略。

本文建立了一个四阶段模式来解释盆地中心气系统或是更广泛地称为"区域性低渗透含气系统"的形成(Law,2002)。该模式是基于井压、流体和渗透率等数据而建立的,并是选自艾伯塔盆地深部及南部牛奶河地区 Alderson 地层的勘探井和开发井。另外,该模式也是基于 Canadian Hunter Exploration 的研究成果而建立的(Gies,1984;Masters,1984)。

本文的第一部分讨论了实验模型及其在勘探开发中的意义。该模型的某些方面(如低压机制)是基于毛细管理论且需要实验验证。这些实验的结果将在本文的第 II 部分中讨论。

一、区域性低渗透含气系统的实验模型

(一)地层模型

图 1 是区域性低渗透含气系统的地层示意图。气藏由下倾方向的低渗透($K < 0.1mD$)系统和上倾方向的渗透性水层组成(Master,1984;Law,2002)。下倾的储层渗透率很低,常

被称为半透水层(Freeze 和 Cherry)。该封闭层是非均质储层,包括具有较高渗透率的透镜状致密砂岩(甜点),夹杂着页岩、粉砂岩和泥岩。图2所示是来自甜点、致密砂岩、页岩和粉砂岩样品的毛细管压力曲线。在该非均质系统中,不同类型的储层具有不同的驱替压力,因此,肯定存在毛细管分异搬运作用(下文有解释)。一旦气体连续性通过,在区域性低渗透含气系统中就会存在孤立的水(润)湿区。另外,在该低渗透含气系统中,含有充足的烃源岩,当它们达到成熟(R_o 为 0.8%~1.2%)阶段时就会产生大量的天然气。

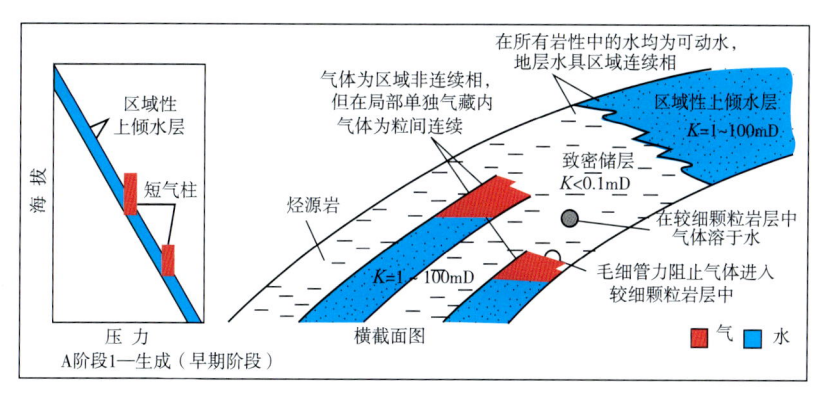

图1 气藏模型示意图

在气层演化(生气)第一阶段早期,在致密储层(气层早期)和上倾区域水层水均为连续相;气体存在于具底水边界的常规地层圈闭中

烃源岩既有具生气倾向的Ⅲ型干酪根(Welte 等,1984),也有Ⅱ型干酪根。后者需要在大量生气之前达到较高的成熟度,且生出的油和水必须从系统中排出,这样,气体才能够形成连续相(Law,2002)。下面将讨论气藏形成的四个阶段,主要考虑Ⅲ型干酪根的生气作用。

1. 阶段Ⅰ:生气

生气阶段早期,烃源岩成熟度 R_o 达到足以开始生烃的程度(0.5%~0.6%)。气体开始储集在较大的孔喉处,先充注一些常规的地层和构造圈闭。气柱相对较低,有下倾气水界面。如图1,第Ⅰ阶段早期含有常规的地层和构造圈闭。随着生气量的不断增加,气柱逐渐升高,甜点被充满。随着气体进入更小孔喉半径的岩石中,气藏中的水被驱替至上倾的水层。当气柱高度足

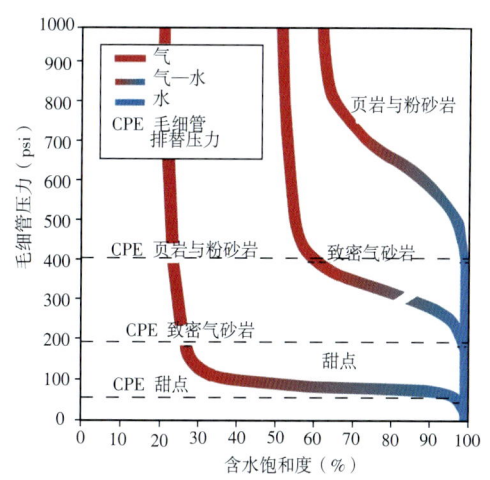

图2 区域性低渗透含气系统中三类储层的毛细管排替曲线示意图

三种储层类型的排替压力差异很大,导致毛细管分异作用及气层致密岩层中形成孤立润湿区

够高时,可产生足够的毛细管压力把水从储层中驱替出,但一些更致密的储层除外。气体从大部分构造圈闭中溢出,扩散至各处,除了一些地层圈闭中更致密的盖层。此时,这一过程一般处于生气高峰(R_o = 0.8%~1.2%)。从整个区域上看,天然气形成连续相,只有部分水被毛细管压力封闭在孤立的水(润)湿区中,或处于一些致密的微小孔喉中(毛细管分异搬运作用;Wardlaw,1980)。因此,把这样无水的连续相气藏叫作"含气层"。气柱通常能达到600~800ft(183~244m),最高可达2000ft(610m)。这些气柱能产生200~

300psi(1379~2068kPa)的毛细管压力,最高可达700psi(4826kPa)的压力。在上倾方向区域性水层相邻的边界处,封堵性差的遮挡层成为天然气的散失点。这属于生气阶段的晚期(图3A)。随着生气量的继续增加,气柱升高,突破了盖层的排替压力,气体开始向水层散失,这标志着第Ⅱ阶段即过渡阶段的开始。

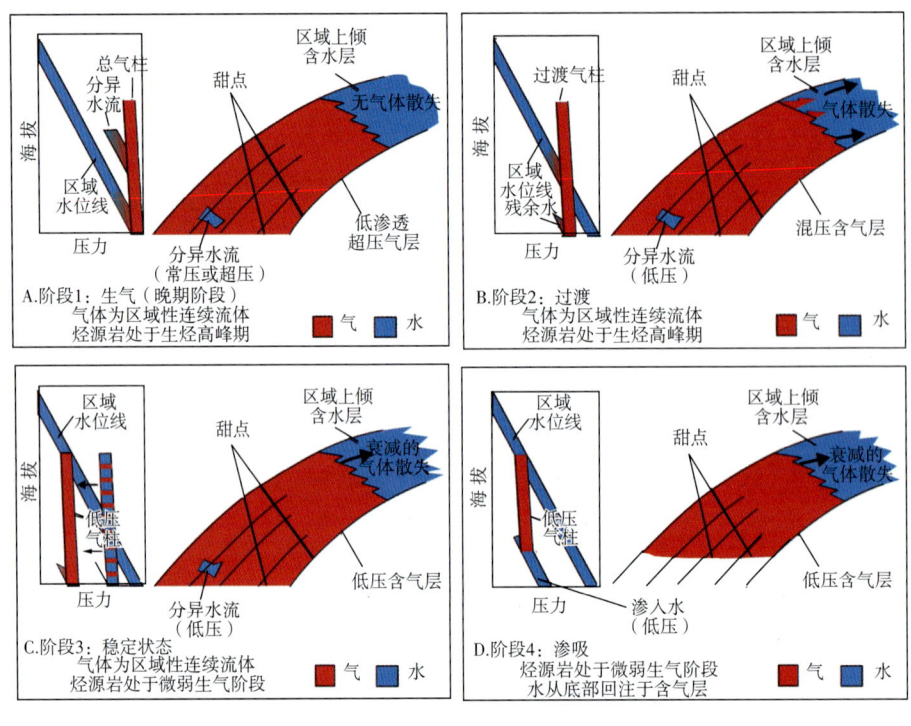

图3 区域低渗透含气系统发展阶段模式图

区域低渗透含气系统可分为四个发展阶段:第一阶段为生成阶段,初始气层为具较大渗透率的上倾储层(图1),烃源岩生成的气体由浮力作用运移至具底水边界的地层圈闭和构造圈闭中,初始气层中的水为连续性流体。在生成的晚期阶段(A),大量天然气的生成驱替初始气层中的水,气体变为连续相,致使在低渗透储层中形成气层。由于气流的分异驱替作用,气层中仅在最致密的储层中残留部分水。该阶段由于毛细管压力作用,气柱非常高且超压。部分区域的排替压力已经相当于第二阶段的过渡阶段(B)。在第二阶段,气体散失的速率大于气体的生成运移速率,气层压力降低(见B的压力海拔示意图),气柱跨越水层的水位线。随着气体的连续散失,气层逐渐变为低压,气柱终止于区域水位线的顶面(C)。因此,气藏具有上倾的气水界面,这也是第三阶段(稳定状态)的主要特征。最终,气体生成和运移的减少、水逐渐渗入气层中,即第四阶段的渗流阶段(D)。剩余的气体逐渐被水向外驱替,又回流至常规构造或地层圈闭的低渗透、润湿相储层中(半隔水层),正如气层形成的初始阶段

2. 阶段Ⅱ:过渡

过渡阶段早期与生气阶段晚期的压力—海拔图比较类似(图3A)。气柱处于区域性水压线的高压端,具有明显下倾的气水界面。然而,与生气阶段晚期不同的是,气藏中的气体开始散失。过渡阶段早期,随着气体生成量和运移量的增加,气体散失速率将增加。最后,一些致密盖层的驱替压力将被突破。在压力—海拔图上,过渡阶段的水压线是在区域含水层同一海拔的压力上,或是在区域含水层开始向含气层过渡时的压力上。在连续分布的气层中,地层水为非连续相流体,且以一些束缚水潭形态存在,压力线与区域水层压力线平行。

当气体的漏失量大于生成和运移量时,地层水也不能回渗入气层中,因为,此时气层中

的压力仍高于周边的水层压力而且此时水已经不再是连续相了。此后,气层中的压力开始下降,这是过渡阶段的标志,在压力—海拔图上,气柱穿越了区域水层压力线(图 3B,图 4,图 5)。只要漏失量大于生成气体量和运移进来的气体量,压力就会继续下降。气柱也将不断地往低压端走,横穿区域水层压力线,直到气柱顶端的压力与上倾水层的压力平衡(图 3C)。这标志着过渡阶段的结束以及稳定阶段的开始。

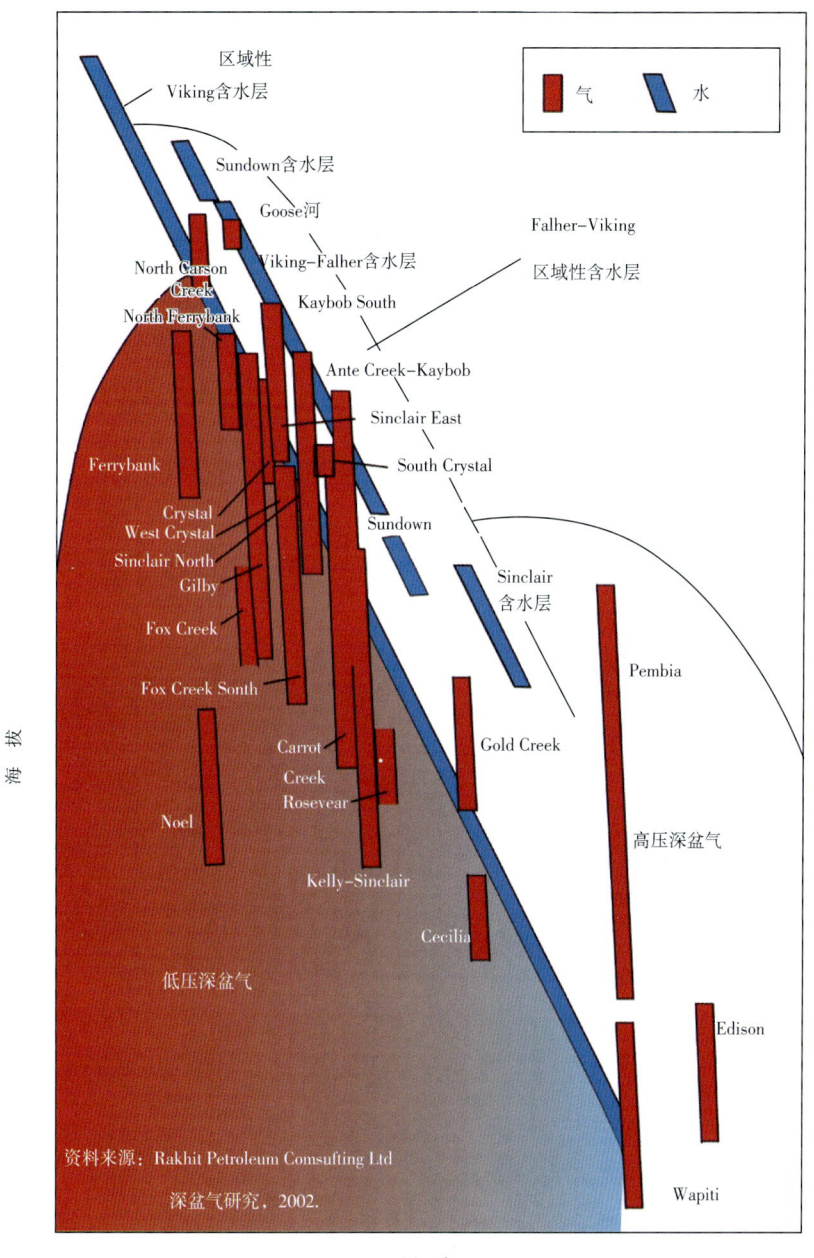

图 4 艾伯塔盆地深部 Crystal – Kaybob 地区 Viking 地层压力—海拔关系图
区域的低渗透含气系统形成的第一、三阶段在该区很明显,Pembina 和 Edson 气藏代表了生成阶段后期及过渡阶段早期,Ante Creek – Kaybob、Sinclair North 及 Carrot Creek 气藏的气柱相交,是典型的第二阶段的过渡气柱。Fox Creek、Fox Creek 南部及 Ferrybank 气藏代表了第三阶段——稳定状态

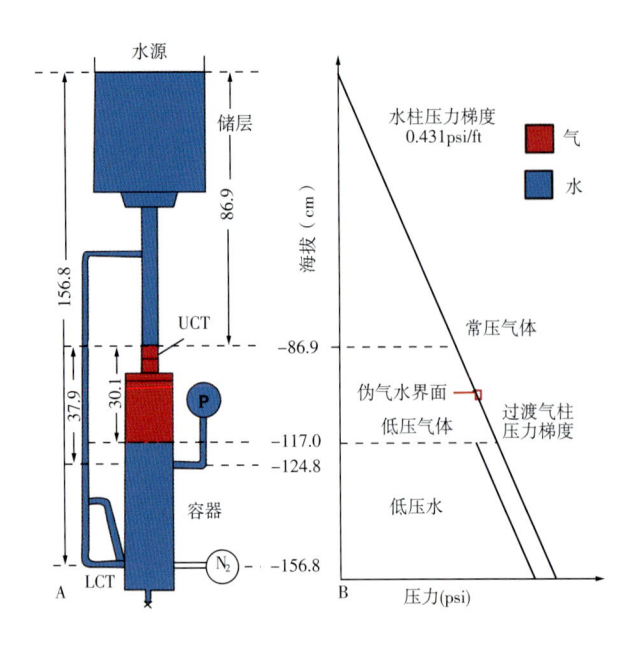

图 5　第二阶段(过渡)气柱穿切水层水位线示意图

在试验中,在气层形成的第二阶段,充满气体的毛细管顶部压力大于底部压力,因此,气体可以从容器中继续散失(B),随着气体的散失,水通过毛细管进入容器,容器的压力降低。B 图展示了这个过程中一些点的压力—海拔关系。容器中的水压比外部的水压低,因此,容器的水位线位于区域水位线的左侧;气柱横切水位线,因此,气柱上部为超压,下部为低压,而横切水位线的气柱点为伪气水界面。艾伯塔盆地深部 Viking 地层(图 4)是高气柱横切区域上倾水位线的很好实例

3. 阶段Ⅲ:稳定阶段

在整个稳定阶段,在气水层界面处,气柱顶端的压力始终等于或者略高于水层的压力。气体散失渐渐地变缓或者停止。而内部烃源岩进一步生气会在气层边界处形成压力差,导致气体继续散失,最终使气层与水层的压力相等。这种平衡是由压力集结与气体散失之间的持续作用形成的,它也是艾伯塔盆地深部和牛奶河气藏中低压系统长期存在的原因。气藏低压,气柱从下端与区域水层压力线截交是稳定阶段的主要特征,即气水界面是上倾的,气柱在压力—海拔图上处于低压端(图 3C)。气层一直处于低压状态,直到烃源岩停止生烃,区域性低渗透含气系统因地层水的回渗成为半透水层。

4. 阶段Ⅳ:渗吸(Imbibition)

区域性低渗透含气系统的孔喉非均质性使气层中的水不会被全部驱替。水在这些非常致密的岩石中可能还是流动相,并在适当的时候与区域性水层相连通。因此,通过这些通道,水可以回渗到气层中。但是,与气体的散失相比,其回渗速度很慢。水渗吸的相对低速率是因为水的黏度大约是气的 100 倍,而且,这种水通道的渗透率比气散失通道的渗透率低 100～1000 倍。因而,气层中气散失的速率比水回渗的速率约快 10^4～10^5 倍,并且其散失的面积也大得多。当生气速率低于水回渗的速率时,随着下倾方向回渗水的前缘进入低渗透含气系统,把剩余的气体排替至上倾区域的区域性水层,气层规模将回缩。这个渗吸的过程仅在实验室观察到,没有在西加拿大或者美国落基山盆地群中观察到。基于实验,本阶段的主要特征是气柱较短,低压,下倾水层也略低压。气柱与上倾正常压力的区域性水层有气水界面,与下倾低压回渗水层也有一个界面(图 3D)。

(二)模型的讨论和运用

在艾伯塔盆地深部(Masters,1984),稳定阶段的气藏很常见,大多数为低压气藏(图4)。但距上倾区域性水层较远的深盆气藏是超压的,气柱处于区域水层压力线的右端,这些气藏可能处于过渡阶段早期。尽管遇到了一些局部水潭,艾伯塔深盆气藏产水仍然很少。气层中的水通常都处于饱和束缚水状态,但是,由于岩石类型不同,气层中的水或高或低于束缚水饱和度(Sneider 和 King,1984),同时,这也取决于气体运移的程度,如果气体运移程度非常高,它会把束缚水全部驱替出去(Gies,1984)。

相比之下,怀俄明州西南部大绿河盆地上白垩统的大部分地区都处于生气阶段晚期和过渡阶段早期(图6)。一些气柱高度超过了1500ft(457m),这标志着含气层的形成(即气体已成为大规模连续相),气藏高压,压力/深度比低于 0.75 psi/ft (17.0kPa/m)。水在这些气层中比艾伯塔深盆中的更常见,且在气柱下端,含水饱和度和产水量均有所增加(Cluff 和 Cluff,2004a)。局部水层是否存在于气柱的底部取决于储层中孔喉大小的分布、毛细管分异搬运作用的程度以及气层中气体的运移量。

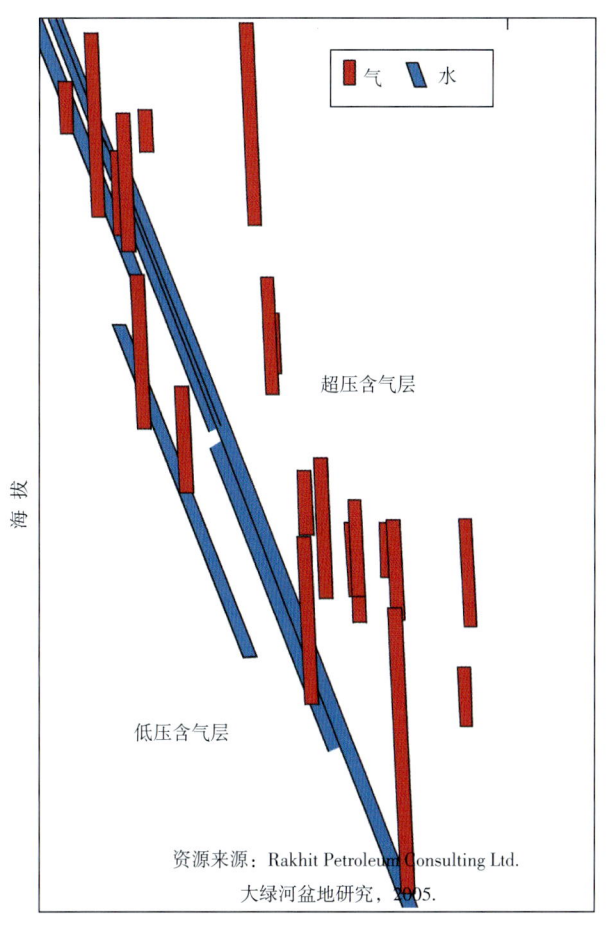

图6 大绿河盆地 Rock Springs 隆起东部 Almond 地层压力—海拔示意图
怀俄明州大绿河盆地致密气藏多处于区域性低渗透含气系统的早期阶段,气层形成后,孤立的水潭比艾伯塔盆地深盆气多,Almond 地层的气柱在大部分地区为超压表明,气藏为生成阶段后期或过渡阶段早期

高于束缚水饱和度的地层水的分布值得关注,因为,这将影响到盆地中心气的资源评价、风险分析和目标区带的开发(Shanley 等,2004)。图 7 是两条区域性低渗透含气系统不同储层的毛细管压力曲线以及反映毛细管压力与气水边界之上气柱高度关系的压力—海拔图。曲线 A(图 7B)是较好的储层或者甜点,曲线 B 是相对较差的储层。事实上,区域性低渗透含气系统具有较大的岩性非均质性,并且包含具有许多不同的毛细管压力曲线特征的沉积物(Sneider 和 King,1984)。图中可以看出,360ft(110m) 的气柱(能产生 122psi(841kPa)压力)足以让曲线 A 达到束缚水饱和度。而 122psi 的毛细管压力(p_c)刚刚达到曲线 B 代表的储层驱替压力(进入储层时的压力)。因此,对甜点而言,高于 -2650ft(-808m)不产水。这个深度,对于曲线 B 代表的储层只产水和溶解气。

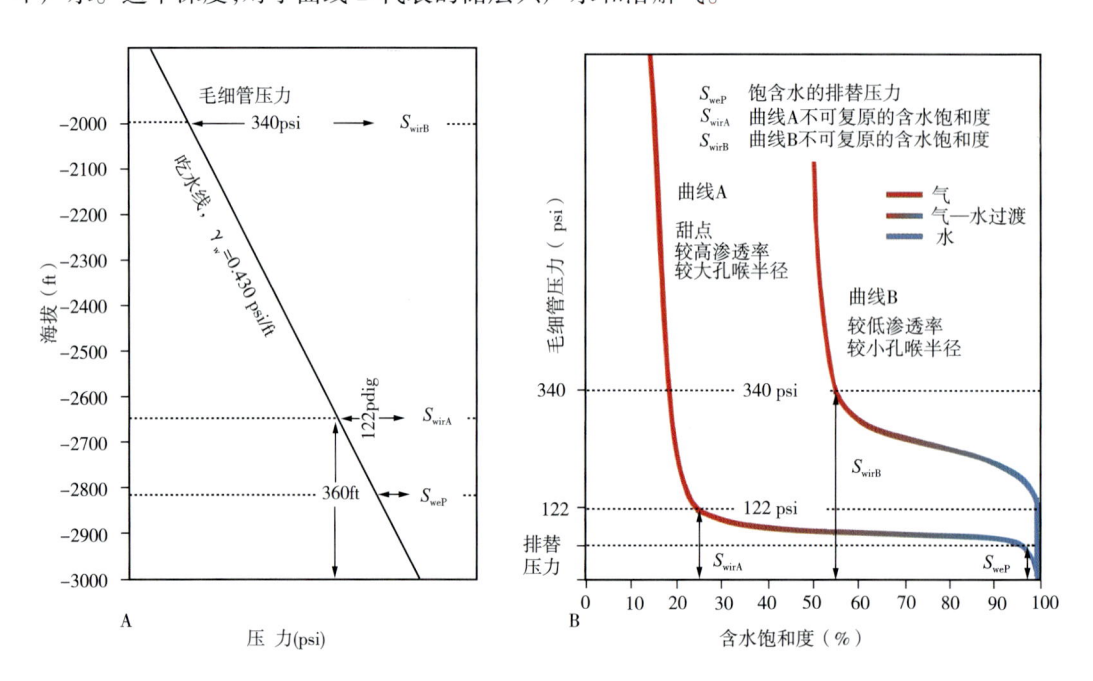

图 7 气层初期阶段两个主要气藏类型的毛细管压力曲线和相对压力—海拔交会示意图

气层中的水可能是由于储层非均质性或毛细管分异作用所致,图 B 的两条毛细管压力曲线代表了两种具不同孔隙特征的岩石类型,曲线 A 代表了比曲线 B 具有更大渗透率的甜点,360ft(109m)(p_c = 122psi(841kPa))的气柱可以驱替甜点中的饱和残留水,而 122psi(841kPa)的压力正好可以满足曲线 B 储层的排替压力。在海拔 -2650ft(-808m)(A)或之上,甜点开始产水;而在曲线 B 对应此埋深的储层中完井,不产气,只产水

对于 B 曲线代表的储层,气柱高度需达到 1000ft(305m) 才能把储层中的水驱替至束缚水饱和度。而且,该储层的生产井很可能拥有较高的水/气比(束缚水饱和度约为55%)。这可能会存在水处理的问题,也会导致气体相对渗流速率下降(Shanley 等,2004)。而像 A 曲线那样,由于好储层的存在或者是由于高气柱的驱替作用导致水层不存在,能够在气层中得到较高的天然气产量。所以,有必要确定下倾水层,确定天然气聚集是常规气藏还是区域性气层的一部分。在具含水层的常规气藏中,含水饱和度和产水量向下倾方向增加。同时根据模型得知,在生气阶段晚期和过渡阶段早期,水层已被驱替排空的气藏中同样具有这种现象。

区域性低渗透气系统可能只有一个阶段,也可能四个阶段都存在。所以有必要确定低渗透含气系统所处的阶段,以便高效经济地勘探、评估和开发有利目标。

二、毛细管实验

艾伯塔深部盆地的勘探开发数据表明,对区域范围的含气层而言,天然气会从一个气饱和的致密储层中产生、运移、穿越以及散失(Gies,1984;Welte 等,1984)。而需要搞清楚的是气体散失和低压形成的机理以及为什么对于这样一个低压储层,地层水不是突然的回渗进致密含气系统中。Gies 的实验(1984)以及其他的一些理论为实验研究解决这些问题奠定了基础。Gies(1984)应用颗粒介质作为储层,出于实验简便、省时和易操作性的考虑,选用了毛细玻璃导管作为储层。该实验模型的毛细作用与自然系统相似。实验每操作一次的时间不超过半小时,因此,可以用较短的时间,做大量的操作来确定实验结果的重复性误差。该实验有助于研究简单系统下气体的散失和低压形成机制,有助于了解气层各个阶段是如何形成的。

(一)原理

图 8A 是实验仪器的简单示意图。该仪器用来研究毛细管压力,有助于理解区域性低渗透含气系统的压力以及四阶段的形成。图 8B 是压力分布图,表现了仪器内静水压力的分布。

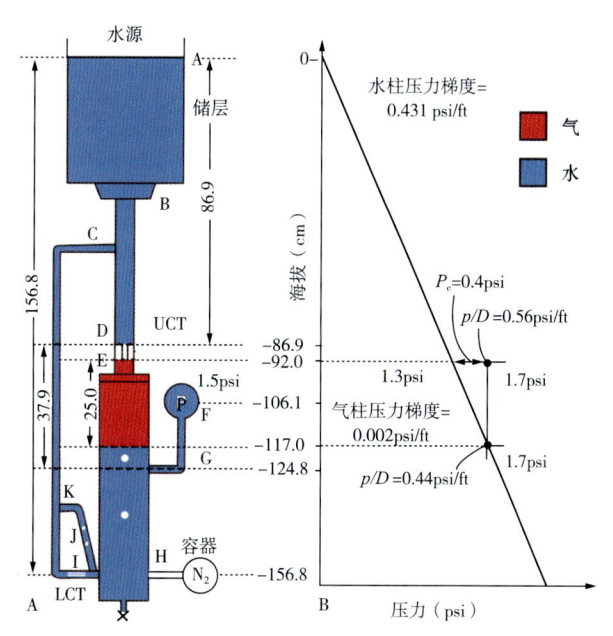

图 8 常压毛细管压力体系示意图

该图展示了研究区域性低渗透含气系统的演化阶段及气层低压形成机制的仪器简图。仪器由供水源或储层、容器和连接管组成。容器由上部的毛细管(DE)和下部的毛细管(I)与储层相连;毛细管的排替压力由公式 $p_c = (2\gamma\cos\theta)/r_c$ 求得,储层和连接管压力通过公式 $p_w = p_o + \gamma_w E$ 求得,其中 E 为距储层顶部处测量的海拔;容器中的水压由公式 $p_w = p_o + \gamma_w E_p$ 及计量器中求得,其中 E_p 为距压力计测量处的海拔;气柱的压力由公式 $p_g = p_{g/w} + \gamma_g(E - E_{g/w})$ 及气水界面处的压力求得

非润湿相流体,如气体(试验中,用纯 N_2)驱替圆柱形玻璃毛细管中水的毛细管压力,可用下面的公式表达:

$$p_d = (2\gamma\cos\theta)/r_c \tag{1}$$

式中，p_d 是毛细管驱替压力（dyn/cm²），γ 是界面张力（dyn/cm），θ 是接触角，r_c 圆柱形毛细管的半径（cm）。室温下气—水界面张力为 72dyn/cm，接触角为 0（Hodgman，1963）。1dyn/cm² 的压力相当于 1.4504×10^{-5} psi（1.0000×10^{-4} kPa）。图 8 中被水充满部分的压力变量由下面的公式来表达：

$$p_w = p_o + \gamma_w E \tag{2}$$

式中，p_w 是水压（psi），p_o 是储层顶端处的压力（0），γ_w 是水压梯度 71 ℉时 -0.431（psi/ft）（-9.75kPa/m），E 是测量处的海拔，从储层顶端基准点 A 处开始测量，A 点以下为负值。

比如，图 8A 中仪表测的是 -106.1cm（-41.7in）处的压力，根据公式（2），该压力应为 $0 + (-0.431) \times (-106.1)/(100 \times 0.3048) = (1.50 \pm 0.01)$psi[（$10.34 \pm 0.07$）kPa]。这与仪表测得的 1.5psi（10.3kPa）相符合。仪表测定的压力值可以精确到 0.1psi（0.7kPa）。尽管通过海拔和流体压力梯度算得的压力值可以精确至 0.01psi，比仪器精确 10 倍，但是 0.1psi 对于实验目的来说已经足够精确，所以，本文都采取 0.1psi 这个精确度。图 8A 中显示，气水界面在 -117cm（-46in）处，这个界面处的压力根据公式（2）可以得出 $-117/(100 \times 0.3048) \times (-0.431) = 1.7$psi（11.7kPa）。

图 8B 显示的气柱的压力可以用下述公式表示：

$$p_g = p_{g/w} + \gamma_g(E - E_{g/w}) \tag{3}$$

式中，p_g 是气柱中某点的压力（psi），E 是测压处的海拔（ft），$p_{g/w}$ 是气水界面处的压力（psi），$E_{g/w}$ 是气水界面处的海拔（ft），γ_g 是气柱的压力梯度（psi/ft）。气体（N_2）在 71 ℉，13.5psi（93.1kPa）时压力梯度为 0.002psi/ft（0.014kPa/m）。

图 8B 中，-117cm（-46in）气柱底部的压力为 1.7psi（11.7kPa）。因此，根据公式（3），气柱顶端（$E = -92$cm（-36in））的压力为 $p_g = 1.7 + (-0.002)[(-92) - (-117)]/(100 \times 0.3048) = 1.7 - 0.0016 = 1.7$psi（11.7kPa）。这是因为气体密度太低，在室温室压下，气柱间压力变化不大。这与储层条件下的气体情况不同，通常储层条件下的气体压力梯度在 $0.05 \sim 0.1$psi/ft（$1.13 \sim 2.26$kPa/m）之间。

图 8A 中毛细管的有效内直径为 1.04×10^{-2}mm，通过公式（1），知道气体驱替毛细管中的水的压力大约为 4.0psi（27.6kPa）。因此，要使毛细管发生泄漏，气柱顶端的压力须达到 5.3psi（1.3psi + 4.0psi，见图 8B）。产生 4.0psi（27.6kPa）的气柱需要多高可以用公式 4 求出，公式（4）是用公式（2）减去公式（3），并做一下代换（$p_{g/w} = p_o + \gamma_w E_{g/w}$）得到的，结果如下：

$$p_g - p_w = \gamma_w(E_{g/w} - E) + \gamma_g(E - E_{g/w}) \tag{4}$$

式中，$h = E - E_{g/w}$，决定了气柱的高度，单位为 ft。$p_g - p_w$ 是毛细管压力 p_c。把 h 和 p_o 代入公式（4）得

$$p_c = h(\gamma_g - \gamma_w) \tag{5}$$
$$h = p_c/(\gamma_g - \gamma_w) \tag{6}$$

如果把地层水从毛细管中被驱替所需压力定为 4.0psi，即 $p_d = 4.0$psi，$\gamma_g = -0.002$psi/ft，$\gamma_w = -0.431$psi/ft（-9.75kPa/m），那么从公式（6），得到气柱高度 $h = 9.3$ft（2.83m）。这也说明了为什么高气柱是超压的。毛细管底部，9.3ft（2.83m）气柱顶端，海拔 -92 cm（-36in）处的压力为 5.3psi（36.5kPa）。那么，若基准点在地表，一个 9ft（2.7m）的气柱（顶端）大约在地下 3ft（0.91m）。压力/深度比（p/D）大约为 $5.3/3 \approx 1.8$psi/ft（40.7kPa/m）。尽管气体由于毛细管作用是超压的，但是水层仍为常压。所

以,还需确定与气柱伴生的水层的 p/D 比值。如在大绿河盆地中,由于受构造挤压或者抬升剥蚀作用,与超压气伴生的水层也是超压的。

压力/深度比是钻井人员用于井控的重要参数。然而,对于地质过程来说,这个参数容易误导研究人员。如图 8B 所示,同一深度气柱压力/深度比与其相伴生的水层的压力/深度比相关,我们可以从下面方程看出,

$$p_g/D = (p_w + p_c)/D$$
$$p_g/D = p_w/D + p_c/D \tag{7}$$

如 9ft 的气柱顶端有 4psi 的毛细管压力,该气柱在较浅处的 p/D 比值(1.8psi/ft(40.7kPa/m))与处在较深处的 p/D 比值差距很大。如果气柱顶端深度是 5000ft(1524m)而不是如图 8 所示的 3ft(0.91m),那么,水层的 p/D 比值仍是 0.431psi/ft(9.75kPa/m),但是 p_c/D 仅为 0.0008psi/ft。因此,根据公式(7),5000ft 处 $p_g/D=0.4318$psi(9.77kPa/m),认为系统不是超压。从公式(7)还可以得知,视含气系统埋藏的深度,最小主应力的大小可能是控制气体散失的主要因素,而非致密岩石的毛细管驱替压力。即在浅层盖层毛细管驱替作用比盖层的岩石强度影响更大,而在深部,气体散失可能是由于岩石裂缝造成的而不是毛细管压力作用。

图 8A,毛细管中的水一旦被驱替,5.3psi(36.5kPa)的气体将会与 1.2psi(8.3kPa)的水接触。因此,气体将会通过毛细管散失,直到气压降至与水压相等。气体将不断散失,直到气水界面上升,毛细管从下往上被气体再润湿。

区域性低渗透含气系统的一个重要特征是低压,由气体散失导致。在常规含气系统中,随着气水界面的上升,下面水的不断涌入将补偿气体的散失。然而,即使在常规气藏中,如果气体的散失超过了地层水的补给,系统也会变成低压。这与一个气藏产气量逐渐衰减的道理是一样的。出于经济考虑,石油公司通常不按常规开发,而是采气速率越快越好。所以,采气速率往往高于水的补给,导致气藏压力下降,最后需要加压来使气藏维持在经济可采的水平。低压是一个速率问题(气体采出速率与下伏水层的补给速率之间的关系),因此,若是一个散气系统中没有下伏水供给,或者下伏水的涌入受阻,那么低压是肯定的。然而,要在漫长的地质时间里维持低压,也需证明尽管气藏为低压,但气体仍在不断散失。通过上面的讨论可以得知,在气体散失处气体的压力高于附近的水层压力,就会出现气体不断逸散的情况。毛细管实验是为了检验理论而做的,同时有助于了解低压、超压作用以及气层的形成演化。

(二)低压和超压实验

1. 简介

图 9c 所示的是用于毛细管实验的仪器装置。图 9b 是仪器的模式示意图,图 9a 对应的是区域性低渗透含气系统模式。水层,即仪器中充满水的部分,由两部分组成,包括连接导管的供水装置(图 9b 中的 AB)和一个垂直的树脂玻璃圆筒。上部毛细管柱 DE 以及玻璃圆筒下部出口 I 处的下部毛细管连接了圆筒容器和储层。上部毛细管周边有个圆筒容器的旁通管,在图 9c 中可以看到,图 9b 中没有显示,另外,在下部毛细管周围还有一个旁通管(IJK,图 9b)。每次操作之后,旁通管可以使仪器快速恢复至初始条件。N_2 通过 H 阀口(图 9b)注入玻璃圆筒内。供水装置中的 A 点是基准点,水压恒为零。水层中任意点的压力可以根据公式(2)由该点的海拔值(以 A 为基准点)与室温室压下的水压梯度(−0.431psi/ft;

−9.75kPa/m)相乘得到。这种情况下,$p_o=0$。圆筒内的压力可以由仪表 P 检测,精度接近 0.1psi(0.7kPa)。两个毛细管柱都是玻璃的,上部的毛细管柱的有效直径为 0.014mm(5.5×10^{-4}ft),下部的毛细管柱直径远小于上部。从供水装置的上部到圆筒的底部的进气孔,整个装置的高度大约为 157cm(61ft)。

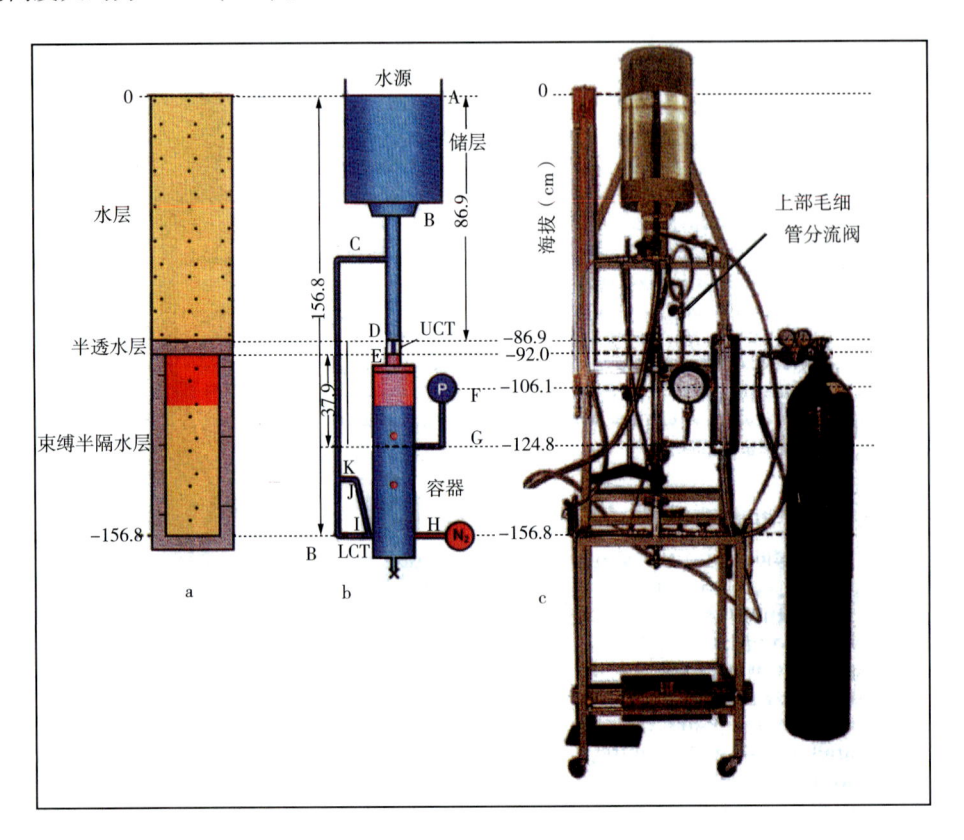

图 9 毛细管仪器示意图

c 为用来测量区域性低渗透含气系统形成阶段及低压形成过程的仪器,简化示意图如 b,区域低渗透含气系统如 a。b 中的容器等同于 a 中的束缚半隔水层,这相当于气层形成的后期阶段,容器通过不渗透的有机玻璃墙从供应水处孤立出来,上部的毛细管(UCT)和下部的毛细管(LCT)相当于 a 中的灰色半隔水层

从概念上看,装置的供水装置代表了上倾的水层,玻璃圆筒代表了下倾的含有甜点的深盆气系统。毛细管柱代表了制约上倾水层和甜点之间渗流的页岩层或者半透水层。往圆筒中注入 N_2 代表了下伏烃源岩的生气过程。另外一种想法是,圆筒代表了一个孔隙,而圆筒两端的毛细管柱代表了孔喉通道。区域性储层中无数个孔隙中发生的作用与实验模拟的一个孔隙中发生的作用一样,并最终形成了气层。

2. 实验:初始条件

实验开始阶段,整个装置包括供水装置、连接管、毛细管柱和玻璃圆筒中都充满了水(图10)。圆筒仪表测得 −106.1cm(−3.48ft)处的压力为 1.5psi(10.3kPa)。106.1cm(41.7in)的水柱底部的压力由公式(2)计算得 1.50psi(10.3kPa)。因此,说明仪表得到了很好的校正,系统的各个部分都处于连通状态。这个初始状态相当于区域性低渗透含气系统模式的生气阶段前期。

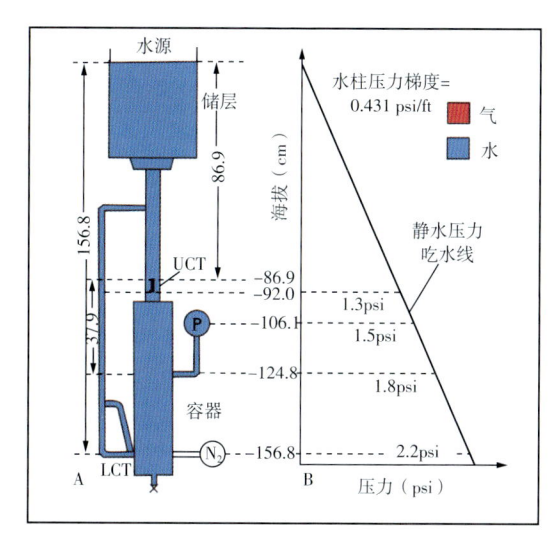

图 10　气层形成之前的静水压力示意图

起始阶段,仪器中充满水(A),任何一点的压力均可通过静水压力梯度,根据距离顶部供水处的海拔对应的压力值计算出来,仪器顶部供水处的海拔为 0,容器中的压力可由计压器测量,也可由静水压力来求得,各处的水位线压力见图 B,水位线的斜率为(−0.431psi/ft; −9.75kPa/m)水压梯度,气体还未进入容器中,该时期相当于区域性低渗透含气系统形成前期,烃源岩开始生烃之前或气体大量运移至含气系统之前

3. 实验:生气阶段

通过 H 阀口注入 N_2,通过下部毛细管柱(I)和旁通管(IJK)地层水被驱替至水层。上部毛细管柱的旁通管关闭。气水界面在 −117cm(−46in)处,该处的压力计算得 1.7psi(图 11)。若气压梯度只有 0.002psi/ft(0.045kPa/m),那么 25cm(10in)的气柱顶端,海拔 −92cm(−36in)处的压力计算得 1.7psi(11.7kPa)。气柱顶端的压力/深度比为 0.56psi/ft(12.6kPa/m)(图 11B)。但是,气水界面处的压力/深度比为 0.431psi/ft(9.75kPa/m),系统整体上来说是正常的。这个阶段气柱较短,下倾方向的气水界面处于正常压力,相当于生气阶段早期的常规含气系统(气体是超压的,然而,气柱中的高压是由于毛细管作用形成的,而不是过量生气、构造挤压、非均衡压实等造成的,因此,整体上圆筒的水和气是正常的。气柱有下倾的气水界面,所以整个系统是常规的)。

4. 实验:生气阶段晚期

前面用上部毛细管柱做的实验得出其驱替压力为 4.0psi(27.6kPa),与 0.0104mm($4.094×10^{-4}$in)直径的毛细管压力估算值相符。由公式(6)可以得出,9.3ft(2.83m)的气柱就可使上部毛细管封闭的盖层失效。受空间和设计限制,不可能制造出这么一个装置来产生如此高的气柱。所以,需要增加水层的压力,让气柱的高度保持在 25cm(10in)左右,使上部毛细管柱开始漏气。这可以通过关闭下部毛细管柱周围的旁通管(IJK)(图 9B)以及增加注气量来实现。把下部毛细管柱直径设计得很小,以保证整个实验过程中,水的散失或者回渗速率较小。气柱顶部的压力增加至 5.3psi(36.5kPa),水从上部毛细管柱排出(p_c = 5.3 − 1.3 = 4psi = p_d,见图 12)。圆筒中水压线比上倾水层的高压端高出 3.6psi(24.8kPa),因此是超压,p/D 比值为 = 1.4psi/ft(31.7kPa/m)。气柱也是超压,−86.9cm(−33.8in)处的压力为 5.3psi(36.5kPa),p/D 比值为 1.8psi/ft(40.7kPa/m)。这样一个含气系统,气柱较短,气层和水层均为超压,与艾伯塔深部盆地或者大绿河盆地观察到的超压系统不同,可能是由于实验装置的限制所致。然而在一些地区,当生气量超过运移量和水的排除量时,在气层中也有可能产生这种情况。

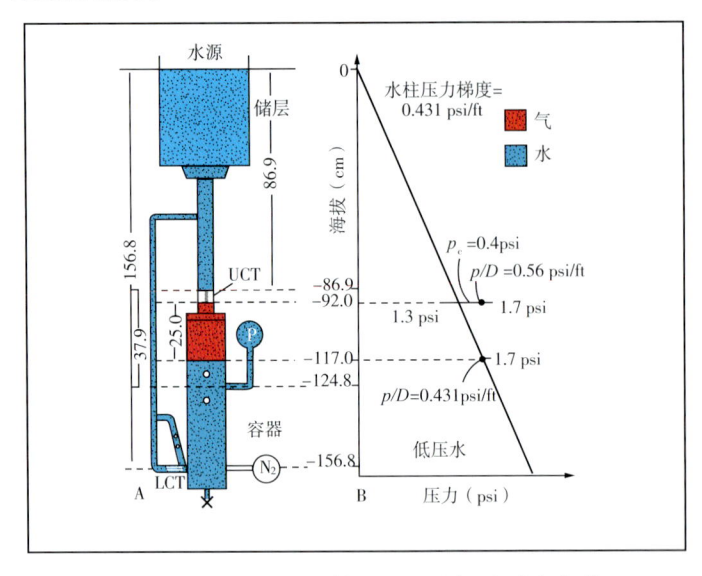

图 11　区域性含气系统第一阶段示意图(常规气藏)

第一阶段(生成),开始于气体运移至初期气层或局部烃源岩开始生气时期,这相当于打开氮气源N(A),让气体进入容器,通过下部的毛细管(LCT)水开始被驱替,随着气柱逐渐增高,顶部的压力逐渐增大,极限值为上部的毛细管(UCT)排替压力。容器中的水压沿静水压力线绘制,气柱压力沿着气体线(B)绘制。容器中的水压和水层中的水压均为常压,气柱顶部的压力/深度(p/D)为0.56psi/ft(12.6kPa/m),表明气体为超压,然而气体超压可能是由于毛细管力造成的,而非气体的过量生成、构造挤压、压实平衡破坏等。容器中的水和气为常压,气柱具下倾气水界面,因此为常规气藏

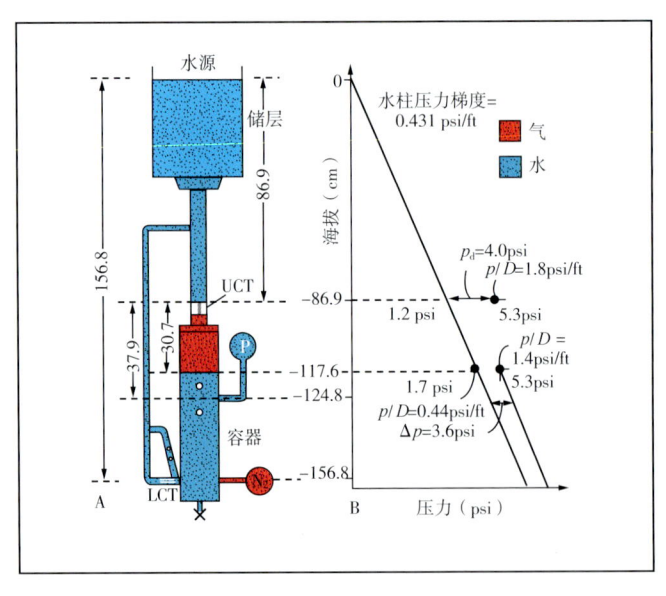

图 12　区域性含气系统第一阶段后期示意图

在生气阶段晚期,气柱已经足够高,产生的压力可以排空原始气层,气体可以通过盖层发生散失。实验中当气柱高度达到9ft(2.7m)时,这一现象才能出现,而这超出了实验装备制造能力,但是可以通过对水层加压使上覆毛细管层发生渗漏。这样,在容器中就会形成超压气柱和一个孤立的超压水层。当容器水层超压达到13.6psi(24.8kPa)(B)时,上覆毛细管封闭失效,容器中气体开始散失直至压力与上部水压平衡。实验中,容器以低气柱和超压水层为特征,而这与艾伯塔深盆气及怀俄明绿河盆地生气阶段晚期特征不符。在这两个地区,气柱高且为超压,而水层则为常压或低压

· 40 ·

如果装置能允许产生9.3in(2.83m)的气柱,使得上部毛细管封闭失效,那么,圆筒中气柱底部的水层是正常压力的。而气柱顶端-86.9cm(-33.8in)处的压力仍为5.3psi,p/D比值为1.8psi/ft(40.7kPa/m)。这是艾伯塔深部盆地(Burnie,2002)和大绿河盆地(Burnie和Palmer,2005)超压系统的典型特征,即气柱是超压的,而且,没有下倾水或者很少。即使在大绿河盆地发现的少数有下倾水的例子,其下倾水也接近常压。而气柱顶端发现的孤立水潭由于与区域水层隔离,且与高压气伴生,因此也是超压。以上这些是区域低渗透含气系统生气阶段晚期至过渡阶段早期的特征。

5. 实验:过渡阶段

当上部毛细管柱失效,毛细管柱上部顶端气体的压力为5.3psi(36.5kPa),而该海拔处的水压只有1.2psi(8.3kPa)。因此,气体开始从圆筒中散失(图8A)。为了突出气体散失的效果,停止了气体的供给,圆筒中的压力开始显著下降。然而,可能是含气系统具有可压缩性的原因,气水界面只出现快速小幅上升。图5B表示的是气柱压力下降时,气柱与圆筒中伴生水的压力—海拔图。气柱横穿区域水层压力线,圆筒内伴生水压力线处于区域水层压力线的低压端。根据p/D比值得知,视测量点海拔的不同,气柱可能为高压,也可能为正常压力,也可能为低压。而圆筒中的伴生水在各海拔处都是低压。气柱横穿区域水层压力线时相交点的海拔是一个假的气水界面。高气柱或者如实验中的情况,压力—海拔图上高压气柱横穿上倾的区域水层压力线,这是气层过渡阶段的特征。还有一些如实验中出现的,一些气柱可能有一些伴生的下倾方向的局部低压水潭。

6. 实验:稳定阶段

随着气体通过上部毛细管柱不断散失以及极少的气体注入(图13A),气柱顶端的压力降至近1psi(6.9kPa),并维持稳定。气体停止散失,进入圆筒内的气泡与从上部毛细管柱散失的相等,因此,圆筒中的气流处于稳定状态。由于毛细管直径很小,所以从下部毛细管进入圆筒的水很少,气柱的高度维持在稳定的30cm(11.8in)。图13B所示的是这种情况的压力—海拔图。气柱处于区域水层压力线的左端,并从下端与区域水层压力线相截。上部毛细管柱顶端的p/D为0.35psi/ft(7.92kPa/m)。如果这是气柱与水层相遇的点,如图13A,那么p/D应该为0.431psi/ft(9.75kPa/m)。这可能是压力仪表卡住了,也可能是气柱超过了上部毛细管柱。后者可能是由于与上部毛细管柱相连的连接导管中含有部分被气体孤立的水而导致的。圆筒中气柱与残留水的界面处的p/D为0.26psi/ft(5.88kPa/m)。如果在能产生很高气柱的装置中实验的话,那么这个p/D比值将为0.08psi/ft(1.81kPa/m)。这个阶段很稳定,没有水通过上部毛细管进入圆筒。低压,高气柱从下面与上倾水压线相截是稳定阶段的主要特征。

7. 实验:渗吸阶段

事实上,整个实验过程中,没有水从下部毛细管进入圆筒,尽管毛细管柱两端的压差达到1psi。因此,为了加快水回流至圆筒中,打开了下部毛细管周围的旁通管。水不断进入圆筒中,直到气体完全排出,上部毛细管从下往上被水润湿。图14展示了气体被完全驱替之前的作用示意图。在回渗过程中,气柱压力保持在1psi(6.9kPa/m),圆筒中水线不断接近区域水线,压力逐渐增加(图14B)。当圆筒中的气体被完全驱替时,两条水线重合。此时,圆筒中的水压恢复至初始正常压力。渗吸阶段的主要特征是气柱较短,低压,下倾方向有较低压的水层。回渗水压线与区域性水压线之间的压差(图14B)是气层低压的表现,是区域水通过低渗透的通道回渗过程中的摩擦压降造成的。在艾伯塔深部盆地,南部牛奶河低压气层或者大绿河盆地中都没有这个阶段的记载。

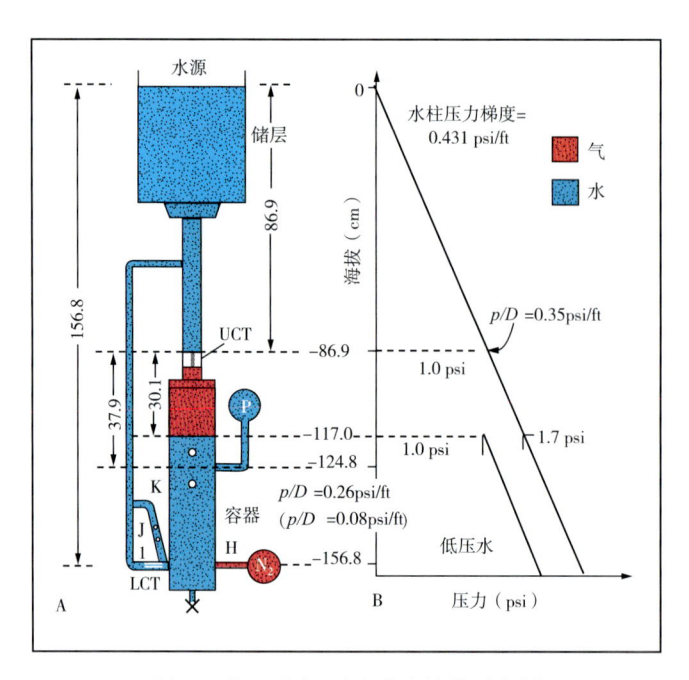

图 13　第三阶段,稳定状态演化示意图

气藏以低压气柱和上倾气水界面为特征,在过渡阶段,容器中的气体散失直至气柱顶部的压力等于此海拔处的水压,因此该阶段没有更多的气体散失。压力平衡标志着该阶段的开始,一端气体的进入伴随等量气体从另一端的散失,压力达到动态平衡状态,当气体散失开始发生时,气柱高度维持在30cm(11.8in)。容器内的水和气均为低压,气柱与外部的水具有上倾气水界面,与内部孤立的水具有下倾气水界面(B)。大部分艾伯塔深盆气层在边界处具有上倾水层(图4),南部的MilkRiver地层具稳定阶段低压气柱并伴有上倾气水界面

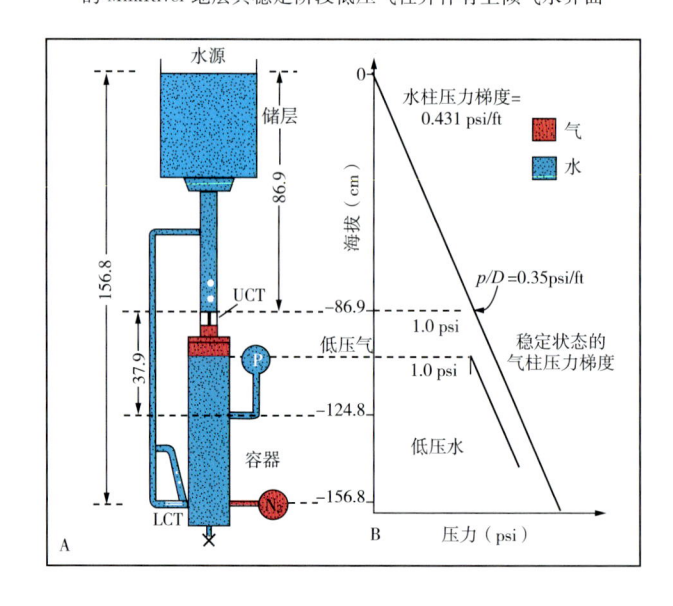

图 14　第四阶段,渗吸状态演化示意图

气藏以短的低压气柱及延伸的低压水位线为特征,实验中,当氮气不连续地注入后(A),水通过下部的毛细管(LCT)开始慢慢进入容器。随着气水界面的不断上升,气体通过上部的毛细管(UCT)慢慢地被排替出容器,最终容器中的气体被全部排替出,上部毛细管从底下开始被润湿。系统又重新回到未生气前状态,内外部水层压力逐渐趋近静水压力(图10B)。图 B 展示了渗吸过程中一些点的压力关系,容器中水大量增加,气柱短小,气体和其下的水均略微低压。虽然渗吸阶段在实验中可观察到,但在艾伯塔和怀俄明均未见到有关于这一阶段的报道

三、讨论

(一)实验设计和结论

毛细管柱实验与颗粒介质实验不同,毛细管实验不能完全地反映出有孔介质的相对渗透率和非均质性效果。通过毛细管的气体速率刚开始很不稳定(段塞流),直到毛细管中的水被全部排出。这与有孔介质相对渗透率的效果是一样的,但是段塞流中的水饱和度很难测量。因此,通过毛细管柱的气流和水流速率很难确定,因为它们是含气或者含水饱和度的函数。然而,若用颗粒介质如砂岩或者人造岩心做实验,就能够确定含水和含气饱和度。气流速率或者水流速率测定后,储层中气和水的相对渗透率就可以确定了。Shanley等(2004)认为,在含水饱和度远大于束缚水饱和度的致密砂岩气中,气体的相对渗透率很低。因此,当气层中的气、水均为可动流体时,那么,相对渗透率将是影响勘探区经济效益的重要因素,因为出水率高时气产量就相对降低了。

在水充注时,孔喉半径的非均质性是产生分流的重要因素,剩余未被水充注的区域包含了可观的气藏。同样的,当气充注时(气层形成的主要过程),孔喉半径的非均质性会产生连续性含气系统中一些被分异的含水区域。若要研究这些分异的含水区域的控制因素,用人造玻璃小球要比毛细管柱更好。

过渡阶段气体从圆筒中散失(图5),在稳定阶段视N_2源中排出的气体量,散失过程可能会继续,这表明圆筒中存在势差。如果测量圆筒中各高点处的压力,与静水压力梯度校正后,可以得到从N_2源处(高压)到上部毛细管柱底部的流体压力梯度,以及穿过上部毛细管柱更陡的流体压力梯度。然而,实验过程中,由于渗透率很高,而且气体的黏度较低,圆筒里的势能梯度很小。

如果气体区域性运移并散失到上倾水层,那么在艾伯塔深部盆地和大绿河盆地的低渗透砂岩中就能观测到势能梯度。Hubbert(1940)定义了近似的气体势能计算公式:

$$H_{gas} = p_g/\gamma_g + E \tag{8}$$

其中,H_{gas}是气体的势能(ft),p_g是E(ft)海拔处测得的压力(psi),γ_g是静止气压梯度(psi/ft)。海拔基准点通常为海平面。这只是个近似方程,因为气体梯度是气体组分、压力和温度的函数,随着这些变量的改变而改变。如果气体运移通过气层,那么,在气体势能等值图中就会显示出一个合理的运移方式。如艾伯塔深部盆地和大绿河盆地,在气压图上可以看到清晰的向上运移的模式。如图15所示,Viking气层中,天然气从靠近落基山麓的高压深盆穿过低压气层朝着具有区域上倾水层的边缘运移。

圆筒低压机制(即气体散失速率大于下部毛细管柱的进水速率)与气源无关。因此,在致密储层中,低压气层可以出现在干酪根热演化生气或者有机质生物降解生气的地方。艾伯塔南部牛奶河地层中低压气层的气源被认为是生物降解气。

(二)超压气层

实验中,由于生气速率大于排水速率,因而,圆筒中的压力不断增加导致上部毛细管开始漏气。过量生气通常被认为是盆地中心含气系统超压的原因(Martinsen,1994;Law,2002)。然而超压和低压只是一个简单的概念,仅凭它们无法确定高压或低压的产生方式。Martinsen(1994)定义了正常地层压力,认为,如果一个压力能使液体柱从储层上升到地表,这个压力就是正常地层压力。如果地层压力高于这个压力为超压;低于这个压力为低压。正常压力储层的压力梯度在 0.425~0.445psi/ft(9.62~10.07kPa/m)范围内,平均为 0.43psi/ft(9.73kPa/m)。

关于正常压力的另外一个相似的但更具体的定义是由 Toth(1980)给出的,他使用了"象征水压线"这一概念,它是由可以表征潜水面至气藏间水层特征的地层水矿化度计算出来的(图16)。从压力—海拔图上可以看出,正常压力的气藏在这条水压线上,超压气藏在这条水压线右端(高压端),低压气藏在其左端(低压端)。

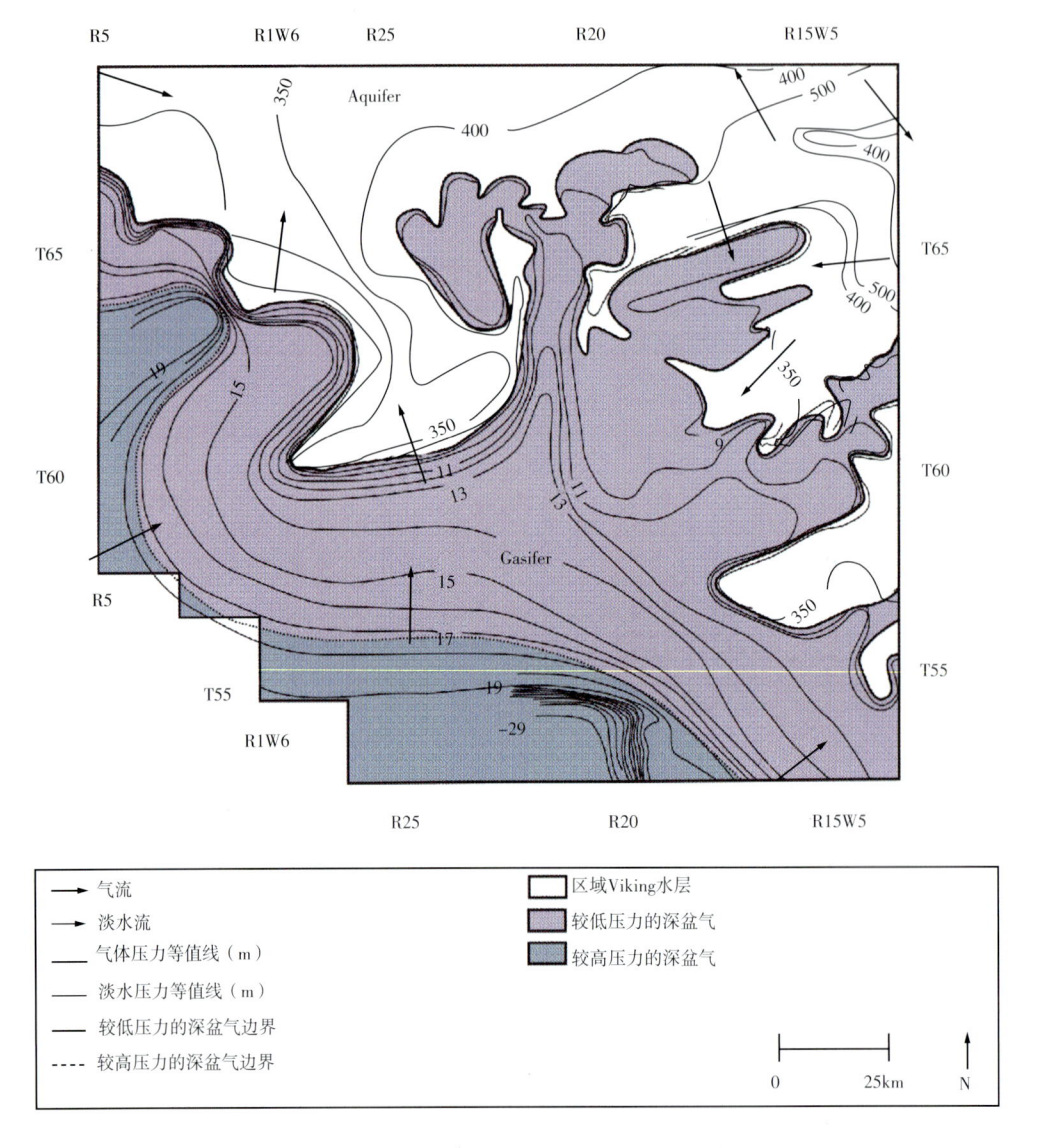

图 15 艾伯塔 Viking 地层深盆气和水头示意图

实验中,势能差导致容器中的气体由气水界面通过上部的毛细管流向外部水层,容器接近无限大的渗透率和气体的黏度导致气柱的水力梯度很难测量。如果气体流经区域性低渗透含气系统,艾伯塔深盆气的水力梯度可以测量,天然气势能(势头)可以计算,水头由上倾的水层决定,压头等值线表明气体由生气的下倾端向上流经气层进入水层,一旦进入水层,则浮力作用促使气由气水边界进入至常规构造或地层圈闭

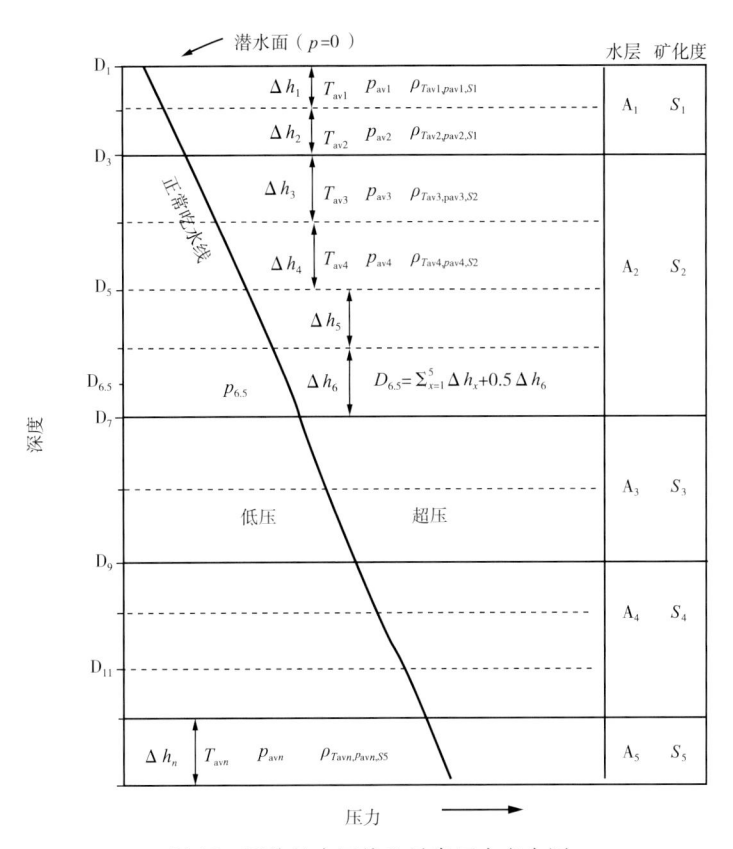

图 16　通称的水压线和异常压力交会图

象征水压线通过一个地区各水层的原位水密度来计算，图 A_1—A_5 代表 5 个水层，各层矿化度分别为 S_1—S_5。各水层又被分为次一级小层，这样各小层内流体矿化度差异较小，小层内压力梯度为一常量，水层中任一点的压力可以通过数值积分进行计算。如第六层的中点压力可通过如下公式计算：$p_{6.5} = 0.4335 (\sum_{x=1}^{5} \Delta h_x \rho_{x(av)} + 0.5 \Delta h_6 \rho_{6(av)})$，其中，$p$(压力)单位为 psi，$\Delta h$(层厚)单位为 ft，$\rho$(水密度)单位为 g/cm³

烃源岩处的生气作用产生了区域性低渗透含气系统形成所需的能量(压力或者势能)，也是气层超压的根源所在。刚开始，浮力驱使气体以气相的形式从烃源岩运出。生气阶段，浮力是主要的驱动力，直到气柱逐渐增高，大量水排出，使气体成为大规模的连续相。接着，区域性盖层开始泄漏。过渡阶段早期，气源处与气层边缘的势能差是气体运移的主要动力，没有浮力作用。这时候，气层中运动机制遵循达西定律。因此，过渡阶段和稳定阶段，浮力不是气体运移的主要动力。然而，浮力在水层中仍然很重要，它帮助气体从气水层边界处运移出去。

生气阶段，只有超压才能使储层中的水排出。然而，气层与水层之间的压差可能只是气体进入饱含水的储层时的毛细管压力。即使水层是正常压力，可是毛细管作用表明，非润湿相流体(气体)必须是超压才能以非连续相存在。因此，这样一个气水系统是正常压力的。但是如果气水界面处的水层由于构造挤压、过度生烃或者差异压实作用而变成超压，那么，就认为整个系统是超压的，即使只是局部超压。

当生气量大于运移量(浮力或者达西渗流)，或者超过水的驱替量，那么，由于生气作用导致的超压水在低渗透气的前三个阶段都会出现。实验中也反映了这样的情况，过量生成的气体使得上部毛细管封闭失效。为了鉴别这种由过量生烃作用导致的超压，需要确定与气相相关的水压线(图 12B)，这一水压线应当位于区域水压线的右端(高压端)。而且区域水压线之上伴生水水压的增加,对气柱的散失是必要的。这种过量生气形成的超压水系统是短暂的,只有当系统内气体的生成运移量超过水的排替量才会出现。最终,伴生水水压线与区域性水压线重合,系统将恢复至正常的毛细管作用。

  毛细管分流作用可以在气层中形成超压水层。这些水层实际上是与区域性水层隔离的,面积有限。但是,由于其中的流体处于毛细管平衡状态,所以它们长期存在。如图17所示,L_2代表展布较小的致密带,L_1是大规模分布,渗透率较好的储层。它们的毛细管曲线见图17B。因为它们的毛细管曲线不同,所以使储层驱替至相同含水饱和度所需的压力也不同。因此,一定高度的气柱能使L_1中的水驱替至束缚水饱和度,使气体成为连续相,而让L_2与区域水层孤立,成为一个含水饱和度接近100%的高压带(图17D)。整个系统刚开始时为处于静水平衡的水层,如图17C所示,所有的压力线都与区域水压力线重合。当生气作用不断继续,气体运移至L_1,水被驱替,气柱从气水界面E_1上升至E_4,高度为Δh_3(图17D)。气柱顶端E_4处的压力比能把L_1驱替至束缚水饱和度的压力($C_{pirr}L_1$,图17B)高,因此,大部分储层处于束缚水饱和度S_{wirr}。Δh_2的气柱高度能够使气柱与区域水线E_3点(L_2顶端海拔)产生Δp_{L2a}的压差。ΔP_{L2a}并不比L_2的排替压力($C_{Pd}L_2$,图17B)高多少,因而在L_2整个储层垂直高度(Δh_1)范围内,含水饱和度仍然接近100%。由于L_2周边被气体包围,L_2中的水只能通过储层颗粒粗糙表面的水膜与区域水层连通。因此L_2与区域水层之间的水流动大大受限制。故气体的充注使得L_2中的水压力增大,L_2的水压线从AB迁移至区域水压力线右端的A'B',如图17D。因为L_2中含水饱和度接近100%,其高压水线A'B'在海拔E_2处与气柱截

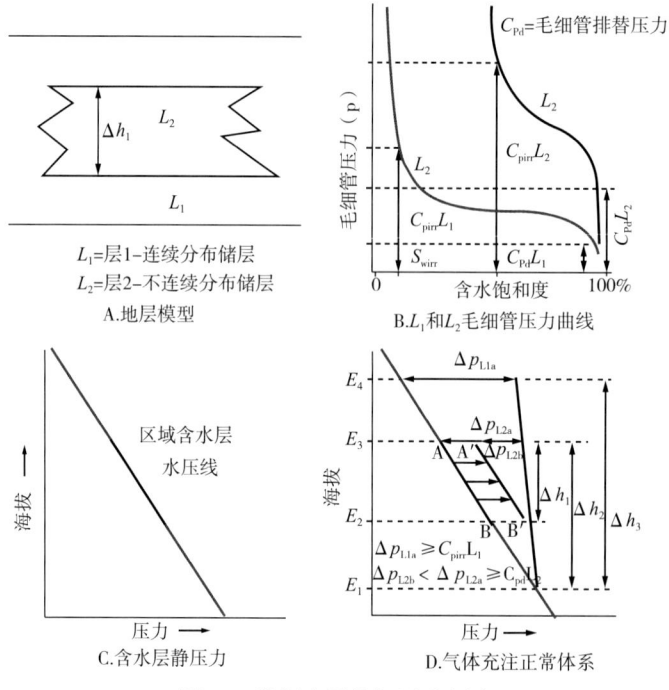

图17 常规水层的超压示意图

图A为气体运移排驱L_1储层的水使不连续的L_2储层从水层中隔离出来,图B 毛细管压力曲线显示L_2含水饱和度接近100%。由于L_2由水层隔离出来,水受L_1储层高压气包围,因此水位线移至A'B'位置,图D 中位于区域水层的高压侧面。严格来说,从L_1中隔离出来的水能进行连续的薄膜扩散,进而流经非常粗大的颗粒表面,而水通过薄膜扩散流经高压的L_2储层将会非常慢,但在地质时间内,L_2的压力应该可以恢复到L_1水层的压力值

交。气柱与 L_2 高压水线之间的压差(如 Δp_{2b},图17D)是毛细管压力,可以结合 L_2 的毛细管曲线(图17B)来确定 L_2 的含水饱和度。因此,被分异的高压水与周围的气体处于毛细管平衡,故属于正常含气系统的一部分。这里超压不是由于过量生烃所致,而是由毛细管作用产生的。区域性低渗透含气系统过渡阶段早期之后,超压的伴生水就不再存在。

四、结论

区域性低渗透含气系统由非均质性储层构成,气体在储层内是连续性的流体。含气系统中可能存在水,特别是在系统形成初期阶段,但通常是以孤立的局部水层存在,正常压力、低压、高压都有可能出现。实验观察和研究表明区域性低渗透含气系统的形成经历了一系列连续的过程包括天然气的生成和运移、水的驱替和气体的散失。主要有四个阶段:生气阶段、过渡阶段、稳定阶段以及渗吸阶段。生气阶段晚期、过渡阶段和稳定阶段的特征表现为气体是连续相,依据气柱的压力/深度比值以及储层的孔喉大小分布,气藏中还可能含一些水。生气阶段晚期和过渡阶段早期的压力—海拔图上气柱较高,超压,视气藏深度不同,压力/深度比值取值范围为0.43~0.75psi/ft(9.73~16.97kPa/m)。过渡阶段的气层有较高的气柱,且气柱横穿上倾的区域水压线。稳定阶段的气层有高气柱,但是低压,处于区域水压线左端,从下端与区域水压线截交。低压气层的压力/深度比值从上倾气水界面处的0.43psi/ft(9.73kPa/m)下降至气藏深部处的0.1psi/ft(2.26kPa/m)。气柱高度通常在500~1500ft(152~457m),最高可以达到2000ft(610m)。

实验表明,气层的形成与气源类型无关,只与生气量相关。要确保能生产足够量的气体,并且经过一定时间,能够驱替出定量的水,从而使气体成为连续相,进而从系统中逸散。热成因、生物成因、裂解成因的气体都能形成任意阶段的致密气层。因为气体是在气层内部生成的,其运移方式可能是初次运移。实验表明,区域性低渗透含气是一个过渡现象,随着气体的不断散失,会恢复至水层。然而储层整体的低渗透性($K<0.1$mD)保证了气层的各个阶段,特别是稳定阶段,能够长时期地存在。

参 考 文 献

Burnie,S. W. ,2002,Regional hydrogeology of the deep basin,Cardium to Cadomin,west – central Alberta:Rakhit Petroleum Consulting Report DBGR,Calgary,Alberta,18 p.

Burnie,S. W. ,and B. R. Palmer,2005,Hydrodynamics of the Greater Green River Basin,southwestern Wyoming and northwestern Colorado:Rakhit Petroleum Consulting Report GRBH,Calgary,Alberta,97 p.

Cluff, S. G. , and R. M. Cluff, 2004a, Petrophysics of the Lance Sandstone reservoirs in Jonah field, Sublette County, Wyoming,in J. W. Robinson and K. W. Shanley, eds. , Rocky Mountain Association of Geologists 2004 guidebook:AAPG Studies in Geology 52,p. 215 – 241.

Cluff, R. M. , and S. G. Cluff, 2004b, The origin of Jonah field, northern Green River Basin, Wyoming, in J. W. Robinson and K. W. shanley, eds. , Rocky Mountain Association of Geologists 2004 guidebook:AAPG Studies in Geology 52, p. 127 – 145.

Freeze, R. A. , and J. A. Cherry, 1979, GroundWater: Englewood Cliffs, New Jersey, Prentice Hall, 604 p.

Gies, R. M. , 1984, Case history for a major Alberta deep basin gas trap; the Cadomin Formation, in J. A. Masters, ed. , Elmworth— Case study of a deep basin gas field:AAPG Memoir 38, p, 115 – 140.

Hodgman, C. D. , editor in chief, 1963, Handbook of chemistry and physics, 44th ed. : Cleveland, Ohio,

The Chemical Rubber Publishing Company, 3604 p.

Hubbert, M. K., 1940, The theory of groundwater motion: Journal of Geology, v. 48, p. 785 – 944.

Law, B. E., 2002, Basin – centered gas systems: AAPG Bulletin, v. 86, no. 11, p. 1899 – 1911.

Martinsen, R. S., 1994, Summary of published literature on anomalous pressures: Implications for the study of pressure compartments, in J. Ortoleva ed., Basin compartments and seals: AAPG Memoir 61, p. 27 – 38.

Masters, J. A., ed., 1984, Elmworth – Case study of a deepbasin gas field: AAPG Memoir 38, p. 1 – 33.

Shanley, K. W., R. M. Cluff, and J. W. Robinson, 2004, Factors controlling prolific gas production from low permeability sandstone reservoirs: Implication for resource assessment, prospect development and risk analysis: AAPG Bulletin, v. 88, p. 1083 – 1121.

Sneider, R. M., and H. R. King, 1984, Integrated rock – log calibration in the Elmworth field—Alberta, Canada, in J. A. Masters, ed., Elmworth – Case study of a deep basin gas field: AAPG Memoir 38, p. 205 – 282.

Toth, J., 1980, Cross – formational gravity – flow of ground – water: A mechanism of the transport and accumulation of petroleum (the generalized theory of petroleum migration), in W. H. Roberts III and R. J. Cordell, eds., Problems of petroleum migration: AAPG Studies in Geology 10, p. 121 – 167.

Wardlaw, N. C., 1980, The effects of pore structure on displacement efficiency in reservoir rocks and in glass micromodels: SPE Paper 8843, p. 345 – 350.

Welte, D. H., R. G. Shaefer, W. Stoessinger, and M. Radke, 1984, Gas generation and migration in the deep basin of Western Canada, in J. A. Masters, ed., Elmworth—Case study of a deep basin gas field: AAPG Memoir 38, p. 35 – 47.

盆地中心气还是隐蔽的常规圈闭？

Wayne K. Camp

摘要：盆地中心气模式已被用来解释落基山盆地中发现的一种重要的天然气资源——低渗透（致密）砂岩气。最近的钻探和三维地震结果表明，25 年前引入的目前被广泛接受的盆地中心气模型需要进一步改进。目前的盆地中心气模型认为，气体聚集在一个相对统一的、难以解释的压力封闭层之下，该封闭层受穿越地层界限的构造海拔或者热成熟度控制，把正常压力的常规圈闭和非常规圈闭分离开来，非常规圈闭通常有异常压力，没有伴生水。这些特征导致了一个常见的误解：全盆地商业性气体聚集在这个压力界限之下，并且过多地估计了气藏的数量，对钻井成功率过于乐观。

本文中讨论的大绿河盆地（怀俄明州南部）致密砂岩气区带新的研究表明，尽管是隐蔽地层、构造圈闭，但是把这些气藏看作常规圈闭可能更合适。底水的存在、天然裂缝以及影响产量的地层变化这些都与盆地中心气模式不一致。这些隐蔽圈闭先前由于缺乏认识，被认为是能够增产的区域或者甜点，随着认识的深入，可以运用地质手段来识别较好的储层，从而能获得更好的经济开发。更重要的是，这将更好地指导落基山及其他致密砂岩区域未来的勘探。隐蔽的常规构造、地层圈闭也是商业性气藏聚集之地。

为了对大面积分布、缺乏明显气水界面的气藏进行资源评价，将盆地中心气归类为连续型（非常规）油气藏（Gautier 等 1996）。连续型油气藏包括致密砂岩气、煤层气、页岩油（气）及天然气水合物等油气藏。其典型特征是与常规油气藏伴生的气水接触边界不清。气水边界不清且伴生水较少的特征使人们认识到盆地中心气藏中天然气分布并不受基本的物理规律（石油受水的浮力作用，位于水之上）（Schmoker，1996，2002）控制。因此，盆地中心气代表了一种特殊气藏。

在过去的 25 年间，盆地中心气模型用于描述这类特殊圈闭类型的特点，并被认为是这类特殊圈闭类型的起源（Master，1979；Spencer，1987；Surdam，1997）。一些真正气井的发现，为进一步描述盆地中心气系统奠定了基础。由于人们对大面积、未发现但又低风险天然气资源的期待，在研究位于美国和加拿大的落基山盆地时，盆地中心气概念渐成为了一种广受欢迎的模型。有些石油公司也采用"资源区带"来区分一些具有面积大、厚度大、风险小的长期高产和产量下降小等特点的目标区。

在北美，大量剩余资源来源于非常规资源，因此，盆地中心气模型非常重要。例如，美国地质调查局估算美国连续型砂岩气中潜在的技术可采资源平均总和达到 $224 \times 10^{12} \mathrm{ft}^3$（Gautier 等，1996）。估算认为大绿河盆地（怀俄明州西南部）中心气资源潜力最大，潜在的技术可采资源量达到 $119 \times 10^{12} \mathrm{ft}^3$（Gautier 等，1996）。美国地质调查局最新评估结果认为，未来 30 年内将在大绿河盆地的连续型砂岩气藏中发现技术可采资源量平均总和达 $80.6 \times 10^{12} \mathrm{ft}^3$（美国地质调查局怀俄明州西南评价组，2005）。

本文的目的是重新检查盆地中心气模型的概念及应用情况,尤其是在怀俄明州西南部的大绿河盆地。首先回顾前人描述的三个上白垩统盆地中心气田:①Jonah 气田(Lance 地层),②Table rock 气田(frontier 地层),③Echo Springs – Standard Draw 气田(Almond 地层)。

一、盆地中心气模型

Law(2002)将盆地中心气系统定义为低渗透、具有异常压力、面积大、无明显气水边界的气藏。据此定义,盆地中心气模型存在一个问题,即为所有非常规(连续型)天然气系统中最不明确的一种。为了解决这一问题,需要提到几个地质标准。例如 Schenk(2002)建议根据 16 种不同的标准来定义盆地中心气藏,但这样只会使盆地中心气模型变得更加混乱,因为新增加的标准和例子并不符合盆地中心气模型中的所有标准。

盆地中心气藏为大面积(直径数十英里或者数十千米)、具有异常压力、饱含气的区域,常位于具有正常压力、气水边界清晰的常规构造和地层圈闭之下(图1)。与常规气藏相比,盆地中心气藏的边界不清晰,无明显的圈闭、盖层和气水界面。异常压力最高点如图所示位于相对统一的海拔高度,横切地层边界,包括区域盖层(Law 等,1989;Law,2002)。盆地中心气系统中超压的最高值出现在热成因气气窗顶部或附近,常用镜质组反射率或井底温度数据来作图表示。单井产量变化快,大部分盆地中心气模型包括可以提高产量的甜点(Surdam 1997)。

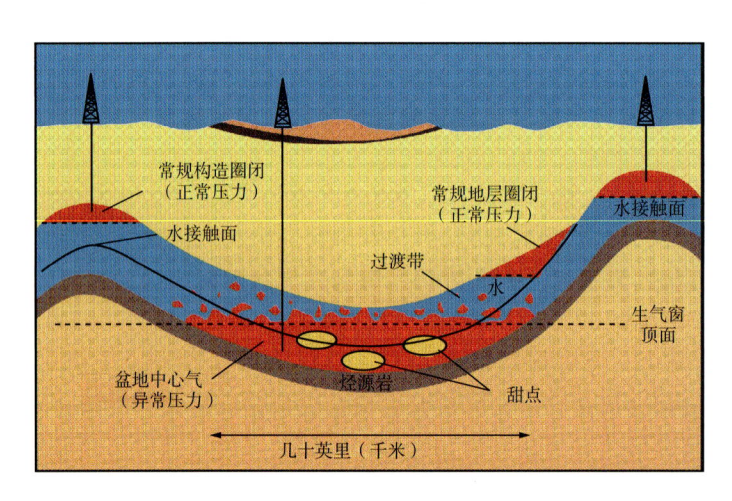

图1 盆地中心气藏位置的横剖面简图(据 Schenk 和 Pollastro,2002,修改)

(一)异常压力

由定义可知,盆地中心气藏通常具异常压力,相对于静水压力梯度,要么异常高压要么低压(Law,2002)。盆地中心气藏中异常高压的形成多数学者认为是由于热成因气生成速率大于气体在低渗透储层中的逸散速率所致(Law 和 Dickinson,1985;Spencer,1987)。而原为高压的盆地中心气藏在发生抬升隆起时原气藏温度变低、油气藏容积扩大,就会形成低压系统(Law 和 Dickinson,1985)。直观上认为,地层抬升隆起过程中,原本高压的盆地中心气向低压系统转换时应该存在一个压力为正常值的中间状态。但目前的这种盆地中心气模型没有考虑这种正常压力状态。

Brown(2005)基于数学模型曾就低渗透、饱含气的气藏异常压力来源问题对传统模型进行过挑战。由于原位气体的生成(如足够的有机质含量和热成熟度),很多文献中引用的盆地中心气藏多数并不满足必要条件。因此,Brown(2005)认为,充注的气体很可能是从远处源岩运移过来,受浮力和孔隙压力梯度等机制的控制。低于正常储层压力不是传统盆地中心气模型所提到的由盆地抬升剥蚀所致,尽管总体压力最终会因地层抬升而消失,但储层压力总会高于正常静水压力,除非气体从系统中逸散(Brown 2005)。

(二)非常规圈闭

盆地中心气系统为非常规天然气不是因为区域面积大、含气饱和、异常压力和低渗透储层这些特征,而是因为它们是一个独特的圈闭类型。Law(2002)将直接类型的盆地中心气圈闭描述为一个沿上倾方向毛管压力封盖、低渗透、含气砂岩的圈闭,且其沿上倾方向渐变为高渗透率含水砂岩圈闭(图2)。气体被圈闭在下倾部位,但不会从该低渗透储层中以超过气体充注的速率溢出。顶部的盖层通常是无效或者没有,顶部异常压力梯度变化并切穿地层边界。

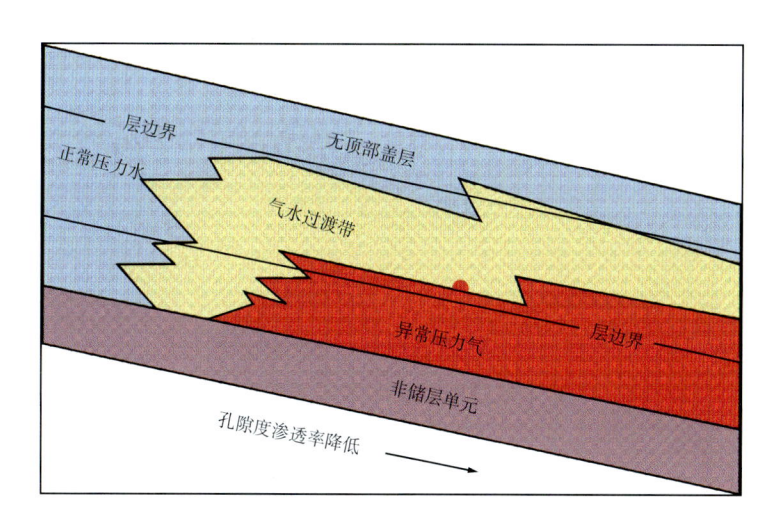

图 2 直接型盆地中心气藏弥散的毛细管压力封盖示意图(据 Law,2002,修改)

盆地中心气圈闭是一种非常规模型,没有考虑在常规地层或构造圈闭中会出现的向上倾方向储层质量变化及地层因素。但以下所谈到的许多所谓盆地中心气藏的上倾边界受常规构造或地层圈闭的组成控制。Shanley 等(2004)认为,在气藏尺度下,没有证据表明是上倾的毛细管封闭形成大绿河盆地致密气田。如果一个常规圈闭能够解释一个给定的致密砂岩气藏(无论大小、储层压力、渗透率或产水量),就没有必要用盆地中心气模型来解释其来源。

二、大绿河盆地

大绿河盆地是位于怀俄明州西南和科罗拉多州西北部一组次一级盆地的非正式名称(图3)。大绿河盆地北、东和南部边界为基底隆起,西面为怀俄明州逆掩断层。南北向的

Rock Springs 隆起将大绿河盆地分成东西两半。

大绿河盆地所有的次一级盆地原来都标有存在异常高压和盆地中心气藏的特征（Mcpeek，1981；Spencer，1987；Dejarnett 等，2001；美国地质调查局怀俄明州西南评价组，2005）。然而，Shanley（2004）等对这一解释结果表示质疑。通过复查盆地内产气量超过 $500\times10^8ft^3$ 的所有气田，认为这些气田的天然气来自常规的构造、地层或者构造地层复合圈闭。下文来回顾前面提到的含有盆地中心气藏的三大气田，阐述隐蔽常规圈闭要素。

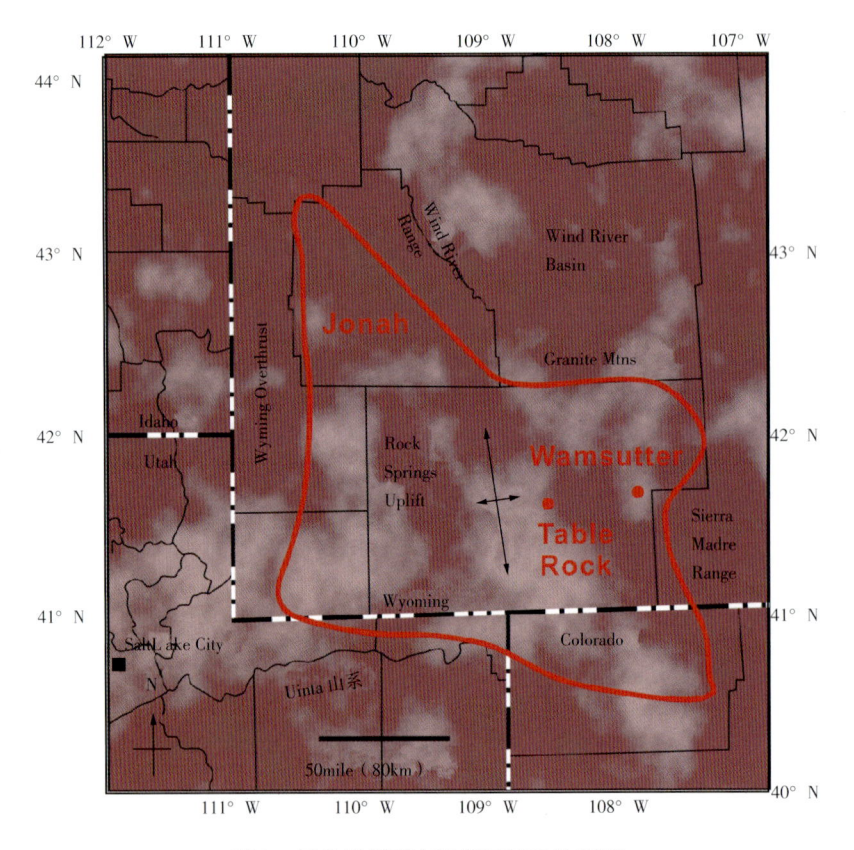

图 3　怀俄明州西南及邻区晕渲地形图

图中可以看到大绿河盆地及本文要讨论气田的位置。海拔数据来自美国地质调查局国家海拔数据组，10m（33ft）和 30m（100ft）的分辨率，NAD83 水平数据

（一）Jonah 气田

Jonah 气田位于大绿河盆地西北角，在 Hoback 次级盆地的南部（图 3）。Jonah 气田的产气层为上白垩统 Lance 组高压、不连续的河道砂储层。2006 年 12 月，该气田的 1022 口井日产天然气 $797\times10^6ft^3$，从 1992 年第一次投产至今已经生产了 $1.75\times10^{12}ft^3$ 天然气。估测 Lance 组原始天然气地质储量 $8.3\times10^{12}ft^3$（DuBois 等，2004）。

在 Jonah 气田东北部几英里处 Pinedale 背斜上，许多老井在上白垩统 Lance 组及下伏的 Mesaverde 群表现为异常高压。基于这些早期的资料，Spender（1987）勾画出了一个面积为 $3600mile^2$（$9300km^2$）的单一盆地中心气藏。早在 20 世纪 80 年代晚期，基于盆地中心气概念

(Robinson,2004),Home 石油公司在 Jonah 气田的 Pinedale 背斜高压区与上倾正常压力无油气产量的 Lance 组砂岩间钻探了一批井。后来的钻探和三维地震资料表明该气田是一个常规构造圈闭。

从气产量和储量来看,Jonah 气田可算是大气田,但是,它占地面积小,只有 35mile^2(91km^2),因此,不能算是区域性油气藏(图4)。气田上倾端(西南)两条走滑断层交错构成 Lance 组气藏的圈闭,在西、南部限定了气藏产能的分布范围(DuBois 等,2004;Hanson 等,2004)。虽然该气田未完全开发,但下倾方向气井产量低限制了其进一步开发。根据构造图,一个向斜轴沿东北向将 Jonah 气田和 Pinedale 背斜分开。

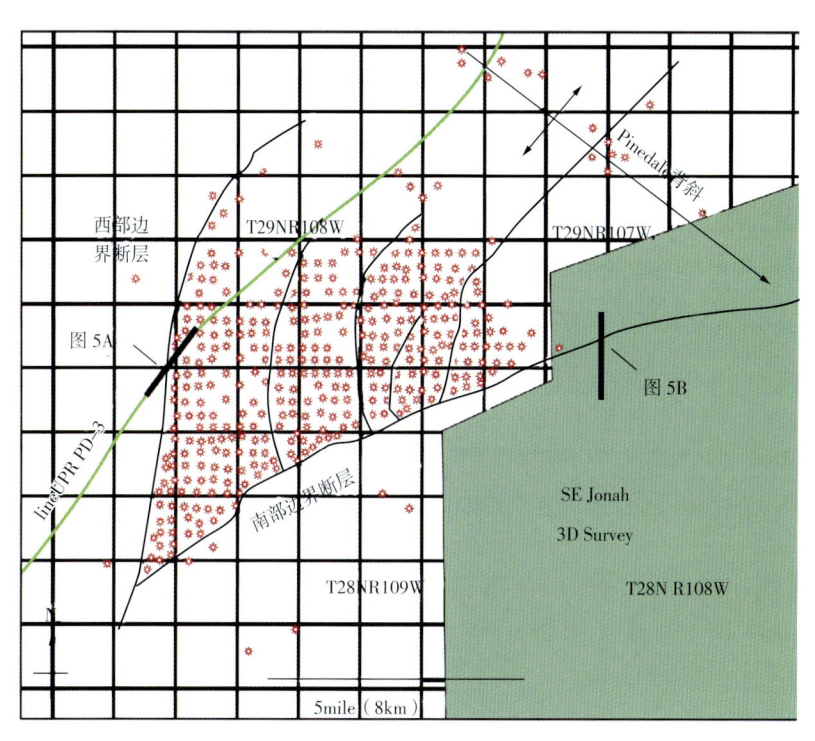

图4 Jonah 气田的气井和主要断层分布图
(地震数据见图5,断层位置据 Hanson 等,2004)

Warner(2000)认为,Jonah 气田是由两条走滑断裂在上倾端相交构成的圈闭。虽然断层纵向位移不过是几百英尺(Hanson 等,2004),但是,这些断层将 Lance 组的高压气藏与常规压力的气井隔开了。超压层顶部没有形成统一的区域界面,而是横穿边界走滑断层突然升高 2500ft(760m)并形成封闭。

虽然在 Jonah 气田,随深度增加孔隙度和渗透率会有所下降(DuBois 等,2004),但是,在 Jonah 圈闭断层的任一盘上都没有发现储层质量的明显变化(Shanley,2004)。Lance 组的储层质量沿上倾方向并没有变好,因此,由盆地中心气模型预测的毛细管压力封盖作用不成立(Law,2002)。

在气田开发早期没有三维地震资料之前,没能识别出 Jonah 气田的圈闭断层。例如 Jonah 气田发现之前,根据二维地震测线上浅层反射界面和次反射界面偏移,推测存在西边界断层(图5)。现代三维地震提高了断层的成像精度,能够在图上描绘断层位移和一些隐蔽的细节,如沿着南部边界反向张裂的断层(图5)。

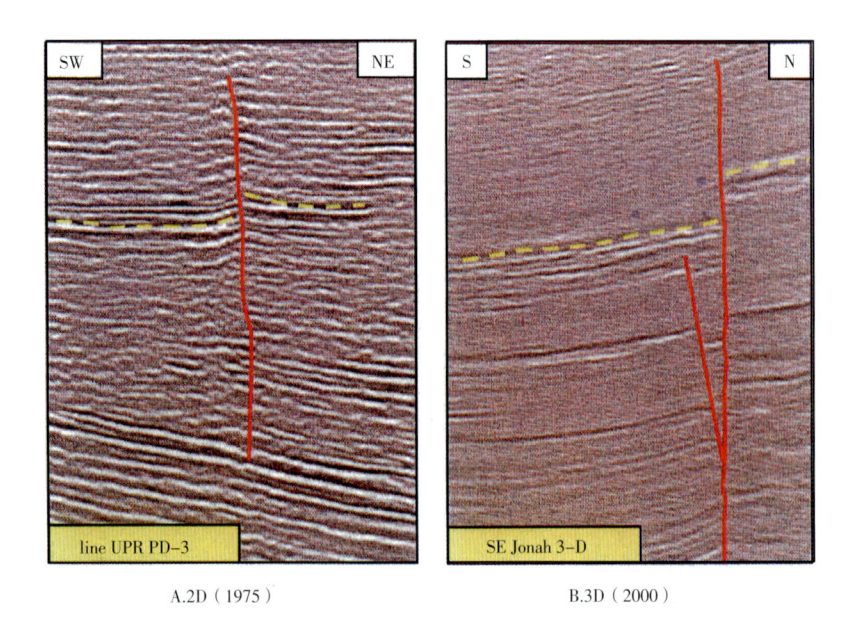

图5 Jonah气田发现前(A)后(B)横穿气田西部和南部边界断层的地震资料品质对比图

上覆 Fort Union 组下部的页岩曾被解释为常规断层圈闭的顶部盖层(Warner 等,2000)。然而,据其他钻井资料,Fort Union 组下部的页岩并没有形成一个连续的顶部盖层(Hanson 等,2004)。Lance 组流体压力梯度向深部由 0.43psi 增加到 0.72psi(9.72~16.28kPa/m),表明了纵向叠加的河道砂储层间压力是不连续的,同时,也表明层间低渗透的泥岩夹层形成了垂向上的盖层。

构造下倾方向的井因含水饱和度较高、平均孔隙度较低,导致产气量较(尽管砂岩总厚度较大)上倾方向的产气量低(DuBois 等,2004)。在 Jonah 气田,由于 Lance 组河道砂体的不连续,一般观测不到规则的气—水界面(Cluff,2004)。Lance 组凝析油产量随深度从 12bbl/10^6ft^3 增加到 45bbl/10^6ft^3(DuBois 等 2004),产水量从 0.1bbl/10^6ft^3 向下倾增加到 70bbl/10^6ft^3(Cluff,2004),这表明垂向上的流体分隔是由浮力引起的。

下伏 Mesaverde 群的高压气藏发现于 Jonah 气田断层圈闭之外,这一现象使盆地中心气论持有者更加坚持地认为,Jonah 气田只是一个更大盆地中心气藏的一部分,是一个构造甜点(Law,2002)。虽然,关于 Mesaverde 群的超压气藏目前知道的很少,但也没有证据排除这是一个独立的构造圈闭或者地层圈闭。Jonah 气田的面积有限、有多套盖层,断层的构造圈闭要素清楚,因此,可以定义为一个常规构造圈闭。

(二)Table Rock 气田

Table Rock 气田位于 Rock Springs 隆起的东翼(图3)。油气产于构造圈闭的密西西比亚系(Madison 地层)到始新统(Wasatchu 地层)的常规储层。虽然气田发现于 1946 年,但直到 1991 年才在上白垩统 Frontier 组低渗透储层中发现工业气流(Dickinson,1992,2001)。

Table Rock 气田的 Frontier 组通常分为上段和下段。下段深度 14000~15000ft(4300~4600m),是主要的产气层。下段产气层厚约 35ft(11m),由细粒到极细粒的岩屑砂岩组成,可见波状交错层理、浪成波痕叠加和虫孔构造,因此,可以解释为以波浪作用为主的海相临滨沉积(DeJarnett 等,2001)。

安纳达科州 4-H Rock Island 水平井常规岩心(sec.4,T19N,R97W)分析表明,平均基质孔隙度10.5%(孔隙度范围8.5%~12.3%),平均基质渗透率很低,为0.021mD(渗透率范围0.001~0.078mD)。储层为超压,流体压力梯度达到0.85psi/ft(19.22kPa/m),存在侧向变化复杂的天然的裂缝系统(DeJarnett 等,2001)。

已在 Table Rock 气田的 Frontier 组下部钻探了4口井(包括2口水平井),天然气产量为$3.2 \times 10^6 ft^3/d$(2006年11月)。到2006年12月底 Frontier 组已生产了$23 \times 10^9 ft^3$天然气和$210 \times 10^4 bbl$水。

虽然最初钻井是针对 Table Rock 构造北端的断层裂缝,根据当时盛行的盆地中心气模型估算,该地区 Frontier 组盆地中心气面积超过$14000km^2$,资源量超过$300 \times 10^{12} ft^3$(DeJarnett 等,2001)。安纳达科州 4-H Rock Island 水平井是政府和产业联合钻探的第一口水平井,目的是为了证实该区的资源潜力。

安纳达科州 4-H Rock Island 水平井一举获得了成功,日产气量达到$13.6 \times 10^6 ft^3$。但三个月后该井开始大量产水,从2000年5月至2003年5月平均约为1000bbl/d。到2006年11月,产气量和产水量分别递减到$1.8 \times 10^6 ft^3/d$和651bbl/d。Krystinik(2001)推测认为,水受天然裂缝控制,因此,可以采用类似煤层气井排水的方式使裂缝排水。但是这种排水的方法还没有得到认可,因为,产水量还在增加,产气量在减少(图6)。

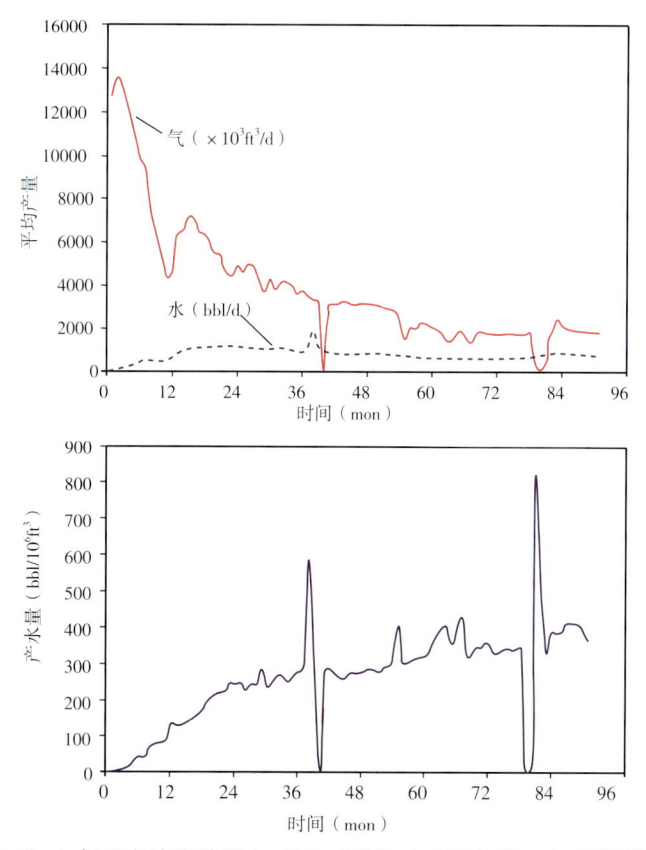

图6 Table Rock 气田安纳达科州 4-H Rock Island 水平井 Frontier 组平均日产气量和日产水量曲线图(井位见图7)

对 Table Rock 水平井钻探项目的重新评估可以看出，Frontier 组所产的天然气来自常规构造圈闭。根据三维地震资料和井控资料得出的 Frontier 组顶部的构造图表明，Frontier 组下部的天然气圈闭主要为逆断层向三个下倾方向张开而形成的 Table Rock 背斜（图 7）。上覆的 Baxter 页岩厚约 5900ft（1800m），为气田的顶部盖层。上倾方向的侵蚀作用使临滨的储层向西南方向迁移（DeJarnett 等，2001），在 Frontier 组下部的天然气藏南部形成了地层边界。

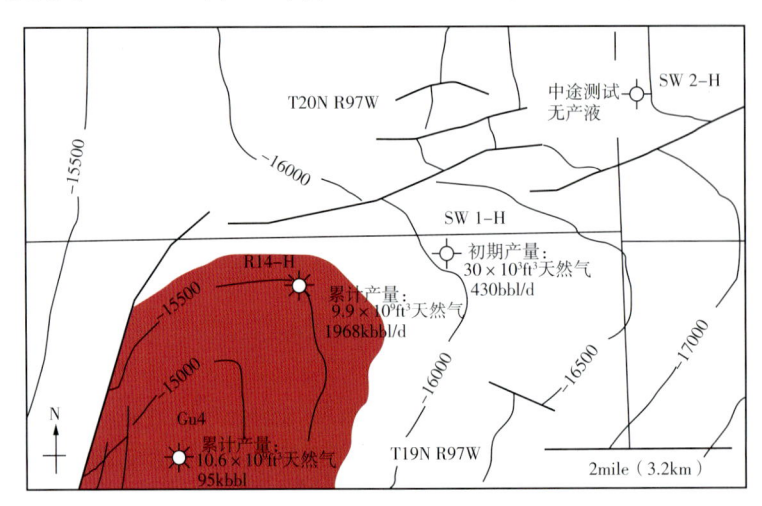

图 7 Frontier 组顶面构造图

图中等值线间隔 500ft（150m），展示的是 Frontier 组气水测试分布：气水边界沿 Table Rock 气田最北端的构造边界分布

除了安纳达科州 4 – H Rock Island 水平井产水外，安纳达科州 1 – H Rock Island 水平侧钻井也产水，测试产气 $30 \times 10^6 ft^3/d$，产水 430bbl/d，证实了下倾方向含水。虽然气水界面在井眼所穿透的目的层中看不到，但气水分布与常规构造圈闭一致，其上倾方向上的井产水率较低。例如，Chevron 4 Government Union 和安纳达科州 4 – H Rock Island 水平井产气量均为 $100 \times 10^8 ft^3$，但是与在下倾方向的安纳达科州 4 – H Rock Island 水平井产水量 $199bbl/10^6 ft^3$ 相比，Chevron 4 Government Union 的产水量只有 $9bbl/10^6 ft^3$（图 7）。

从安纳达科州 4 – H Rock Island 水平井 Frontier 组岩心的开启裂缝中发现了焦沥青（DeJarnett 等，2001）。这一发现表明石油曾经在裂缝中聚集过，后来因热解作用转化为沥青，这主要归因于埋深增加、埋藏时间变长导致的地层升温。Frontier 气藏为超压气藏（$0.77 \sim 0.85$ psi/ft；$17.41 \sim 19.22$ kPa/m），且以前可能存在的常规油藏后来原油裂解为天然气。从油到气热转换所引起的体积变化可以解释储层中的超压来源（Barker，1990；Berg 和 Gangi，1999）。

Table Rock 气田 Frontier 组的气产量变化快，30 天的平均流量范围为 $570 \times 10^3 \sim 13600 \times 10^3 ft^3/d$。产量变化快可以归因于储层的非均质性（如相类型、天然裂缝的出现或者构造位置的变化及钻井和完井的方式等）。在地质资料的基础上，重新认识 Frontier 气藏构造圈闭要素能够更好地预测甜点，而不是依靠盆地中心气模型中常用到的产量分布统计法去预测甜点。

（三）Echo Springs – Standard Draw 气田

McPeek（1981）根据中途试井和井底压力资料，认为，大绿河盆地东部有面积超过 $3000 mile^2$（$7800 km^2$）的上白垩统 Lewis、Almond 和 Ericson 组为超压区。在 320ha（129acre）井距的基础上，估算待发现潜在盆地中心气资源可达 $10 \times 10^9 \sim 40 \times 10^9 ft^3$。

BP 和 Anadarko 在 2000 年开始针对大绿河盆地东部的超压、低渗透砂岩储层开展了为期4年的勘探、开发和钻井项目,主要钻探目的层为Almond组,深度范围800~1300ft(2400~4000m),厚度450ft(140m)。综合1000mile²(2600km²)三维地震和井资料已经成功钻探了200多口探井。

北西走向的Wamsutter背斜将Wamsutter(南)和Great Divid(北)次级盆地分开。部分气田的产气层为沿Wamsutter背斜的Almond组超压(0.5~0.8psi/ft;11.3~18.0kPa/m)、低渗透(平均0.1mD)储层(图8)。自1958年最初发现以来,已经从近1000口井中生产了超过$1200×10^9 ft^3$的天然气。

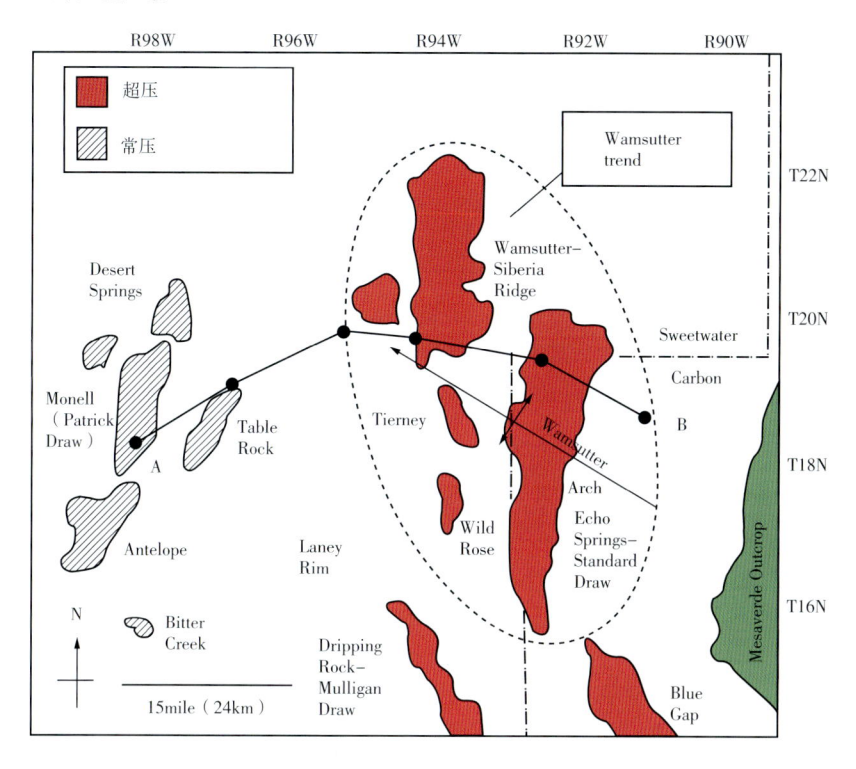

图8 Almond组顶面构造图

图中等值线间隔500ft(150m),展示的是Almond组上部主要油气藏的位置及图9中的AB横剖面位置,文中大Wamsutter区域相对集中的油气田为黑色虚线限定区域

超压的Almond组位于常压—超压Lewis组页岩与常压Ericson组砂岩之间。Almond组通常被分为上部海相地层和下部非海相地层。Wamsutter背斜的一个东西向断面表明,Almond组上部地层并非如一些盆地中心气模型中所描述的那样为连续储层,而是由向西后退的不连续滨岸砂岩体组成(图9)。海岸线走向南北,临滨砂体向上覆页岩方向尖灭形成地层圈闭。大绿河盆地东部Lewis组页岩为Almond组油气藏的区域盖层。

Wamsutter地区Almond组气产量的分布被描述为连续型气藏,没有明显的气藏边界(美国地质调查局怀俄明州西南评价团,2005)。然而,当在气藏尺度下进行绘图时发现Almond组上部气田产能边界构成一个不连续界线,下面要讨论这个问题。Almond组下部不连续河道和边缘海的储层尖灭也形成了超压气藏的地层圈闭。Almond组下部气藏边界复杂主要是因为将横向不连续的气藏纵向叠加混合成一个单元。在利用新井和三维地震资料作出的测绘图上可以看出,不需要用毛细管压力封盖原理去解释为什么Almond组上倾方向常规压力气藏与下倾方向超压气藏是分开的。相反,这一现象用地层和构造复合圈闭更容易解释。

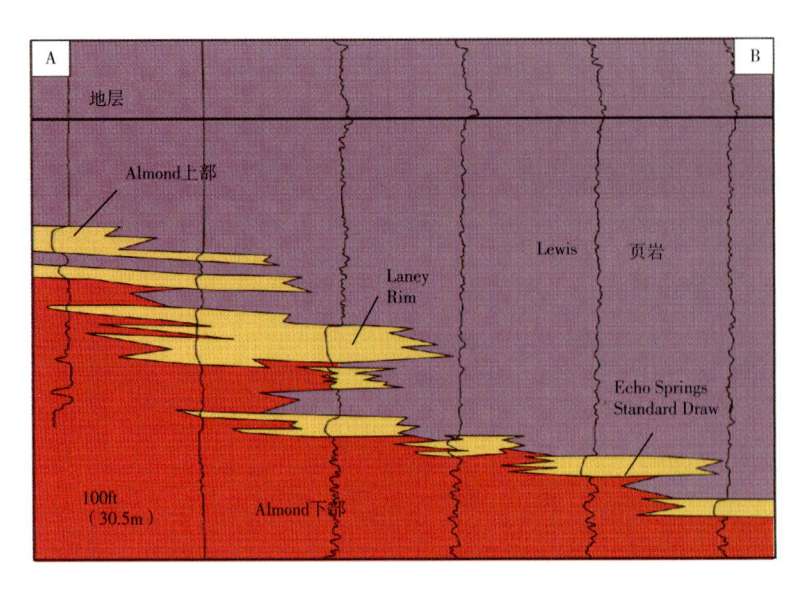

图9 大绿河盆地Almond组地层伽马测井曲线横剖面

Almond组上部为海相临滨沉积,下部为非海相沉积,图中可见Almond组上部常规地层圈闭要素,剖面位置见图8

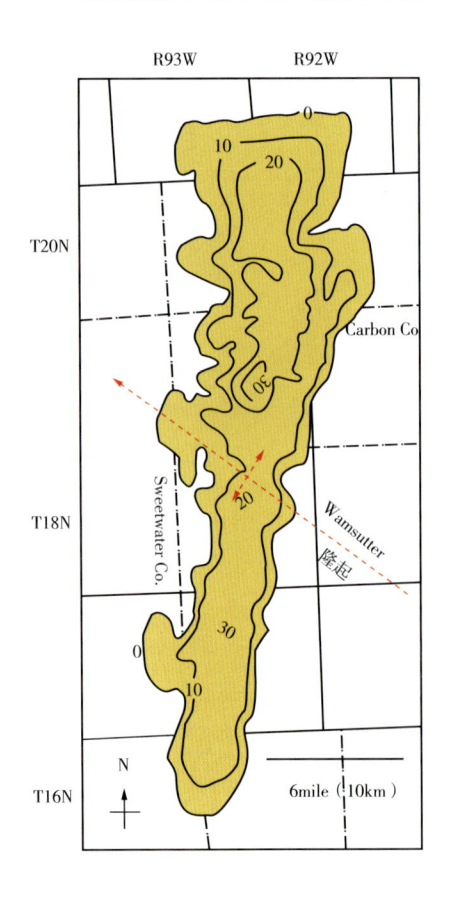

图10 Echo Springs – Standard Draw 气田 Almond
组上部净砂岩分布图(孔隙度大于8%)

等值线间距为10ft(3m)

Echo Springs – Standard Draw 气田(图10)Almond组上部净砂岩分布图(孔隙度大于8%)限定了含油气边界,并阐明了另一类常规地层圈闭,即 Wamsutter 背斜 Almond 组上部超压致密砂岩气圈闭。南北走向的 Almond 组砂岩披覆于 Wamsutter 背斜之上,形成了两端下倾的圈闭(图8)。虽然下倾边界不是由气水界面界定,但下倾方向的砂岩边界大致出现在相同的构造高度,可能代表着沿古烃水界面的胶结作用(Burch 和 Cluff,1997)。东部和西部气田边界与这些砂岩储层沉积边界一致。

目前盛行的盆地中心气模型依据空间控制点外推法阐述了超压层顶部为均匀深度处的一个表面。依据这些空间控制点,超压顶面与生气门限所对应的热成熟度相关,对应倾向于生气的Ⅲ型干酪根、超压顶面出现在镜质组反射率 R_o 为 0.8% 时。在 Mesaverde 含油气系统中Ⅲ型干酪根被认为是主要的气源(Roberts 等,2005)。当没有镜质组反射率数据时,常用等温线去界定生气窗的深度。在一个给定的含油气系统或压力封存箱中,超压面之下超压的程度随着深度的增加而增加。大绿河盆地东部,超压面出现在海平面以下深度为 2000~4000ft(600~1200m)或者是钻井深度为 8000～10000ft(2500～3000m)之间(Law 等,1989;Law,2000;美国地质调查局怀俄明州西南评价组,2005)。

最近,在 Wamsutter 地区的钻探结果表明,盆地中心气压力模型对于大绿河盆地东部而言有些过于简单化。例如,安纳达科州 35-3 Laney Rim 井(sec. 35,T18N,R97W)沿倾向从 Wamsutter 背斜向盆地西边的超压边界钻探,目的层为 Almond 组上部厚 100ft(30m)的滨岸砂岩(图9)。在 Wamsutter 背斜超压面以下 1500ft(460m)处的 Almond 组上部,钻遇到了正常压力梯度(低于0.5psi/ft,11.3kPa/m)气层。此外,超压的程度也是变化很大,范围为 0.5～0.8psi/ft(11.3～18.0kPa/m),且在单井中很小的纵向井段超压程度也会变化很大(Norris 等,2005)。Norris 等(2005)认为,在大绿河盆地东部观测到的温压纵向和横向变化是由于超压的不均匀逸散所导致的,这里的超压主要产生于早期快速埋藏和后期抬升引起的差异压实作用。

三、结论

虽然,关于盆地中心气藏成因和描述的观点已发展了 25 年,但基于近年来美国地质调查局在这方面所做的工作,产生了更多的相关定义。据 Law(2002)认为,盆地中心气藏应满足至少 5 个标准:①区域面积:直径为几十英里。②低渗透,一般多数小于 0.1mD。③异常压力,超压或者低压。④饱含气。⑤无底水界面。盆地中心气的一个共同要素是圈闭的封盖机制为毛细管压力封盖(对于直接型盆地中心气圈闭,Law,2002),不涉及任何常规构造和地层圈闭要素。

一直以来都认为怀俄明州西南部的大绿河盆地为盆地中心气藏产气的区域(如 McPeek,1981;Spencer,1987;DeJarnett 等,2001),还有大量剩余待发现气资源(美国地质调查局怀俄明州西南评价团,2005)。通过对近期钻井的复查,并根据大绿河盆地三个曾被认为是盆地中心气藏的气田三维地震资料分析表明,这些气藏只是满足了盆地中心气藏的部分判别标准。根据本文气藏尺度下的描绘,这些气田用隐蔽常规圈闭解释更合适。在上述例子中,并没有资料证明它们具有盆地中心气的典型特征,即由毛细管压力封闭形成的盖层。Shanley 等(2004)所做的另外一个研究也对盆地中心气模型其他要素提出了质疑。因此,需要对长期盛行的盆地中心气概念和模型进行重新评价和校正。

由于本文所描述的三个气田并不符合盆地中心气模型,因此,需要再作另外的研究来描述盆地中心环境下致密砂岩气藏的特征。这样的研究有助于①更好理解超压的成因和演化。②更好地说明隐蔽型构造和地层圈闭的要素。③更好地解释控制井产能的地质条件。④更好地理解产水量的主控因素和产水边界。⑤更好地描述和理解致密砂岩气储层中工业气流的下倾边界。重新审视上述的盆地中心气产气区,并识别致密砂岩气区带的隐蔽常规构造和地层要素会使未来的钻探成功率更高,带来更有意义的待发现气资源。

参 考 文 献

Barker,C.,1990,Calculated volume and pressure changes during the thermal cracking of oil to gas in reservoirs:AAPG Bulletin,v. 74,p. 1254－1261.

Berg,R. R.,and A. F. Gangi,1999,Primary migration by oil－generation microfracturing in low－permeability source rocks:Application to the Austin Chalk,Texas:AAPG Bulletin,v. 83,p. 727－756.

Brown, A., 2005, Effects of exhumation on gas saturation in tight – gas sandstones, in M. G. Bishop, S. P. Cumella, J. W. Robinson, and M. R. Silverman, eds., Gas in low permeability reservoirs of the Rocky Mountain region: Rocky Mountain Association of Geologists 2005 Guide – book, p. 33 – 50, CD – ROM.

Burch, D. N., and R. M. Cluff, 1997, A volumetric analysis of Almond Formation (Cretaceous, Mesaverde Group) gas production in the Coal Gulch – Echo Springs – Standard Draw field complex, Washakie Basin, southwest Wyoming, in Society of Petroleum Engineers Rocky Mountain Regional Meeting, SPE Paper 38368, p. 203 – 215.

Cluff, S. G., and R. M. Cluff, 2004, Petrophysics of the Lance Sandstone reservoirs in Jonah field, Sublette County, Wyoming, in J. W. Robinson and K. W. shanley, eds., Jonah field: Case study of a tight – gas fluvial reservoir, Rocky Mountain Association of Geologists 2004 Guide – book: AAPG Studies in Geology 52, p. 215 – 241.

DeJarnett, B. B., F. H. Lim, L. F. Krystinik, and M. L. Bacon, 2001, Greater Green River Basin production improvement project: U. S. Department of Energy, National Energy Technology Laboratory, Final Report DE – AC21 – 95MC31063.

Dickinson, R. G., 1992, Table Rock field – Frontier Formation, an overpressured reservoir, in C. E. Mullen, ed., Rediscover the Rockies: Wyoming Geological Association 43rd Annual Field Conference Guidebook, p. 139 – 144.

Dickinson, R. G., 2001, Searching for overpressured Frontier Formation gas in the Washakie Basin, Wyoming, in D. S. Anderson, J. W. Robinson, J. E. Estes – Jackson, and E. B. Coalson, eds., Gas in the Rockies: Rocky Mountain Association Geologists Guidebook, p. 117 – 123.

DuBois, D. P., P. J. Wynne, T. M. Smagala, J. L. Johnson, K. D. Engler, and B. C. McBride, 2004, Geology of Jonah field, Sublette County, Wyoming, in J. W. Robinson and K. W. Shanley, eds., Jonah field: Case study of a tight – gas fluvial reservoir: AAPG Studies in Geology 52, Rocky Mountain Association of Geologists 2004 Guide – book, p. 37 – 59.

EnCana, 2007, Resource plays: http://www.encana.com/operations/resourceplays/index.htm (accessed February 11, 2007).

Gautier, D. L., G. L. Dolton, K. I. Takahashi, and K. L. Varnes, eds., 1996, 1995 national assessment of the United States oil and gas resources: Results, methodology, and supporting data: U. S. Geological Survey Digital Data Series DDS – 30, Release 2, CD – ROM.

Hanson, W. B., V. Vega, and D. Cox, 2004, Structural geology, seismicimaging, and genesis of the giant Jonah gas field, Wyoming, U. S. A., in J. W. Robinson and K. W. Shanley, eds., Jonah field: Case study of a tight – gas fluvial reservoir, Rocky Mountain Association of Geologists 2004 Guidebook: AAPG Studies in Geology 52, p. 61 – 92.

Krystinik, L. F., 2001, Big bucks or a money disposal project? ... New perspectives on basin – centered gas from horizontal drilling, deep Frontier Fm., Green River Basin, SW Wyoming (abs.): AAPG Annual Meeting Program, v. 10, p. A110.

Law, B. E., 2002, Basin – centered gas systems: AAPG Bulletin, v. 86, p. 1891 – 1919.

Law, B. E., and W. W. Dickinson, 1985, Conceptual model for origin of abnormally pressured gas accumulations in low – permeability reservoirs: AAPG Bulletin, v. 69, p. 1295 – 1304.

Law, B. E., C. W. Spencer, R. R. Charpentier, R. A. Crovelli, R. F. Mast, G. L. Dolton, and C. J. Wandrey, 1989, Estimates of gas resources in overpressured low – permeability Cretaceous and Tertiary sandstone reservoirs, Greater Green River Basin, Wyoming, Colorado and Utah, in J. L. Eisert, ed., Gas resources of Wyoming: Wyoming Geological Association Fortieth Field Conference Guidebook, p. 39 – 61.

Masters, J. A., 1979, Deep basin gas trap, Western Canada: AAPG Bulletin, v. 63, p. 152 – 181.

McPeek, L. A., 1981, Eastern Green River Basin: A developing giant gas supply from deep, overpressured Upper Cretaceous sandstones: AAPG Bulletin, v. 65, p. 1068 – 1098.

Norris, G. E., T. McClain, and D. H. Phillips, 2005, Wamsutter "acreage capture:" A case study in tight gas sand development, GGRB, southwestern Wyoming, U. S. A. (abs.): AAPG Hedberg Conference: Under standing, exploring and developing tight-gas sands, Vail, Colorado, April 24-29: Search and Discovery Article 90042 (2005), hrtp://www.searchanddiscovery.net/documents/abstracts/2005hedberg_vail/abstracts/extended/norris/norris.htm (accessed February 11, 2007).

Roberts, L. N. R., M. D. Lewan, and T. M. Finn, 2005, Burial history, thermal maturity, and oil and gas generation history of petroleum systems in the southwestern Wyoming province, Wyoming, Colorado and Utah, in U. S. Geological Survey Southwest Wyoming Province Assessment Team: Petroleum systems and geologic assessment of oil and gas in the southwesternWyoming province, Wyoming, Colorado, and Utah: U. S. Geological Survey Digital Data Series DDS-69-D, 25 p.

Robinson, J. W., 2004, Discovery of Jonah field, Sublet County, Wyoming, in J. W. Robinson and K. W. Shanley, eds., Jonah field: Case study of a tight-gas fluvial reservoir, Rocky Mountain Association of Geologists 2004 Guidebook: AAPG Studies in Geology 52, p. 9-20.

Schenk, C. J., 2002, Geologic definition and resource assessment of continuous (unconventional) gas accumulations— The U. S. experience (abs.): AAPG Annual Meeting Program, v. 11, http://aapg.confex.com/aapg/cairo2002/techprogram/paper_66806.htm (accessed February 11, 2007).

Schenk, C. J., and R. M. Pollastro, 2002, Natural gas production in the United States: U. S. Geological Survey Fact Sheet FS-113-01, 2 p.

Schmoker, J. W., 1996, Method for assessing continuous type (unconventional) hydrocarbon accumulations, in D. L. Gautier, G. L. Dolton, k. I. Takahashi, and K. L. Varnes, eds., 1995 National assessment of United States oil and gas resources— Results, methodology, and supporting data: U. S. Geological Survey Digital Data Series DDS-30, Release 2. 1 CD-ROM.

Schmoker, J. W., 2002, Resource-assessment perspectives for unconventional gas systems: AAPG Bulletin, v. 86, p. 1993-1999.

Shanley, K. W., 2004, Fluvial reservoir description for a giant, low-permeability gas field: Jonah field, Green River Basin, Wyoming, U. S. A., in J. W. Robinson and K. W. Shanley, eds., Jonah field: Case study of a tightgas fluvial reservoir, Rocky Mountain Association of Geologists 2004 Guidebook: AAPG Studies in Geology 52, p. 159-182.

Shanley, K. W., R. M. Cluff, and J. W. Robinson, 2004, Factors controlling prolific gas production from low-permeability sandstone reservoirs: Implications for resource assessment, prospect development, and risk analysis: AAPG Bulletin, v. 88, p. 1083-1121.

Spencer, C. W., 1987, Hydrocarbon generation as a mechanism for overpressuring in Rocky Mountain region: AAPG Bulletin, v. 71, p. 368-388.

Surdam, R. C., 1997, A new paradigm for gas exploration in anomalously pressured "tight-gas sands" in the Rocky Mountain Laramide basins, in R. C. Surdam, ed., Seals, traps and the petroleum system: AAPG Memoir 67, p. 283-298.

Surdam, R. C., Z. S. Jiao, and H. P. Heasler, 1997, Anomalously pressured gas compartments in Cretaceous rocks of the Laramide basins of Wyoming: A new class of hydrocarbon accumulation, in R. C. Surdam, ed., Seals, traps and the petroleum system: AAPG Memoir 67, p. 199-222.

U. S. Geological Survey Southwestem Wyoming Province Assessment Team, 2005, Petroleum systems and geologic assessment of oil and gas in the southwestern Wyomingprovince, Wyoming, Colorado and Utah: U. S. Geological Survey Digital Data Series DDS-69-D, CD-ROM.

Warner, E. M., 2000, Structural geology and pressure compartmentalization of Jonah field based on 3D seismic data and subsurface geology, Sublette County, Wyoming: The Mountain Geologist, v. 31, p. 15-30.

低渗透砂岩中气体相对渗透率的分析

Alan P. Byrnes

摘要：对低渗砂岩气体相对渗透率(K_{rg})的研究表明可以采用科里(Corey)方程来建模型，但是，在高含水饱和度下几乎没有有效的含气饱和度(S_{gc})资料来建立气体相对渗透率(K_{rg})模型。用压汞实验确定的毛细管压力、结合多变岩相的 Mesaverde 砂岩电阻率来确定重要的非润湿性饱和度，结果证实了假定的含气饱和度(S_{gc})小于0.05的观点。然而，非均质、较高含气饱和度(S_{gc})的岩心样品分析表明，含气饱和度(S_{gc})依赖于孔隙网络结构。渗流理论和网格粗化表明，含气饱和度(S_{gc})在四种孔隙网络结构模型中存在差异：①渗流(N_P)；②平行流($N_{//}$)；③节流($N_\perp$)；④不连续节流($N_{\perp d}$)。分析表明，含气饱和度(S_{gc})取决于油田和岩心的等级和层理结构。

模型表明，S_{gc} 在具纹层理储层中非常低，在块状砂岩中，无论渗透率大小，S_{gc} 值都低(如岩心级别 < 0.03 ~ 0.07，储层级别 < 0.02)。在具有节流网络特征的交错层理岩石中，S_{gc} 为一固定值，反映了具节流特征的层中毛细管力差异和相对孔隙面积。在这些网络结构中，S_{gc} 可以变化很大并能达到高值(如 S_{gc} < 0.6)。不连续节流网络结构的 S_{gc} 值在渗流和平行流 S_{gc} 值之间，它代表了具有节流网络特征的岩性(不包括限制层)。

在不同空间范围，四种网络结构在非均质岩石中的分布非常复杂。这导致了在实验室内准确模拟储层渗透率难度很大。分析各种结构时需要考虑毛细管压力和相对渗透率的各向异性。

工业评价区域性低渗气藏、评估未来天然气供给及勘探规划都需要分析储层特征，对目的层进行精确评估。目前，对低渗透砂岩的绝对渗透率已经开展了大量的研究工作。而低渗透砂岩相对渗透率的研究主要集中于低含水饱和度相对渗透率曲线的初始阶段，很少研究相对渗透率曲线的临界点，即临界含气饱和度。临界含气饱和度可以定义为气相连通性较好、能自由流通穿过含气系统的最小含气饱和度。和高渗砂岩相比较，低渗砂岩能在高含水饱和度下产出气体。高含水情况下，岩石的低气体渗透率以及饱和度均匀分布问题使得实验变得复杂而难以获得 K_{rg} 数据。高含水饱和度的岩石数量多，在资源区带中占绝大部分。因此，明确高含水饱和度的相对渗透率对确定储层特性和可采储量十分重要。

尽管低渗砂岩的岩石物理性质与高渗砂岩具有连续性，但与高渗砂岩不同的是它们对压力—体积—温度—组分—时间(PVTXt)更敏感，且随着PVTXt的变化而变化，但对较高渗透率的岩石，PVTXt的影响没那么明显。这就需要对PVTXt条件下(即对应的岩石物理性质)进行准确定义和测量。在高渗岩石中，岩石性质在一个很大的PVTXt范围内保持稳定，需要对岩石性质进行修改以应用于低渗岩石中，这可能会造成误解。本文应用的岩石物理性质术语见表1。

表 1　岩石物理性质的简写和代号统计表

D	分形维数
E	欧几里得维数
f	气体成核中的分形维数
K	渗透率（mD）
K_{lk}	原位克林肯伯格修正气体渗透率
K_{rg}	相对气体渗透率（V/V）
K_{rg}, K_w	在一定束缚水条件下的相对气体渗透率
K_{rw}	水相相对渗透率（V/V）
L	网络结构规模，节点多少
MICP	毛细管压汞压力
MPa	10^6 Pa
N_p	渗流网格，无因次
$N_{//}$	平行流网格
$N_\perp$	节流网格
$N_{\perp d}$	不连续节流网格
p	修正的 Corey 等式气体指数
p_c	毛细管压力（帕斯卡）
$p_c S_{gc,high}$	在高含水饱和度下的毛细管压力
ϕ	孔隙度（V/V）
psi	bf/in²
PVTXt	压力—体积—温度—组分—时间
q	修正的科里方程气体指数
$S_{g,pc-Sgc,high}$	在 $p_c S_{gc,high}$ 下气体饱和度
S_{gc}	临界气体饱和度（V/V），$K_{rg}=0$ 时，用 $1-S_w$ 表示
$S_{gc,low}$	平行流网格结构下的最低临界气体饱和度（V/V）
$S_{gc,high}$	节流网格结构下的最高临界气体饱和度，体积比（V/V）
S_{Hg}	汞饱和（非润湿相），体积比（V/V）
S_{nwc}	临界非润湿条件下的饱和度（V/V），不会形成连通组
S_w	含水饱和度，体积比（V/V）
S_{wc}	$K_{rw}=0$ 条件下的临界含水饱和度，体积比（V/V）
$S_{wc,g}$	$K_{rg}\leq 1$ 条件下的临界含水饱和度，体积比（V/V），可能驱替气体
V	体积（V）

本文包含了部分关于低渗砂岩相对气体渗透率临界点的主题内容，即位于相对渗透率曲线的末端部分。本文主要总结了前人的研究成果，通过测量非润湿性条件下的压汞和电阻分析来补充数据，得到类似的临界气体饱和度。应用孔隙结构和渗流理论模型来研究观察到的临界气体饱和度、理论上一定范围内 S_{gc} 与层理结构的函数关系。

一、前期研究工作

（一）气体相对渗透率

对低渗砂岩气体相对渗透率已经开展了很多研究工作(Thomas 和 Ward,1972；Byrnes 等,1979；Jone 和 Owens,1980；Sampath 和 Keighin,1981；Walls,1981；Walls 等,1982；Randolph,1983；Chowdiah,1987；Ward 和 Morrow,1987；Kamath 和 Boyer,1995；Byrnes 和 Castle,2000；Shanley 等,2004)。一些 K_{rg} 值是在含水饱和度小于可动水饱和度情况下测得的,根据定义,此时水的相对渗透率为零。实验条件下是通过蒸发作用获得这种低含水饱和度的。自然条件下当 PVTX 改变至液态时,这样的含水饱和度可以存在或不存在,在小于 S_{wc} 时,岩石作用可以降低含水饱和度。K_{rg} 数值在 $S_w < S_{wc}$ 区域和 $S_w \geq S_{wc}$ 区域具有连续性。Byrnes 等人(1979)改变了科里方程式(1954),得到可以预测低渗砂岩气体相对渗透率的等式：

$$K_{rg} = (1 - (S_w - S_{wc,g})/(1 - S_{gc} - S_{wc,g}))^p \times (1 - ((S_w - S_{wc,g})/(1 - S_{wc,g}))^q) \quad (1)$$

所有的术语代表意思均在表 1 中有所描述,指定 $p = 2$,$q = 2$ 作为理论的和实际观察的值,科里曾提及 p 和 q 随孔隙结构的变化而变化。布尔和科里(1966)非常详细地观察了孔喉分布特征对相对渗透率的影响。他们也注意到科里或布尔—科里方程没有定义含水饱和度大于 S_{gc} 和小于 $S_{wc,g}$ 的区域,这些含水饱和度区域仍然可能存在少量流体。与操作、实验、理论的临界饱和度界限特征有关的问题一直存在着较多的争议。

Byrnes 等(1979)使用等式(1),在 $S_{gc} = 0.2 \sim 0.3$,$S_{wc,g} = 0$,$p = 1.1 \sim 1.3$,$q = 2$ 的条件下,采用 Mesaverde 岩心数据模拟了 K_{rg}。根据对 Mesaverde 岩心的分析研究,SamPath 和 Keighin(1981)、Ward 和 Morrow(1987)对等式(1)进行了改进,等式中 $S_{gc} = 0.3$,$S_{wc,g} = 0$,$p = 1.5$,$q = 2$。Chowdiah(1987)使用了科里方程的等式变形,但它不同于等式(1),它没有使用等式(1)中的 S_{gc} 概念。该等式中,Chowdiah 使用 $S_{gc} = 0.096 \sim 0.47$,$p = 1.4 \sim 4.13$,含水饱和度通过蒸发得到。Chowdiah 的 K_{rg} 等式中假设了 $S_{wc,g} = 0$。在其他研究中也涉及到了 K_{rg} 的值和曲线,但没有模型方程建立。Byrnes(2003,2005)编制了来自西部低渗砂岩的 43 块岩心的 K_{rg} 曲线(图 1),同时也得到了在单一 S_w 条件下的 K_{rg} 的值(图 2)。这些数据是以绝对渗透率的参数形式给出的。在大多数的研究中,采用离心、多孔板或蒸发等方法用气体替换水(含水饱和度不断下降)得到含水饱和度。Chowdiah(1987)假设通过蒸发模拟吸渗条件获得饱和度,在这些条件下获得 K_{rg} 的值比通过排水法得到的值低。在图 2 中的许多数据是采用离心方法得到的,尽管曾短暂反转以除去样品端面的水,其他数据通过采用多孔面板获得。这些方法之间的差异不明显,需要进一步分析研究。在图 1 和图 2 中的所有数据,气体相对渗透率在围压超过 10.3MPa(1500psi)、相对气体渗透率值代表克林肯伯格校正值、参考了克林肯伯格无水干样品(在 $S_w = 0$ 时的 K_{ik})的绝对气体渗透率值的条件下测得的。Chowiah(1987)认为岩心从去饱和压力状态下移出产生的压力滞后作用会导致相对渗透率下降。Thomas 和 Ward(1972)对 K_{rg} 曲线研究认为,这种影响不是普遍的。

尽管对于不同岩相岩石样品的孔隙结构的解释是分散的,对于单一的 K_{rg} 曲线和组合的 $K_{rg,sw}$ 曲线测量值而言,在总的含水饱和度下具有一个总的趋势,即低渗样品中的气体相对渗透率总小于高渗样品中的气体相对渗透率。

Byrnes(2003)根据经验将图1和图2中的数据代入方程(1)中。

$$S_{wc,g} \approx 0.16 + 0.053 \times \lg K_{ik}(K_{ik} \geq 0.001 \text{mD}) \tag{2}$$

$$S_{wc,g} = 0 \quad (K_{ik} < 0.001 \text{mD}) \tag{3}$$

$$S_{gc} \approx 0.15 - 0.05 \times \lg K_{ik} \tag{4}$$

$$p = 1.7 \tag{5}$$

$$q = 2 \tag{6}$$

这些经验公式与先前已出版的参数是一致的,并且归类了已存在的数据,近似模拟了和绝对渗透率之间的参数关系。图3展示了和图1和图2相同的K_{rg}边界曲线,但是S_w值更高而K_{rg}值低。黑曲线的界限由使用岩心渗透率从0.001到1mD经过等式计算描绘的,其中$S_{gc} = 0.15 \sim 1$mD,$p = 1.7$和$q = 2$。暗灰色曲线的界限表示一组相配的数据,其中$S_{gc} = 0.01$,为一常数,指数p随绝对渗透率的变化而变化,$q = 2$;例如$p = 2.9$时,$K_{ik} = 0.001$mD;$p = 2$时,$K_{ik} = 1$mD;在许多测量数据相对渗透率的变化范围内($S_w < 0.6$),当保持S_{gc}为常数表征$p(K)$或保持p为常数表征$S_{gc}(K)$时,均可很好地建立K_{rg}模型。然而,当$S_w > 0.6$时,变量$p/$常量低S_{gc}模型($p(K)$;$S_{gc} < 0.05$)的K_{rg}值比常量$p/$变量S_{gc}模型($p \approx C$;$S_{gc}(K)$)的K_{rg}值更高。

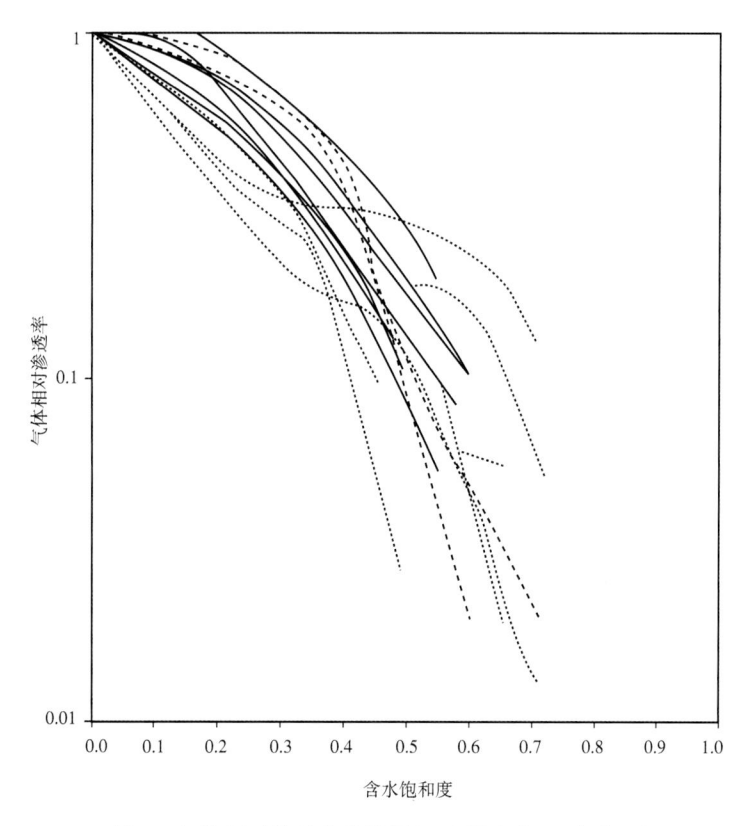

图1 气体相对渗透率曲线图(7个研究中43块岩心)

曲线分为$K_{ik} < 0.01$mD(虚线),$0.01 < K_{ik} < 0.03$mD(细亮线),$0.03 < K_{ik} < 0.1$mD(粗黑线)和$0.1 < K_{ik}$(黑虚线)。粗黑曲线是由科里方程等式模型使用$K_{ik} = 0.001$mD(下部的曲线)和$K_{ik} = 1$mD(上部的曲线)边界条件推导出来的

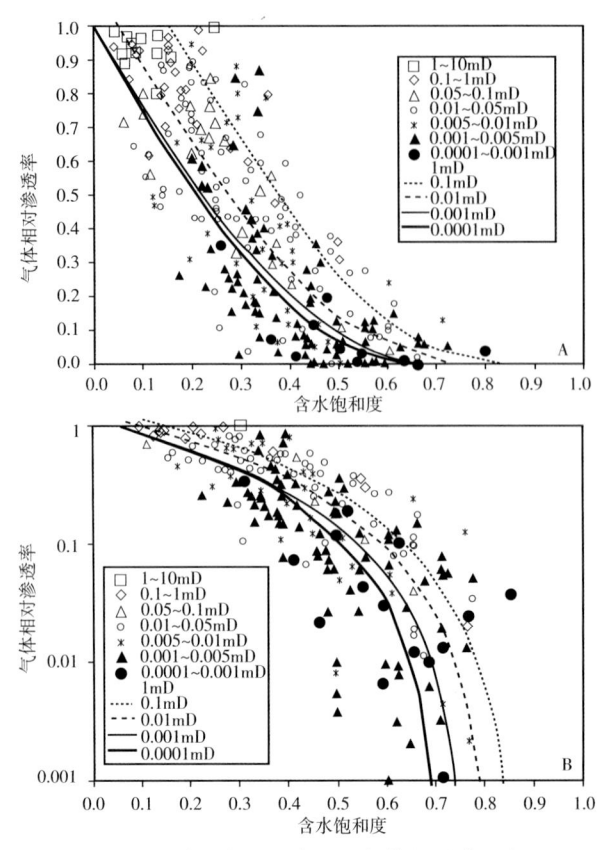

图2 在单一水饱和度下的气体相对渗透率

曲线展示了科里应用等式(1)~(6)预测的岩心渗透率从 0.0001~1mD 的 $K_{rg,sw}$ 的值。线型(图A)展示了渗透率为 0.16~1mD 的岩样至渗透率为 0~0.001mD 的岩样的临界水饱和度的递减情况。对数坐标(图B)表明随着岩心水饱和度(大于0.5)的增加而相对渗透率急剧下降,随着渗透率的下降气体临界饱和度增加

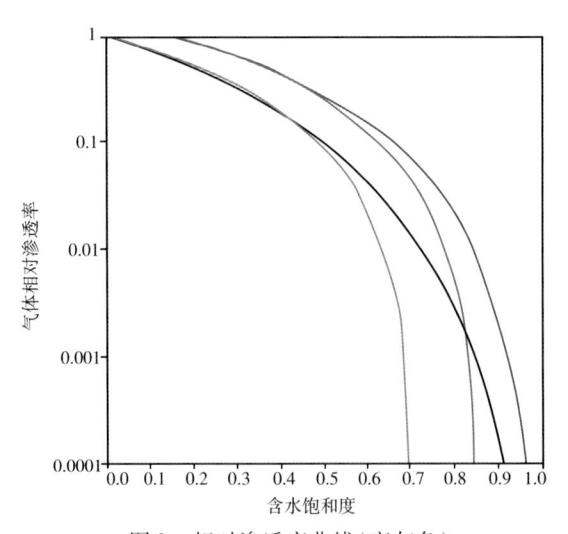

图3 相对渗透率曲线(亮灰色)

样品数据来自7个研究单位的43块岩心,如图1所示。黑色曲线与图1中的相同,它是由渗透率为 0.001~1mD 的岩样根据等式(1)~(6)计算结果得到的,此时 $S_{gc}=0.3$ 和 0.15,$K_{ik}=0.001$ 和 1mD,$p=1.7$ 和 $q=2$。暗灰色曲线的界限代表一组相配的数据,其中 $S_{gc}=0.01$,$K_{ik}=0.001$,$p=2.9$;$K_{ik}=0.001$,$p=2$ 和 $K_{ik}=1$mD

(二)临界气相饱和度

临界气相饱和度的定义具有多样性,可以定义为在气相自由流动时的最小含气饱和度(Firoozabadi 等,1989);也可以定义为任何气体流动之前的最大含气饱和度(Moulu 和 Longeron,1989);储层中气体可以自由流动到顶部时的含水饱和度(Kortekaas 和 Poelgeest,1989);岩心端面出现气体时的含气饱和度。Li 和 Yortsos 在 1993 年做了更合适的定义,可以表述为气体形成簇状物体系(结果是自由流动)时的饱和度。这种定义与渗流临界值相一致,此时,气体经过所有孔隙通道而不仅仅是部分通道。使用这个定义,S_{gc} 表示孔隙体积被簇状物体系中的气体占据着的那部分孔隙体积临界值。

许多关于临界气相饱和度的研究主要集中在 S_{gc} 上,以便解决气体驱动含油储层,可以通过孔隙压力下降和气泡在不同尺寸和连通性的网络结构中增长导致气体聚集而获得含气饱和度。室内溶解气实验测得 S_{gc} 的值分布为 0.006~0.38(Hunt 和 Berry,1956;Handy,1958;Firoozabadi 等,1989;Kortekaas 和 Poelgeest,1989;Moulu 和 Longeron,1989;Kamath 和 Boyer,1995)。许多研究认为,S_{gc} 随着压力下降速率的增加而增加,这是由地层大量的气体聚结而造成的(Li 和 Yortsos,1993)。在皮申斯盆地两口相邻的井,Chowdian(1983)对 11 块 Mesaverde 岩心在 $0.0008\text{mD} < K_{ik} < 0.031\text{mD}$ 的条件下做了排驱实验,结果为 $0.03 < S_{gc} < 0.11$。对低渗($K = 0.1\text{mD}$)Colten 砂岩岩心样品,Kamath 和 Boyer(1995)记录当外部注气时,$S_{gc} = 0.01$;以溶解气注入时,$S_{gc} = 0.1$。在气体注入 $K = 413\text{mD}$ 的 Torpedo 砂岩岩心的研究中,Closmann(1987)发现了从岩心进口端的($S_g = 0.08$)到岩心出口端的($S_g = 0.02$)饱和度梯度变化。他们解释在岩心出口端的 $S_g = 0.02$ 低值等代表临界气相饱和度。Schowalter(1979)记录了氮气—水和压汞注入不同砂岩和碳酸盐岩的驱替试验,渗透率从 0.01~30.09mD 的 10 块岩心,其临界气相饱和度在 0.045~0.17 之间。

(三)渗流理论

Broadbent 和 Hammersley(1957)介绍了渗流理论,进一步提高了对临界气相饱和度和相对渗透率的认识。根据该方法,孔隙系统由具一定尺寸的、随机分布的、具一定连通性的孔喉连接而成的孔隙网络结构组成。通过对侵入相在孔道联结键、晶位、网络结构边界、网络结构内部成核中心的侵入相界面移动而占据孔隙情况的研究(侵入渗透;首先由 Wilkinson 和 Willemsen 于 1983 年提出),模拟侵入相的性质。对于网络结构,只有当气体占据的晶位等于或超过临界渗流时,才有足够的被侵入相占据的晶位连接起来,形成无限大的系统延伸。这种情况与临界气相饱和度相同。当气体占据晶位的比例小于临界渗流时,气相不能流过系统。值得注意的是渗流理论适用于孔道随机分布的网络结构(例如晶位与连接键之间不存在空间相关)。空间相关会影响临界渗流和临界气相饱和度。其可能的影响将在下文进行讨论。

在石油和物理文献中,关于渗流理论用于多孔介质的研究非常多。Sahimi(1993,1994)对此做过综述,Berkowitz 和 Ewing(1998)回顾了该理论在土壤中的应用,Du 和 Yortsos(1999)总结了气泡的生长和渗透。除了以上引用的临界气相饱和度的研究,还研究了任意两相间的渗流及网络结构里渗流的数学运算方法(Larson 等,1977,1981;

Wall 和 Brown,1981;Chandler 等,1982;Koplik 和 Lasseter,1982;Lenormand 等,1983;I,enormand 和 Zarcone,1985;Feder,1988);侵入渗透(Wilkinson 和 Willemsen,1983);在浮力作用下侵入(Wilkinson,1984、1986);隔气渗透(Yanuka 和 Balberg,1991);表面影响(Yortsos 和 Parlar,1989;Cafiero,1997);中心连接键和毛细管数所占比例与气泡的形成、成长以及渗透的函数关系(Li 和 Yortsos,1995a,b;Du 和 Yortsos,1999;Ferer 等,2003)。Lin 和 Cohenm(1982),Koplik 等(1984)和 Yanuka(1986)等人通过多种方法估算了砂岩的平均配位数 Z 在 4~8 之间,说明岩石的孔隙网络性质可以用 $Z=6$ 的立方晶格来表示。

测量毛细管压力排替曲线时方式相似,认为储层中气相侵入非常慢,浓度剖面是准静态。在这个过程中,气相侵入水饱和储层的标志是簇状流的增大,在气体占据的孔隙中,气水界面向周围孔喉侵入以增加毛细管阻力(相应地减小半径)。这个过程称侵入渗流,因为气从网络结构的一面或一点开始侵入(Wilkinson 和 Willemsen,1983;Feder,1988),侵入渗流是系统渗流的一种简单形式(Yortsos 和 Parlar,1989)。

Wilkinson 和 Willemsen(1983)研究表明,在尺寸 L 的网络结构下,渗流临界值的体积分数(渗流团)与 S_{gc} 相当。

$$S_{gc}(L) = AL^{D-E} \tag{7}$$

式中,A 是常数,D 是渗流团的质量分数($D=1.89$(二维),$D=2.52$(三维)),E 是欧氏距离($E=2$(二维),$E=3$(三维))。对于三维立方网络结构,$A \approx 0.65$。这个关系式表明,随着 $L \to \infty$,$S_{gc} \to 0$(如 $S_{gc}=0.215$,$L=10$;$S_{gc}=0.024$,$L=1000$;$S_{gc}=0.008$,$L=10000$)。

Li 和 Yortsos(1993,1995a)以及 Du 和 Yortsos(1999)扩展得到了在一个或多个晶位有气核的侵入渗流理论,建立了 S_{gc} 与网络尺寸 L 具气核的网络晶位分数 f 的关系

$$S_{gc}(L;f) = AL^{D-E} + Bf^{1-D/F} \tag{8}$$

式中,A 和 B 是常数,D 是渗流团的质量分数($D=1.89$(二维)OP,$D=1.82$(二维隔层)IP,$D=2.52$(三维)OP 或 IP);E 是欧氏距离($E=2$(二维),$E=3$(三维));f 为整个网络的气核晶位分数。如公式(7)所示,f 非常小时(如只有一个成核点或者只能外部驱动时),公式(8)的右边第二个表达式接近 0,S_{gc} 与渗流团体积的分数相关。当成核比例增加时,S_{gc} 的增加主要来自于成核点的增加,而不是渗流团(Du 和 Yortsos,1999)。对于较大的网络,公式(8)没有右边第一个表达式,S_{gc} 主要是成核点所占比例的分数。

二、实验方法

对 71 块 Mesaverde 砂岩样品进行了无限制压汞毛细管压力分析,并对 54 块 Mesaverde 砂岩进行了限制压汞毛细管压力分析。所分析样品分布范围广,从长石砂岩到亚岩屑砂岩组分,晶粒大小从砂泥岩到中砂岩,土质从粉砂质黏土到泥质黏土,沉积构造主要包括块状层理、槽形交错层理、平行层理、低角度交错层理、波纹层理、包卷构造或生物扰动构造,通过对这些低渗透砂岩样品分析揭示了美国西部致密气藏砂岩的孔隙度和渗透率的变化范围(图4)。

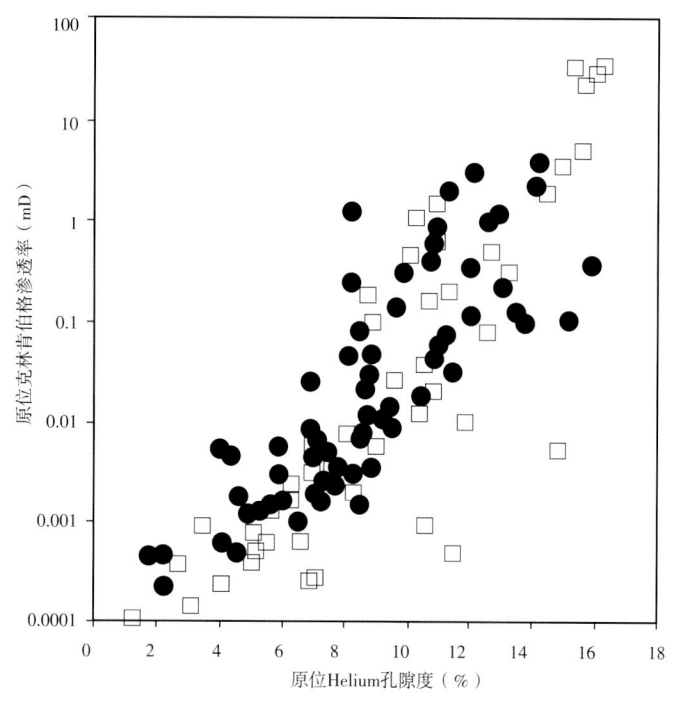

图4 低渗透砂岩的原位克林肯伯格渗透率与原位孔隙度交会图

其中黑色圆圈代表非限制压汞毛细管压力分析,灰色方框代表限制性的压汞毛细管压力分析,可以用来确定非润湿相的水银临界饱和度。样品岩性包括不同黏土含量和沉积构造的粉砂岩、中细砂岩

选用的非限制压汞法与Thompson等(1987)和Schowalter(1979)的方法相似,由于压汞法能够精确地进行孔隙测量,水银对岩石为非润湿相,因此,压力平衡时间快,它可以在饱和度大于渗流临界值时揭示多孔网络结构的属性,它能够测量非润湿相的电导率,并且能够建立与渗流临界值测量相关的毛细管平衡。虽然非限制压汞毛细管压力方法很有效,但是,由于没有润湿相的存在,与限制的压汞毛细管压力法相比,其测试结果会受到影响。为了测量岩样原位孔隙度和渗透率,对岩心施以0.0113MPa/m(0.5psi/ft)的静水围压应力来增加原位应力,应用玻意耳(Boyle)定律方法测量氦孔隙度,采用压力脉冲衰减法确定克林肯伯格渗透率。

对于无限制压汞分析,样品所受到的压汞压力逐步增加,从0.014MPa增加到69MPa(2~10000psi)。无限制水银测孔计可使水银从岩心各个面压入,为测量渗流临界值或者临界饱和度,需要对水银从孔隙网格一面到另一面进行连续的测量,为了确定非润湿相的临界饱和度S_{nwc},在直径为2.54cm(1in),长度为5~7cm(2~2.7in)的岩心上施加一个比水银注射压大的液压,保持孔道的有效应力为34.5MPa,压汞电阻由岩心端面的不锈钢电极测量(图5),砂岩基质和疏松的孔隙具有很大的电阻,对干燥、洁净的疏松砂岩岩样进行分析表明,压汞电阻的范围为$(0.15~4)\times10^6\Omega$。在临界饱和渗流处,岩样中的水银相互连通后,压汞电阻突然降低1~5个数量级。饱和度和Thompso(1987)等人定义的特征长度l_c相联系,通过每个岩样的毛细管压力曲线的第一个拐点测量出来。图6揭示了不同渗透率的两个岩样的拐点饱和度的确定方法。润湿相饱和度曲率在拐点以上为零或者正数,在拐点以下为负数。受控于注入曲线剖面,与拐点有关,水银饱和度值的确定具有不定性,估算值为$S_{nwc}\pm0.01$~$S_{nwc}\pm0.005$之间。

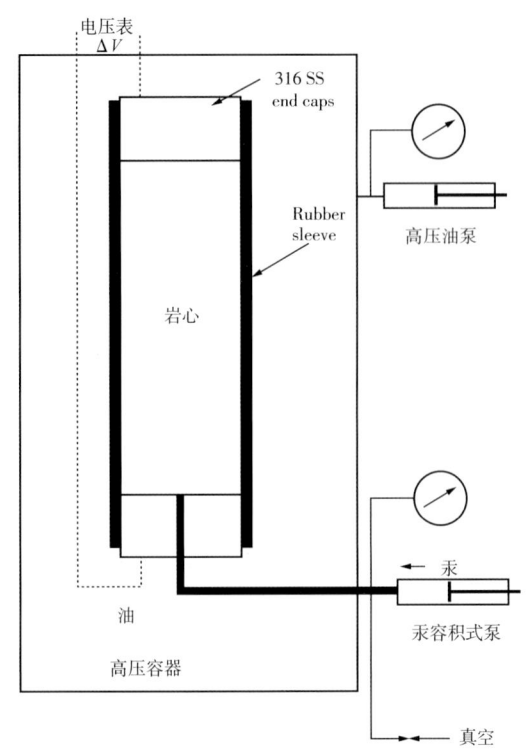

图 5　高压水银注射及电阻测量仪器示意图

实验中岩样受到的压力比水银注射压高 34.5MPa

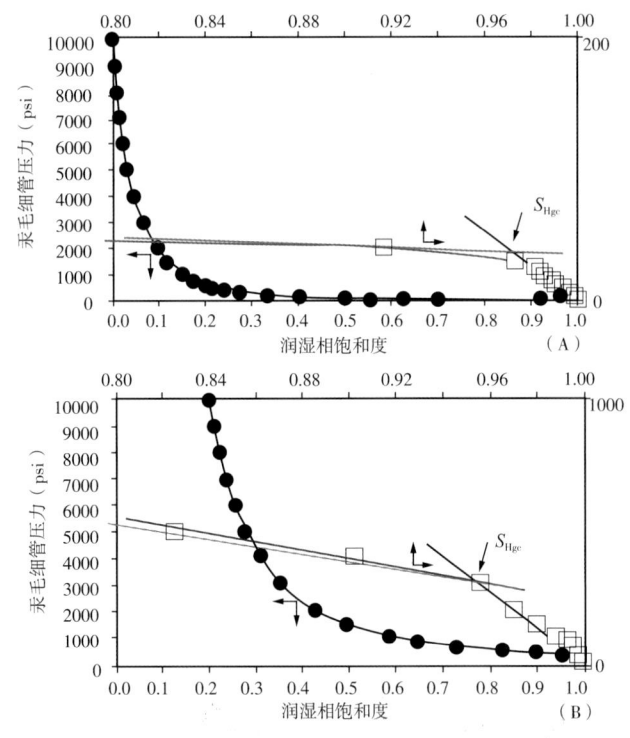

图 6　应用 Thompson 等(1987)的方法估算样品临界水银饱和度示意图

砂岩样品的渗透率为 $K=1.16$(A) 和 $K=0.0035$(B)。随着压力增加,水银饱和度呈近线性或者正曲率增加。黑线为整个毛管压力曲线,灰线为压力较低时临界饱和度曲线的放大

三、临界非润湿相饱和度

图 7 揭示了非润湿相饱和度与渗透率的关系,由 71 块无限制压汞毛细管压力样品分析和 54 块限制压汞毛细管压力样品分析曲线拐点上测定的。对于 $K_{ik}>0.01\rm mD$ 的样品,无限制压汞毛细管压力法测得的平均 $S_{nwc}=0.026\pm0.028$;对于 $K_{ik}\leqslant0.01\rm mD$ 的岩样,无限制压汞毛细管压力法测得的平均 $S_{nwc}=0.050\pm0.0050$(误差变化在正负最大误差之间)。忽略由限制压汞毛细管压力法测得 $S_{nwc}>0.01$ 的六块岩样,对于 $K_{ik}\geqslant0.01\rm mD$ 的岩样,限制压汞毛细管压力法测得的平均 S_{nwc} 比无限制压汞毛细管压力法测得的平均 $S_{nwc}=0.026\pm0.028$ 小 4%~22%;对于 $K_{ik}<0.01\rm mD$ 的岩样,平均 $S_{nwc}=0.039\pm0.050$。随着渗透率的减小,两种方法测得的 S_{nwc} 都呈微小上升的趋势。

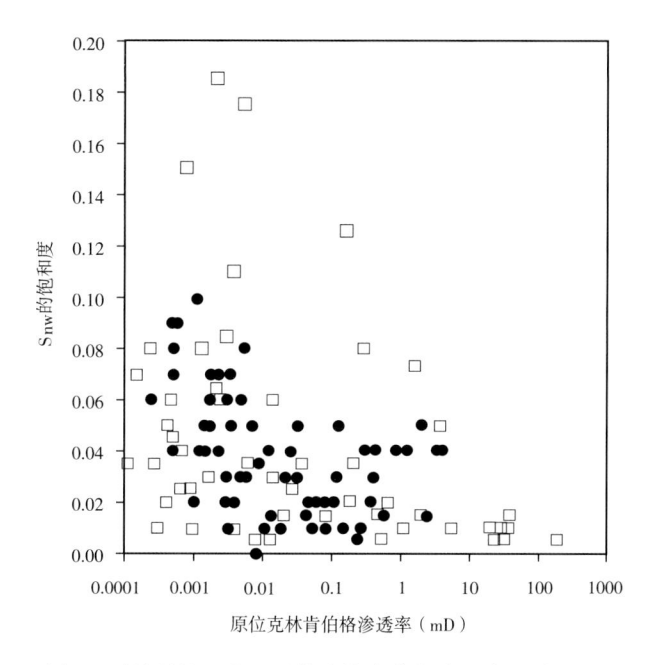

图 7 汞临界饱和度和原位克林肯伯格渗透率的关系图

数据由图 6 非限制(黑色圆圈)和限制(灰色方框)毛管压力曲线图得到。当 $K_{ik}>0.01\rm mD$ 时,平均非限制毛细管压力分析的 $S_{nwc}=0.026\pm0.028$;当 $K_{ik}\leqslant0.01\rm mD$,$S_{nwc}=0.050\pm0.0050$。忽略六块限制毛管压力分析的岩样,当 $K_{ik}\geqslant0.01\rm mD$ 时,平均限制毛细管压力分析的 $S_{nwc}=0.025\pm0.052$;当 $K_{ik}<0.01\rm mD$ 时,$S_{nwc}=0.039\pm0.0050$

大多数具有较低 S_{nwc} 的岩样主要具有块状层理、低角度交错层理、水平层理和波状层理,使砂岩岩心具有连续的纹理。六块岩心的 S_{nwc} 较大,为反常现象,其中,五块含一定泥质的砂岩为包卷层理、断续波纹层理的沉积构造,另一块岩心为低角度交错层理。

图 8 比较了随着电阻减小确定的汞饱和度和通过拐点计算出的汞临界饱和度。52% 的岩样中,拐点计算出的 S_{nwc} 与汞饱和度相同,高于汞饱和度时,电阻高($0.15\times10^6\sim4\times10^6\Omega$),低于汞饱和度时,电阻低($5\sim50\Omega$),相当于降低了 4~6 个数量级。这可以理解为是岩心内部汞饱和后,其形成的连通性具有较高的传导能力。由于岩心内部弯曲狭窄孔隙所形成的汞通道,19% 岩样的 S_{nwc} 对应的电阻降低了至少 20% 的值。从实验结果可以看出,71% 的岩样通过曲线拐点和电阻测算出的 S_{nwc} 数值相吻合,其中平均 $S_{nwc}=0.042$,最大 $S_{nwc}=0.175$。在剩余的 29%

岩样中,额外汞饱和度 S_{Hg} 增加 0.03~0.29(平均 $S_{Hg}=0.13$),对应的汞饱和度 $S_{Hg}=0.04$~0.44(平均 $S_{Hg}=0.18$)之前,电阻并未出现降低。在这 29% 的岩样中,认为拐点计算的 S_{nwc} 是节流网络结构中形成的伪簇状通道造成的,电阻计算的 S_{nwc} 为样品范围内的精确值。

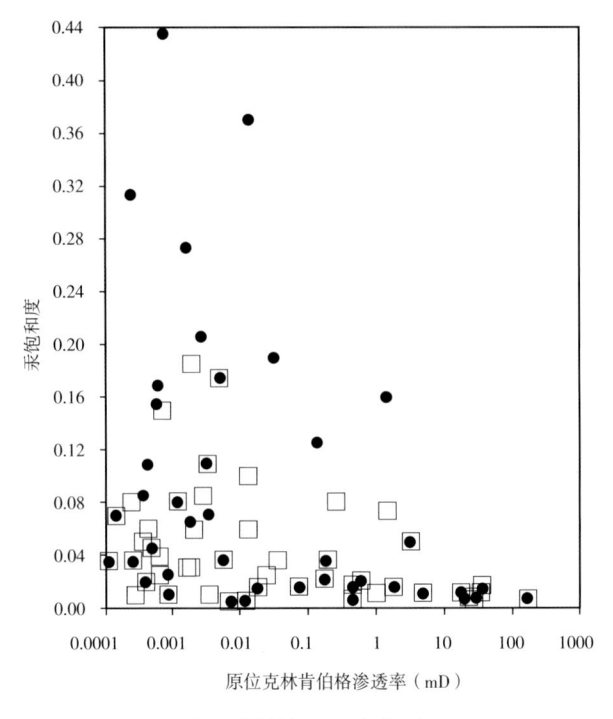

图 8 限制的 S_{nwc} 交会图

灰色方框为通过毛管压力曲线拐点得出的限制 S_{nwc},黑色圆圈为样品电阻降低超过 20% 的岩样汞饱和度。52% 的岩样降低了多个数量级,71% 的岩样通过拐点计算的 S_{nwc} 与电阻测量的 S_{nwc} 相吻合。在剩余的 29% 的岩样中,认为拐点计算的 S_{nwc} 是网络结构中形成伪通道造成的,电阻计算的 S_{nwc} 为样品范围内的精确值

当按一定大小均匀增加毛细管压力时,值得注意的是近 33% 的岩样在最后达到指定大小的毛细管压力下汞饱和平衡时电阻并没有减小。相反,电阻值减小发生在一个汞饱和度更低的状态下,在早期汞低饱和平衡至后期压力达到一定程度高饱和平衡之间。这表明,在未到饱和平衡时,岩心内部汞已经形成主要连续通道,之后,饱和度增加,因为,汞又挤入相邻的其他孔隙而形成一些旁支通道。在一些样品中,在电阻下降和毛细管平衡饱和度增加值可以达 0.15。这些差异也可以归结于逐步增加毛管压力时由于岩心内部狭窄孔喉的分布而产生的饱和度差异。

四、讨论

除了六块 S_{nwc} 较大的岩样,其他的在限制或者无限制情况下测定的 S_{nwc} 值较低,且其值与之前发表的低渗透砂岩 S_{gc} 一致(Chowdiah,1987;Karnath 和 Boyer,1995)。由于限制毛细管压力分析中汞能从岩心各面进入内部,它具有更大的面积和表面气孔,可以浸入更多的汞,因此无限制 S_{nwc} 可能会略微大于限制 S_{nwc}。Larson 和 Morrow(1981)研究了岩样大小和表面积对毛管压力的影响,Thompson(1987)等人指出这些假侵入路径最终不能形成真正侵入

路径的连通组。高S_{gc}值与较大表面积相关,因为它可以提供多重成核的位置(Li 和 Yortsos,1993,1995a;Du 和 Yortsos,1999)。

假设这些岩石的平均晶粒大小为 50~200μm,每两个晶粒之间均有孔喉分布,那么 2.5cm³(1in)(大约一个岩心柱的尺寸)的岩石中晶粒(50μm 和 200μm)具有晶格尺寸大小为 $L=500~125$ 的网状孔道。将这些数据带入公式(7),假设水银是无规则侵入孔喉网络,则水银的理论临界饱和度 $S_{gc}=0.033(L=500)$ 和 $S_{gc}=0.064(L=125)$。这个数据与压汞分析数值吻合。如果将公式扩大到地层或者储层厚度(1m,3.3ft)尺度,公式(7)计算的 S_{gc} 会减小 0.01~0.02。

以上分析结果肯定了普遍认为 $S_{gc}<0.05$ 的猜想。但是,另外 6 块具有复杂沉积构造和较高 S_{nwc} 的样品以及 14 块在电阻降低前 S_{Hg} 较高的岩样表明,在一定的沉积构造、孔喉结构和边界条件下,临界饱和度会比较高。渗流理论和对应不同层间构造的毛细管压力分析增加了对 S_{gc} 的概念理解,提供了预测 S_{gc} 的极限模型。

(一)孔隙网络、K_{rg}、S_{gc}

孔隙网络可以分为三种端元结构和一种重要的中间结构。①渗透网络(N_p),网络结构中孔隙大小为无规则取向。②平行网络($N_{//}$),孔隙尺寸为最优取向或者不同渗透网络结构中地层与流体侵入方向平行。③节流网络($N_\perp$),孔隙尺寸为取样范围的最优取向或者不同渗透网络结构中地层与流体浸入方向垂直。④不连续节流网络($N_{\perp d}$),非取样范围内最优取向或者不同渗透网络结构中地层与流体侵入方向垂直(图9)。下文讨论以气体作为侵入相,不同砂岩的岩性和四种网络结构及其 K_{rg} 和 S_{gc} 的关系。

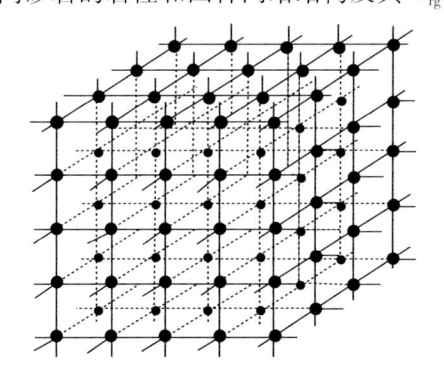

(1)渗流网络(N_p)宏观均质(单一),孔隙大小为无规则取向,如简单的立方体网状结构($z=6$)

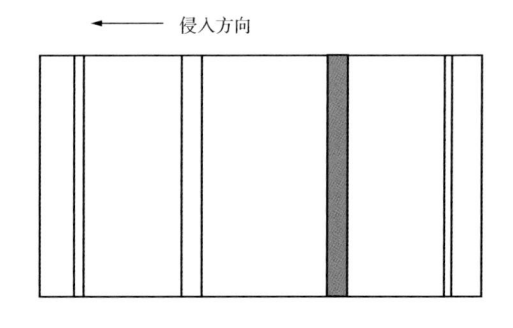

(2)平行网络($N_{//}$)孔隙尺寸为最优取向或者不同渗透网络结构的地层与流体侵入方向平行

(3)节流网络($N_\perp$)孔隙尺寸为取样范围的最优取向或者不同渗透网络结构的地层与流体侵入方向垂直

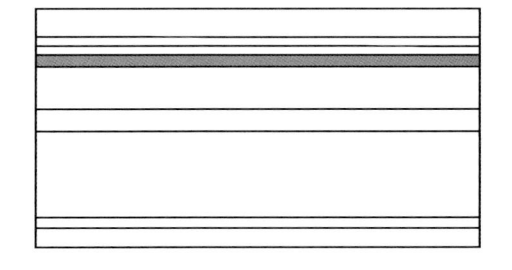

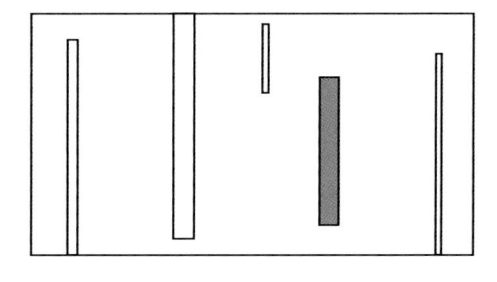

(4)不连续节流($N_{\perp d}$)非取样范围内最优取向或者不同渗透网络结构里地层与流体侵入方向垂直。介于渗流网络结构N_p与节流网络结构$N_\perp$之间

图9 各种网络结构的概念模型

(二)渗流网络(N_p)

块状层理或者均匀生物扰动的砂岩、粉砂岩,页岩的孔隙网络结构均是渗流网络。正如上面讨论的一样,通过公式(7)计算,在岩心柱尺度下,当 S_g<0.03~0.07 出现渗流团,在更大的尺度下,S_g 可以达到小于 0.01~0.02 的程度。在低渗透砂岩中,块状层理砂岩和粉砂岩是很常见的岩性,因此,在很多储层体系中,低 S_{gc} 值可能很普遍。

(三)平行网络($N_{//}$)

层状、水平纹层常见于海相和潮坪环境中,另外,一些在大范围内为节流网络的沉积构造,在小范围内,如岩心尺度范围内,仍然具有平行网络的性质。平行网络的某些部分与形成 S_{gc} 的侵入流体无关,其他部分与渗流网络相似。该体系的临界气相饱和度为进入界限压力最低地层的气相饱和度($S_{gc,low}$,一般为渗透率最高的地层),在地层体系里,将与临界饱和度有关的体系体积标准化涉及总体系的体积(S_{gc}),因为地层体积低于总体系的体积,因此,网络孔道相对较小,从公式(7)可知,如果体系具有渗流层的性质,$S_{gc,low}$ 会更大。但是总体系体积的单层 S_{gc} 重新标准化会使 S_{gc} 变低,因为在大范围内,如果渗流系统的 S_{gc}<0.02,则在平行流系统中,其值相同或者更低。需要注意的是很多岩石在微观下具有微米级薄层。岩心中 1mm(0.04in) 厚的单一薄层即使具有较高的 $S_{gc,low}$,它的岩心 S_{gc} 也可能很低(例如薄层的 $S_{gc,low}$=0.5 占 1% 总岩心体积,其岩心 S_{gc}=0.005)。通常岩心的抽样程序会通过确定岩心柱方向与地层方向平行来避免抽取节流结构,从而建立具有 $N_{//}$ 网络结构性质的样本。随着 S_{gc} 的确立,总体系的气相相对渗透率代表了各种层的相对渗透率的矢量解法,包括平流层和窜流层。

(四)节流网络($N_\perp$)

很多沉积层的结构在一定程度上都具有节流网络(如槽形交错层理,大、小平面交错层理,低角度交错层理,丘状层理,压扁层理)特征,在这些结构中,节流网络分布广泛,存在于毫米级的薄层到十米级的交错层。如地层连续性被破坏的情况较大,超出了岩样范围,则节流网络就会不连续,即下文讨论的不连续节流网络。

在 $N_\perp$ 网络结构中,在侵入的气相压力等于或者超过在单一隔层情况下达到饱和度所需要的最低界限压力($p_c S_{gc,high}$)之前,气相不会渗透整个体系。在平衡毛细管压力下侵入,整体体系的 S_{gc} 是隔层毛细管压性质体系的函数,也是在标准地层孔隙体积下 $(p_c S_{gc,high}(S_{g,pc-Sgc,high}))$ 单层的平均值

$$S_{gc}(L;f) = AL^{D-E} + Bf^{1-D/F} \quad (9)$$

由图 10 可知,由两种岩性组成的交错层岩样,由于其地层毛细管压力性质有很大的不同,所以 S_{gc} 很高(例如砂岩内部的层状粉砂岩)。

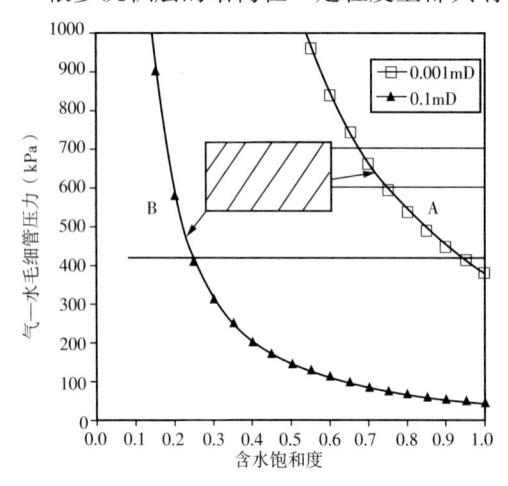

图 10 高渗透率、低毛细管压力的砂岩层(B)与低渗透率、高毛细管压力粉砂岩层(A)的交错图 图中展示了在节流网络结构中,S_{gc} 是如何达到较高值的。对于 0.001mD 的地层,当流体穿过体系时,压力大于 S_{gc} 毛细管压力。在 $p_c S_{gc,high}$,0.1mD 的砂岩没有饱和,$S_{g,pc-Sgc,high}$=0.75,假设页岩的孔隙体积可以忽略,岩石的体积大致为 0.1mD 的岩相体积,S_{gc}=0.75

Corey 和 Rathjens（1956）观察到流体流向与地层垂直时，砂岩交错层的临界气相饱和度为 0.6。

大多数限制性隔离层的 $S_{gc,high}$ 可由公式（7）计算出来，并且，当其尺寸为无穷大时，$S_{gc,high}$ 可认为 0。但是系统的 S_{gc} 并不接近 0，而是接近一个常数，因为在限制性隔离层的最小驱动压力下，邻层已经饱和。在毛细管压力平衡态下系统的 S_{gc} 达到最大值。当穿过系统的压力呈梯度降低时（如岩心流动实验），由于毛管压力较低，S_{gc} 随之减小，气相饱和度更低。如果时间允许，毛细管压力平衡态下储层可能会被充注。

研究表明，节流的平均绝对渗透率为地层渗透率的调和平均数。Weber（1982）提出了普通交错层结构中定向渗透率的计算方法。气相的定向相对渗透率可用类似的方法计算出来。需要注意的是许多储层模拟软件在计算渗透率（如 K_x，K_y，K_z）时，将毛细管压力和相对渗透率作为标量而不考虑方向因素（如 K_{rg_x}，K_{rg_y}，p_{c_x} 等）。

（五）不连续节流网络（$N_{\perp d}$）

上面讨论的 $N_\perp$ 网络结构要求样品范围内的隔离层与流体侵入方向垂直。地层不一定在样品范围内或者有孔。不连续节流网络（$N_{\perp d}$）结构介于渗流网络结构 N_p 与节流网络结构 $N_\perp$ 之间。$N_{\perp d}$ 网络结构的临界饱和度在 N_p 和 $N_\perp$ 两种网络结构的临界饱和度之间，是网络结构大小以及不连续隔层和基质采样范围网络结构之间的频率、长度、性质差异的函数。一般来讲，由于存在穿透体系的连续通道，$N_{\perp d}$ 网络结构的 S_{gc} 可用公式（7）计算，但是由于在样品范围内，任何尺寸网络结构的通路均有可能被堵塞，因此，会形成假通道（Thompson 等，1987），所以，$N_{\perp d}$ 网络结构的 S_{gc} 大于同样尺寸的 N_p 网络结构的 S_{gc}，虽然，目前 $N_{\perp d}$ 网络结构 S_{gc} 的标准数学分析方法还不清楚，但是其值仍可用公式（7）估算，但当隔离层与采样范围内的尺寸相近时，S_{gc} 会降低。

五、结论

对各种不同岩性低渗砂岩的压汞毛细管压力分析及其相关分析数据研究表明，S_{gc} 的范围与普遍认为的 $S_{gc}<0.05$ 相吻合。但是，有少量岩性不均一的样品具有复杂的沉积构造和较高的 S_{nwc}，这表明 S_{gc} 与孔隙网络结构有关。渗流理论认为，对任意网络结构，随着孔隙网络结构无限增大，S_{gc} 逐渐接近 0。但对岩心和储层的孔隙网络结构大小分析表明，S_{gc} 接近小于 0.01～0.02 的数。渗流理论和平均毛管压力分析为不同地层结构 S_{gc} 的研究提供了理论基础，对预测 S_{gc} 极限提供了模型。三种端元结构和一种重要的中间结构的分类是恰当的：①渗流网络结构，②平行网络结构，③节流网络结构，④不连续节流网络结构。

将这些模型用于沉积构造层中，对于具有渗流网络（N_p）块状层理或者均质砂岩，不论渗透率多大，其临界气相饱和度都较低（例如在岩样范围内 $S_{gc}<0.03～0.07$，在储层范围内 $S_{gc}<0.02$）。对于平行网络（$N_{p//}$）结构的岩性，例如具层状纹层和水平层理、平行层理的岩心和储层，S_{gc} 低于块状层理的砂岩。当岩性为节流网络（$N_\perp$）结构时，如槽形交错层理、大、小板状交错层理、低角度交错层理、丘状层理、压扁层理的砂岩，随着网络结构尺寸的增加，S_{gc} 并不接近于 0，而是接近一个常数，这个常数反映了毛管压力性质的差异以及节流网络结构地层和低渗透致密层的相对孔隙体积的关系。对于这种网络结构，S_{gc} 变化范围较大，可以达到 0.6。不连续节流网络结构的岩性与节流网络结构相似，但其限制层不在样品范围内，

S_{gc}在N_p和$N_\perp$网络结构的S_{gc}之间。

通过研究表明,气相相对渗透率可以通过低气相渗透率砂岩修正科里公式(1954)的模拟计算出来。根据这些数据提出了两个不同科里模型:①K_{rg}为常数时,S_{gc}为变量($p=1.7,q=2$);②当S_{gc}接近常数时,S_{gc}和p为变量。研究结果表明,第一种模型($p=c;S_{gc}(K)$)适用于岩性不同的复杂沉积构造中,如在块状层理、片状层理结构中,第二种模型($p(K);S_{gc}<0.05$)较为适用。

对四种网络结构的研究加深了对同岩性在不同空间尺度下的复杂性的认识,并强调了通过实验室模拟得出增产相对渗透率的困难。虽然对绝对渗透率的各向异性已经有一定程度的认识,但分析表明,毛细管压力和相对渗透率各向异性的研究也是有必要的。最后,由于低渗砂岩充气盐水的S_{gc}数据有限,需要进一步的研究。本文研究表明,其需要与岩性研究紧密结合。

参 考 文 献

Berkowitz, B., and R. P. Ewing, 1998, Percolation theory and network modeling applications in soil physics:Surveys in Geophysics, v. 19, p. 23 – 72.

Broadbent, S. R., and J. M. Hammersley, 1957, Percolation processes:I. Crystals and mazes:Proceedings of the Cambridge Philosophical Society, v. 53, p. 629 – 641.

Brooks, R. H., and A. T. Corey, 1966, Properties of porous media affecting fluid flow:Journal of Irrigation and Drainage Division, v. 6, p. 61 – 88.

Byrnes, A. P., 1997, Reservoir characteristics of low – permeability sandstones in the Rocky Mountains:The Mountain Geologist, v. 43, no. 1, p. 39 – 51.

Byrnes, A. P., 2003, Aspects of permeability, capillary pressure, and relative permeability properties and distribution in low – permeability rocks important to evaluation,damage, and stimulation:Proceedings of the Rocky Mountain Association of Geologists— Petroleum Systems and Reservoirs of Southwest Wyoming Symposium, Denver, Colorado, September 19, 2003, 12 p.

Byrnes, A. P., 2005, Permeability, capillary pressure, and relative permeability properties in low – permeability reservoirs and the influence of thin, high – permeability beds on production, *in* M. G. Bishop, S. P. Cumella,J. W. Robinson, and M. R. Silverman, eds., Gas in low permeability reservoirs of the Rocky Mountain region:Rocky Mountain Association of Geologists 2005 Guidebook, p. 69 – 108.

Byrnes, A. P., and J. W. Castle, 2000, Comparison of core petrophysical properties between low – permeability sandstone reservoirs:Eastern U. S. Medina Group and western U. S, Mesaverde Group and Frontier Formation:Proceedings of the 2000 Society of Petroleum Engineers Rocky Mountain Regional/Low Permeability Reservoirs Symposium, Denver Colorado, March 12 – 15, 2000,SPE Paper 60304, p. 10.

Byrnes, A. P., K. Sampath, and P. L. Randolph, 1979, Effect of pressure and water saturation on the permeability of western tight sandstones:Proceedings of the 5th Annual U. S. Department of Energy Symposium on Enhanced Oil and Gas Recovery, Tulsa, Oklahoma, August 22 – 26, 1979, p. 247 – 263.

Cafiero, R., G. Caldarelli, and A. Gabriefli, 1997, Surfaceeffects in invasion percolation:Physical Review E,v. 56, no. 2, p. 1291 – 1294.

Castle, J. W., and A. P. Byrnes, 1997, Petrophysics of low – permeability Medina Sandstone, northwestern Penn – sylvania, Appalachian Basin:The Log Analyst, v. 39,no. 4, p. 36 – 46.

Castle, J. W., and A. P. Byrnes, 2005, Petrophysics of Lower Silurian sandstones and integration with the tectonic – stratigraphic framework, Appalachian Basin, United States:AAPG Bulletin, v. 89, no. 1, p. 41 – 60.

Chandler, R., J. Koplik, K. Lerman, and J. F. Willemsen, 1982, Capillary displacement and percolation in porous media: Journal of Fluid Mechanics, v. 119, p. 249 – 267.

Chowdiah, P., 1987, Laboratory measurements relevant to two – phase flow in a tight gas sand matrix: Proceedings of the 62nd Annual Technical Conference and Exhibition of the Society of Petroleum Engineers, Dallas, Texas, September 27 – 30, SPE Paper 16945, 12 p.

Closmann, P. J., 1987, Studies of critical gas saturation during gas injection: Society of Petroleum Engineers Reservoir Engineering, SPE Paper 12335 – PA, p. 387 – 393.

Corey, A. T., 1954, The interrelations between gas and oil relative permeabilities: Producers Monthly, v. 19, p. 38 – 41.

Corey, A. T., and C. H. Rathjens, 1956, Effect of stratification on relative permeability: Journal of Petroleum Technology, SPE Paper 744 – G, v. 8, no. 12, p. 69 – 71.

Du, C., and Y. C. Yortsos, 1999, A numerical study of the critical gas saturation in a porous medium: Transport in Porous Media, v. 35, p. 205 – 225.

Feder, J., 1988, Fractals: New York, Plenum Press, 283 p.

Ferer, M., G. S. Bromhal, and D. H. Smith, 2003, Pore level modeling of drainage: Crossover from invasion percolation fingering to compact flow: Physical Review E, v. 67, p. 051601 – 1 – 051601 – 12.

Firoozabadi, A., B. Ottesen, and M. Mikklesen, 1989, Measurements of supersaturation and critical gas saturation: SPE Formation Evaluation, v. 7, no. 4, p. 337 – 344.

Handy, L. L., 1958, A laboratory study of oil recovery by solution gas drive: Petroleum Transactions of the American Institute of Mining Metallurgical and Petroleum Engineers, v. 213, p. 310 – 315.

Hunt Jr., E. B., and V. J. Berry Jr., 1956, Evolution of gas from liquids flowing through porous media: American Institute of Chemical Engineers Journal, v. 2, p. 560 – 567.

Jones, F. O., and W. W. Owens, 1980, A laboratory study of low – permeability gas sands: Journal of Petroleum Technology, SPE Paper 7551 – PA, v. 32, no. 9, p. 1631 – 1640.

Kamath, J., and R. E. Boyer, 1995, Critical gas saturation and supersaturation in low permeability rocks: Society of Petroleum Engineers Formation Evaluation, v. 10, no. 4, p. 247 – 254.

Koplik, J., and T. J. Lasseter, 1982, Two – phase flow in random network models of porous media: Proceedings of the Annual Meeting of Society of Petroleum Engineers, New Orleans, Louisiana, SPE Paper 11014, 12 p.

Koplik, J., C. Lin, and M. Vermette, 1984, Conductivity and permeability from microgeometry: Journal of Applied Physics, v. 56, p. 3127 – 3131.

Kortekaas, T. F. M., and F. V. Poelgeest, 1989, Liberation of solution gas during pressure depletion of virgin and watered out reservoirs: Presented at the 1989 Fall Meeting of the Society of Petroleum Engineers, San Antonio, Texas, October 8 – 11, SPE Paper 19693, 11 p.

Larson, R. G., and N. R. Morrow, 1981, Effects of sample size on capillary pressure in porous media: Powder Technology, v. 30, no. 2, p. 123 – 139.

Larson, R. G., L. E. Scriven, and H. T. Davis, 1977, Percolation theory of residual phases in porous media: Nature, v. 268, p. 409 – 413.

Larson, R. G., L. E. Sctiven, and H. T. Davis, 1981, Percolation theory of two phase flow in porous media: Chemical Engineering Science, v. 36, p. 57 – 73.

Lenormand, R., and C. Zarcone, 1985, Invasion percolation in an etched network. Measurement of a fractal dimension: Physical Review Letters, v, 54, p. 2226 – 2229.

Lenormand, R., C. Zarcone, and A. Sarr 1983, Mechanisms of the displacement of one fluid by another in a network of capillary ducts: Journal of Fluid Mechanics, v. 135, p. 337 – 353.

Li, X., and Y. C. Yortsos, 1991, Visualization and numerical studies of bubble growth during pressure depletion: Presented at the 64th Annual Technical and Exhibition of the Society of Petroleum Engineers, Dallas, Texas, October 6 – 9, SPE Paper 22589, 12 p.

Li, X., and Y. C. Yortsos, 1993, Critical gas saturation: Modeling and sensitivity studies: Proceedings of the 68th Annual Technical Conference of the Society of Petroleum Engineers, Houston, Texas, October 3 – 6, SPE Paper 26662, p. 589 – 604.

Li, X., and Y. C. Yortsos, 1995a, Theory of multiple bubble growth in porous media by solute diffusion: Chemical Engineering Science, v. 50, p. 1247 – 1271.

Li, X., and Y. C. Yortsos, 1995b, Visualization and simulation of bubble growth in pore networks: American Institute of Chemical Engineers Journal, v. 41, p. 214 – 222.

Lin, C., and M. H. Cohenm, 1982, Quantitative methods for microgeometric modeling: Journal of Applied Physics, v. 53, p. 4152 – 4165.

Moulu, J. C., and D. Longeron, 1989, Solution – gas drive: Experiments and simulation: Paper presented at the Fifth European Symposium on Improved Oil Recovery, Budapest, Hungary, April 25 – 27, 1989.

Randolph, P. L., 1983, Porosity and permeability of Mesaverde Sandstone core from the U. S. DOE muiti-well experiment, Garfield County, Colorado: Proceedings 1983 Society of Petroleum Engineers – U. S. Department of Energy Joint Symposium on Low Permeability Gas Reservoirs, March 13 – 16, 1983, Denver, Colorado, SPE/DOE Paper 11765, p. 449 – 460.

Sahimi, M., 1993, Flow phenomena in rocks: From continuum models to fractals, percolation, cellular automata, and simulated annealing: Reviews of Modern Physics, v. 65, no. 4, p. 1393 – 1534.

Sahimi, M., 1994, Applications of percolation theory: London, Taylor and Francis, 258 p.

Sampath, K., and C. W. Keighin, 1981, Factors affecting gas slippage in tight sandstones: Proceedings of the 1981 Society of Petroleum Engineers – U. S. Department of Energy Symposium on Low Permeability Gas Reservoirs, Denver, Colorado, May 27 – 29, 1981, SPE Paper 9872, p. 409 – 416.

Schowalter, T. T., 1979, Mechanics of secondary hydrocarbon migration and entrapment: AAPG Bulletin, v. 63, no. 5, p. 723 – 760.

Shanley, K. W., R. M. Cluff, and J. W. Robinson, 2004, Factors controlling prolific gas production from lowpermeability sandstone reservoirs: Implications for resource assessment, prospect development, and risk analysis: AAPG Bulletin, v. 88, no. 8, p. 1083 – 1121.

Thomas, R. D., and D. C. Ward, 1972, Effect of overburden pressure and water saturation on gas permeability of tight sandstone cores: Journal of Petroleum Technology, SPE Paper 3634 – PA, v. 25, no. 2, p. 120 – 124.

Thompson, A. H., A. J, Katz, and R. A. Raschke, 1987, Mercury injection in porous media: A resistance Devil's staircase with percolation geometry: Physical Review Letters, v. 58, no. 1, p. 29 – 32.

Wall, G. C., and R. J. C. Brown, 1981, The determination of pore – size distributions from sorption isotherms and mercury penetration in interconnected pores: The application of percolation theory: Journal of Colloid and Interface Science, v. 82, p. 141 – 149.

Walls, J. D., 1981, Tight gas sands: Permeability, pore structure and clay: Proceedings of the 1981 Society of Petroleum Engineers – U. S. Department of Energy Symposium on Low Permeability Gas Reservoirs, Denver, Colorado, May 27 – 29, 1981, SPE Paper 9871, p. 399 – 409.

Walls, J. D., A. M. Nur, and T. Bourbie, 1982, Effects of pressure and partial water saturation on gas permeability in tight sands: Experimental results: Journal of Petroleum Technology, v. 34, no. 4, p. 930 – 936.

Ward, J. S., and N. R. Morrow, 1987, Capillary pressure and gas relative permeabilities of low permeability sandstone: Society of Petroleum Engineers Formation Evaluation, SPE Paper 13882, p. 345 – 356.

Weber, K. J., 1982, Influence of common sedimentary structures on fluid flow in reservoir models: Journal of Petroleum Technology, v. 34, p. 665 – 672.

Wilkinson, D., 1984. Percolation model of immiscible displacement in the presence of buoyancy forces: Physical Review A, v. 30, p. 520–531.

Wilkinson, D., 1986, Percolation effects in immiscible displacement: Physical Review A, v. 34, p. 1380–1391.

Wilkinson, D., and J. F. Willemsen, 1983, Invasion percolation: A new form of percolation theory: Journal of Physical Review A, v. 16, p. 3365–3376.

Yanuka, M., and I. Balberg, 1991, Invasion percolation in a continuum model: Journal of Physics A: Mathematical and General, v. 24, p. 2565–2568.

Yanuka, M., F. Dullien, and D. Elrick, 1986, Percolation processes and porous media: I. Geometrical and topological model of porous media using a three dimensional joint pore size distribution: Journal of Colloid and Interface Science, v. 112, p. 24–36.

Yortsos, Y. G., and M. Parlar, 1989, Phase change in binary systems in porous media: Application to solution gas drive: Presented at the 1989 Society of Petroleum Engineers Fall Meeting, San Antonio, Texas, October 8–9, SPE Paper 19697, 16 p.

综合利用钻孔微地震资料、三维地面地震资料及三维垂直地震剖面资料研究致密砂岩气的水压裂缝——以阿约拿油田为例

Nancy House　Julie Shemeta

摘要：致密油气藏完井技术通常包括人工压裂（水压裂缝）。其可以提高导流性，改善产能。由于完井技术价格昂贵，约为一口致密油气井成本的一半，因此，研究裂缝几何形态的主控因素显得尤为重要。深入了解裂缝的分布能更准确地执行钻井作业、查明残余油气资源、优化加密井部署，从而进行最有效的油藏驱替和油藏管理。深入理解压裂机制及其产生的裂缝几何形态有益于与油藏开发相关的所有专业，如钻井、完井、油藏工程、地质和地球物理。约拿油田研究表明，综合利用地面地震资料、垂直地震剖面（VSP）和钻孔微地震资料等可以确定复杂致密气藏中的水压裂缝的等级和方向。

一、阿约拿油气田河道砂体

从地质上来看，阿约拿油气田由一套以河流相沉积的砂岩夹粉砂岩和泥岩组成，厚约3000~4000ft(914~1219m)。其原生岩性成分及次生成岩作用导致储层砂岩的孔隙度仅为5%~10%，非常致密，渗透率只有微达西级。大量堆积的河流相砂岩、粉砂岩及泥岩具有不连续性，几乎每一口井都可能钻遇具有原始气藏压力的砂体。在大多数情况下，井与井之间的砂体无法进行对比，即使井间距仅为300ft(91m)（图1）。

覆盖全油田的三维(3D)地震观测不仅能清晰识别边界断层，而且能显示内部断层对局部井产能的影响。因此，显著提高了约拿气田早期的钻探成功率（Hanson 等 ,2004）。这些断层产生的压力边界将高产的超压单元从正常压力单元中隔离出来，但气饱和段仍然在主力油气田单元外。重新进行地震图像改进处理后，可以更容易解释横断层的活动性质及其沿主边界断层的侧向位移的现象（Stiteler,2006）。

阿约拿油气田砂岩储层对传统的地震成像提出多种挑战。其砂岩、页岩和泥岩在地震声学成像上差别很小。从具有相似地质沉积环境的地下钻井对比及露头研究可以推断砂体的尺寸和展布（图1）。大部分的单砂体都小于30ft(9m)厚，很少超过300ft(91m)长，50ft(15m)宽。约拿油气田的三维地震数据能识别出超过150ft(45m)厚的独立河道砂体，因此，只有较厚的、叠置的河道才能通过地面地震数据成像来识别。油田开发不仅要清楚河道砂体储层的位置，而且要了解砂体的大小、方向及连通性，这对油田开发至关重要。

商业性天然气开采建立在储层人工压裂技术的发展基础之上。从最底部的砂体开始，到完成整个层段的水力压裂，标准的完井技术一般包括10个水力压裂段。在约拿油气田，

完井技术在不断改进,从对高纯度厚层砂体进行整层压裂,发展至今能对被泥岩和页岩与隔开的砂岩层进行10~12段的压裂,并能使裂缝保留在目的层中(图2)。从最深的砂体开始一直到整口井,标准的水力压裂技术一般包括10个压裂层,水力压裂价格非常昂贵,因此,优化压裂程序对油田节省开支显得尤为重要。

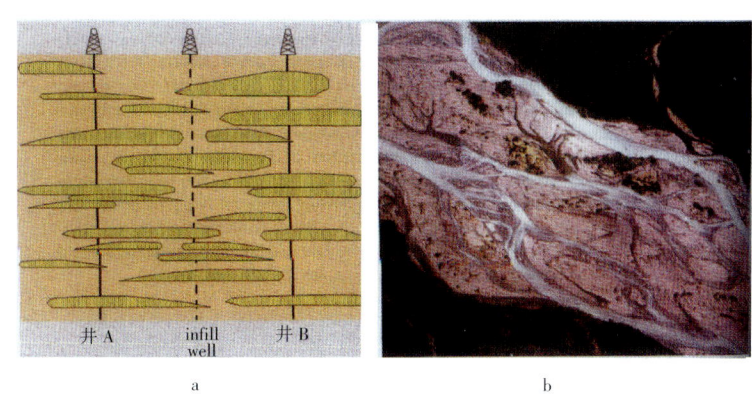

图1 (a)河流相储层中砂体侧向不连续性示意图;
(b)类似阿约拿油气藏的现代河流砂沉积体系(据Dubois,2004,修改)

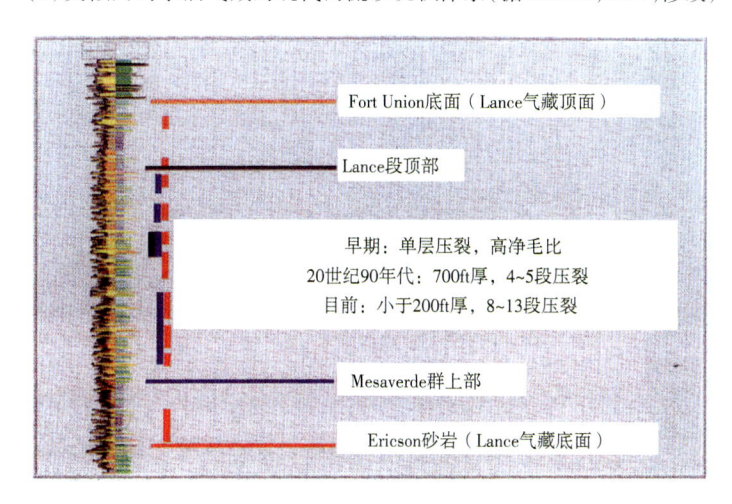

图2 阿约拿油气田的水力压裂技术演化过程图(据Dubois,2004)
(早期井在具有高净毛比的某一单层中压裂,而如今则不同,可以在整个Lance气层中进行12段的分段压裂)

河道砂体的不连续性要求高密度钻井。在某些情况下,为了尽可能地开采天然气资源,布井间距密集到了5acre(2ha)的范围。因此,设计最佳水力压裂方向要考虑到加密井的最佳间距和排列方向(图3)。普通地质背景知识可以用来预测水力压裂方向,如区域地质应力方向(Reinecker等,2005)、钻孔突破压力、钻井产生的裂缝、天然裂缝方向或露头。确定裂缝方位和半长对加密井而言必不可少,测绘裂缝轨迹不仅可以确定裂缝方位和半长,而且也可以确定裂缝是否

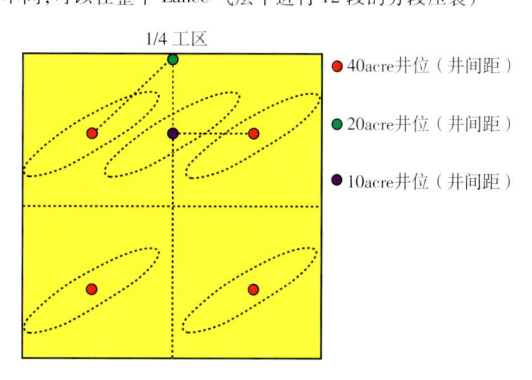

图3 开发方案压裂设计示意图
图示在加密钻井方案中,考虑到最优加密井位及间距以最大化开发天然气,如何从压裂方向确定泄压椭圆

· 81 ·

位于目的层,或受断层、砂体形态或其他地质现象影响而发生偏离。综合利用地震图像来描述裂缝可用于解释压裂离井孔的位置,并能更好地理解复杂油气藏内多层压裂之间的交互作用。

二、水力压裂过程中的微地震监测

为了扩散水力压裂裂缝,以极高的压力将特别设计的液体和支撑剂(如砂或陶瓷支撑剂)注入到每个压裂段,通过压裂岩石提高岩石局部渗透性。在 Jonah 油田,标准的水力压裂段包括约 8.0×10^4 gal 的液体和 15×10^4 lb(68000kg)砂,平均速度为 35bbl/min,大约 6000psi(41MPa)的压力注射。

在液体注射过程中,地层孔隙压力随着注射不断增加。随着压裂裂缝的增长,增加的孔隙压力和压裂液渗漏进地层,沿着岩石中自然形成的小裂缝降低有效正应力,形成剪切破坏或者微震信号(图4)。岩石小破碎辐射出纵波(P)和横波(S)。人工地震的震级一般比较小,震级在 -4~-2 之间。用高灵敏度的地震检波器可以记录这些 P 波和 S 波,并可以确定微震位置(Albright 和 Pearson,1982;Warpinski 等,2001)。

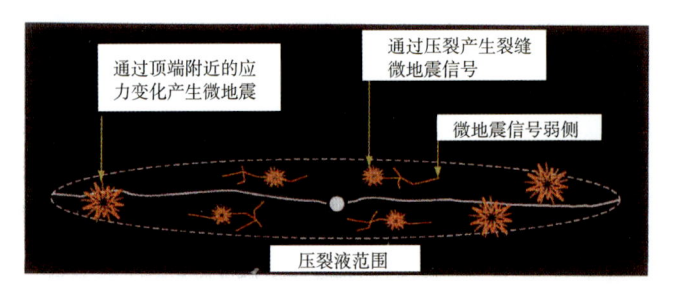

图4 人工压裂平面示意图

一个特别设计的检波器下井仪器串放置在靠近压裂井的另一口监测井中,以记录人工压裂引起的地震活动。因为地震信号较弱并且迅速衰减,该监测井必须离压裂井很近才能很好地记录微震。在约拿油田河流相砂岩储层中,监测井选在离人工压裂井 1000ft(304m)之内。

在研究中,检波器下井仪器串包括一套12个三分量检波器系列,每个检波器都带传感器,由 40ft(12m)长的内连电缆分隔,下井仪器串总长度440ft(134m)。检波器下井仪器串下到监测井中,直到它横跨在地层压裂段并卡在井筒上(图5)。每个传感器水准仪有可伸缩的机械臂,能很好地将仪器锁住,耦合在井筒上。在人工压裂之前部署检波器下井仪器串,以记录压裂井眼中的射孔过程。这些射孔用来定位地震检波器的水平分量,并确定射孔和另

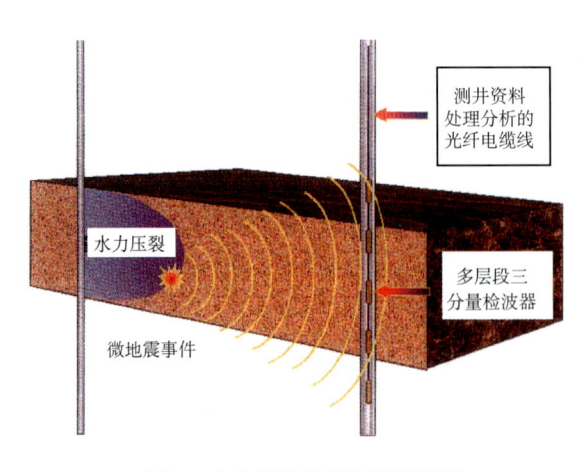

图5 水力压裂微震监测配置图

一口监测井内检波器之间的地层速度(Warpinski 等,2003;Maxwell 等,2006)。这种检波器下井仪器串可用于微震和垂直地震剖面(VSP)的数据采集。

非人工震源地震数据在井下被监测下来并数字化,然后以 0.25ms/样本(4000样本/秒)的速度不断地传输到光纤电缆。连续的地震数据记录在地面的计算机硬盘上进行分析。要高速传输数据,光纤电缆是必要的;要正确采样,高频(100~700Hz)微震信号则需要高频率的记录。在压裂完成后直到地震活动停止的这些数据都记录下来,一般持续 10~60min。

利用信号检测程序将独立的地震信号从连续的地震数据中提取出来。对信号数据进行 P 波和 S 波初至分析,这是由地震分析员人工挑选的(图6)。确定信号位置要进行两步计算。首先,找到信号的距离和高度。旅行时差是基于从激发点分析测量的速度,以其计算的理论旅行时间与实际观测到的旅行时间的差值。用常规的线性回归算法使旅行时差达到最小。构建一个计算理论旅行时间的速度模型,找到信号穿越模型所用的最小旅行时间。其次,通过 P 波或者 S 波的粒子运动(称为矢端图)来计算地震信号的方向或方位(图7),P 波平行于信号的传播方向,S 波垂直于信号的传播方向。水平地震检波器上测量的 P 波振幅中的一小部分用来交会,以计算地震信号的方位。矢端图由每个检波器构成,不同级别的方位角进行平均,以便确定信号方向。

微震信号图用来估计压裂长度、高度和方位(图8)。分析压裂层间干扰及邻井井间干扰可用于优化压裂设计。微震信号也可以集成到一个油田的地质、地球物理或油藏模型中。

Jonah气田微地震波形

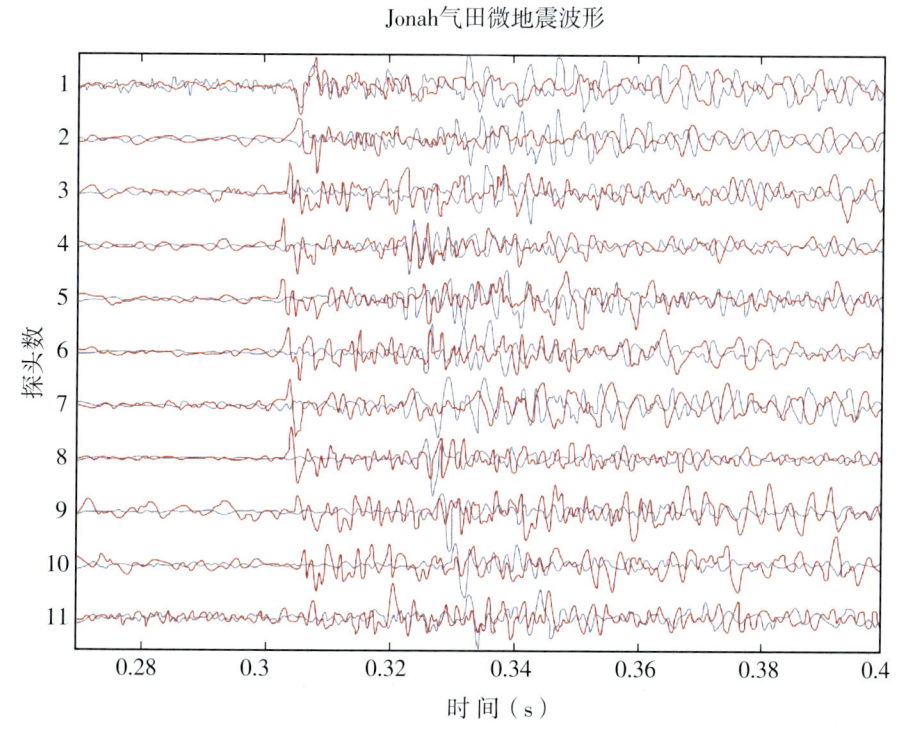

图6 阿约拿油田井下检波仪器串中记录的微震信号未滤波时间序列图

如图上标记所示,从顶层到底层的检波器显示 11 个级别。水平分量数据叠加显示在上面,每个级别分别用红色和黑色表示

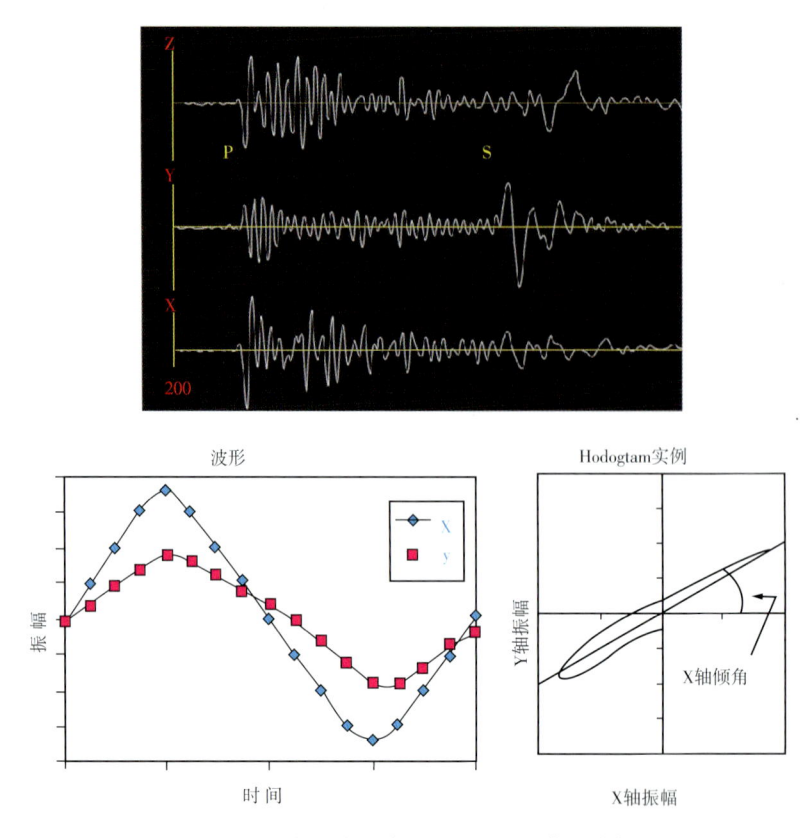

图 7 记录在三分量检波器上的微震信号实例

下图显示 P 波波至和综合矢量图,该矢量图可以确定信号方向(底部)。为了确保得到意义明确的矢量图,
请注意用高频率采样数据

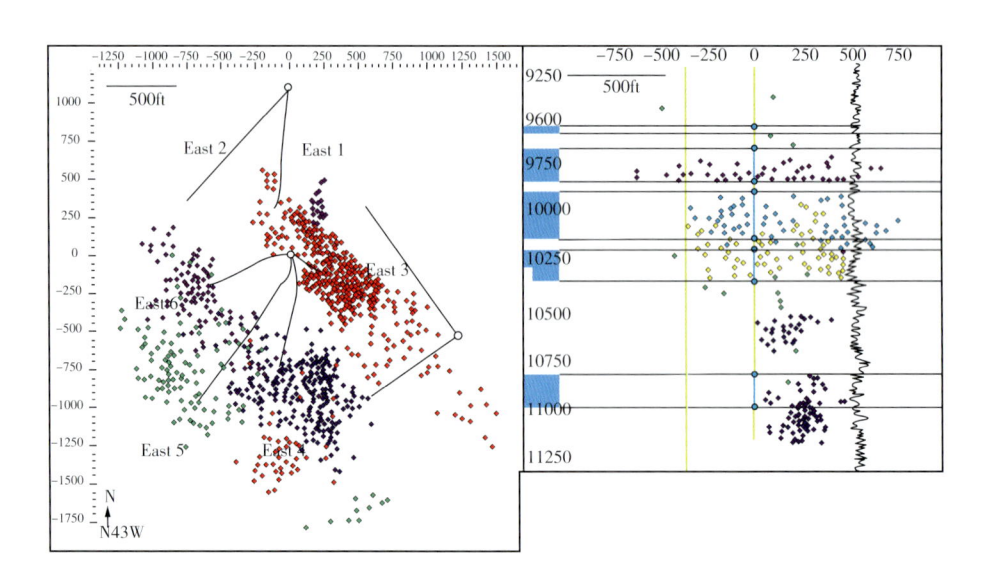

图 8 投在阿约拿油田的微震数据(彩色点)实例(图片来自 Wolhart 等,2006)

左边显示多级裂缝和多井投影的平面图,右边是平行于人工裂缝走向而绘制的单井微震数据的深度显示,彩色格子表示
裂缝高度和长度,注意垂向比例和横向比例不同

三、三维地面地震数据集成

将微震信号放入三维地震体中,利用地震旅行时间与深度的关系式将信号深度转换为地震旅行时间。如图9所示的三维地震属性体称为方差体,是与相似体或相干体相反的。方差体是计算三维地震数据体中相邻面元之间地震振幅的相对相似性或不相似性。在这个方差体中,侧向或垂向变化甚微的连续剖面在图上显示为浅色,而变化较大的区域显示为深色。由于微震和地面地震资料集成不依赖于井资料,且有助于确定哪些地质因素可能影响压裂增长,因而增进了对压裂的解释。

如图9所示,多级微震信号说明压裂层段在地震方差大的区域似乎更好。方差大的地震反射解释为泥岩包裹的孤立河道砂。由于砂岩可能比泥岩脆,它会比周围岩性更容易破裂。

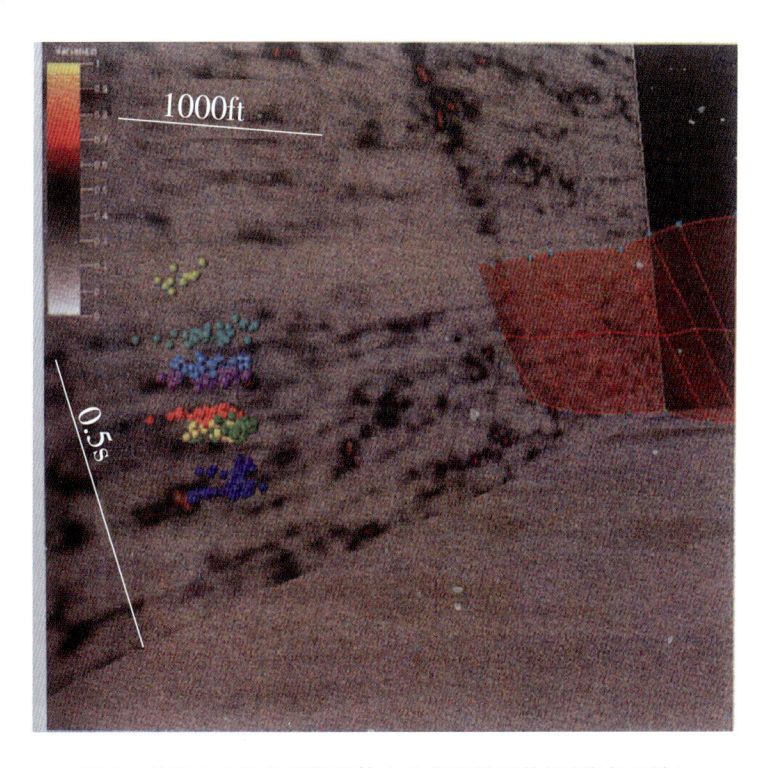

图9 显示在方差地震数据体中的多级微震数据(彩色区域)

微震信号根据裂缝级次上色。地震数据体上红色和红色区域表示具有高地震变异度的区域。垂向的红色隔挡是一个断层面。这里所说的微震资料解释出来的区域是较好的高振幅区域,也就是说,与相邻地震面元差异很大的地区

如图9所示的蓝色区域,最深的压裂信号似乎很好地包含在最大方差区域中。在河流相环境中,用适当参数计算的相似体或方差体,可能识别出孤立的河道。浅层的微震信号表明,综合不同层地震信号解释成果,可以对长度短、地震信号不同的裂缝直接成图。这些层投影到方差比较低的区域,说明从一个面元到另一个面元之间具有相似的岩性。请注意,浅绿色区域是从压裂井中最浅层来的微震信号,并且由于原始的时—深关系不正确,地震数据体里的时间是错误的。它们的位置值得怀疑,因为它们位于低变异层气藏上方。

四、三维地震体成图

三维地震解释软件允许提取地质体及地质异常体。在靠近压裂的高方差区域及整个地震数据体中提取出来的具有弯曲轮廓的非连续地质体,可以解释为河道(图10)。

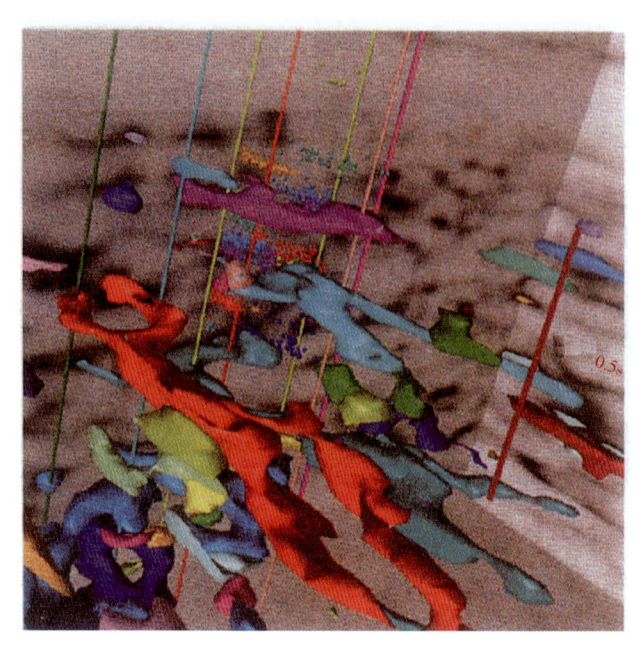

图10 带井孔(垂直线)和微震裂缝检测数据(彩色区域)地质体
地质体从方差数据体中提取,地质体的正弦曲线特征指示出河流相河道的形状

在研究过程中,位于三维地震数据体中最浅的微震数据显示了气藏顶面上方的反射信号(图9)。这表明用以将深度转换成双程旅行时的速度模型存在问题。

最初,所有的微震信号利用整个储层段的平均速度来转换为深度。为了更准确地将数据深度转换为时间数据,需要更精确的速度模型。为获得本区更精确的深度和旅行时间的关系,记录了垂直地震剖面。

通过井眼周围的一个空间内发射VSP,VSP可以提供一个频率和水平分辨率两倍于地面地震的三维地震图像,使得地下成像分辨率更高,这对于复杂的河流环境来说是必要的。

五、垂直地震剖面

在缺乏连续地震信号的油藏剖面中,获得时—深关系最好的方法是用VSP校准的时—深关系。研究中,利用记录微震相同的工具来记录VSP。此外,覆盖周边区域的三维VSP图像被获取,该区域内已经根据井孔微震资料进行裂缝成图。由此获得的三维VSP地震体比传统的地面地震数据具有两倍以上的频率和水平分辨率。VSP图像用来确定某个砂体是否已经被多口井钻遇或者被多条裂缝连接。当对某一层段在钻井前就掌握这一情况,就不用继续钻加密井,尤其是有其他资料显示井间产能已衰竭时。

正如前面所讨论的,从微震分析获得的裂缝几何形态可以集合成地质和地球物理模型。

来源于地质数据的油藏模型是以深度来定义的,而典型的地球物理模型是用双程旅行时间来定义的。综合时间和深度的信息成一致的参照系需要建立正确的地震旅行时间和地质深度之间的关系(图11)。

垂直地震剖面数据用镶嵌于井壁上的检波器记录下来,井壁是记录高频、高品质地震最适合的环境(参见 Fuller 等,2006,VSP 采集处理细节)(图12)。传统零相位或单一偏移距 VSP 成像技术,结合地表三维成像技术,可以很容易得到三维 VSP 图像。利用检波器组记录和处理具有多个偏移距和方位角的大量地面震源来产生高分辨率三维体,而不是使用固定检波器和移动震源;或者固定的偏移震源和移动的检波器组。

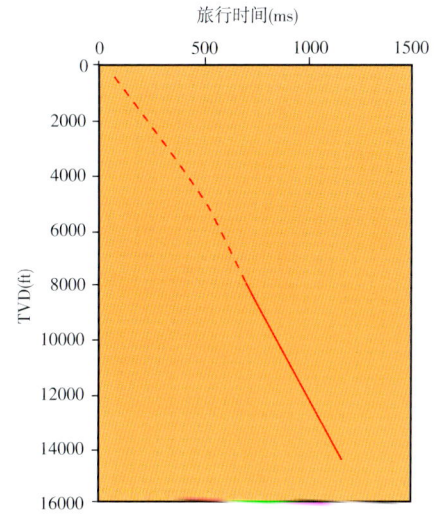

图11 地震双程旅行时间—深度关系图
来自位于三维地面地震数据体内某一口井的三维VSP资料(垂直地震剖面)。TVD:实际垂直深度

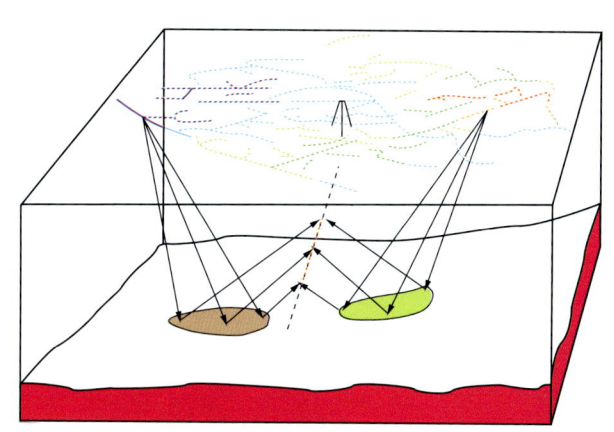

图12 斜井三维VSP(垂直地震剖面)采集小意图
彩色点表示炮点,据地面高程上色,地面放炮的位置是沿着现有的路面而不是统一的网格

设计了三维 VSP 的数据采集程序旨在提供详细的地下覆盖信息,在数据处理时保存高频信息。最终产生的 VSP 三维图像纵坐标是时间刻度的双程反射时间,和地面地震资料的双程旅行时间是一样的。三维 VSP 图像的解释也是在和地面地震数据一样的解释框架内,并没有从深度域转换到时间域而增加不确定性。

一旦经过处理,三维 VSP 反射图像可以提供高清晰的地震反射信息、更好地反映油藏结构,包括井周围的地层、构造和断层格局等。三维 VSP 数据的地震频率一般来说是地面地震数据的两倍,在10000ft 的深处(3048m)通常超过130Hz,几乎两倍于地面地震数据的垂向和水平分辨率。三维 VSP 地震图像的成像尺寸局限于三维 VSP 资料记录井周围的几千英尺,取决于井眼中总的检波器组长度以及地面震源的最大偏移距。

六、小结

综合应用三维地面地震数据以及微震、地质、工程的资料,集成三维VSP图像(图13),可以揭示油藏区或断层对人工裂缝的大小和级别的影响。结合地质、地球物理和工程领域,取得了对人工压裂裂缝几何形态和成功增产措施的全面综合认识。

井孔微震分析能估计产生的裂缝长度、高度及裂缝方位,因此,提高了对压裂设计的几何形态和成功实施的进一步认识。带微震映像/绘图的三维VSP记录,结合三维地面地震数据,不仅能细化人工裂缝的解释方位和尺寸,而且能显示哪种地质现象可能局部改造及促进压裂。将地震方差数据体中提取出来的地质体解释为河流相河道砂体,各种资料一体化增加了解释信心(图14)。最先进的工具在高速光纤电缆上包含多分量地震检波器,不仅可以记录和解释井孔微震信号,而且可用于三维VSP数据记录。

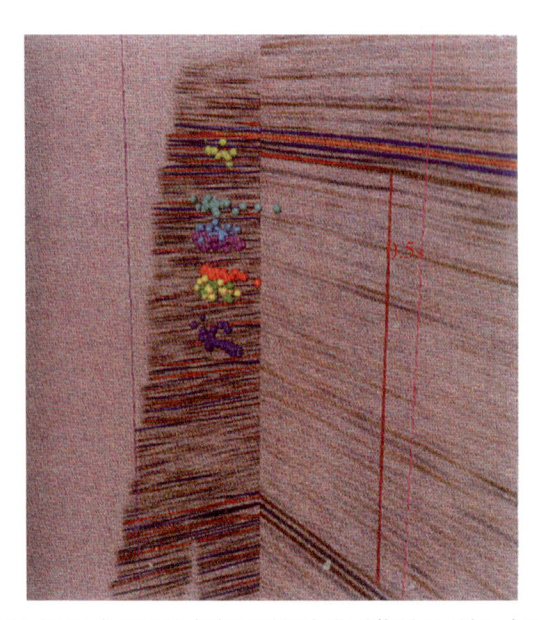

图13 三维地面地震(右边)中显示的多次压裂级次微震信号(区域),与三维VSP(左边)对比
VSP数据具有更高的分辨率,实线表示井孔

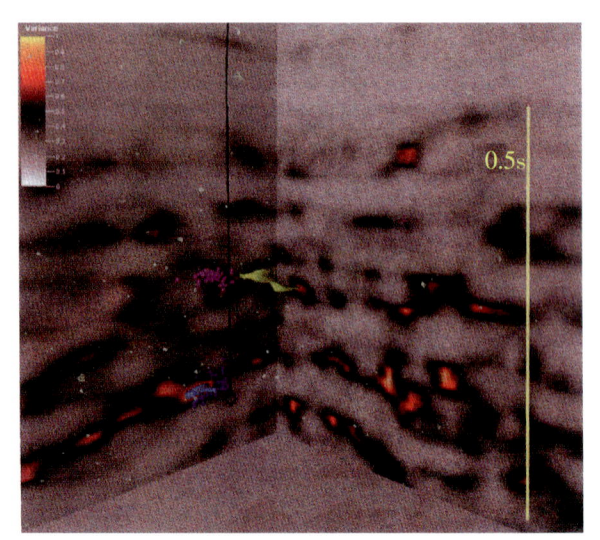

图14 显示有微震资料(彩色区域)、井眼(垂直线)和提取的地质体(彩色面)地震方差数据体
利用VSP(垂直地震剖面)时深关系将微震数据转换为旅行时间

用同样的井孔检波器组记录三维VSP可以进行流线操作并且降低成本,与传统的地面三维地震资料相比,高分辨率的三维VSP图像能更精细地解释薄层河床。记录三维VSP可

获得井旁更高频、低噪的地震图像。结合地质、地球物理和工程专业知识,可获得关于压裂几何形态和有效增产措施更综合全面的认识。

参 考 文 献

Albright, J. N., and C. F. Pearson, 1982, Acoustic emissions as a tool for hydraulic fracture location: Experience at the Fenton Hill Hot Dry Rock Site: Society of Petroleum Engineers Journal, v. 22, p. 523-530.

Dubois, D. P.,2004, Jonah field—development of a Rocky Mountain gas giant, (abs.): Bureau of Land Management National Fluid Minerals Conference, June 22-24,2004, Cheyenne, Wyoming, http://www.wy.blm.gov/fluidminerals04/presentations/NFMC/059DeanDubois.pdf (accessed February 19, 2008).

Fuller, B., M. Sterling, and L. Walter, 2006, Modern 2D and 3D VSP: Reservoir imaging from downhole: First Break, v. 24, p. 63-67.

Hanson, W. B., V. Vega, and D. Cox, 2004, Structural geology, seismic imaging, and genesis of the giant Jonah gas field, Wyoming, U.S.A.: Chapter 6. Jonah field: Case study of a tight-gas fluvial reservoir, Rocky Mountain Association of Geologists 2004 Guidebook: AAPG Studies in Geology 52, p. 61-92.

Maxwell, S., J. E. Shemeta, and N. J. House, 2006, Integrated anisotropic velocity modeling using perforation shots, passive seismic and VSP data, (abs.): Canadian Society of Exploration Geophysicists Convention Abstracts, p. 301-302.

Reinecker, J., O. Heidbach, M. Tingay, B. Sperner, and B. Müliler, 2005, The release 2005 of the world stress map: http://www.world-stress-map.org (accessed March 12,2006).

Stiteler, T. C., 2006, A structural model of Jonah and South Pinedale fields, WY. (abs.): Rocky Mountain Association of Geologists Symposium Abstracts, http://www.searchanddiscovery.net/documents/abstracts/2005rocky/RMsti.htm (accessed February 19, 2008).

Warpinski, N. R., S. L. Wolhart, and C. A. Wright, 2001, Analysis and prediction of microseismicity inducedby hydraulic fracturing: Presented at 2001 Society of Petroleum Engineers Annual Technical Conference and Exhibition, New Orleans, Louisiana, September 30-October 3, 2001, SPE Paper 71649-MS.

Warpinski, N. R., R. B. Sullivan, J. E. Uhl, C. K. Waltman, and S. R. Machovoe, 2003, Improved microseismic fracture mapping using perforation timing measurements for velocity calibration: Society of Petroleum Engineers Journal, v. 10, no. 1, p. 14-23, SPE Paper 84488-PA.

Wolhart, S. L., T. A. Harting, J. E. Dahlem, T. J. Young, M. J. Mayerhofer, and E. P. Lolon, 2006, Hydraulic fracture diagnostics used to optimize development in the Jonah field, 2006 Society of Petroleum Engineers Annual Technical Conference and Exhibition, San Antonio, Texas, September 2006, SPE Paper 102528-MS.

科罗拉多州皮申斯盆地 Mesaverde 群盆地中心气的区带评价

K. C. Hood D. A. Yurewicz

摘要：对皮申斯盆地 Mesaverde 群盆地中心气可靠的区带评价有助于加深对其勘探潜力的认识和了解。由于其具有非常规气藏的特征,因此,需用非常规的方法对其进行评价。毫无疑问,根据气井动态进行评价会提供可采资源量和经济效益最可靠的信息。利用气井动态对气藏进行评价的方法必须具备两个条件：一是具有长期产能的、可以落实资源丰度的高密度钻采井；二是钻采井具有较高的生产效率。

本文采用新颖的方法,在数据允许的情况下,从多方位立体评价逐渐过渡到钻井动态评价。虽然,这种分析方法是以区带(区域)为单元,但与传统的区带评价相比,评估的结果却更类似于由多个部分组合而成的远景评价。

最初,区带评价作为一个大区的一小部分进行评价,每个区带都具有比较全面的概率分析。随着认识水平的提高,为了更好地识别局部构造,油气藏又逐渐细分为构造油气藏和岩性油气藏。同时,整个油气藏在开发过程中又可分为连续的网格状的油井排油。每口井排油容积的精确估算能够明确储层范围内油气资源丰度的区域上的变化。本文展示了根据气井动态资料利用容积法对气藏进行评价。

当区带评价结果与主控地质要素相结合的时候,对勘探开发而言,区带评价实用性就会大大提高。最终,通过对皮申斯盆地的区域研究,对几个重要的地质因素进行了评价。

例如,对于盆地内的气水产率,砂体几何形态是一个关键因素。因此,根据沉积相和砂体组合形态,Mesaverde 地层纵向上主要分为 8 个小层进行评价。同样,连续气藏的顶部也是影响资源丰度一个重要的主控因素。虽然其上的砂岩也可能储集部分天然气,但砂岩内部更多的是储集大量的水(即 Hoak 和 Decker 认为的过渡带,1995)。而且气藏的顶面的界限很难确定,似乎跨越了地层边界。本文利用几种不同的方法最有效的描绘了气藏顶面的界限。由测井资料识别出来的 Mesaverde 地层连续气藏的顶部资源评价,过去一般都被忽略不计。

为了与复杂的地质信息相一致,容积法评价过程中又补充了自动 GIS(地理信息系统)工作流程。在 Mesaverde 地层中,8 个评价小层中的每一个小层的毛厚度、净毛比、孔隙度和地层体积系数的描绘,在地理信息系统中代表着坐标。描绘的这些数据是变量,包括了从盆地和有限的二维地震覆盖的约 400 口关键井的数据。从地理概况来看,根据气柱的高度、储层岩相、构造倾斜和断层(高风险的产水区)以及地层压力梯度,盆地横向上又可划分为 11 个不规则的小区域。在容积法中,大多数输入的参数都经过了适当处理。应用这个程序,输入的更新数据能被自动纳入分析,然后继续运行。一些关键评价参数(包括含气饱和度、天然气采收率和凝析油产率)都比较详细,只有少数参数不确切。目前受条件限制,用探网并不能保证参数连续的变化,因此,这些参数并不能通过每个不规则的地形单元的地层间距来确定。除了次级区域以外,所有输入的参数在分析过程中都具有先天的不确定性。在系统评估的基础上,不同的容量计算是解决不同的商业问题。每层段用蒙特卡洛模拟法来评估其一般的潜能和可能的结果。敏感性分析表明估算范围对分析区域的粒度具有非常强的依赖性。以网格为基础的资源评估,能获得每个亚区域资源丰度的地理分布。为了与现有生产井的动态数据进行比较方便地类比,评价的结果以十亿立方英尺为单位。

这些结果有助于通过识别盆地内资源潜力最大的区域来制定最优化的勘探开发方案。对于这两种方法而言,方案分析是用来评估其他解释结果的灵敏度。方案包括不同的地质概念,如天然气顶部的不同解释和开发方案,不包括选定的地层评估或限定的总钻井进尺。通过钻探筛选的结果是经济分析的一个关键因素。

一、概况

本段主要概述一下过去对皮申斯盆地白垩系 Mesaverde 地层盆地中心气区的评价方法。盆地中心气是在盆地较深部位、区域性大范围的天然气聚集。它们与具有底水界面的构造圈闭或地层圈闭无任何关系,相反,天然气一般就地聚集于低渗透的储层中。

美国地质调查局将它们与其他非常规的油气聚集一并归为连续型油气聚集(Gautier 等,1995;Schmoker,2002)。连续型油气聚集的资源评价面临着特殊的挑战。

许多传统的区带评价方法是为预测待发现的独立油气藏的数量及大小而设计的(例如 Baker 等,1986;White,1988;Schmoker 和 Klett,2003),这些方法预测的油气藏一般均假定为具有明确底水界面的构造圈闭或地层圈闭(常规油气藏)。因此,油气藏的特征统计显得尤为重要,而且评价的重心主要集中在获知能发现的远景区数量及远景油气田规模。

这些方法不适合连续型资源,例如盆地中心气、页岩气、煤层气、油砂和油页岩。美国地质调查局已经提出了一种以单元为基础的方法来评价连续型资源。这种评价方法优点可能在于单元的大小可以根据区带内设计井距的变化而定,因而能直接将评价结果与井的经济效益联系起来。

一般来讲,最好的评价方法的选择取决于想要达到的预期目的。例如,能估算所有的油气资源却不能精确地指出区带内有利区的评价方法很适合政府机构去了解一个国家或公司总的资源量,以评估哪些潜力区适合大规模勘探投资(参见,Johnson 和 Roberts,2003)。然而,这类评价方法不能有效地指导区带范围内的勘探开发。最理想的是,评价方法作为有效的勘探开发规划的一部分,不仅能够估算油气的地质资源量和可采资源量,而且,还能说明区带内资源潜力在地层中的分布及在区域上的展布范围。

资源丰度对经济可行性评价而言不仅是一项至关重要的内容,而且,在更大程度上,对在不同开发成本条件下可开发的那部分资源来说也显得尤为重要。虽然本文立足的重点工作在于获取皮申斯盆地中心气区可靠的评价结果,但是,对分析过程中应用的评价方法的探讨是必不可少的。在评估连续型资源时,Haskett 和 Brown(2005)强调必须考虑在初期产能和递减速率条件下经济分析的重要性。然而,实际上,区域评价一般在盆地勘探的初期进行。此时,区带内具有初期产能和递减速率的井很有限。此外,早期勘探规划时的井动态相对于后期开发或开采方案制定时的井动态可能具有相对较低的指标。这对非常规区带尤其明显,如 Mesaverde 地层的非常规油气。目前,对 Mesaverde 地层的非常规油气的地质认识、钻井完井技术都有了很大进展。

最近,美国地质调查局对皮申斯盆地 Mesaverde 地层总的含油系统进行了评价,企图搞清这样一个问题,即根据完井日期将产能井划分为三类,由产能随着时间的变化来跟踪分析产能递减规律。虽然以动态数据为基础的评价方法对开发井的经济评价非常重要,但是,对非常规资源的有效评价必须建立在由钻采工艺可采的油气资源量评价的基础之上。开发井的经济性主要受初期产能和递减速率的影响,而区带资源的经济性进一步受开发井的数量和每口开发井最终产量的平均值的影响。容积法能为该方法的成功应用作出重要贡献。

本文概述了皮申斯盆地 Mesaverde 地层盆地中心气区的评价方法。为了达到多种商业目的,整体评价的方法包含几个不同的部分,每个部分适用于不同层次的需求。目前,这种评价方法的重点是评价总的可采资源量和区带内资源丰度的空间变化,最主要的是评价有效勘探区域。这种评价方法的一个关键目标是确保评价结果与地下地质结构紧密相连,以一系列广泛的地质图为代表。这种基本的方法也可以适用于某些其他的连续型资源,如页岩气、煤层气、重油及油页岩。

二、地质背景

皮申斯盆地位于科罗拉多州西北部,是一个中等规模(5500mile;14244km^2)的克拉通内沉积盆地(图1)。皮申斯盆地呈明显的不对称:西侧缓坡以 Douglas Creek 穹隆和 Unconpahgre 隆起为界;东侧陡坡以 White River 隆起为界(图2,图3)。皮申斯盆地虽然规模中等,但其勘探历史悠久,含有丰富的常规和非常规油气。Rangely 油田位于盆地的西北部,已生产了超过 8.5×10^8 bbl 的油,大部分油产自宾夕法尼亚系至二叠系的 Weber 砂岩储层,而沉积在始新世的绿河地层中的油页岩,资源量超过了 1×10^9 bbl 油(Pitman 等,1990)。皮申斯盆地首次发现天然气的时间是 19 世纪 90 年代后期,储层为古近—新近系。自从始新世的 Wasatch 和 Green River 组投入开发后,发现了几个常规气田。然而,目前天然气资源潜力最大的是产自上白垩统 Mesaverde 群的非常规致密砂岩气。

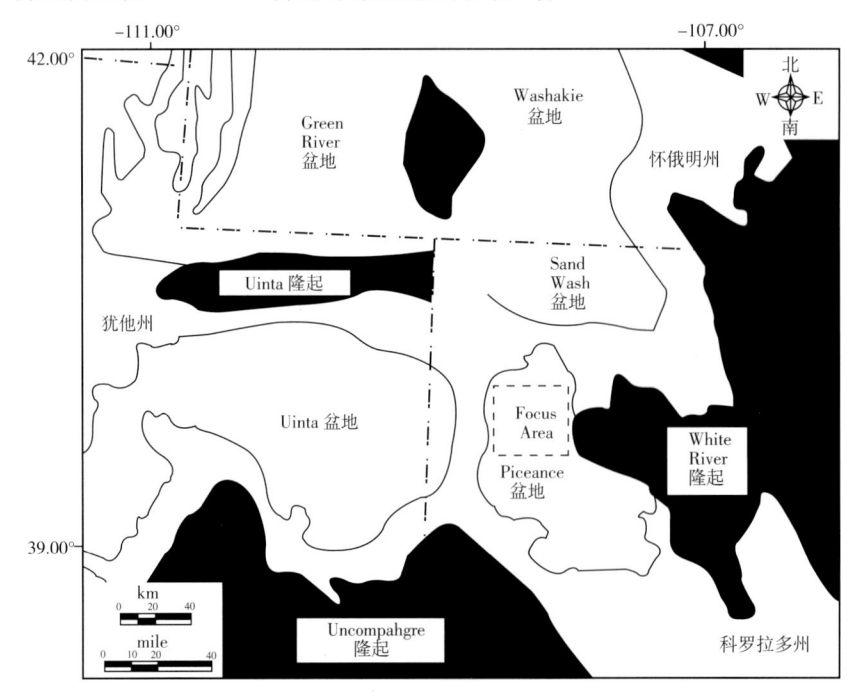

图1 科罗拉多州西北部皮申斯盆地的地理位置图(剖面图见图2)

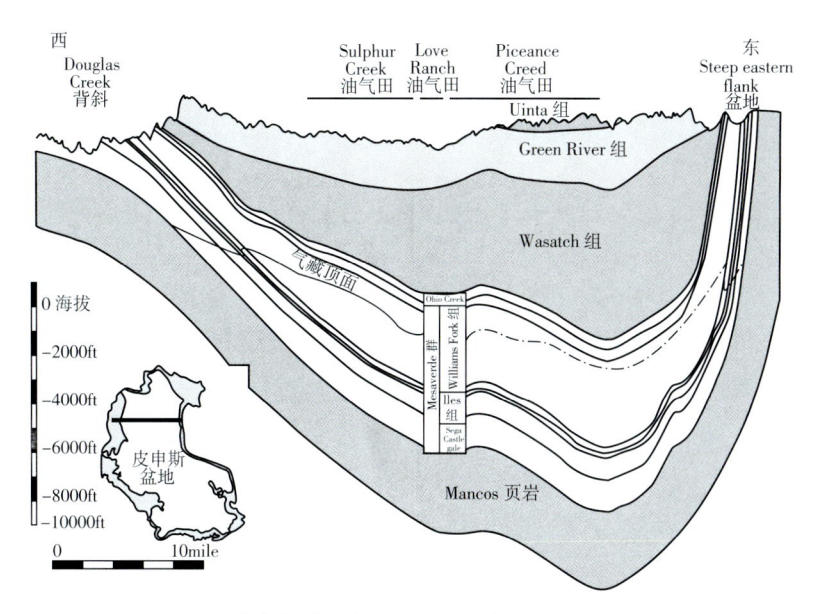

图 2 皮申斯盆地主要沉积地层剖面图(东西向)

顶部为连续性天然气,跨越了地层边界,展示了对天然气容量评估的重要控制作用

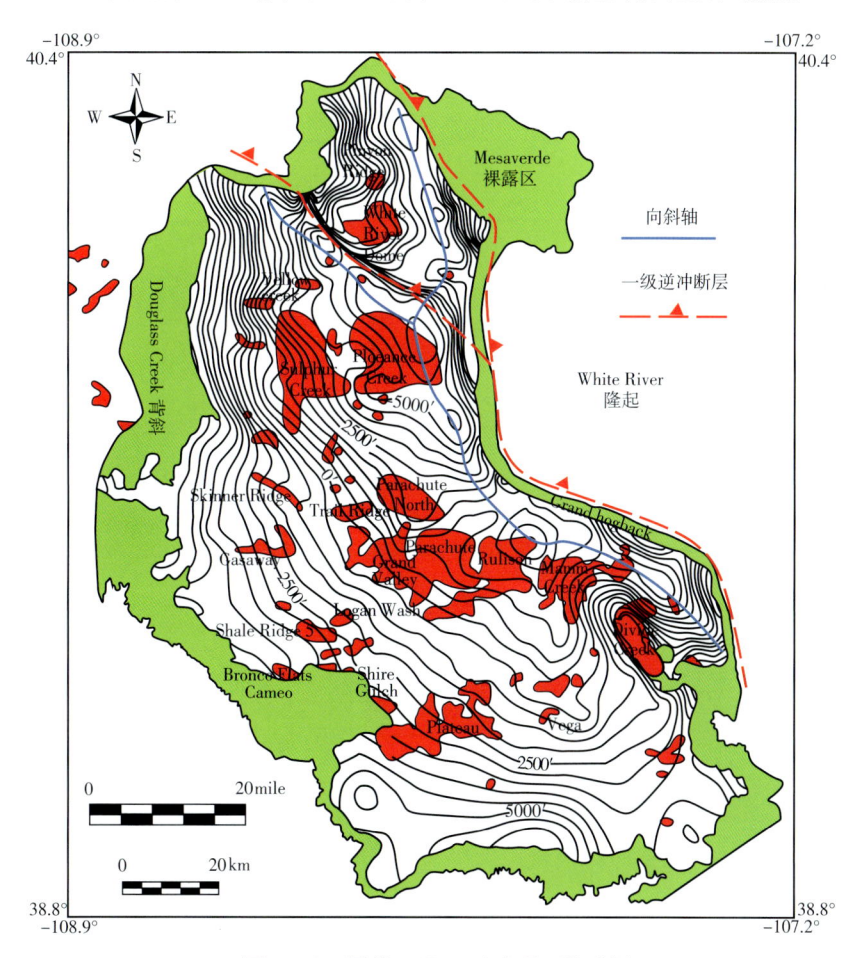

图 3 Iles 层的 Rollins 砂岩顶面构造图

等值线间距 250ft(76m),皮申斯盆地 Mesaverde 群产气的气田均标成了红色

如今，约 50 个气田几千口井正在开发 Mesaverde 群的非常规天然气资源。目前的产气量超过 $10\times10^8 ft^3/d$，而且每天的产气量仍在快速增加，致使皮申斯对于北美天然气的供给正在变得日趋重要。对皮申斯盆地进行可靠的资源评价对于认识皮申斯盆地今后产能的增长趋势非常重要。

该盆地资源评价方法应用的一个重要方面在油气地质基础上析主控因素资源潜力变化的影响。考虑不同区带内的地质要素是实现这一目标的最佳途径。关键的地质要素主要与烃源岩成熟度、储层沉积相、砂体形态和种类有关。圈闭的闭合高度及盖层似乎不是影响烃源岩在多层系中分布的主控因素，因为绝大部分的油气没有聚集在构造圈闭中。

(一) 储层沉积相的发育特征

Mesaverde 群沉积地层展示了一个完整的水退旋回(图 4、图 5)。垂向上，从近底部的海相砂岩和页岩，到海岸冲积平原的砂岩、页岩和煤，直至顶部的近源网状河流沉积的砂岩和砾岩。区域上，Mesaverde 群非常厚，局部地区超过了 7000ft(2100m)。Mesaverde 群的勘探目标包括海相的 Castlegate 和 Sego 砂岩、Iles 组的海岸平原砂(Corcoran, Cozzette 和 Rollins 段)、Williams Fork 组的河流砂及上覆 Ohio Creek 组的河流砂岩和砾岩。由于早期的沉积体系横向比例尺远大于现今盆地的横向比例尺，因此，在任何单独的地层间距内，盆地内基本的沉积相类型都比较连贯。由于一些近地层底部的海相砂岩没有扩展到整个盆地，因此，它们是个例外。因为厚度大，各种沉积相中的砂体连通性和横向展布变化较大，所以，储层体系结构是控制潜在天然气展布的一个关键因素。

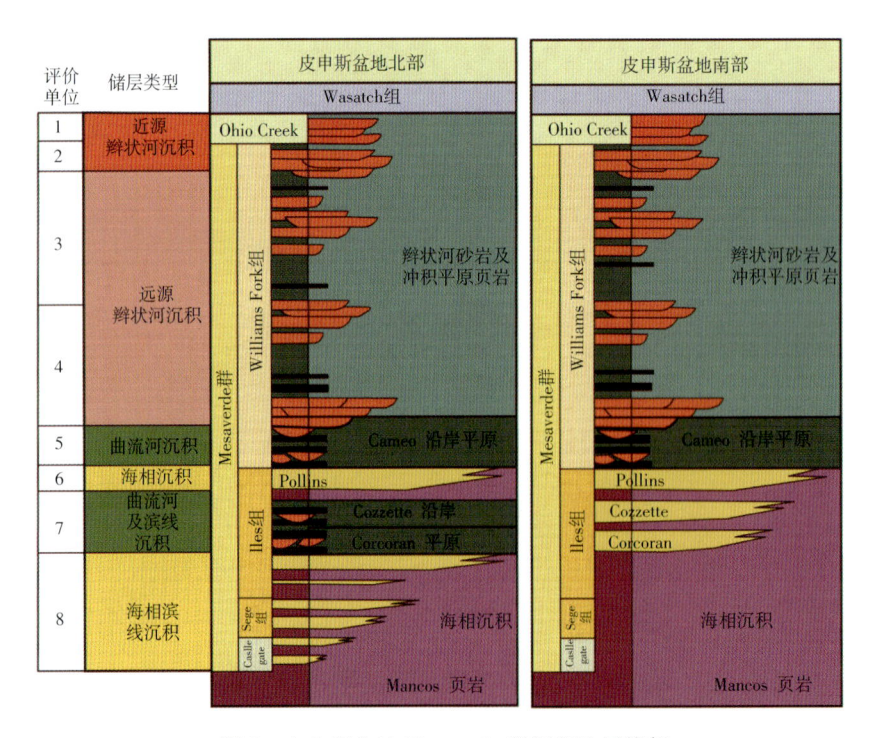

图 4 皮申斯盆地 Mesaverde 群沉积地层格架

为了达到评价的目的，Mesaverde 群垂向上划分了 8 个评价单元

· 94 ·

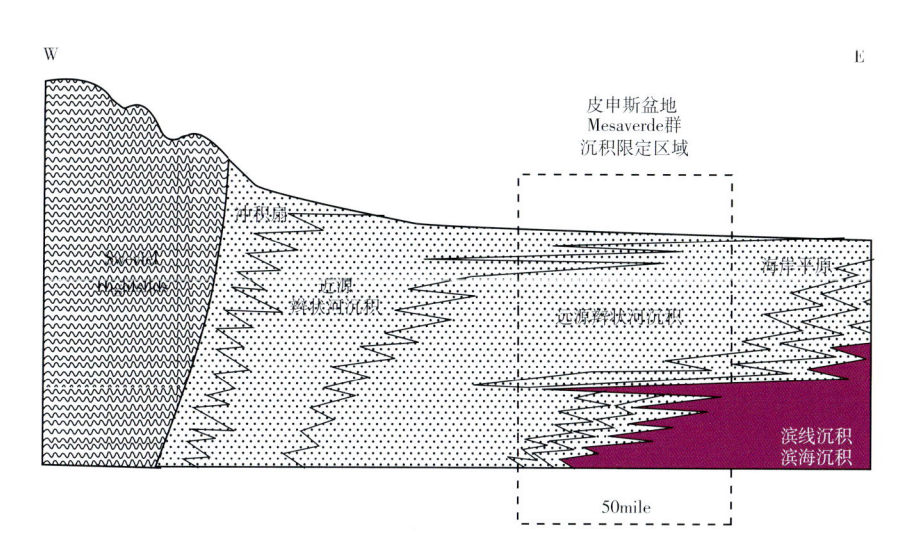

图5 皮申斯盆地区域剖面主要沉积相简图

Mesaverde 群的大部分潜在的天然气分布在 Williams Fork 组横向不连续的河流砂体中(图6)。这些砂体高度不连续的特性是制约最优化井间距的关键因素,井间距不超过20acre(8ha),在一些区域,开发气田的井间距仅为 10acre(4ha)(如 Rulison 气田)。在某种程度上,最优化的井间距依赖于完井过程中使用的压裂工艺的有效性。

图6 Rifle Gap 地区 Williams Fork 中段的不连续性砂岩(砂体的几何形态是影响井间距的主控因素,图中标示的是比例参照)

对下部横向连续性较好的海相砂岩或上部近源的网状河砂岩和砾岩(图7)而言,井间距可能会大一些,但这些砂岩可能会含有更多的水,在开发过程中通常需要分支迂回开采。Mesaverde 地层的储层物性以低孔(2% ~10%)和特低渗(0.1 mD ~ 0.1μD)为主。从长石颗粒的溶蚀结果看,孔隙类型主要是粒内微孔隙(R. E. Klimentidis, 2007)。储层物性一般随着埋深的增加而变差,越是年代较早的沉积地层或越接近盆地轴向的地层,其储层物性越差(图8)。

图7 Rifle Gap 地区 Williams Fork 层上部的横向
连续性砂岩和砾岩及 Ohio Creek 砾岩

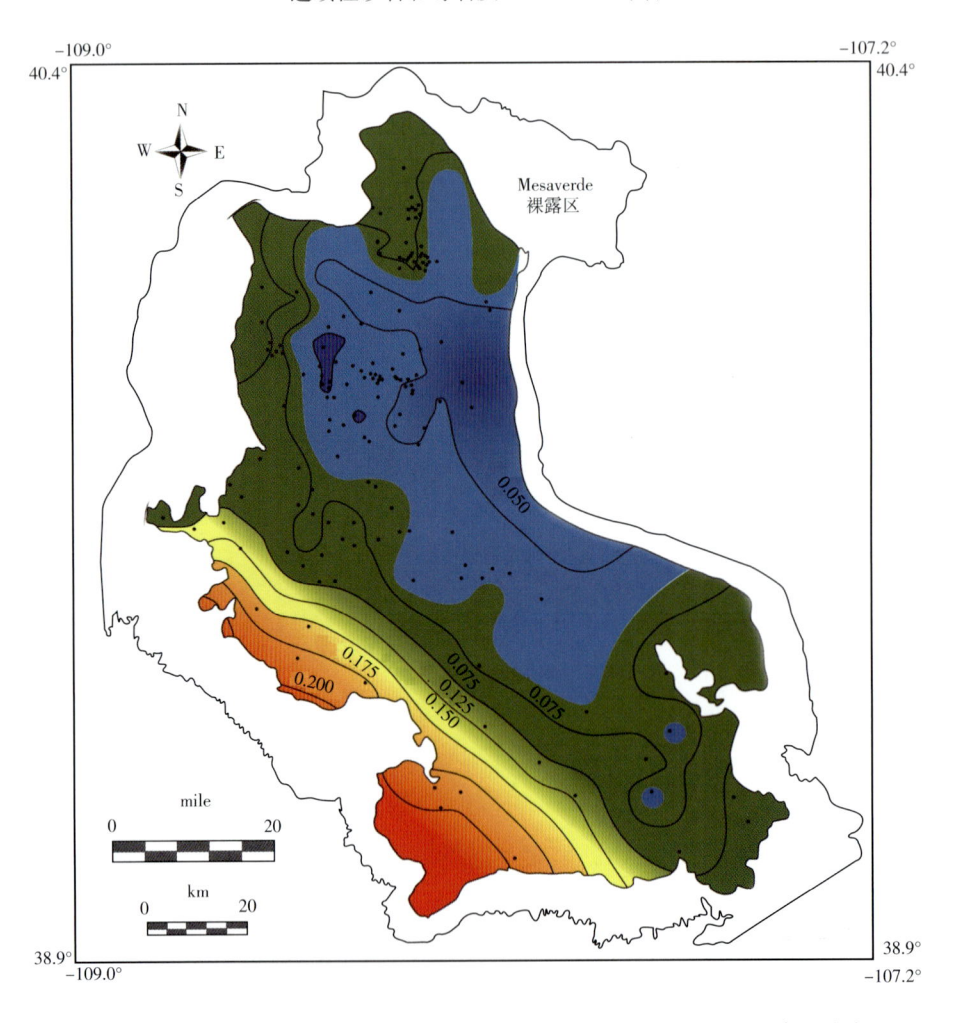

图8 Williams Fork 层下部平均孔隙度分布图（评价了4个小层，黑点代表井位）

虽然区带内的储层普遍分布,但通常情况下储集性能差且分布不连续。井间储层微小的变化就会导致产气量的巨大差异。有效的水力压裂对于 Mesaverde 地层中可采天然气而言,至关重要。

(二)圈闭和盖层

在皮申斯盆地 Mesaverde 群中,圈闭和盖层不被认为是关键的风险系数。在 Mesaverde 群中几乎没有发现大的构造圈闭,而且,现今的油气田也证实了构造对天然气分布的影响微乎其微(图 3)。皮申斯盆地 Mesaverde 群受其下的 Mancos 页岩控制,Mancos 页岩属于海相页岩,区域性分布,厚度达 3000~5000ft(900~1525m)(图 2)。

Mesaverde 群和 Ohio Creek 砾岩储层的顶部盖层是上覆 Wasatch 组的富页岩地层。Wasatch 组由沉积在拉腊米高点间的广阔山间冲积平原的陆相页岩、粉砂岩及细粒砂岩组合而成。页岩为主,砂岩一般较薄,不连续。因此,几乎没有对 Mesaverde 群中的圈闭和盖层进行描述。Williams Fork 组上部的砂体横向连续性较好,但天然气零散分布,可能是由于缺乏地层圈闭和构造圈闭且纵向上远离烃源岩造成的。

(三)烃源岩和成熟度

形成盆地中心气藏的关键要素之一是具有充足的、富含有机质的、以生气为主的成熟烃源岩(Law,2002)。Mesaverde 群主要发育生气潜力的烃源岩,该烃源岩分布广,厚度大,几乎占据整个层段。源岩的沉积相类型主要有三种,即 Mancos 和 Iles 组的海相页岩、Iles 和 Williams Fork 组的大量煤层及陆相页岩。这三种类型的烃源岩已经达到成熟生气阶段,但在 Corcoran - Cozzette 段、Cameo 段及 Williams Fork 组下部的煤层也可能大量生气(Yurewicz 等,2008),其他层段也发育富含有机质的页岩,但以原始氢指数(HIo)低为主要特征,认为生气量相对较少。

区域上,盆地内广泛分布的天然气表明,Mesaverde 区带的油气充注不是重要的地质风险因素。前人也已经研究并有著作记录了盆地内存在大量的油气充注(如 Johnson 和 Nuccio,1986;Johnson,1989;Johnson 和 Rice,1990)。受 Wasatch 组向盆地东侧逐渐增厚的影响,盆地东侧产气时间相对要早一些。产气时间似乎不是一个重要的风险因素,因为在盆地的轴部附近,探井也钻遇到有效的气充注层。

Shanley 等(2004)质疑将盆地中心气作为一个不同的油气聚集场所。无论皮申斯盆地 Mesaverde 群天然气聚集是否满足将其归为非常规聚集(参见 Law,2002,盆地中心气)的所有必要的标准,对评价方法而言不重要。需要重点考虑的是应用的评价方法可将其总资源细分为具有经济潜力和无经济潜力两部分。这可用地质学的方法在局部地区进行勘测或推断其变化。

(四)连续气藏顶面

虽然皮申斯盆地 Mesaverde 区带油气充注不是重要的地质因素,但在评估层内,天然气也并非普遍分布。在 Mesaverde 群上部 1000~1700ft(304~518m),气显示一般零星分散。尝试在该层段完井一般会钻遇高含水(Chancellor 和 Johnson,1986)。对 Shire Gulch,Debeque,Logan Wash,Gibson Gulch unit,Rulison,Grand Valley,Parachute,Sulfur Creek,Piceance Creek,及 Whire River Dome 油气田研究表明,在 Mesaverde 群纵向范围内饱含气的层段非常不稳定(Chancellor 和 Jonnson,1986;Reinecke 等,1991;Kukal,1993;Olson 等,2002;Cole 等,

2002;Cumella 和 Ostby,2003;Olson,2003)。区域上看,连续性气的顶面切割了岩性地层(图2),似乎不受岩性地层控制。Chancellor 和 Johnson(1986)研究表明,Mesaverde 群成熟烃源岩的分布可能是控制产水区和产气区分布的一个因素,Yurewicz 等(2008)也阐述了天然气充注的层厚与根据成熟烃源岩模拟预测的产气区界线在空间上的一致性。

盆地中心气聚集的一个初期概念是它们几乎不含自由水(Masters,1979;Law,1984,2002;Spencer,1985,1989)。然而,现在情况发生了变化,皮申斯盆地的开发井产出大量的水(初期出水量 100bbl/10^6ft^3 或者比平时更多),虽然层间水对盆地中心气聚集的潜能机制的影响不在本文研究的范围之内,但产水量还是在几个方面影响了 Mesaverde 群天然气的资源潜力。一是开发井过量的产水易导致井关闭和最终产气量的减少。二是清理产出水也会进一步地增加井的运转成本。最后,为了避免层间被水侵,部分层不能进行水力压裂,这就减少了开发井可采的潜在资源量。在评价过程中,必须考虑这些因素。

为了方便,以 Iles 组 Rollins 砂岩段顶面之上的高度作为气体充注的层厚(图9)。Rollins 段在整个盆地几乎都有分布,它可以作为一个比较容易识别的标志层。对 Rollins 段之下的天然气的识别非常重要,这部分天然气也包含在本文的资源评价中(图10)。

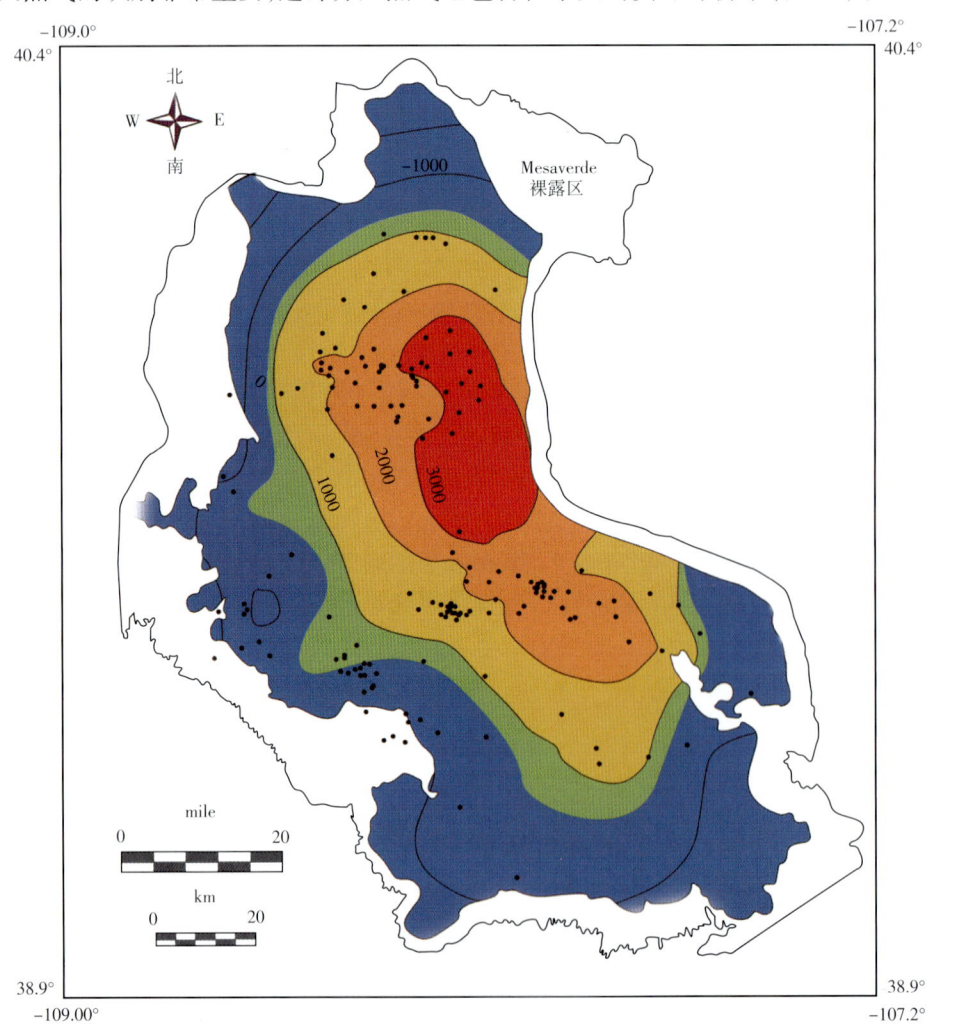

图9 连续天然气顶面与 Rollins 砂岩层段间的地层厚度等值线图(它作为确定评估次级区的一个输入量)

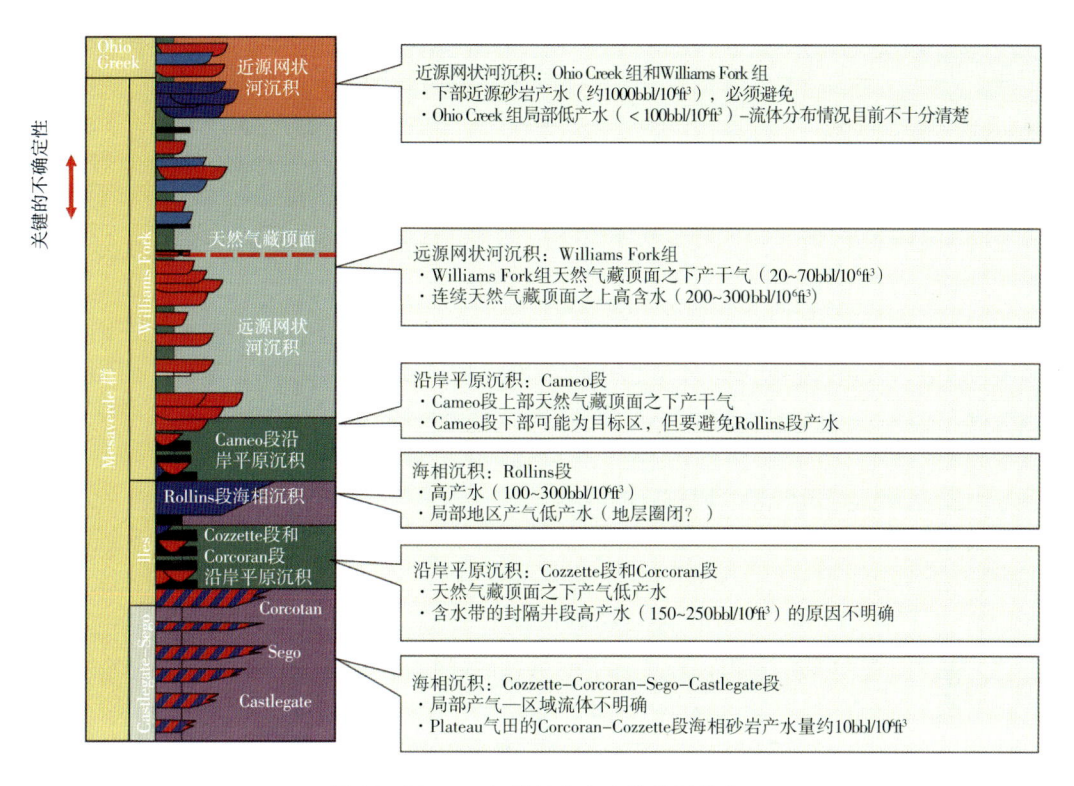

图 10　Mesaverde 群气水产出的地层分布

　　盆地模拟表明,越靠近盆地的轴部,生成天然气的数量越大。受上覆 Wasatch 组厚度的影响,生成天然气的数量随着烃源岩成熟度的增大而增多。因此,东部 Mesaverde 群天然气充注的比例相对较大。Mesaverde 群的气水分布特征可能代表了这样一种非常复杂的关系:气体充注,通过断层纵向运移,在不连续的河道砂中聚集,通过高部位裂缝发育的、连续的、相互连通的河道砂和滨海相砂体横向运移。

　　在评价过程中,连续型气藏的顶面是一个至关重要的参数。Mesaverde 群顶面发育的储层一般厚度大、粒度粗、具有较高的孔隙度及较好的横向连续性。而连续型气藏的顶面一般位于这部分最有利的储层之下,并且区域上能描绘出来,但描绘出来的结果具有不确定性。为了评估其对资源评价结果的灵敏度,研究过程中经常修改连续型气藏的顶面分布图。虽然,连续型气藏的顶面对地质风险评价影响不大,但对生产井的经济效益有重要的影响。

三、评价方法

　　皮申斯盆地 Mesaverde 群很早以前的评价类似于常规的区带评价方法,不能很好地应用于许多商业开采的目标区。虽然 Mesaverde 群的致密气区带几乎遍及整个盆地,但从容积法评价的立场来看,它可以看作是一个盆地级别的区带(区带就是远景区)。

　　虽然,气田内的一些层位或领域可能是通过对区域面积、地表特征、钻孔深度及除了油气资源丰度外的其他各种因素的综合分析来选定的,但目前开发的气田都是连续型资源比较有利的领域。与许多常规油气藏相比,目前,皮申斯盆地 Mesaverde 的气田范围不受地质构造的影响,而且随着时间的推移,气田范围还将继续扩大。

本文最终的目的是获得一个在生产动态分析基础上的评价结果。这个结果能够直接应用于生产井分析和经济效益分析。如美国地质调查局已经形成了一种连续型油气藏的评价方法(Schmoker,2002)。

但是,为了使结果更具有说服力,这种方法需要大批具有长期生产能力的开发井。理论上,生产井区应分布于受下伏地质构造控制的区域内,并且也应该包含几个表示局部变化和界定最佳井间距的密布井区。盆地范围内,Mesaverde 区带的资源丰度(以原地十亿标准立方英尺或单井泄气面积的可采量为测量单位)变化较大。

虽然皮申斯盆地有大量的生产井,但是本文从现有气田获得的很多数据(特别是那些具有长期生产记录的气田)并不能认为代表了重点地区预期的生产动态数据。因为大部分具有长期产能历史的区域埋深较浅,许多目前的开发井都是应用较老的、低效率的完井技术,并且,开发层段仅占整个 Mesaverde 层位很局限的一部分。因此,盆地内许多像这样的重点区域并不是预测将来气井产能较好的区域。

在连续生气的物质基础上,皮申斯盆地的产量每年都在增加,但是,在商业利益的推动下,不能一直等着有足够的新数据出来才进行资源评价。为了满足地质结构和开发潜力规划的要求,我们应用一种复合方法来评价皮申斯盆地 Mesaverde 群的资源(图 11)。该方法初步计划是为了能够确定盆地内总可采资源量,以及阐明资源丰度的区域变化。

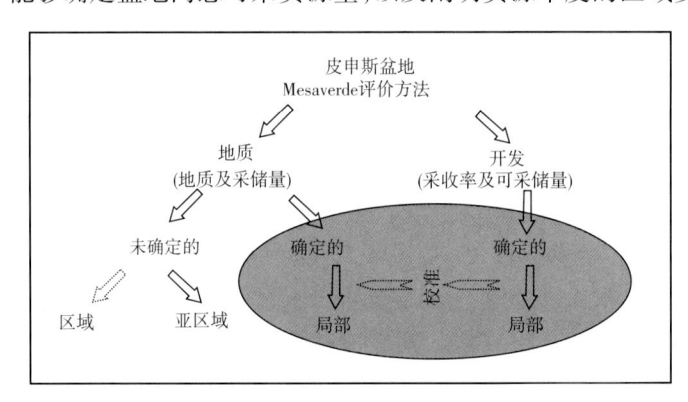

图 11 本次评价的两种方法示意图

开始的重点是以地质为基础的体积评估,之后是根据现有的数据以工程为基础的动态分析,为了阐明不同的商业问题,不同的评价阶段都要进行容积估算

初期评价时,在中心区域或其附近,仅有部分气井的生产动态数据可用。因此,本文决定用分层系容积法进行天然气可采资源量评价。但在一个评价单元内,如果有足够的生产数据可用,那么,就可转变成基于生产动态的评价方法。虽然,本文主要针对美孚埃克森矿权周边的中心区域,但地质分析及评价已扩展到整个盆地,使得用大量气井的生产动态数据对容积评价的结果和方法进行调整得以实现,以便可用于盆地内的其他区域的评价。

(一)层次分析

在容积评价的整体框架中,通过改变基本评价单元的地理和地层范围,分析法可以在不同的层次级别中应用(图 12)。从大范围来看,盆地范围内广泛分布的 Mesaverde 储层可作为一个评价单元,实际上作为一个分析单元,它相当于一个大的勘探远景区(图 12A)。从小范围来看,Mesaverde 储层又可细分为无数个井控泄气单元,每个泄气单元代表了一个独立的评价单元,作为容积法评价勘探远景区的一个部分(图 12C)。后述的这种方法代表了美国地质调查局应用的评价方法,即在单井生产动态法的基础上进行容积法评价的方法。介于两者之间的方法,是将 Mesaverde 区带划分为地理的和地层的多个评价单元(图12B),每个评价单元都有相互独立的容积计算(实际上,也是勘探远景评价的一个部分)。对于后两种评价方法,总的区带评价是多个独立的评价单元的总和。

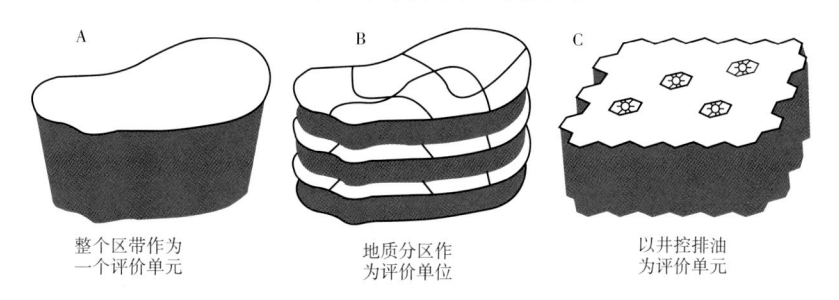

图12 容积计算可以在不同的范围内进行,可以从整个盆地(A)到区带(B),到单井控制区
区带(B)是概率评价的主要方法

上述三种方法都有各自的优缺点。将整个区带作为一个评价单元(图12A),对于处理输入参数和计算结果而言是最容易的解决办法。这也可能导致概率范围最大化,因为每个蒙特卡洛法的实现,同样的计算结果就会被应用于整个盆地(如一个地方实现了高采收率,那么其他地方都会有高采收率)。这种层次分析法不能确定盆地内的地质构造走向,因此,也不能阐明有利的资源丰度区域。由于它不能提供任何划分井的种类的机理,因此,涉及生产动态数据的资料对该方法来说是最困难的事情。最终导致依赖容积参数的结果与当前钻探的结果不一致。尽管这种方法仍有很多缺点,但它能提供一个比较方便的起点来衬托这个结果最大可能的范围,这个结果与地质解释有关(图13)。

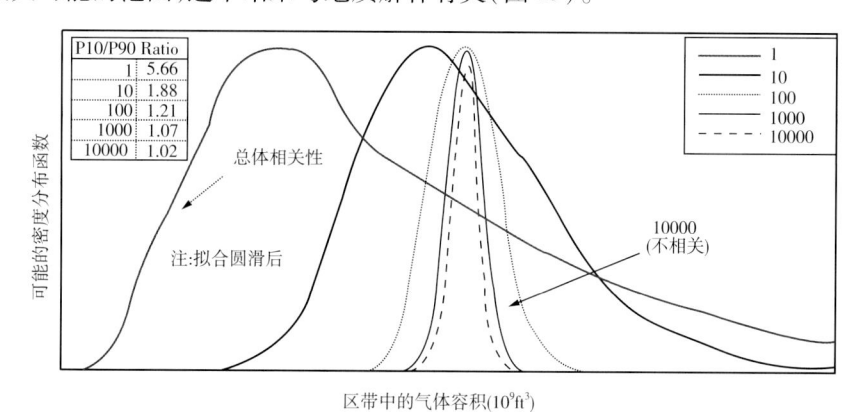

图13 数量不断增加的独立评价单元对评价结果的影响示意图
该情况下,输出的均值是一样的,但是变化范围随着单元数量的增加而变窄。
只有一个评价单元等于具有一个总体积相关关系

将这个区带划分为单井泄气面积单元(图12C)能克服许多与非常大的评价单元有关的缺点。如果处理适当的话,这种方法能提供一种与气井生产动态紧密相连的途径。同时,也能比较精细地描绘出区带的地质构造走向。然而,对皮申斯盆地 Mesaverde 群进行这样一种精细分析将会潜在地包括成千上万的单井泄气面积单元。收集和处理必要的输入值、实施容积计算方法将是一项非常艰巨的任务。与此相同的是,钻井之前对大部分的地质上和工程上的输入参数进行调整和校正,这些参数均以单井为单位,这项工作也是不可能完成的。现有的数据对区域制图来说已经足够，但想要解释盆地内很多区域的单井比例尺的变化是不够的。最后，以作为独立评价单元的单井排泄面积的汇总，将会严重低估最终可能评价结果的范围。

同样，如果以整个盆地为一个单元或以单井为一个单元，仅仅依靠体积参数来进行资源评价，其结果也不可信。如果单井泄气面积是20acre(8ha)或者更小，那么多口井就会横切同一个独立的砂体。对于一个独立的砂体或是多个相似的砂体而言，由于具有共同的物源、同期经历筛选、压实作用、具有相同的埋深和层流体，那么，单井评价的几个参数(如孔隙度、厚度、净毛比)的变化可能具有一致性。

权衡了这些优点和不足，增加了以精细基础评价为特征的层次分析法作为评价的补充，而非千篇一律地应用概率法进行评价。这种层次分析法，能在较大评价单元中描绘地质上的变化，而且能为校对容积法评价单井动态分析提供可靠的地质框架。中等范围来看，Mesaverde区带可划分为地理的(横向)和地质的(纵向)分析评价部分(图12B)。每个部分代表了一个可用概率法进行评价的分析单元。由于分析单元的数量和尺寸不同，该方法可以平衡这样的需求，即有助于校正有限资料与其他精细资料的结合。在已清绘的盆地区域地质构造走向的基础上，这种方法能识别出区域"甜点"，同时也能表征出容积参数法对局部区域的依赖性。

对于井组而言，虽然评价结果能提供一个改良的地质框架，但仅仅依靠单井生产动态数据很难达到这样一个效果。中等层次的评价方法可作为评估概率范围的最佳方法。因为应用迭代法对其进行评价，所以Mesaverde群纵向上可划分为8个小层段(图4)，横向上可划分11个不规则的小区域(图14)。评价区的划分数量从一次迭代开始往后是逐渐变化的。通常随着对区带认识的提高，纵向上的分层和平面上的小区划分的数量(评价区的划分数量)都会增加。

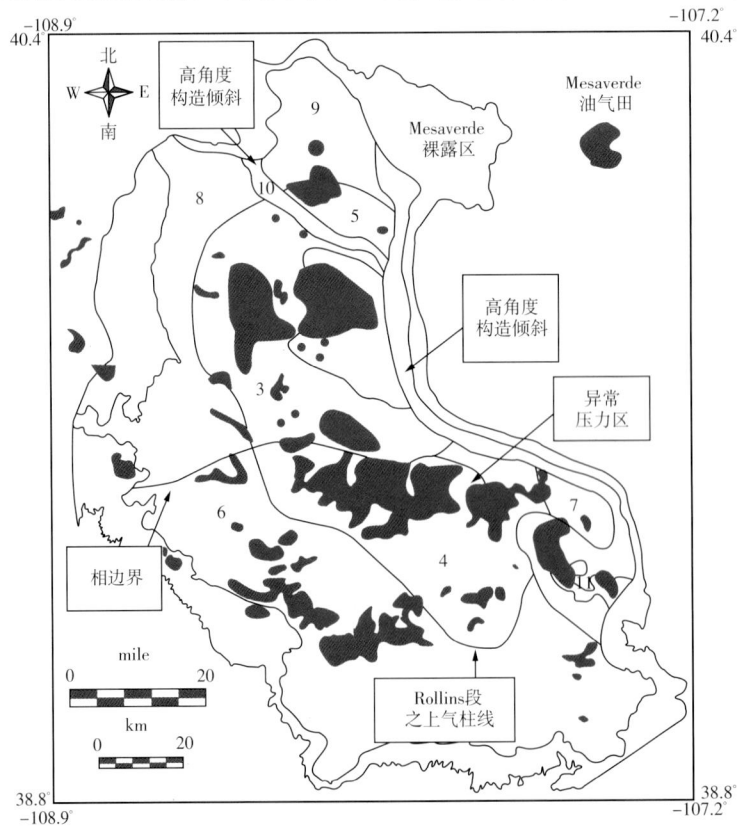

图14 用于划分11个重要的概率评价地质区带的亚区多边形图示

(二)计算方法

概率统计评价基于独立分析的单元格进行,这些单元格是由地理多边形区域(对大部分小层来说分了11个区)与地层小层(8个)组合而得到的。在每个单元格,利用专门的区带评价软件进行容积公式的蒙特卡洛褶积运算,也可能使用商业程序或电子表附加应用软件包。每个多边形区的面积输入为常数。容积公式的其他输入参数的值为分布函数。每个层都有一系列的地质图,包括埋深、厚度、净毛比和孔隙度图(例如,图8)。

另外,几张地质输入图件(例如连续气体顶面图、超压顶面图以及气水界面的深度图)并不与某一地层相关联。所有这些地质图都要重新网格化,提供该盆地内最佳值的变化范围(图15)。为了获得评估公式中的输入参数,网格要进行一系列的脚本处理,即计算每个多边形区的平均值及标准偏差。输入每个参数的均值作为代表该多边形区内分布的最佳值。标准方差是计算分布函数的最小值和最大值算式中的一项输入参数,在成图参数中具有较大方差值的区域,参数的分布范围更大(具有更大的不确定性)。参数范围估算值也要考虑基础地质图中的其他各种各样的可能不确定因素,因此,用于计算范围的精确方法并不是适用于所有参数(算式的详细情况不在本文讨论)。

通过应用压力和温度的工业标准公式,从输入的网格点计算地层体积因子。其中,压力来自于埋深和相关的压力剖面。在计算总等值线之前,用连续气体顶面截取每个层顶面构造图。在某些地方,有些浅层的部分或者全部都在该过程中去掉了。一些情况下涉及非地质因素,例如去除某一深度以下的部分,如果井限制在两个套管柱中时,这部分有可能被评价。在这种情况下,也要截去每个层的下面部分。并不是所有的参数在每个评价网格内都能围绕最佳值有充分的变化。例如,含水饱和度和天然气开发效率分布是相当详细的,但仅分布在少数点。对这些参数来说,分布函数直接根据所在的多边形区及地层来赋值,而不是来自于网格点(图15)。

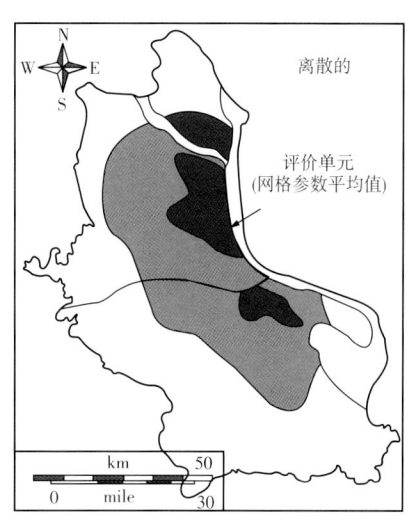

图15 获得评价输入参数的示意图

对于有足够数据能网格化成图的参数,平均值由每个多边形的网格点按照标准方差来计算。标准方差是输入程序中的一个参数,用来估算可能均值的分布,方差越大的多边形区域,均值的估计值越广。对于那些没有足够样品绘出网格的参数,直接根据所在多边形区和地层单元给出一个值

整个盆地可作为评价的单个远景区,地质区带可作为评价远景区,井控制区也可作为评价远景区。至今钻遇 Mesaverde 地层但一点天然气都碰不到的井,即使有也很少。在这方面,对评价区域而言,传统意义上的地质技术风险很低,可能有人认为所有评价单元的适用概率应该是 1.0。这并不意味着所有的井都有经济价值,而经济筛选最好针对评价的结果,而不是用于评价的输入参数。在该评价中,本文用非传统方法的适用概率来代表这种可能性,即由于各种原因一口井不能评价地下所有的可能开发的天然气,原因可能包括不能到达该段底部的井,次优的完井及压裂,由于高含水饱和度必须钻遇的层,或者接近高含水饱和度的层,或者由于局部断层造成的低资源丰度。使用这种适用概率法有如下优点:首先,能让天然气开发效率与基于油藏地质特征的油藏数值模型相关联(而不会从其他众多因素中寻求解释);其次,参数值能很容易地随着钻井结果的变化来调整。

每个多边形区和地层单元的输入参数都集中于一个数据库中,该数据库被批量加载入评价工具来运行概率分析。为了获得整个区带的总体概率评价,要合并从多个部分获得概率结果。代表选中的开发方案的合并结果可能并不包括所有的部分。例如,Rollins 砂层组具有高含水率,可能被排除在一些开发计划外。整个评估程序作为一系列的脚本来执行,如果多边形轮廓或者下伏地质图有所修改,可能仅需要重新运行一下程序即可。通过自动化程序,有可能分析各种潜在的合同区边界得到符合该区地质成图的结果。

(三)方法应用

虽然 Mesaverde 的盆地中心气众所周知,但地质学的许多方面不确定的解释对容积法都会有较大的影响。正如前面所叙述的,连续型天然气的顶面是资源潜力的一个主控因素。近几年来,虽然这种可用作输入参数的地质图的描绘很精确了,但对井位可控的层位还是比较模糊,不太确定。为了弄清这个问题和其他关键的不确定因素,本文应用多种不同的评价模式。每种方案都用一套完整的地质输入图件,其中一些图件可能被多种方案拿来用。对一个盆地中心气区带而言,太多的经济不确定性能促进替代方案的发展和技术的应用,而不是地质解释的不确定性。因此,方案可以代表地质和非地质的选择。例如,过去几年,应用替换方案主要与可能不同的井间距、不同的最大钻深、含水饱和度的不同计算方法、各种压裂技术的总采收率等有关。目前与页岩容积切片有关的评价方法有 7 个不同的模式来计算纯储层、连续型天然气的顶面及采收率(图16)。

每个模式都有系统的概率统计评价及相互独立的以绘图为基础的精细评价。随着新资料的获取及地质、工程难度的增加,有些模式可能会逐渐地被抛弃。而剩下的其他模式可以对目前存在的不确定性提供更深入的了解。

图 17 展示了评价方法的一次迭代到二次迭代的过程。虽然,这个模式的总数没有发生太大的变化,随着时间的推进,可能的结果总体范围减少了。即使具有可靠生产信息的井位数量不足以提供可信的生产动态评估,但这些数据也有助于标定地下储量的估算。每一个方案,都可以预测有利区天然气最终的可采资源量。预测的结果可以与以单井生产动态为基础的评价结果进行比较,以便用来评估每个模式的最佳拟合度(图18)。理论上,这些预测结果与那些较为可靠的模式呈一一对应的关系。然而,将其与区域容积估算的结果进行对比发现,包括其他因素在内,与钻井和完井质量有关的单井动态数据包含了较高频率的变化。考虑这些因素之后,对比动态数据与地下区域评估的关系,可以为我们提供这样的一个早期认识:每个模式所代表的地下情况如何。

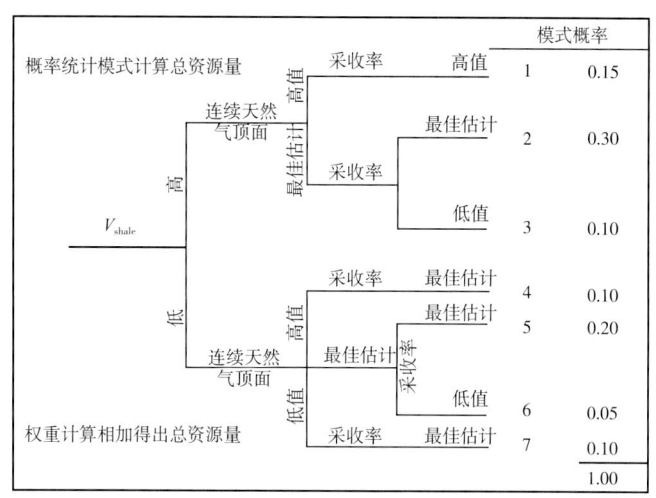

图 16　Mesaverde 群评价的 7 个不同的概率树模式图

每个模式都进行了以独立的、基础精细估算为特征的概率统计评价。如果合理的话，
这种模式就会被赋予权重系数，得出盆地资源潜力的最终值

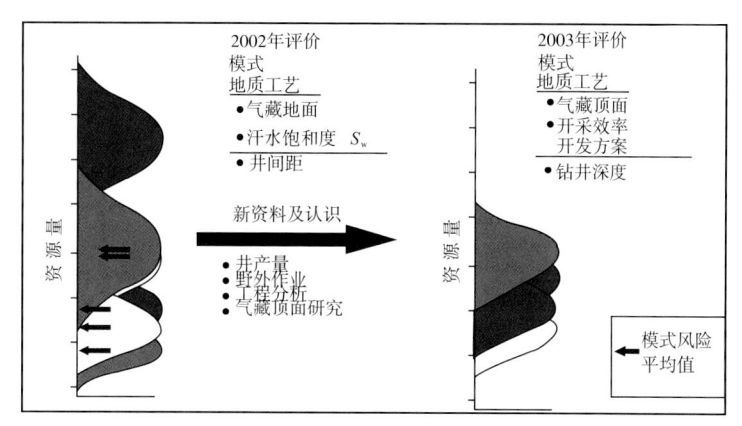

图 17　容积法模式随时间变化示意图

曲线代表了每个模式的概率统计范围,箭头代表了其平均值。从一次迭代到二次迭代模式的数量会发生变化,但模式的
种类代表的总体范围随着时间的推移应该减少(这里显示的是 2002 年和 2003 年的评价)。虽然总体范围应该减少,但
加权平均值可以增加、减少或者保持不变

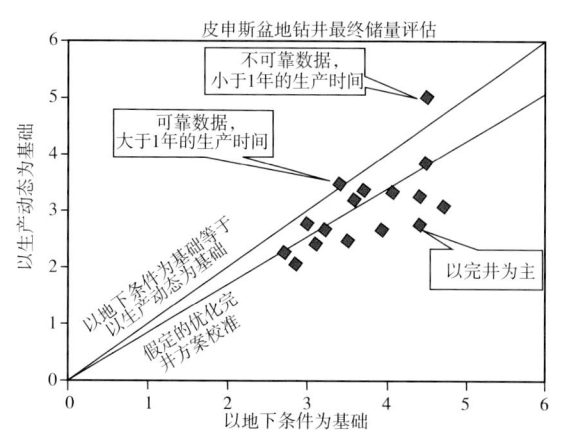

图 18　以单井生产动态资料为基础的与地下估算为基础的最终可采率对比图

必须确保可类比的层已进行了估算。EUR 为估算的最终可采率

四、结论

容积法提供了一种有效的方法来表征勘探开发早期非常规盆地中心气区带的资源潜力。在皮申斯盆地,部分区域处于早期开发阶段,而其他地区已经是中后期开发阶段。虽然,本文主要的研究区域处于早期开发阶段,但在评价过程中将分析法扩展到整个盆地以便确保方法有效及标定输入参数。目前分析的 7 个模式中的每个模式都是解释说明深部地质合理开发方案的看似真实的表现。虽然皮申斯盆地的约束条件较多,但可能结果的范围仍然很广。

通过分析预测的 Mesaverde 盆地中心气区可采资源量的潜力范围约在 $100 \times 10^{12} \sim 250 \times 10^{12} ft^3$,根据这个预测结果,相关的地质条件及开发方案得以明确。用单独的概率评价模式评估两侧的可采资源量的潜力范围会更大。本文评价的皮申斯盆地可采资源量的这个范围跟其他几个已经出版的评价结果是一致的。

如 Johnson(1987)等人评价的皮申斯盆地可采天然气资源量是 $420 \times 10^{12} ft^3$;Toal(2005)评价的结果是 $200 \times 10^{12} \sim 300 \times 10^{12} ft^3$;Kuuskraa(1997)等人评价的 Williams Fork 透镜状砂体的可采资源量是 $311 \times 10^{12} ft^3$。特别需要说明的是本文评价的是整个盆地,包括当前已经开发的和未开发的两个区域。盆地内不同区域的资源丰度是变化的,容积法估算的结果也暗示了在目前的技术条件下,并非所有的资源潜力都是经济可采。在技术可行的情况下,随着开发井的不断增加,按比例评估整个盆地资源量的方法将会快速发展。

为了阐明商业上关注的资源丰度的问题以及提供与单井生产动态资料更直接的联系,每个模式都必须进行一种基础的精细的估算。基础精细的估算直接用坐标输入,因此,保留了作图需要的每个亚区域的全部地质变量。分析结果能标定成井的泄气面积,因此,可以直接与开发井的效果相联系(图 19)。当一个动态数据评估结果能用于一口井的时候,那么,立足于体积分析而预测的可采容量会很容易地应用于那口井。评价结果也能显示出类似的潜力,通过隐蔽的经济筛选提供快速识别区带内最有利的区域。

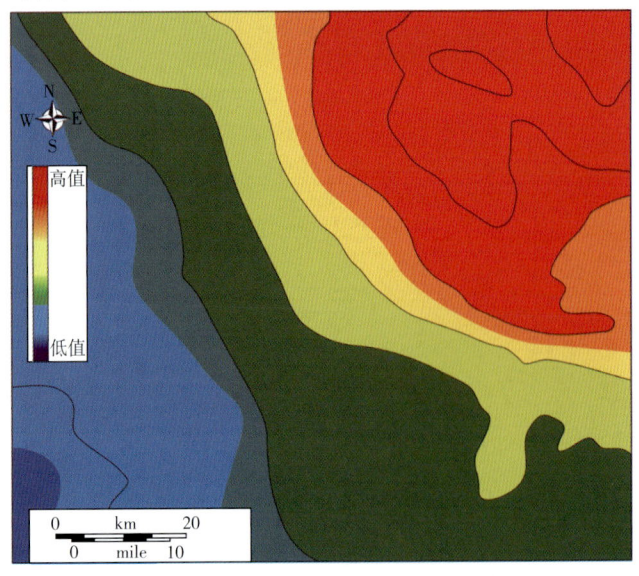

图 19 皮申斯盆地部分地区的精确估算图
网格线代表了每 20acre(8ha)天然气量($10^9 ft^3$)

为了尽快地运行多种模式,自动操作至关重要。为了达到此目的,我们补充了皮申斯盆地 Mesaverde 评价作为输入地理信息系统的一系列文稿程序。

这样做可以提供很多便利。

第一,用备选方案分析可以对大量不同解释结果的影响进行对比。

第二,任何更新的地质参数的输入将被自动纳入下一次迭代的分析。

第三,分析的比例可根据不同的目的进行调整。

对整个盆地的分析,本文采用了一套以亚区域为评价基础的方法,从评价系统提取的参数分布代表了这些区域。对比较重点的区域分析,亚区域部分被更多相关的具体层段所代替。

参 考 文 献

Baker, R. A., H. M. Gehman, W. R. James, and D. A. White, 1986, Geologic field number and size assessments of oil and gas plays: AAPG Bulletin, v. 68, p. 426 – 437.

Chancellor, R. E., and R. C. Johnson, 1986, Geologic and engineering implications of production history from five wells in central Piceance Creek Basin, northwest Colorado: Society of Petroleum Engineers Symposium on Unconventional Gas Technology, Louisville, Kentucky, 1986 Proceedings SPE Paper 15237, p. 351 – 364.

Cole, R. D., S. P. Cumella, M. Boyles, and G. Gustason, 2002, Stratigraphic architecture and reservoir characteristics of the Mesaverde Group, northwest Colorado: 2002 Rocky Mountain sectional meeting of the AAPG field trip guidebook, Laramie, Wyoming, 119 p.

Cumella, S. P., and D. B. Ostby, 2003, Geology of the basin centered gas accumulation, Piceance Basin, Colorado, in K. M. Peterson, T. M. Olson, and D. S. Anderson, eds., Piceance Basin 2003 guidebook: Rocky Mountain Association of Geologists, p. 171 – 193.

Gautier, D. L., G. L. Dolton, K. 1. Takahashi, and K. L. Varnes, eds., 1995, 1995 national assessment of United States oil and gas resources: Results, methodology, and supporting data: U. S. Geological Survey Digital Data Series 30, CD – ROM.

Haskett, W. J., and J. Brown, 2005, Evaluation of unconventional resource plays: 2005 Society of Petroleum Engineers Technical Conference and Exhibition, Dallas, Texas, U. S. A., SPE Paper 96879, 11 p.

Hoak, T. E., and A. D. Decker, 1995, Gas – and water – satu – rated conditions in the piceance Basin, western Colorado: Implications for fractured reseruoir detection in a gas – centered coal basin: Unconventional Gas Symposium (lntergas'95), University of Alabama, Proceedings: p. 77 – 95.

Johnson, R. C., 1989, Geologic history and hydrocarbon potential of Late Cretaceous – age, low – permeability reservoirs, Piceance Basin western Colorado: U. S. Geological Survey Bulletin, v. 1787 – E, 51 p.

Johnson, R. C., and V. F. Nuccio, 1986, Structural and thermal history of the Piceance Creek Basin, western Colorado, in relation to hydrocarbon occurrence in the Mesaverde Group, in C. W. Spencer and R. F.

Mast, eds., Geology of tight gas reservoirs: AAPG Studies in Geology 24, p. 165 – 205.

Johnson, R. C., and D. D. Rice, 1990, Occurrence and geochemistry of natural gases, Piceance Basin, northwest Colorado: AAPG Bulletin, v. 74, p. 805 – 829.

Johnson, R. C., and S. B. Roberts, 2003, The Mesaverde total petroleum system, Uinta – Piceance Province, Utah and Colorado: U. S. Geological Survey Digital Data Series 6A – B, chapter 7, 63 p.

Johnson, R. C., R. A. Crovelli, C. W. Spenser, and R. F. Mast, 1987, An assessment of gas resources in low permeability sandstones of the Upper Cretaceous Mesaverde Group, Piceance Basin, Colorado: U. S. Geological Survey Open – File Report 87 – 357, 165 p.

Kukal, G. C., 1993, Downdip water incursion and gas trapping styles along the southwest flank of the Piceance

Basin (abs.): AAPG Bulletin, v. 77, p. 1453.

Kuuskraa, V. A., D. Decker, and H. Lynn, 1997, Optimizing technologies for detecting natural fractures in the tight gas sands of the Rnlison field, Piceance Basin, in Proceedings of the Natural Gas Conference, 1997, paper NG6 - 3, 29 p.

Law, B. E., 1984, Relationships of source rocks, thermal maturity, and overpressuring to gas generation and occurrence in low - permeability Upper Cretaceous and lower Tertiary rocks, Greater Green River Basin, Wyoming, Colorado, and Utah, in J. Woodward, F. F. Meissner, and J. L. Clayton, eds., Hydrocarbon source rocks of the greater Rocky Mountain region: Rocky Mountain Association of Geologists guidebook, p. 469 - 490.

Law, B. E., 2002, Basin - centered gas systems: AAPG Bulletin, v. 86, p. 1891 - 1919.

Masters, J. A., 1979, Deep basin gas trap, western Canada: AAPG Bulletin, v. 63, p. 152 - 181.

Olson, T. M., 2003, White River Dome field: Gas production from deep coals and sandstones of the Cretaceous Williams Fork Formation, in K. M. Peterson, T. M. Olson, and D. S. Anderson, eds., Piceance Basin 2003 guidebook: Rocky Mountain Association of Geologists, p. 155 - 169.

Olson, T. M., H. Held, W. Hobbs, B. Gale, and R. Brooks, 2002, White River Dome field, Piceance Basin: Basin - center gas production from coals and sandstones in the Cretaceous Williams Fork Formation (abs.): Rocky Mountain Section Meeting, AAPG Program with Abstracts, p. 35.

Pitman, J. K., F. W. Pierce, and W. D. Gmndy, 1990, Thickness, oil - yield, and kriged resource estimates for the Eocene Green River Formation, Piceance Creek Basin, Colorado: U. S. Geological Survey, Oil and Gas Investigation Chart OC - 132.

Reinecke, K. M., D. D. Rice, and R. C. Johnson, 1991, Characteristics and development of fluvial sandstone and coalbed reservoirs of Upper Cretaceous Mesaverde Group, Grand Valley field, Colorado, in S. D. Schwochow, D. K. Murray, and M. F. Fahy, eds., CoMbed methane of Western North America: Rocky Mountain Association of Geologists, p. 209 - 225.

Schmoker, J. W., 2002, Resource - assessment perspectives for unconventional gas systems: AAPG Bulletin, v. 86, p. 1993 - 1999.

Schmoker, J. W., and T. R. Klett, 2003, U. S. Geological Survey assessment concepts for conventional petroleum accumulations, in Petroleum systems and geologic assessment of oil and gas in the Uinta - Piceance Province, Utah and Colorado: U. S. Geological Survey Digital Data Series DDS - 69 - B, chapter 19, 6 p.

Shanley, K. W., R. M. Cluff, and J. W. Robinson, 2004, Factors controlling prolific gas production from low - permeability sandstone reservoirs: Implications for resource assessment, prospect development, and risk analysis: AAPG Bulletin, v. 88, p. 1083 - 1121.

Spencer, C. W., 1985, Geologic aspects of tight gas reservoirs in the Rocky Mountain region: Journal of Petroleum Technology, v. 37, p. 1308 - 1314.

Spencer, C. W., 1989, Review of characteristics of low - permeability gas reservoirs in western United States: AAPG Bulletin, v. 73, p. 613 - 629.

ToM. B. A., 2005, Piceance Basin: Oil and Gas Investor, v. 25, no. 8, p. 44 - 50.

White, D. A., 1988, Oil and gas play maps in exploration and assessment: AAPG Bulletin, v. 72, p. 944 - 949.

Yurewicz, D. A., K. M. Bohacs, J. Kendall, R. E. Klimentidis, K. Kronmueller, M. E. Meurer, T. C. Ryan, and J. D. Yeakel, 2008, Controls on gas and water distribution, Mesaverde basin - centered gas play, Piceance Basin, Colorado, in S. P. Cumella, K. W. Shanley, and W. K. Camp, eds., Understanding, exploring, and developing tight - gas sands—2005 AAPG Vail Hedberg Conference: AAPG Hedberg Series, no. 3, p. 105 - 136.

皮申斯盆地 Mesaverde 群盆地中心气区气水分布主控因素

D. A. Yurewicz K. Kronmueller K. M. Bohacs R. E. Klimentidis
M. E. Meurer J. D. Yeakel T. C. Ryan J. Kendall

摘要：本文研究的主要目的是表征皮申斯盆地 Mesaverde 盆地中心气区的气水分布和产量，以及确定油气充注和盆地流体动力变化对气水分布和产量的影响。本文采用了如下几种方法研究 Mesaverde 群的流体分布，包括：①皮申斯盆地的生气模型；②在钻井液测井显示的基础上绘制气柱；③绘制高产水井的分布；④识别高产水储集带。这项工作的开展结合了区域地层格架及裂缝分布，以便了解它们对盆地内流体运移的影响。

研究结果表明，Mesaverde 群的气体分布不仅反映了总的天然气的产量，而且也反映了不同砂体的天然气运移、聚集及成藏的能力。盆地模拟表明，Iles 组和 Williams Fork 组的下部煤层生气量最大。富含有机质的陆相页岩虽然沉积厚度大，分布广（遍布整个 Mesaverde 群），但由于其氢指数低，生成的天然气的数量相对较少。Mesaverde 群底部的海相页岩与陆相页岩相比，具有较高的氢指数，但总有机碳含量低，因此，生成的天然气的数量也比煤层的少。盆地模拟也证实了在盆地北部的深轴部位或其周边生成天然气的量最大，同时，也反映了源岩层具有相对较大的热成熟度。

Mesaverde 烃源岩生成的天然气数量与天然气柱的高度存在线性关系。这也表明盆地内天然气的分布至少在某种程度上受气体充注控制。沿盆地北半轴，Mesaverde 群的天然气柱最厚，向两侧逐渐递减，与总生气量保持一致性（生成的天然气越多，气柱越高，反之则低）。Mesaverde 储层的低渗透性表明，流体（气和水）长距离运移主要受裂缝控制。

皮申斯盆地天然裂缝具有很强的平行性，因此，裂缝的连通性主要依赖裂缝发育的密集程度、长度和宽度。大部分裂缝终止于砂体的边缘，所以发育于远离物源的曲流河和辫状河的非连续性河道砂比发育于连续性较好的海相砂岩、近物源的辫状河砂岩的裂缝连通性要差。结合储层非常低的渗透率，其内的流体具有非常低的流动性。这导致砂体散失天然气至地表或作为地表水补给通道的可能性大大降低。

因此，天然气优先被捕获在叠合差的远离物源的辫状河和曲流河河道砂体中，而叠合性较好的海相砂岩及近物源的辫状河砂岩是天然气运移、散失及地表水补给的主要通道。

一、概况

皮申斯盆地位于科罗拉多州的西北部，是一个富含油气、拉腊米运动时期的克拉通内盆地（图1，图2）。盆地内沉积了一套大约 27000ft（8250/m）厚、寒武纪至始新世的沉积地层，聚集了大量产自宾夕法尼亚系至始新统的油气。皮申斯盆地天然气最早发现于 19 世纪 90 年代后期，来自于古近——新近纪沉积地层，自从始新世 Wasatch 和 Green River 地层投入开发后,也发现了少数的气田。截至 2008 年,这些气田的天然气产量已经超过 $3000 \times 10^8 ft^3$。然而,盆地内整体天然气的储量大部分来自上白垩统 Mesaverde 群的非常规致密气藏(Mesaverde 群一直被划分为上白垩统,但 Patterson 等人(2003)已经提供了证据表明 Mesaverde 群部分是古新统)。如今,皮申斯盆地大约已经开发了 46 个气田,其中的一些天然气产自 Mesaverde 群(图3),这些气田天然气的累计产量已经超过了 $1 \times 10^{12} ft^3$。

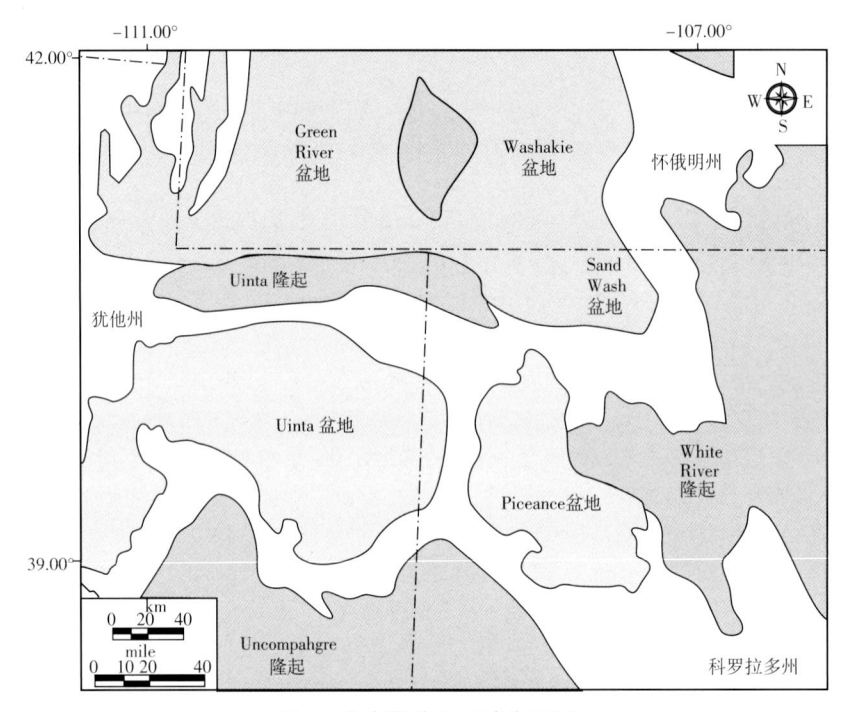

图 1　皮申斯盆地区域位置图

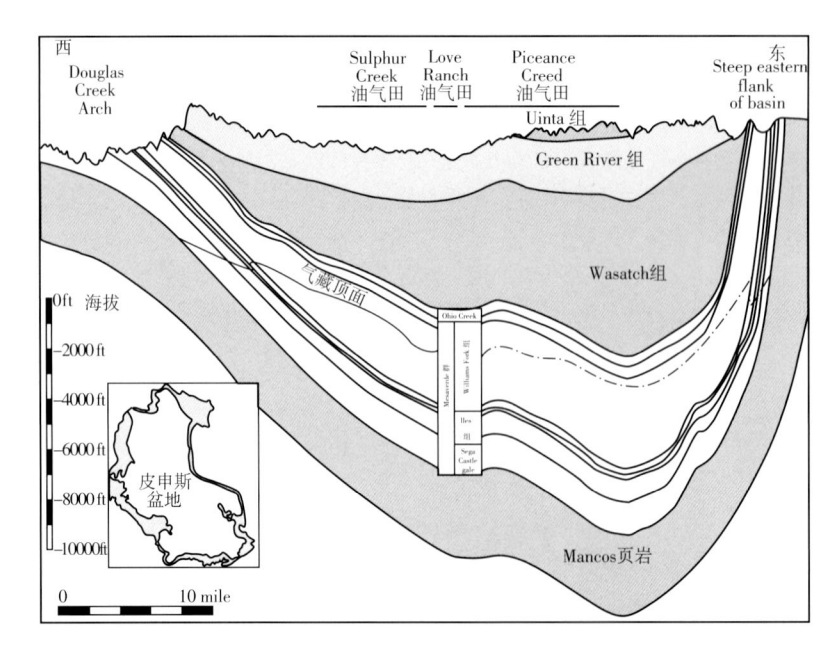

图 2　皮申斯盆地北部的构造横剖面

· 110 ·

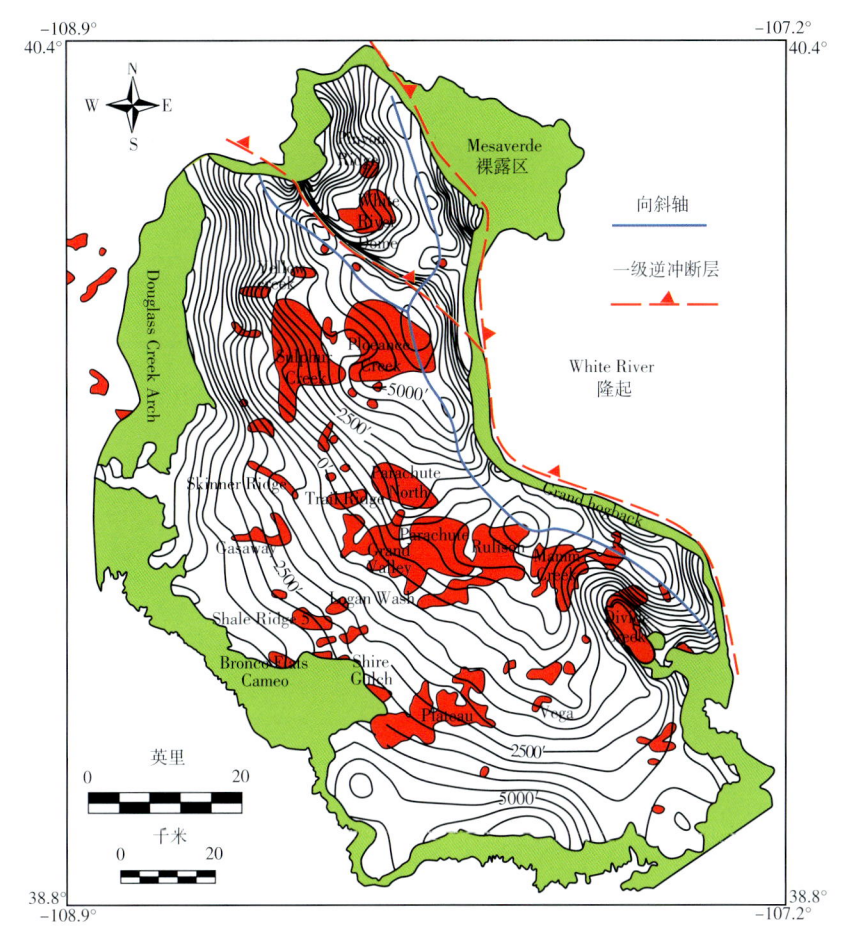

图 3　Iles 组 Rollins 段顶面构造图

层等间距线 250ft,76m;红色标出的是皮申斯盆地产自 Mesaverde 的气田

皮申斯盆地 Mesaverde 群天然气含有很多盆地中心气藏的特性。一个盆地中心气的含气系统一般被定义为位于盆地的中心较深部位,天然气区域性的大面积聚集(Law,2002)。储层一般为低孔(小于13%)、低渗(小于0.1mD)、不连续的砂体。气体分布与具有底水边界的构造圈闭或地层圈闭几乎没有任何关系。根据盆地中心气的成藏模型,区带内的储层砂体具有饱含气,很少或不产水。一个盆地中心气藏的边界一般不易确定,饱含气的储层可以在纵向上和横向上穿越地层边界到气水过渡带。而且,横向连续的毯状储层因为比透镜状储层具有更好的连通性和渗透率,所以产水量较大。

通过皮申斯盆地产气井的研究发现①Mesaverde 盆地中心气藏在盆地内的不同地区,纵向上的含气范围不同。②通过图件描绘证实气水过渡带的存在。③Mesaverde 群包含高产水的储层。通过对 Shire Gulch、Debeque、Logan Wash、Mamm Creek、Rulison、Grand Valley、Parachute、Sulphur Creek、Piceance Creek 和 White River Dome 油气田的研究表明,Mesaverde 的含气层的地层范围不一致(Chancellor 和 Johnson,1986;Reinecke 等,1991;Kukal,1993;Cantwell,2002;Cole 等,2002;Olson 等,2002;Cumella 和 Ostby,2003;Olson,2003;Yurewicz 等,2003)。Mesaverde 群上部 1000~1700ft(300~500m)的地方仅见零星的气显示,在这个部位进行完井,通常会产出大量的水(Chancellor 和 Johnson,1986)。

认识 Mesaverde 群天然气分布特征对明确其资源潜力及制定一个成功的勘探开发方案至关重要。认识 Mesaverde 群地下水的分布特征也同样重要。因为,对高含水率产气区的水处理会影响整个气田开发的经济效益。而且,由于地下水的存在,开发井的产率会低于其预测的潜力。最后,为了避免水湿层,部分层位可能不会进行水力压裂,根据井控评价的资源量会减少。本文采用了几种方法对 Mesaverde 群内的流体分布进行了分析,包括皮申斯盆地的生气模型;在钻井液测井显示的基础上绘制总气柱;绘制高产水井的分布;识别高产水储集带。这项工作要结合区域地层格架和裂缝结构,分析储层结构(砂体形态和物性)和裂缝与盆地内流体运移的相互关系。

本文首先介绍了皮申斯盆地的水动力环境及其对流体运移的控制。第二部分通过烃源岩相表征、生气量模拟以及总生气量与现今天然气分布对比研究来阐述天然气分布特征。第三部分研究了 Mesaverde 群产水量的变化及与盆地水动力系统的关系。

二、流体

Mesaverde 的流体(天然气和水)运移主要依赖于储层结构(砂体形态和物性)与裂缝结构(裂缝长度、间距及连续性)。下文将对 Mesaverde 群水动力结构相关方面进行探讨。

(一)储层几何形态及质量

科罗拉多州西北部的 Mesaverde 地层沉积在西部 Sevier 造山带与东部 Western Interior 海道间的广阔冲积平原之上。沉积物以 Sevier 高原为分水岭,沉积在联合冲积扇之上,向东逐渐划分为辫状河冲积平原、海岸冲积平原、三角洲、海滨及滨外沉积环境(图4)。

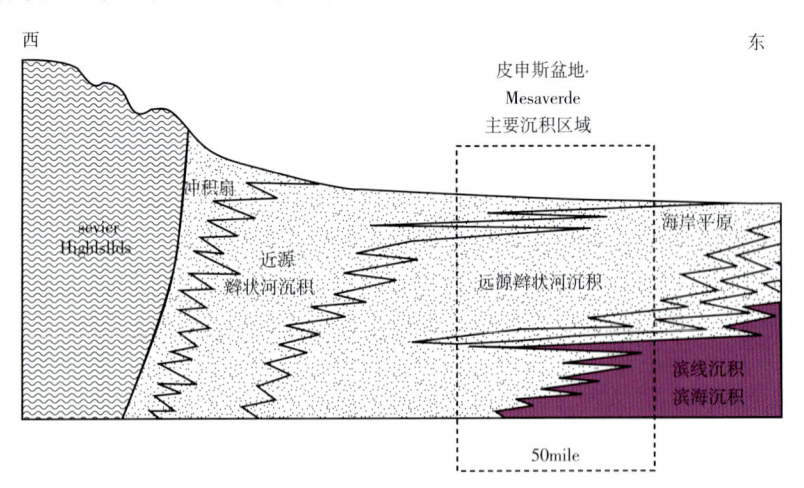

图 4 皮申斯盆地区域横剖面主要沉积相展布示意图

皮申斯盆地 Mesaverde 储层依据地层形态、岩相组合及储层性质可划分为四类沉积相(Patterson 等,2003)(图5),包括海相临滨砂岩、海岸冲积平原的曲流河道砂岩、远源及近源的辫状河道砂。储层性质受砂岩控制,包括砂岩的颗粒组成、孔隙类型的相对大小(粒间微孔和次生微孔)、颗粒大小及成岩胶结物,如石英、碳酸盐、黏土矿物。主要的孔隙类型是长石及各种岩屑溶解作用产生的粒内微孔、成岩作用产生的黏土内部的粒内孔隙(Pitman 等,1989;R. E. Klimentidis,2007,未发表的资料)。每种沉积相代表了唯一的流体带特征。

Iles（Rollins、Cozzette 和 Corcoran 段），Sego 及 Castlegate 组的海相临滨砂岩以较高的横向连续性和良好的连通性为特征。单砂体约100ft(30m)厚，一些几乎达到了盆地规模(Patterson 等,2003)。但储层物性差,孔隙度一般小于6%,渗透率范围为0.001~0.01mD。

Mesaverde 群的这些砂岩的粒度比陆相浅水砂岩细,含有大量常见的成岩作用产生的石英胶结物和一些碳酸盐胶结物。高含量的碎屑石英颗粒和二氧化硅胶结物不容易形成微孔隙。Mesaverde 临滨砂岩的微孔隙形成于碎屑岩的碎屑和微孔隙性的黏土中。Corcoran，Cozzette 和 Cameo 段的海岸冲积平原沉积物由透镜状的交叉河道为特征的曲流河砂岩组成。河道厚度范围从1~45ft(1~15m)(Cole 和 Cumella,2005)。较细的砂岩为决口扇和决口河道沉积。河流积砂的厚度超过20ft(6m),代表了河道的叠合(多层的)或河道组合。其中,个别河道迁移距离超过1500ft(450m)。这些砂岩的粒度比该段底部的海相砂岩的粒度稍粗,但孔隙度和渗透率低。

Williams Fork 组远物源的辫状河道砂岩具有中等连续性,但不能显示内部侧向加积面,这能进一步阻止流体横向运移流入典型的曲流河点沙坝中。Williams Fork 组4000ft(1200m)的厚剖面展示了整个砂岩、

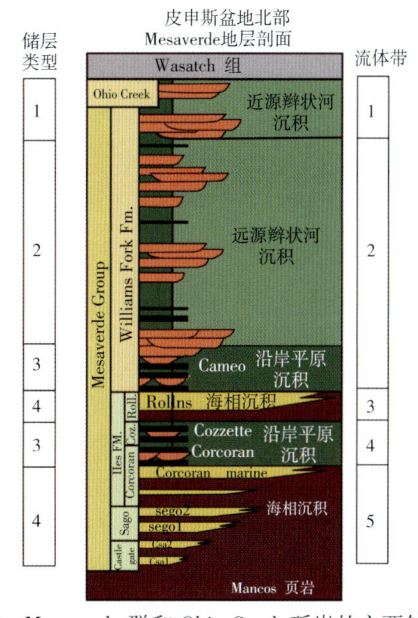

图5 Mesaverde 群和 Ohio Creek 砾岩的主要储层类型及流体带(据 Patterson 等,2003 修改)

储层类型1:河流相近物源辫状河砂岩(Ohio Creek 组和 Williams Fork 组上部)。30~300ft(9~90m)厚,叠加河道;横向连续的毯状砂;好—中等连通性

储层类型2:河流相远物源辫状河砂岩(Williams Fork 组)20~100ft(6~30m)厚,叠加或单一河道;中等—差的横向连续性;中等—差连通性

储层类型3:河流相曲流河砂岩(Cameo 和 Corcoran - Cozzette 煤层段)。10~50ft(3~15m)厚,河道偶尔叠加;横向非连续性,透镜状;差—中等连通性

储层类型4:海相临滨砂岩。重复的向上粒度变粗的准层序;准层序 59~300ft(15~90m)厚,砂 10~100ft(3~30m);横向非常连续;良好的连通性

页岩的纵向分布。用砂岩百分含量的变化可以将河流相的 Williams Fork 组划分为富砂段(低位体系域)和富泥段(水进体系域及高位体系域)(Patterson 等,2003)。保存的河道网络在形态上非常复杂。在这些砂岩中储层物性中等,孔隙度 2%~12%,渗透率 0.001~0.1mD。

最上部的 Williams Fork 组和 Ohio Creek 砾岩以沉积在辫状河(近源的)上倾方向堆积的辫状河道砂为主要特征。辫状河道砂沉积厚度大,横向连续。与 Mesaverde 群其他砂岩相比,这些砂岩的粒度较粗,孔隙度和渗透率较大。孔隙度 6%~14%,渗透率 0.01~1.0mD。Ohio Creek 砾岩的近物源辫状河道砂比 Williams Fork 组的近物源辫状河道的孔隙度和渗透率砂低,因为分选不同,所含成岩作用的碳酸盐和高岭石胶结物也不同。

如上所述,Williams Fork 组近物源辫状河道砂的孔渗性最好,Ohio Creek 砾岩和 Williams Fork 组远物源的辫状河道砂物性中等,而 Rollins,Castlegate,Sego 段的海相临滨砂和 Cozzette - Corcoran 段的海岸冲积平原砂物性最差。

物性最好的砂岩一般发育在具有较少的原生孔隙、较好的长石溶解作用、较低的碳酸盐胶结物等的地区。这些物性较好的砂岩多发育在近物源的辫状河砂岩中。而具有原生孔隙的砂岩发育很少。主要的孔隙类型是由长石溶解、各种岩屑溶解产生的粒内微孔隙及存在于成岩作用黏土中的粒内微孔隙。中等物性的砂岩包含一些成岩作用的石英、碳酸盐及微孔隙的长石,岩屑及黏土胶结物(高岭石、蒙皂石及伊/蒙混层)。物性最差的砂岩粒度较细,一般含大量的成岩作用产生的石英胶结物及一些碳酸盐胶结物。

(二)裂缝发育

Mesaverde储层岩石的渗透率非常低,因此,天然裂缝提高岩石渗透率对天然气的成功开发及盆地内区域流体的运移至关重要(Pitman和Sprunt,1985;Johnson和Roberts,2003)。在落基山区域,低渗透砂岩储层中的裂缝区域扩张很常见(Lorenz,2003)。这些储层中的裂缝在油气生成的时候开始扩张,持续到拉腊米构造运动及后来的第三系地层剥蚀时期(Pitman和Sprunt,1985)。在皮申斯盆地,储层中的裂缝倾斜的非常厉害(近似垂直),排列非常一致,约呈东西向;在Piceance Creek,Mamm,Rulison,Parachute,及Grand Valley气田和MWX井区中,平行于现今最大的水平挤压应力方向(Teufel,1984;Nelson,2003;Lorenz,2003)。据Lorenz(2003)研究,在地表裂缝未受局部褶皱或断裂影响而增大的区域,裂缝区域扩张的距离可达几十英尺。由地层微电阻率成像仪(FMl)测井曲线识别出来的所有裂缝计算的扩张平均距离是3ft(1m)。然而,这个距离与液压输导裂缝的距离不一样。7ft(2m)的距离与钻井液测井曲线上气显示识别出来的裂缝扩张距离更一致(Lorenz,2003)。

裂缝区域扩张的纵向长度一般受制于储层内部的岩性界线(Nelson,2003)。实际上,对于皮申斯盆地内的裂缝,通过对CER MWX井区(位置见图6)的许多砂岩—页岩界面连续取心研究表明,所有裂缝扩张的界线均在岩性接触面上。既然裂缝长度受束缚(尤其是非均质的沉积相,如河流相),那么,裂缝分布也相应受到限制,其连通性一般较低。

通常,皮申斯盆地的裂缝充填类似于落基山脉其他盆地的裂缝充填,展示了不完整的同生矿化作用:早期石英次生加大,接着先是方解石胶结,然后是局部的高岭石胶结。方解石胶结物在Mesaverde群上部更常见,而黏土矿物在该层中间的细小层段含量特别丰富(Pitman和Sprunt,1985;Lorenz,2003)。

由于部分裂缝被胶结物堵塞,仅仅以孔径和假设的隙缝槽(平行板式的)为基础进行裂缝渗透率的估算,而未使用生产曲线和试井数据对其进行校对,最终估算的结果可能不恰当。

本项研究的一部分,是以三维网格为基础的离散裂缝网模型,结合构造和地层的影响,预测天然裂缝网的空间分布和非均质性,评价裂缝网有效渗透率的分布范围。本项研究的一些特定部分不属于本文的范畴,但研究的关键性结论在下文中将有所展示(M. Meurer和J. Kendall,2007,未发表的资料)。

由于裂缝具有很强的平行排列特征,因此,裂缝的连通性主要依赖于裂缝发育的密集程度、长度和宽度。在河道砂体中的天然裂缝网,其横向连通性延伸的距离是由单个河道或叠加河道复合体的宽度决定的。这个预测结论是建立在由对比砂岩、粉砂岩和页岩的机械性质而得出的大部分天然裂缝的发育终止于砂体边缘结果之上的。河道及叠加河道中天然裂缝网的垂直渗透率非常重要,但受砂体厚度控制。砂体内的裂缝强度受砂体厚度控制,这也是裂缝渗透率最主要的控制因素。裂缝间距随着砂体厚度的增加而增大,这表明发育在近物源辫状河道的叠加河道砂及Iles组Rollins段厚的海相砂岩中的裂缝,连通性应较低。而横向大范围发育的叠加砂岩,因为不经常发育河道边缘的砂页岩接触边界,所以不控制横向裂缝的发育程度。

在叠加的河道砂岩中,即使在单个裂隙间距较大的情况下,裂缝的横向和纵向发育程度也足以产生连通性好的裂缝网。这说明,近物源的河流相砂岩和海相砂岩比河流化程度较高的Williams Fork组储层砂岩裂缝网的连通性要高,因为它们中的裂缝具有较大的顺层长度。

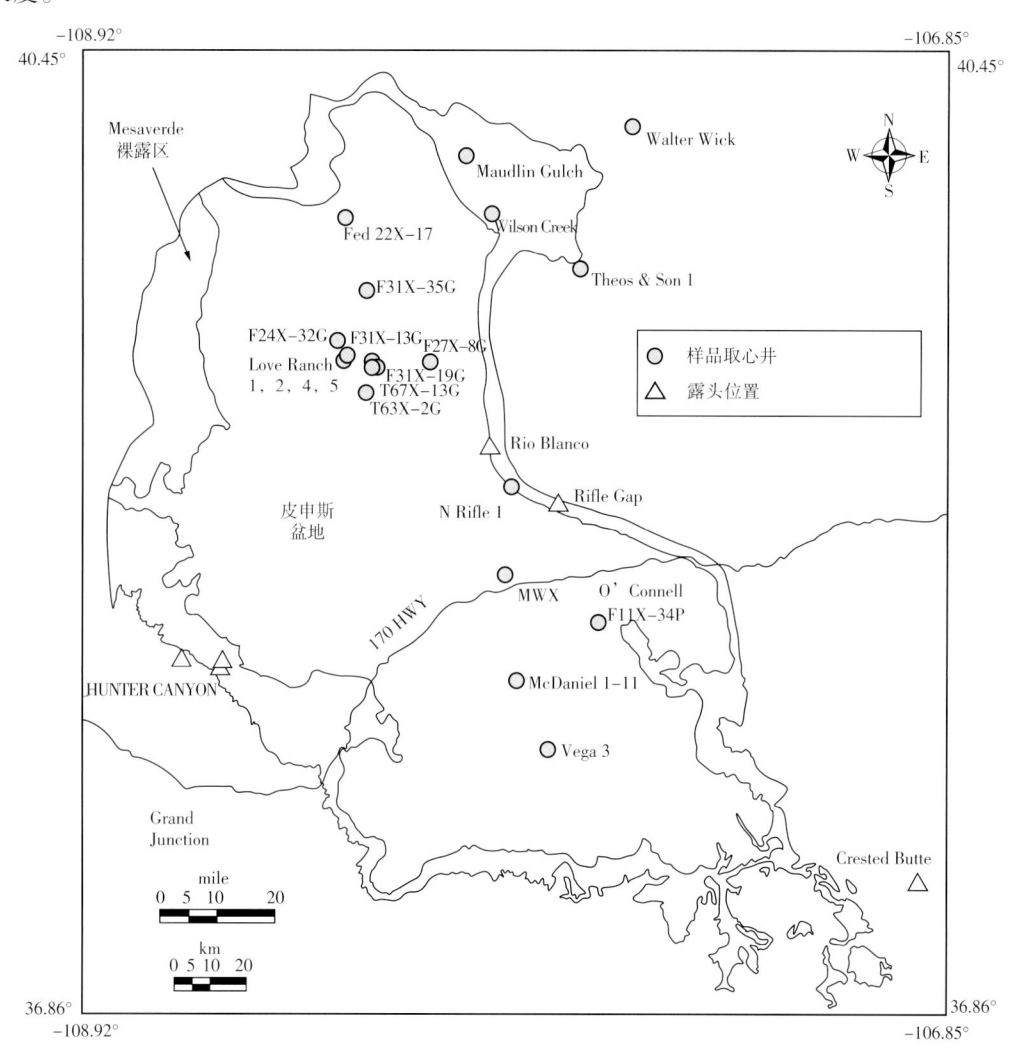

图6 表征烃源岩特征(总有机碳、有机质类型、成熟度)的露头、岩心及岩屑样品位置

(三)区域盖层

皮申斯盆地Mesaverde群下部盖层为区域性的Mancos海相页岩,Mancos海相页岩厚3000~5000ft(900~1525m)。Mesaverde群和Ohio Creek砾岩储层的顶部盖层是其上覆的Wasatch组富页岩段。Wasatch组由沉积在拉腊米隆起区之间广阔的山间冲积平原上的陆相页岩、粉砂岩和少量砂岩组成。页岩发育,砂岩一般较薄且不连续。

Mesaverde群和Ohio Creek砾岩暴露于盆地周边,是重要的淡水补给区。现在的盆地形态形成于40Ma之前的拉腊米构造运动末期,之后几乎没有构造运动发生,直到10Ma之前,该地区被区域性的抬升,科罗拉多河体系开始深切古近—新近系(Johnson 和 Nuccio,1986;Tyler 等,1995)。尽管在这期间,盆地的边缘外形发生了改变,但也表明在过去的 40Ma,沿盆地周边 Mesaverde 地层一直接受淡水补给。

(四) Mesaverde 流体带

现今的地层格架、储层物性数据及裂缝模型表明,Mesaverde 群和 Ohio Creek 砾岩中可能存在五个主要的流体带(图5)。

流体带 1 为该层顶部的近物源辫状河砂岩,该套砂岩具有较好的储层物性和连通性较好的天然裂缝。该带可能是天然气运移、孔隙水流失及后期地表水补给的主要通道。流体带 2 为 Williams Fork 组远物源的辫状河和曲流河砂岩。该套砂岩的连续性、连通性和储层物性为中等至差级别,天然裂缝仅在河道范围内发育,束缚了流体的长距离运移。流体带 3 以 Iles 组的 Rollins 段海相临滨砂岩为代表。虽然储层物性差,但其内天然裂缝具有良好的连通性,使其成为天然气运移、孔隙水流失及后期新地表水补给的区域性通道。Mesaverde 含油气系统可以分为上部(Williams Fork 组)和下部(Iles,Sego,及 Castlegate 组)两个次级含油气系统。流体带 4 为 Iles 组 Corcoran 和 Cozzette 段的曲流河砂岩。类似于流体带 2,该砂岩具有不连续性,束缚了流体的横向运移。流体带 5 包括 Iles 组、Sego 组和 Castlegate 组的 Corcoran 段和 Cozzette 段海相临滨砂岩。这些海相砂岩一般比 Rollins 段的砂岩薄,局部发育,在所有储层中物性最差。虽然可作为局部通道,但似乎没有 Rollins 海相砂岩(流体带3)或 Williams Fork 组和 Ohio Creek 砾岩的近物源辫状河砂岩(流体带1)那么重要。

三、含油气系统——烃源岩分析

(一) 方法

Mesaverde 群的烃源岩层厚度大,分布于整个层段,有机质达到生气阶段。盆地内的 Mesaverde 群含有 3 套主要的产气烃源岩层:①Mancos 页岩及 Castlegate、Sego 和 Iles 组的海相页岩。②Iles 组和 Williams Fork 组下部(包括 Cameo 煤层)海岸冲积平原的厚煤层。③Iles 组和 Williams Fork 组厚的陆相页岩(图7)。

前人对盆地内烃源岩的研究及盆地内广泛分布的天然气表明,油气充注不是形成油气藏的重要因素(如 Johnson 和 Nuccio,1986;Johnson,1989;Johnson 和 Rice,1990)。盆地内的钻井资料表明,Mesaverde 盆地中心气藏分布的纵向范围局部不同,在连续生气阶段之上存在一个明显的气水过渡带。这部分研究的主要目的是表征 Mesaverde 气藏的烃源岩及生气时期,及确定盆地内油气充注的变化是否是影响气水分布在地层和空间上变化的一个主要因素。

研究过程中,设定了两个前提条件:一是生成的天然气是逐渐连续的扩散(Spencer,1989),这样能确保早期生成天然气的区域具有较高的含水风险系数。第二个是烃源岩较薄或具低成熟度的低产气区,对足够的天然气充注及相对较小的含气量有一个高风险的系数。

皮申斯盆地的油气充注评价主要有两个重要因素:烃源岩特征(描绘源岩层的分布和性质)和烃源岩产能。烃源岩特征对于评价白垩系不同烃源岩对天然气的贡献是必要的。标准的烃源岩分析是通过对盆地内98块岩心样品和露头分析来完成的(主要是盆地北部,图

6)。其他分析数据通过权威机构或公开发表的可用数据库来获得的。为了评价油气生成的时间、类型及数量,建立了盆地内 30 个一维埋藏史模型(图 8,表 1)。

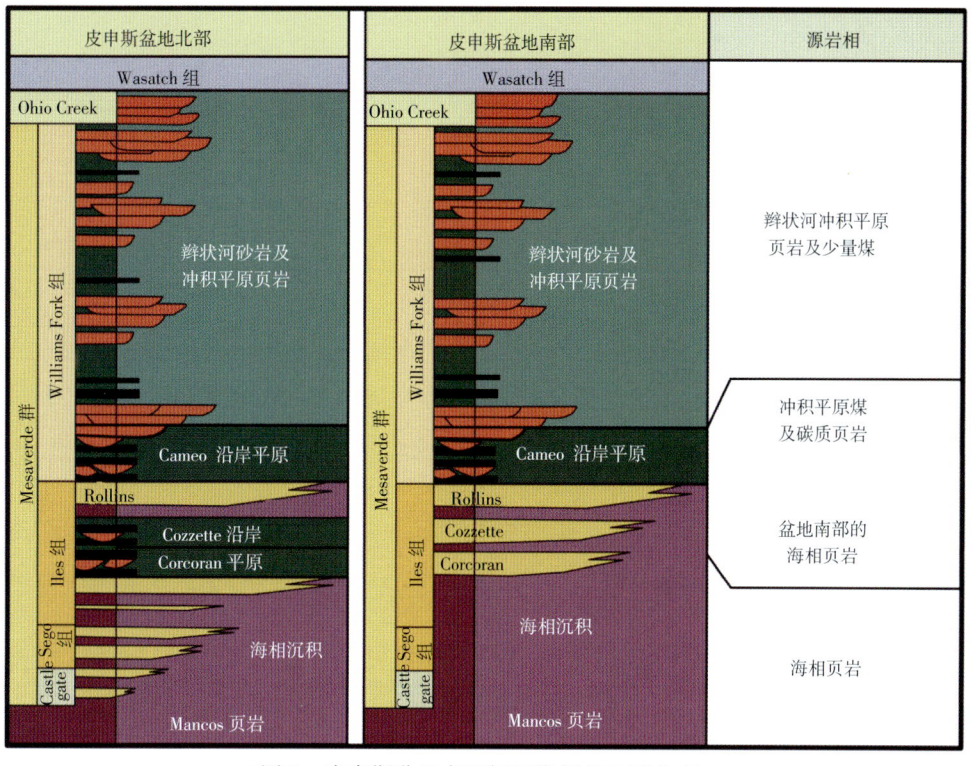

图 7 皮申斯盆地主要烃源岩相的地层分布

图 8 本项研究的埋藏史模型位置图

表 1 与本次研究的主要相关井统计表

API序号	实施公司	井 名	隶属城镇	油气田	层段号	区块	区域范围	埋藏史模型	成熟度资料	烃源岩分析
0508105195000	Texaco	Walter Wick 14	Moffat	Moffat	10	4N	91W		×	×
0508106546000	Texaco	Maudlin Gulch U24	Moffat	Maudlin Gulch	35	4N	95W		×	×
05103661260000	Shell	Fed 22X-17	Rio Blanco	Maudlin Gulch	17	2N	97W	×	×	
05103094700000	Fuel Resources	Fed 30-2-96	Rio Blanco	White River	29	2N	96W	×		×
05103058360000	Texaco	Wilson Creek Govt 45	Rio Blanco	Wilson Creek	4	2N	94W		×	
05103102930000	ExxonMobil	Little Hills E31X-35G	Rio Blanco	Piceance Creek	35	1N	97W	×	×	×
05103076930000	Mich Wisc Pipeline	HDLake 1	Rio Blanco	Powll Park	22	1N	95W	×		
05103089130000	Coseka	Rangely 1-14	Rio Blanco	Rangely	14	1N	103W	×		
05103083570000	Pacific Trnsmsn Sply	Fed 22-12	Rio Blanco	Wildcat	12	1N	99W	×	×	×
05103088070000	Northwest Expl Co	Theos and Son1	Rio Blanco	Wildcat	8	1N	92W			
05103101910000	ExxonMobil	T33X-29G	Rio Blanco	Piceance Creek	29	1S	96W	×	×	
00510310380000	ExxonMobil	Ryan Gulch F24X-32G	Rio Blanco	Piceance Creek	32	1S	97W		×	×
05103084340000	Teton Energy	Yellow Creek 8-2	Rio Blanco	Unnamed	8	1S	98W	×		
05103099150000	Exxon	Love Ranch 1	Rio Blanco	Love Ranch	9	2S	97W	×	×	
05103099160000	Exxon	Love Ranch 2	Rio Blanco	Love Ranch	9	2S	97W	×	×	
05103101040000	Exxon	Love Ranch 4	Rio Blanco	Love Ranch	9	2S	97W			×
05103101030000	Exxon	Love Ranch 5	Rio Blanco	Love Ranch	16	2S	97W			×
05103664230000	Mobil	T52-19G	Rio Blanco	Piceance Creek	19	2S	96W	×	×	×
05103101920000	ExxonMobil	F27X-8G	Rio Blanco	Piceance Creek	8	2S	95W	×	×	×
05103078900000	Mobil	F31-13G	Rio Blanco	Piceance Creek	13	2S	97W			×
05103097110000	Mobil	F31-19G	Rio Blanco	Piceance Creek	19	2S	96W		×	×
05103084310000	Mobil	T67-13G	Rio Blanco	Piceance Creek	13	2S	97W		×	×

续表

API序号	实施公司	井 名	隶属城镇	油气田	层段号	区块	区域范围	埋藏史模型	成熟度资料	烃源岩分析
05103084100000	Munson David Inc.	Sage B Shield 11-2-97	Rio Blanco	Sage Brush Shield	11	2S	99W			
05103103910000	ExxonMobil	Willow Ridge T63X-2G	Rio Blanco	Piceance Creek	2	3S	97W	×	×	×
05103100780000	Williams	Halandras 1	Rio Blanco	Wildcat	21	3S	94W	×		
05103088170000	Calvert Western	Govt397-3-1	Rio Blanco	Sulphur Creek	3	3S	97W	×		
05103084420000	CGS Exploration	Fed 398-17-4	Rio Blanco	Sulphur Creek	17	3S	98W	×		
05103098530000	Chevron	Bullfok 4-2	Rio Blanco	Bull Fork	4	4S	97W	×		
05045060900000	Atlantic Richfield	N Rifle 1	Garfield	Wildcat	31	4S	93W	×	×	×
05103102930000	Barrett Enerty	Arco Deep 1-27	Garfield	Grand Valley	27	6S	97W		×	
05045063250000	CER	MWX 1	Garfield	Rulison	34	6S	94W	×		
05045064600000	CER	MWX 3	Garfield	Rulison	34	6S	94W	×	×	
05045063550000	Snyder	Jolley 18	Garfield	Wildcat	8	6S	91W	×		
05045067230000	Mobil	O'Connell F 11X-34P	Garfield	Wildcat	34	7S	92W	×	×	
05045062880000	Coors Adolph Co.	Spears W T 1-28-DF	Garfield	Dry Fork	28	7S	99W	×		
05077083540000	Teton Energy	Kon 19-1	Mesa	Unnamed	19	8S	95W	×		
05077083450000	Terra Resources	McDaniel 1-11	Mesa	Wildcat	11	9S	94W	×	×	×
05077086710000	Strachan	Gunderson Federal	Mesa	Brush Creek	12	9S	94W	×		
05077083700000	Teton Energy	Lyons 14-1	Mesa	Plateau	14	10S	95W	×		
05077081790000	Exxon	Vega U A3	Mesa	Vega	10	10S	93W	×	×	×
05051060440000	AA Production	Federal 21-7	Gunnison	Ragged Mtn	21	10S	90W	×		
05077082710000	Dyco	Sommerville 1	Mesa	Wildcat	26	11S	97W	×		
05029050010000	Sunray	Govt. 1-C	Delta	Wildcat	8	12S	92W	×		
	ExxonMobil	Sego Canyon Core2	Grand	Stratigraphic Core	27	20S	20E			×

注:埋藏史模型、成熟度资料及烃源岩岩心分析的井均做了标记,"×"。

这些模型的准确度依赖于烃源岩特征(总有机碳、有机质类型等)及钻孔数据的有效性来约束每个位置的热史和埋藏史(如地层研究程度、孔内成熟度、地温数据等)。研究初始阶段需要尽量减少的主要不确定因素包括：①煤系和页岩的烃源岩层变化。在与该区地层格架有关的露头、岩心及岩屑样品分析的基础上,对烃源岩属性的适时更新。用一套测井曲线区分煤层、海相页岩及海岸冲积平原沉积来确定烃源岩厚度。最初用三角测井曲线法(Passey 等,1990)来识别富含有机质的页岩,然而该技术在 Mesaverde 剖面中的应用具有很大的局限性,一是由于钻孔条件的贫乏(导致测井曲线数据和质量贫乏),导致大部分陆相沉积环境的烃源岩缺乏厚而连续的页岩剖面。其次是在应用50%的页岩容积确定的净页岩厚度及一套平均烃源岩参数的基础上,绘制烃源岩沉积相图。②新生代层序地层。新生代地层的沉积、剥蚀史对建立其埋藏史和构造抬升演化史至关重要。过去30Ma的剥蚀导致皮申斯盆地的渐新统及上覆更新的地层被剥蚀,恢复盆地埋藏史的一个关键问题是估算这部分剥蚀地层的原始厚度和时间。研究过程中,重新回顾了前人对沉积、剥蚀模型的研究成果,根据10口井的孔内成熟度及地温资料(表1)建立了一维埋藏史模型。③区域热流事件的影响。与科罗拉多矿物带有关的热流影响了皮申斯盆地南部地区。一系列的埋藏史模型用来测试不同热流值的灵敏度,热流值是通过井下温度和成熟度资料获取的。

(二)分类

标准的烃源岩分析是在皮申斯盆地周边三个露头点(Hunter Canyon,Rifle Gap 及 Rio Blanco)28个露头样品及盆地边界两侧19口井的70个岩心和岩屑样品分析的基础上完成的(图6,表1)。烃源岩分析包括总有机碳(TOC)测量、岩石热解分析及镜质组反射率分析(R_o)。样品囊括了广阔的沉积环境和几乎所有的地层剖面。其他数据来自于美孚埃克森公司和达拉斯地质学会(DGSI)的资料库。主要通过曲线特征来确定烃源岩厚度。通过盆地内约200口井的测井曲线特征来区分海相和陆相页岩、砂岩和煤层(表2)。通过这些资料确定每个小层的烃源岩厚度,最终汇成了纯烃源岩等厚图。

表2 识别煤层的测井曲线特征

属性	数值
湿度	10.20%
灰分	9.30%
挥发性物质	24.40%
固定碳	46.10%
热值	11100Btu/lb
碳	62.40%
氢	4.30%
氮	1.50%
硫	0.60%
氧	10.30%
H/C(平均值)	83%
H/C(最小值)	75%
H/C(最大值)	92%

续表

属性	数值
OTOC(平均值)	63%
OTOC(最小值)	50%
OTOC(最大值)	70%
HI(平均值)	225mg HC/g
HI(最小值)	175mg HC/g
HI(最大值)	280mg HC/g

(三)海相页岩烃源岩

有潜力的海相烃源岩是白垩系上部的 Mancos 页岩,发育在 Mesaverde 群之下,呈舌状与 Castlegate、Sego 和 Iles 组的海相砂岩交互分布(图7)。Mancos 页岩产出的天然气运移至 Douglas Creek 隆起,该隆起位于皮申斯盆地西缘,被认为是 Mesaverde 群天然气潜力较大的区域(如 Johnson 和 Rice,1990;Rice,1993)。Mesaverde 群和 Mancos 页岩中的海相页岩属性是由皮申斯盆地和临近的尤因塔盆地中的 279 个岩心和露头样品分析结果获得的,包括由埃克森美孚公司对尤因塔盆地 Mancos 页岩的 54 个浅层岩心样品(尤因塔盆地 Sego Canyon,T20S,R20E)、皮申斯盆地北部中心部分一口井的 5 个岩心样品、盆地中心及两侧 14 口井的 47 个岩屑样品、盆地南侧 Crested Butte 的 25 个露头样品。这些样品有机质以 II—III 型为主,中等—低的氢指数(HI)(平均为 160mgHC/gC),中等—低的TOC,平均1.25wt%,图9和图10概括了这些数据。

几乎没有井钻穿 Mancos 页岩,因此,

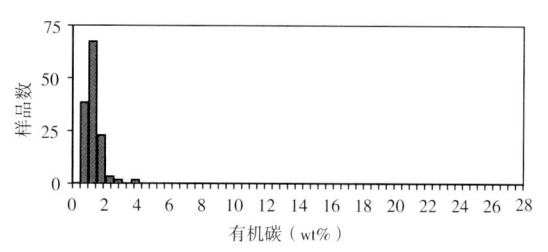

图 9　Mancos 海相页岩样品(皮申斯盆地和尤因塔盆地)的有机碳分布图

Mancos 的源岩层厚度不好测定。Johnson 和 Rice(1990)指出,皮申斯盆地 Mancos 页岩的厚度约 3000~5000ft(900~1700m)。研究区内,与 Mesaverde 群海相砂岩呈舌形交错的 Mancos 海相页岩的纯厚度约 900~1300ft(275~400m),向盆地东南方向厚度逐渐增加。

在盆地中心部位的美孚 Piceance Creek 52-19G 井完全钻穿了 Mancos 页岩。这口井中的 Mancos 页岩的厚度 4600ft(1400m)(包括了 1300ft(396m)与 Mesaverde 群舌形交错的页岩)。由于零散分布的样品地化分析数据及缺

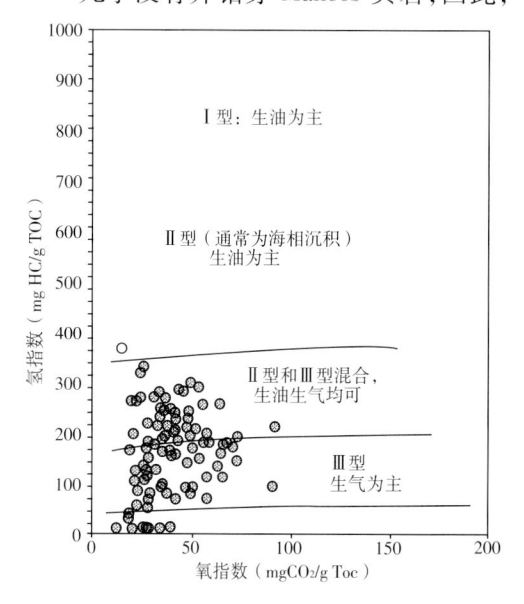

图 10　Mancos 海相页岩(皮申斯盆地和尤因塔盆地)的干酪根类型

少完整的地层数据,想精确地表征完整的Mancos烃源岩属性非常困难。本项研究假定一个平均的烃源岩厚度1000ft(305m)、平均的有机碳值为1.25 wt%、Ⅱ和Ⅲ型混合的有机质类型和一个原始HI值200 mg HC/gC,并据此进行埋藏史和生烃潜力分析。

(四)煤系烃源岩

Mesaverde群的煤非常发育,整个层中均可见。但是,开发最好的是上覆于Iles组的Corcoran、Cozzette和Rollins段海相滨岸砂岩的海岸冲积平原相(Johnson,1989;Reinecke等,1991)。皮申斯盆地北部大部分地区缺失Corcoran段和Cozzette段的临滨砂岩,这两段几乎完全以滨岸冲积沼泽相沉积为识别标志。Patterson等(2003)认为,这些富含有机质的沉积相发生在低水位域至早期的水进域。可能是由于上升的潜水面、稳定的冲积河道(煤不能被迁移河道所剥蚀)、增加的漫滩垂向加积与保存,导致有机质保存在这种沉积环境中(Bohacs和Suter,1997)。Iles组Corcoran和Cozzette段中的煤(Hancock和Eby,1930;Decker,1985;指的是黑金刚—煤),在盆地南部发育较薄或缺失,盆地北部厚度可达35ft(10m)(D. Zybala,2007,口述)。

Rollins滨岸砂岩之上的海岸冲积平原的煤层厚度最大,分布最广,目前已开发。几个煤层带分布在Rollins段之上,Erdmann(1934)最早用"Cameo"表示最底部的煤层。此后,不同学者开始广泛地应用"Cameo"这个术语(见Yurewicz等,2003)。"Cameo"应用在本文中表示富含煤的海岸冲积平原沉积,位于Iles组Rollins段与下一个更大海进域之间。Rollins段之上的海进沉积单元目前仅存在于研究区的东南角,根据层序界面间的相关性(Patterson等,2003),以研究区为一个层序的沉积单元可以从上述富含煤的剖面中分离出"Cameo"煤层。"Cameo"煤层200~300ft(60~90m)厚,横跨研究区的大部分地区。盆地内大部分地区的煤层累计厚度为20~50ft(6~15m),累计最厚最大的煤层位于盆地南部地区,厚40~75ft(12~22m)(D. Zybala,2007,口述)。

Williams Fork组中的残留煤层厚度薄,不连续。"Cameo"之上1000ft(300m)的煤层最适合开发,尤其是沿着盆地东缘。这与Reinecke等(1991),Tyler和McMurry(1995),Hettinger等(2000),及Hettinger和Kirschbaum(2003)对South Canyon和Coal Ridge煤层带的研究是一致的。通常用海相砂岩来与"Cameo"煤层区分开来。而盆地南部通常缺失这些砂岩,因为在盆地北部沉积相带发生变化,因此盆地南部很难区分这些煤带。本文中,Williams Fork组下部,Cameo煤层之上的富含煤段通常指"South Canyon, Coal Ridge"煤带。Williams Fork组本段煤层的纯厚度范围为10~80ft(3~25m)(D. Zybala,2007,口述)

从USGS及PSU煤炭数据库采集到的岩心和露头样品分析数据来研究煤层特征。这些信息是从如下所示的美国地质调查局和PSU煤炭数据库中获得的,即美国地质调查局煤炭特性数据库V2.0版本(Bragg等,2002)、宾夕法尼亚州煤炭样品储存数据学院。Williams Fork组和Iles组的煤层特性资料来自于Goolsby等(1979)。以第一手资料为准的皮申斯盆地煤层平均属性见表3,其中所分析煤的成分不包括自由水(水不属于煤层结构范畴),然而在实际温度和湿度条件下,包含了煤的固有水分(结构水)。在这些分析的基础上得出,皮申斯盆地的煤平均有机碳为65%,平均氢指数为225 mg HC/gC。

表3 皮申斯盆地地表附近的煤层平均属性

曲线名称	响应特征
伽马曲线	低伽马值(伽马值因井而异,总体小于75 API)
密度曲线	低密度值(地层体积密度不大于1.9g/cm³)
中子孔隙度曲线	高中子孔隙度值(NPHI 大于45pu)
声波曲线	声波(DT)值大于120μm/ft
电阻率曲线	高电阻值(因井而异,总体不小于10Ω)
井经曲线	井经冲刷

(五)非海相页岩

Williams Fork 组和 Iles 组非海相沉积地层由互层状陆相页岩、砂岩和煤层组成。单层页岩的厚度从小于3ft 到大于25ft(1m 至超过8m)。该层中总的页岩厚度为从西部小于1000ft(300m)到东部大于2500ft(750m)。沉积在海岸冲积平原和辫状河冲积平原环境下的页岩也包含了一些沉积亚相,如河漫滩、牛轭湖、湖沼和沼泽亚相。页岩层一般呈灰色至中黑灰色,见大量陆生植物碎屑。虽然植物的根茎、遗迹化石及共生相都表明沉积环境为陆相沉积,但红层的缺失和有机物质的大量保存也表明了一个高水位台地沉积和有利于有机质的产生和保存的潮湿环境。野外观测与岩心描述特征非常相似。

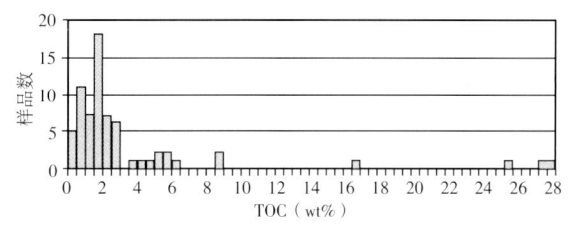

图11 Williams Fork 组和 Iles 组泛滥平原页岩（皮申斯盆地,岩心和岩屑样品）的有机碳分布图

应用盆地中心9口井(56个岩心样品)、盆地两翼3个露头点(7个样品)进行标准源岩分析(TOC 和岩石高温热解分析)。其他数据来自于1987年 DGSI(现 Baseline Pesorce 公司)分析研究的4口井14个岩屑样品分析。连续的密集取样表明,现今的有机碳变化范围非常大,总有机碳为0.5%~28 wt%,平均约2 wt%(图11)。有机质类型是Ⅲ、Ⅳ型的混合型(图12),现今的氢指数非常低,48个样品测得的范围为12~256 mg HC/g C,平均氢指数为58 mg HC/g C。考虑有机质类型和成熟度恢复其原始氢指数一般小于100。这些烃源岩层在 Mesaverde 群中分布广泛,虽然很厚,但仅为差—中等的含气烃源岩。在对皮申斯盆地埋藏史和生烃潜力分析时,

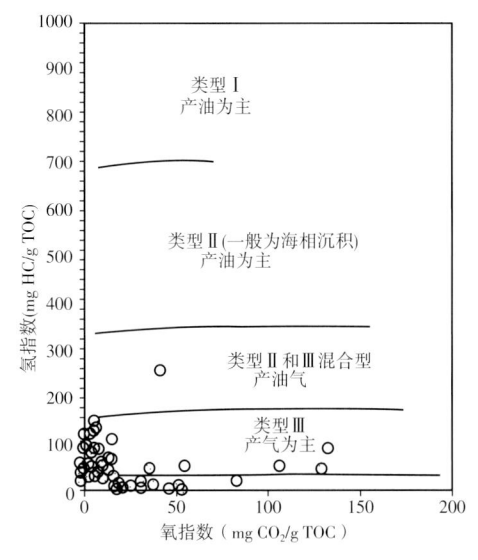

图12 Williams Fork 组和 Iles 组泛滥平原页岩（岩心和岩屑样品,皮申斯盆地）的干酪根类型图

采用陆相页岩平均有机碳为2.5wt%,平均氢指数为100 mg HC/g C。

四、含油气系统——盆地模拟及油气生成

(一) 宗旨和方法

为了评价皮申斯盆地 Mesozoic 源岩的生烃潜力,应用一系列埋藏史和热史模拟研究地层地质和源岩性质对天然气的生成量和生成时期的影响。这些模拟的关键问题在于:①盆地内的天然气生成时间是否发生重大变化?②盆地内的天然气生成总量是否发生重大变化?

对盆地内的 30 个点进行了埋藏史模拟(图 8)。初期工作主要集中在埃克森 Love Ranch 1 井,以前 K. Mahon(2001,口述)应用古地温指数研究方法(包括井孔温度,裂变痕迹数据和镜质组反射率数据等)建立了该井的埋藏史模型。应用修正的层序地层格架、现今的地层和年代、烃源岩单元、烃源岩属性等对该模型进行更新之后,进行了盆地内其他 29 个点的埋藏史模拟。

(二) 不确定性

通过调整输入参数来校正盆地历史正演模型,以求模拟结果同现今属性(成熟度、温度、压力等)吻合。针对盆地历史研究几乎没有明确的数据,确有大量可能的输入参数(层序地层、热流事件、源岩属性等)组合。因此,地质学家的工作是识别关键的不确定因素,并确定一系列可行的方案。皮申斯盆地关键的不确定因素包括:①绿河和尤因塔以上地层的层序和地史。②烃源岩相(源岩性质和厚度)的非均质性。③热液事件的影响。

1. 地层学

根据大量钻井和露头资料的研究,较好地建立了 Mancos 页岩至 Green River 组的沉积地层剖面。而绿河和尤因塔组沉积之上的地层不太确定。皮申斯盆地过去 30 百万年的地层剥蚀,将渐新统至上新统的地层完全剥掉(图 13)。盆地内不同地区的尤因塔、绿河及 Wasatch 组暴露在地表之上,而重建盆地埋藏史的关键问题是估算被剥蚀地层的原始厚度及地质年代(Johnson 和 Nuccio,1986)。

已出版的磷灰石裂变径迹及成熟度资料研究(Bostick,1983;Bostick 和 Freeman,1984;Johnson 和 Nuccio,1986;Barker,1989;Kelley 和 Biackwell,1990;Wilson 等,1998;Nuccio 和 Roberts,2003)表明,最大埋深一般在 20~45Ma 之前,构造抬升和河流剥蚀大约开始于 10Ma 之前,剥

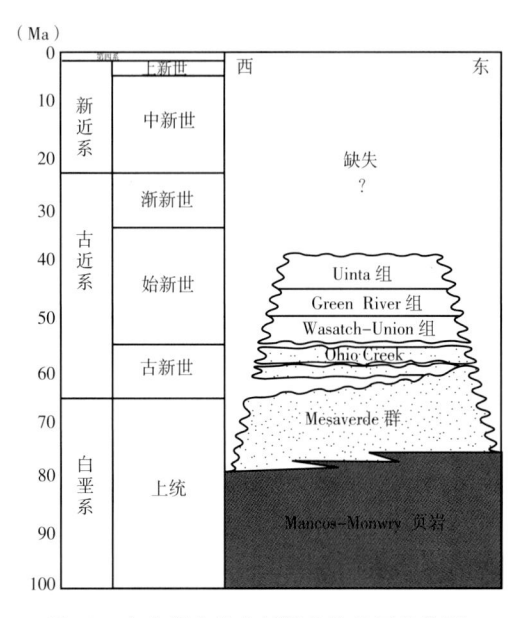

图 13 皮申斯盆地北部简化的地层柱状图
(据 Yurewicz 等,2003 修改)

蚀了1800～5000ft(550～1525m)的地层。对埃克森Love Ranch 1井,应用多种埋藏史方法佔算盆地北部的新生代剥蚀量。Love Ranch 1井盆地模拟的地层参数统计见表4。选择Love Ranch 1井的原因是该井有大量的可用井孔成熟度数据和温度测量值。虽然多种方法都比较适合该井,但最适合的是假定近10Ma来的剥蚀量是3000ft(914m)(图14)。对于盆地内未研究区域,模拟假定认为,盆地构造抬升和剥蚀之前存在同样的地质剖面。其他井位剥蚀量的佔算由Love Ranch 1井的海拔加上3000ft(914m)(估算的剥蚀量),减去井位所在处的现今海拔。构造抬升之前,假设被剥蚀的新生代地层充填盆地为统一海拔,现今地层的厚度不同,代表了遭受不同程度的剥蚀。这是一种比较简单的方法,适应于对地层年龄和缺失厚度有大致把握的情况。估算的被剥蚀地层年代大约在25～40Ma前(始新统至下中新统)。这段时期的沉积地层(玄武岩流除外,Larson等,1975)在整个皮申斯盆地都缺失,但同时期的地层却存在于相邻的尤因塔盆地(Clark,1975)。

存在明显剥蚀的层序边界位于Ohio Creek砾岩的底部和Williams Fork组的上部(Patterson等,2003)。盆地模拟中,这些剥蚀事件被合成一次剥蚀事件来考虑。剥蚀地层的估算是在现今不同厚度的Williams Fork地层与研究区东部最大厚度地层比较的基础上完成的。

表4 埃克森Love Ranch 1井埋藏史模拟的地层数据

组	段	厚度(ft)	沉积时期(Ma) 开始	沉积时期(Ma) 结束	剥蚀时期(Ma) 开始	剥蚀时期(Ma) 结束
Recent	RCNT	30	0.1	0.0		
Recent	TERT1(无沉积)	0	25.0	10.0		
Recent	TERT2(被剥蚀)	3000	40.0	25.0	10	0.1
Uinta	UNTA	760	45.0	40.0		
Green River	GRNR	1370	50.0	45.0		
Wasatch	WASH	4475	58.0	50.0		
Wasatch	TERT3(无沉积)	0	59.0	58.0		
Ohio Creek	OHIO	290	61.0	59.0		
Williams Fork	WFKE(被剥蚀)	870	66.5	65.0	65	61
Williams Fork	FLFK	3530	70.0	66.5		
Williams Fork	CAME	250	73.5	73.0		
Iles	ROLL	190	74.5	73.5		
Iles	CRCZ	830	75.0	74.5		
Sego/Castlegate	SECA	1300	78.5	75.0		
Mancos	MANC	3625	90.0	78.5		

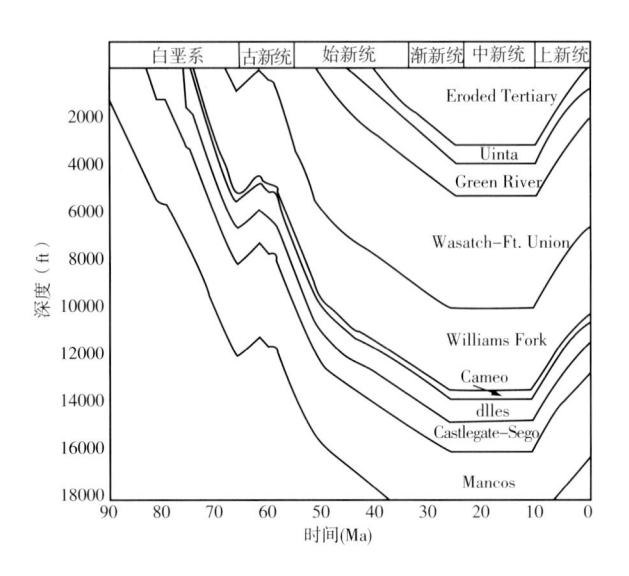

图 14　埃克森 Love Ranch 1 井埋藏史模拟纵剖面图（据 Yurewicz 等，2003）

2. 热流

新生代火成岩（渐新统—上新统）与作用在盆地南部和东翼的科罗拉多矿化带有关。一些学者认为，火成作用对盆地内的区域供热几乎没有影响（如 Bostick 和 Freeman，1984；Johnson 和 Nuccio，1986），但另外一些学者认为，新生代的火成活动对该区的热演化史有一定的影响。例如 Kelley 和 Blackwell（1990）认为，从 MWX 井区获得的资料表明，该区在 10Ma 前有相对较高的热流值，可能与 10~12Ma 前该区发生的火成活动有关。本项研究的数据也表明，新生代的火成活动可能影响了盆地南部的热演化史，但对盆地北部的影响相对小得多或者可以忽略不计。

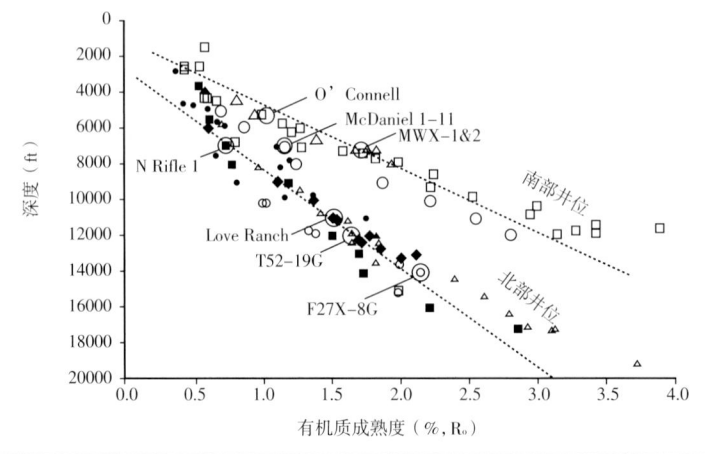

图 15　皮申斯盆地 8 口井成熟度随深度变化图（据 Yurewicz 等，2003）

井位见图 7 和表 1，MWX 井区数据来自于 Johnson 和 Nuccio（1986）；美孚公司 T52—19G 井的数据包含了来自 Johnson 和 Nuccio（1986）的数据；其他数据来自于内部资料

图 15 是皮申斯盆地 7 口井的钻井成熟度数据(镜质组反射率)的标绘图。资料显示,盆地南部的钻井(Terra McDaniel 1-11,CER Superior MWX 3,和 Mobil O'Connell F11X-34P)相对于盆地北部的相同地层深度的井位具有相对较高的热成熟值。Decker(1995)发表的热流数据进一步表明,较高值的热流发生在新生代火成岩周围,但随着与火成岩距离的增加,热流值递减的非常快。皮申斯盆地北部(MWX 井区以北)的钻井埋藏史表明,该区的热演化与 50Ma 前开始的区域性火成活动关系不大。直到 40Ma 前,热流值一直维持在 1.55 热流单元(HFU);然后逐渐增加到近 10Ma 前的 1.65 热流单元(HFU)。根据最近的新生界火成岩露头资料及出版的热流资料,盆地南部的一维井区的热流值增加到了 1.9HFU。

(三)埋藏史模拟结果

瞬时产率与累计产率标绘图表明,烃源岩主要以产气为主,而且在盆地北部,开始产气时间约 55Ma 前。开始产气的时间似乎与沉积巨厚的 Mesaverde 群的快速埋深有关。产气峰值一般与 Wasatch 和 Green River 地层的快速沉积相关,沉积停止后生成的气体可以忽略(模拟结果显示沉积停止的时间约 25Ma 前)。埋深大的烃源岩停止生气的时间也相对较早,因为烃源岩成熟的早,生气时间早,丧失生气能力也相对较早(如 Mancos,Castlegate,Sego,和 Iles 页岩)。图 16 是埃克森 Love Ranch 1 井、埃克森美孚公司 Piceance Creek 单元 F27X-8G 井和 CER Superior MWX 1 井的"Cameo"煤层瞬时油气产率图。该图展示了这些煤层在 F27X-8G 井的生气高峰时间 35~40Ma 前,在 Love Ranch1 井的生气高峰时间约 25Ma 前,在 MWX 1 井的生气高峰时间 20Ma 前。在盆地东边的轴部,生气高峰的时间相对较早,似乎很大程度上受 Wasatch 组沉积厚度大幅度增加的影响。MWX 1 井区的生气高峰值时间较晚,可能与对盆地南部有重要影响的新生代热流事件有关。盆地深轴部的生气时间相对较早,与 Nuccio 和 Roberts(2003)盆地模拟的结果一致。对所有烃源岩的产烃能力分析表明,只有煤系烃源岩产液态烃。这可能反映了这套煤系烃源岩与其他烃源岩相比具有较高的氢指数(HI)和有机碳(TOC)。

图 17 展示了埃克森公司 Love Ranch 1、埃克森美孚公司 F27X-8G 和 CER MWX 1 三个井区的主要烃源岩相的累计产气量。这个结果表明,对产气最大贡献的是烃源岩层中的煤。海相 Mancos 页岩的烃源岩厚度和品质不清楚,因此,其产气量也不易确定。虽然在 Iles 和 Mancos 页岩层中发育一段厚度较大的页岩,但其低有机碳含量和中等—差的氢指数导致其产气量低。Mesaverde 群中的非海相页岩比海相页岩具有较高的有机碳含量,但其非常低的氢指数导致其产气量相对较少。Mesaverde 群非海相页岩较低的产气量,部分也归因于层内高成熟度的烃源岩含量较低。

F27X-8G 井的产气量模拟表明,与 Love Ranch 和 MWX 井区相比,烃源岩中的煤对其天然气的贡献更大(图 17)。在某种程度上,是由于"Cameo"层之上的 Williams Fork 组发育较厚的煤层(相当于南部 Canyon-Coal Ridge)及煤层具有较高的成熟度。F27X-8G 井区较厚的 Wasatch 组促使烃源岩层更快地达到生气窗。这表明了在 Mesaverde 群内,盆地轴凹槽的北部对寻找天然气而言可能具有更大的潜力。图 18 基于 30 口井一维埋藏史模拟获得的全盆地累计生气量分布的平面图。从图中可以看出,沿着盆地深轴部位,生气量最大。

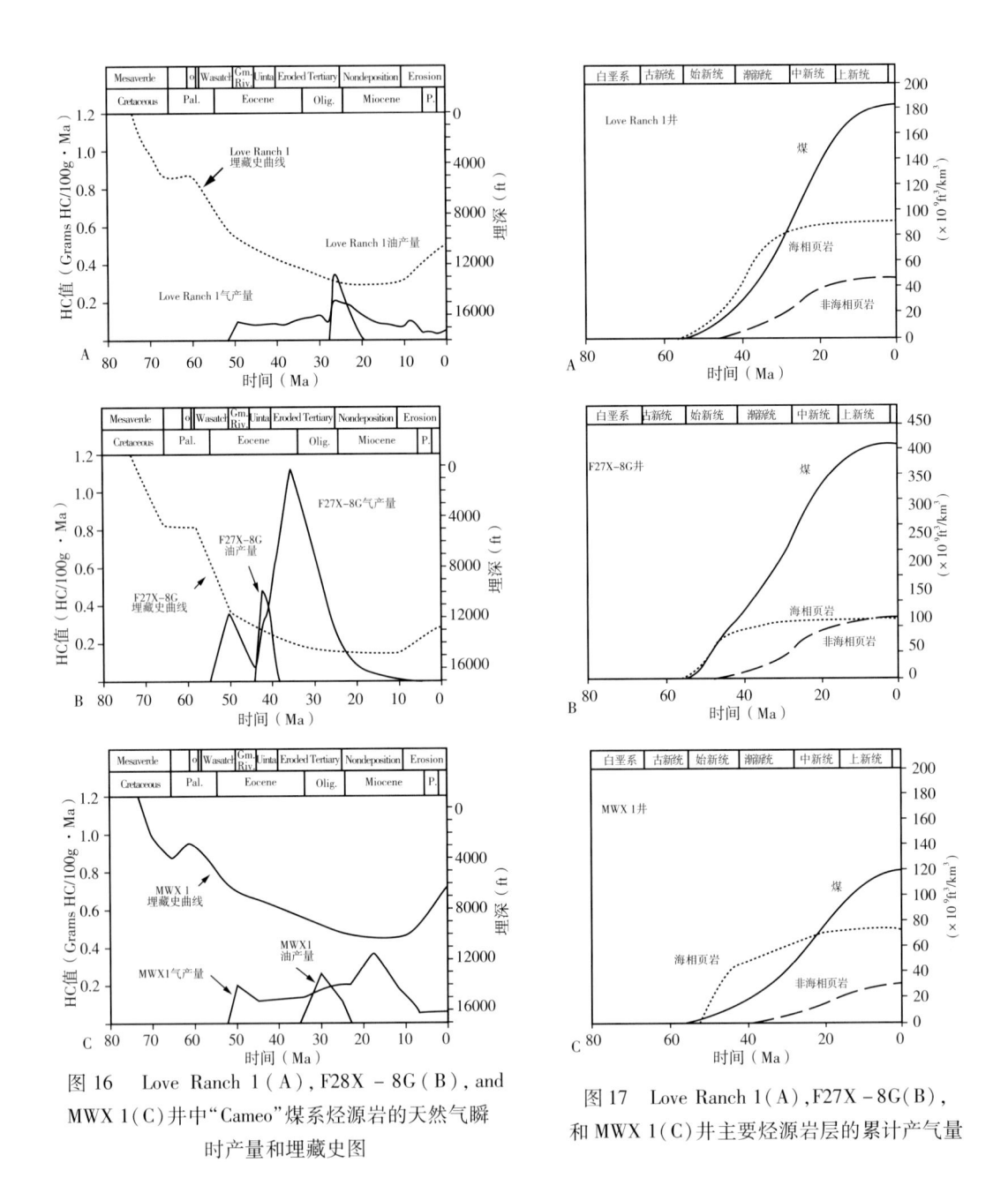

图 16 Love Ranch 1(A),F28X-8G(B),and MWX 1(C)井中"Cameo"煤系烃源岩的天然气瞬时产量和埋藏史图

图 17 Love Ranch 1(A),F27X-8G(B),和 MWX 1(C)井主要烃源岩层的累计产气量

五、含油气系统的讨论

初始阶段的研究认为,生气时间可能是一个较为重要的地质风险参数,因为早期生成的天然气经过长时间的运移可能会有较大的散失。然而,最近的钻井表明,生气时间只是一个次要的风险参数,至少对 Williams Fork 组中的天然气而言是这样。生气高峰起始时间向盆地东翼方向逐渐变早(Nuccio 和 Roberts,2003;Yurewicz 等,2003),而该区最近的探井(如埃克森美孚公司 T33X-29G 井和 F27X-8G 井)在 Williams Fork 和 Iles 组中钻遇大范围的天然气。两个因素可能会降低生气时间的地质风险:一是由于逐渐增加的烃源岩厚度和成熟度导致生成天然气总量的增加;二是煤的微孔隙、微裂缝中以吸附形式储存大量的天然气

(Juntgen 和 Karweil,1966)。煤层未达到饱含气之前,天然气不能被有效地排出。Mesaverde 群大量早期生成的天然气被保留在煤层中,而不是在运移过程中散失(Johnson 和 Roberts, 2003)。在新生代沉积地层中,煤储存天然气的能力随着温度和煤化程度的增加而降低 (Juntgen 和 Karweil,1966;Meissner,1984;Wyman,1984),而且,存储的天然气随着该层的逐 渐压实可能也会被排出。

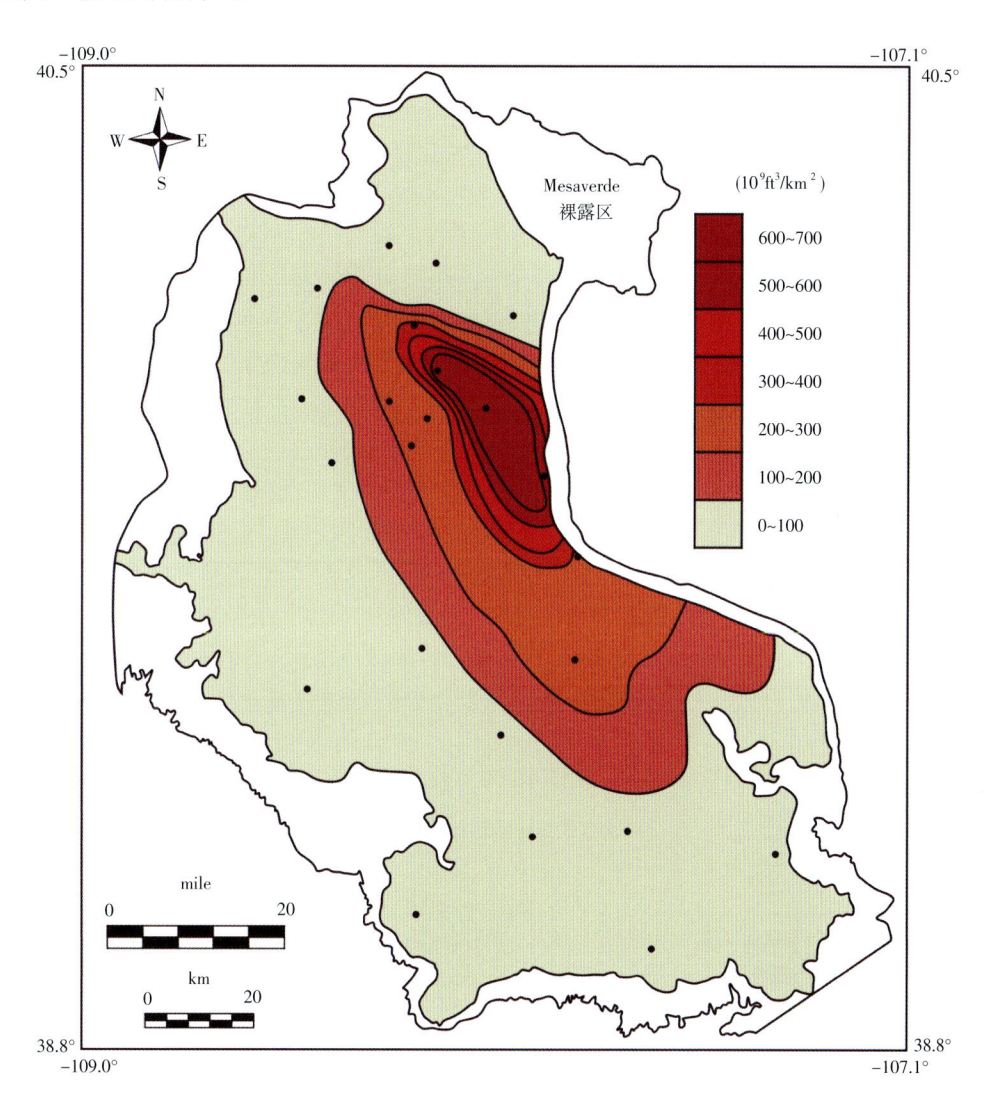

图18 烃源岩累计生气量平面分布图(30 口井一维埋藏史模拟为基础)

对于该段底部海相砂岩而言,生气时间可能显得更重要,这些储层中的天然气至少有部分来自于 Mancos 页岩,正如 Johnson 和 Rice(1990)及 Johnson 和 Roberts(2003)分析的那样。这是 Mesaverde 含气区带最早生成的天然气,可能大部分的天然气在通过 Castlegate、Sego 和 Iles 组横向连续的海相砂岩向上运移的过程中散失了(Johnson 和 Roberts,2003)。自从始新世以来,这些地层暴露于皮申斯盆地边缘(Johnson 和 Nuccio,1986;Johnson,1989),并且从 Mancos 地层中天然气生成的高峰期开始(35~50Ma,本文研究),可能一直是天然气运移的通道(Johnson 和 Roberts,2003)。

六、气体分布

为了研究气体充注、气体分布及气体产量间的关系,绘制了 Mesaverde 群的气体分布图。气体分布是根据埃克森美孚公司和公开发表的可用钻井液测井曲线识别(200 多口井)并绘制连续气藏顶界面来确定的(图 19)。其他数据摘自公开发表的描述各个气田顶界面的气藏刻面(如 Olson,2003;Cumella 和 Ostby,2003)。通过与具体的生产测井曲线对比,连续气藏顶面与可生产气层顶面基本接近,在此界面之上也存在致密砂岩气,但通常产水为主。(Chancellor 和 Johnson,1986 认为的过渡带)。将气藏顶面和 Rollins 段顶面数据转换成气柱等高线并成图。Rollins 段是一个标志层。许多钻井没有钻穿 Rollins 段,因此用 Rollins 段区域顶部构造图来获取 Rollins 段顶部埋深。从绘制的平面图(图 20)和剖面图(图 21)上看,沿着盆地东部轴 Mesaverde 的气柱值最大,向西逐渐减小。在盆地东部边缘,Rollins 顶面之上 3000ft(900m)仍见连续气显示,而在盆地西部边缘,连续气显示在 Rollins 顶面之下。盆地西部边缘的研究区内钻了许多井,然而,几乎没有井在 Williams Fork 组中获得大量的天然气。Mesaverde 和 Mancos 烃源灶范围控制了致密砂岩气高产区的分布。

总生气量平面图(图 18)和总含气量等值线图(图 20)表明,气柱高度与 Mesaverde 群和 Mancos 地层的烃源岩和生气量之间具有非常一致的对应关系。盆地内气藏的纵向分布至少部分受气体充注控制。这也说明在该层内油气主要是纵向运移而非横向运移。纵向运移的证据有:①成熟气源岩之上的新生界中含气。②天然气组分数据。③盆地内的生产测试数据。盆地内新生界的烃源岩未达到成熟生气阶段,而几个气田的 Wasatch 和 Green River 组有天然气产出。天然气成分数据表明,气体来自下伏的 Mesaverde 群(Johnson 和 Rice,1990;Johnson 和 Roberts,2003)。这些学者认为 Rulison 和 Grand Valley 气田的 Wasatch 层天然气、皮申斯盆地 Creek 气田 Green River 层的天然气及 White River Dome 气田 Wasatch 组的天然气与其下伏 Mesaverde 群的天然气,它们的同位素特征很难区分。天然气可能通过与构造运动有关的(如 Piceance Creek 背斜)大规模低应力的断层或断裂运移到上覆的新生代储层中。

Cumella 和 Scheevel(2005)及 Scheevel 和 Cumella(2005)认为,Mesaverde 群中天然气的纵向运移是通过生气高峰期产生的高孔隙压力使裂缝纵向扩张完成的。S. Cumella(2005)进一步阐述了 Rulison 气田 MWX 井区的气藏顶面与 Mesaverde 砂岩中的微裂缝顶面相对应,这说明这些裂缝应该是天然气纵向运移的主要通道。

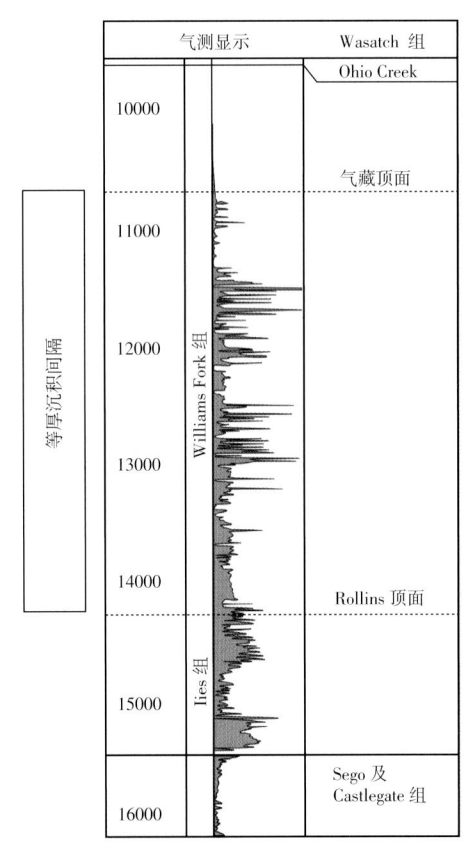

图 19 埃克森美孚 F27X – 8G 井气显示
连续气藏显示的顶面埋深为 10700ft(3261m)

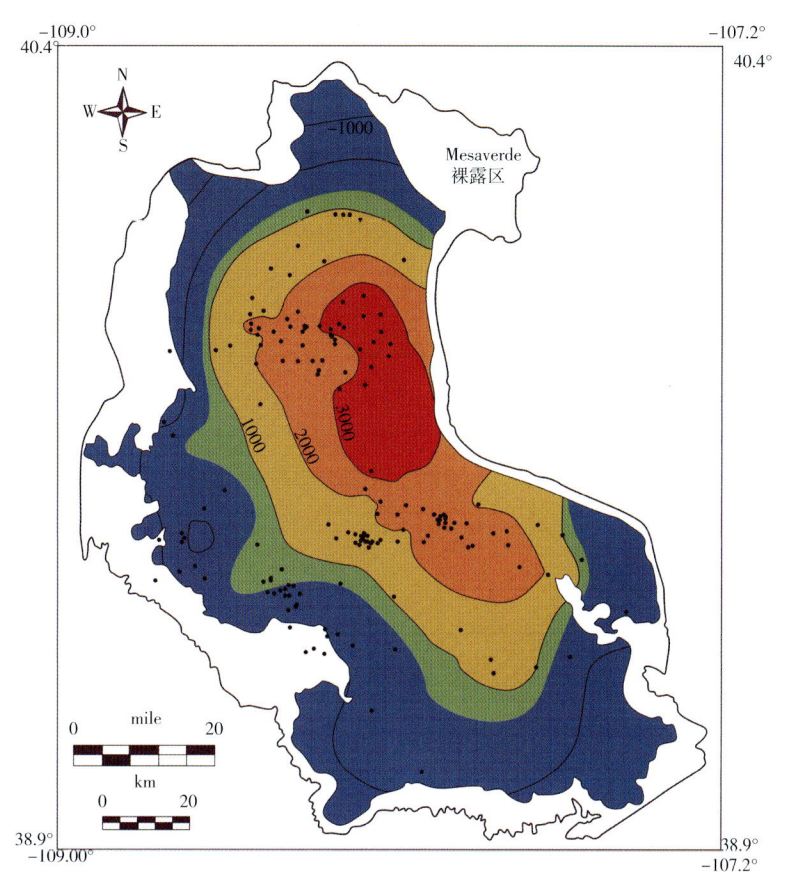

图 20　Iles 组 Rollins 段之上的气柱高度等厚图(等值线间距为 1000ft(305m)

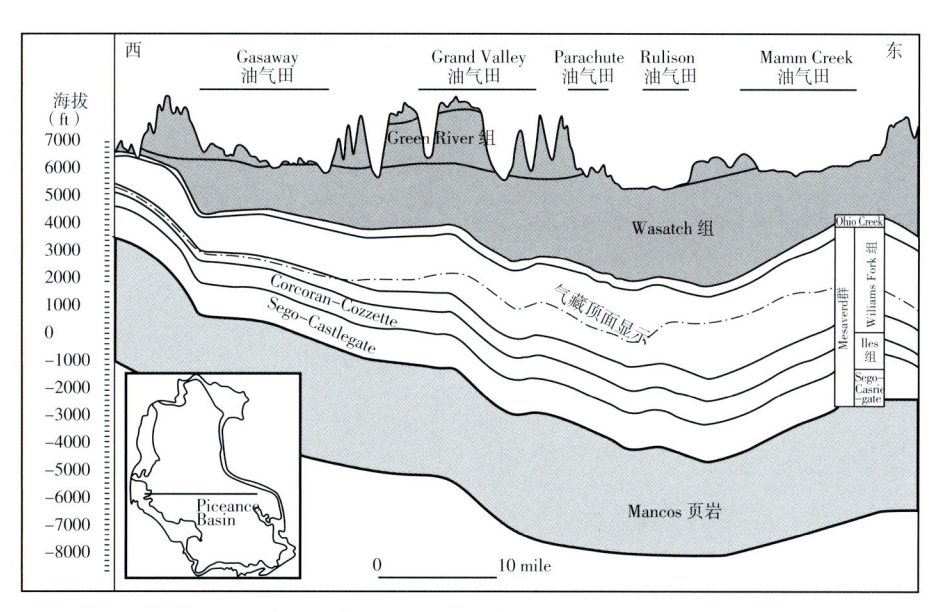

图 21　跨越皮申斯盆地中心的气柱顶面东西向横剖面图

Mesaverde 群的大部分是以阻碍油气横向运移的低渗透、横向不连续为特征的河流相砂岩储层。油气横向运移主要受制于该层顶部连续性较好的近物源的辫状河砂岩

· 131 ·

(流动带 1)及 Iles、Sego 和 Castlegate 组的海相临滨砂岩(流动带 3 和 5)。几乎在所有地区,Mesaverde 群的连续气藏顶部均在 Ohio Creek 砾岩底部的近物源辫状河砂岩之下,和 Williams Fork 组的顶部存在着一定距离。说明这些砂岩是流体散失的主要通道,同时也束缚了 Mesaverde 群盆地中心气体的纵向扩展。Mesaverde 群中富有机质页岩也影响了 Mesaverde 群的气体纵向扩展。Scheevel 和 Cumella(2005)调查过 Rulison 和 Mamm Creek 气田气藏顶部的局部变化,发现 Rulison 气田最东部和 Mamm Cree 气田一部分的气藏顶面在地层上有所下降。他们用平滑的伽马曲线在 Williams Fork 组的上部识别出一套厚的富含页岩层。Matom Creek 气田大部分的连续气藏顶面位于这套厚的富含页岩层的底部,一直延伸到东部的 Rulison 气田。他们认为,气体向上运移受阻于这套厚的裂缝不发育的页岩层。他们认为大断层的下降盘挠曲,可容空间增加,形成了这套厚的富含页岩的地层,在地震测线上识别出这些大断层。Mesaverde 群内的气体分布复杂,总体上经历了烃源气充注、通过断层和裂缝纵向运移进入储层(储层与烃源岩互层)、在不连续的河道砂中聚集,通过横向较连续的叠加河道砂和海相临滨砂岩运移至地表散失的过程。

七、Mesaverde 群采出水

天然气并不是 Mesaverde 群所产出的唯一流体。所有的井都有不同数量的地层水产出。地层水的产出会降低天然气产量和提高生产成本。多数井产水不多,但局部井水量较高。部分地区,如 Divide Creek 气田,很容易理解其高产水率,因为该气田位于一个蚀顶背斜上,是 Mesaverde 群重要的补水区。其他大部分气田,地层水的产出是变化的,至少部分原因是有意或无意地完井于高含水的砂岩中或其周围。这就要求了解 Mesaverde 群有高含水砂岩的分布情况。

了解 Mesaverde 群的地层水分布的方法包括根据钻井液测井绘制总气柱、绘制高含水(出水速率和总量)井的分布以及详细研究试采资料等。

(一)井和气田的产出水

2003 年 Discovery Group(发现者团队)开始协助我们对皮申斯盆地 Mesaverde 群产出地层水分布的评价工作。他们研究的主要数据来源是 IHS 能源数据光盘中对盆地内所有井每个月的生产数据记录以及科罗拉多油气委员会网站上的一些详细生产数据。在报道的皮申斯盆地 Mesaverde 群 2184 口产气井中,有 584 口达到以下 3 个高产水井的标准之一。

1. 出水量累计超过 5000bbl

所有的井都是人工压裂,一些产出水可能包括完井液。本次研究,累计出水量小于 2000bbl 的井不考虑,因为大部分的产出水可能是完井液。根据此标准,以下 5 个地区具有显著的产水量:Pinyon Ridge 气田(煤层气)、White River Dome 气田、Love Ranch 气田、Rulison 气田北部及 Divide Creek 气田。在 White River Dome 气田,产出水可以重新注入 Ohio Creek 砾岩,才可能在过渡带附近的砂岩和高含水的煤中完井(Olson 等,2002;Olson,2003)。Love Ranch 气田的高含水可以归因于在高含水带被识别出之前就仓促完井。Love Ranch 气田近期的完井避开了这些高含水带。Rulison 气田中一些高含水井也可以归因于在连续气藏顶面附近的过渡带完井(S. Cumella,2003)。Divide Creek 气田从一些浅的 Mesaverde 群井中已经产水几百万桶,据研究这些井是在煤层气层中完井。其他高产水井分布也很广泛。

2. 水气比大于 20bbl/10^6ft^3

与地层水保持平衡的天然气包含有一定量的水蒸气或冷凝水。通常,油藏工程师认为,气水比 6~10bbl/10^6ft^3 为正常的冷凝水所致。本次研究认为,水气比超过 20bbl/10^6ft^3 的井产出的主要是地层水。在研究井过程中,约 500 口井出水量小于 5bbl/10^6ft^3,这些井被划分为干气生产井。所有其他井在其采出液流中含有部分的地层水。

897 口井的出水量为 5~20bbl/10^6ft^3,剩余的 594 口井出水量大于 20bbl/10^6ft^3。出水量小于 20bbl/10^6ft^3 的井中,水的来源不清楚。出水量大于 20bbl/10^6ft^3 天然气的井遍布全盆地。Divide Creek、Bronco Fiats 和 Pinyon Ridge 气田共计 35 口井的出水量超过 500bbl/10^6ft^3 天然气。在 Cameo 煤层中的井均为煤层气井。图 22 描绘了皮申斯盆地钻遇 Mesaverde 群的井每百万立方英尺天然气累计产水桶数。

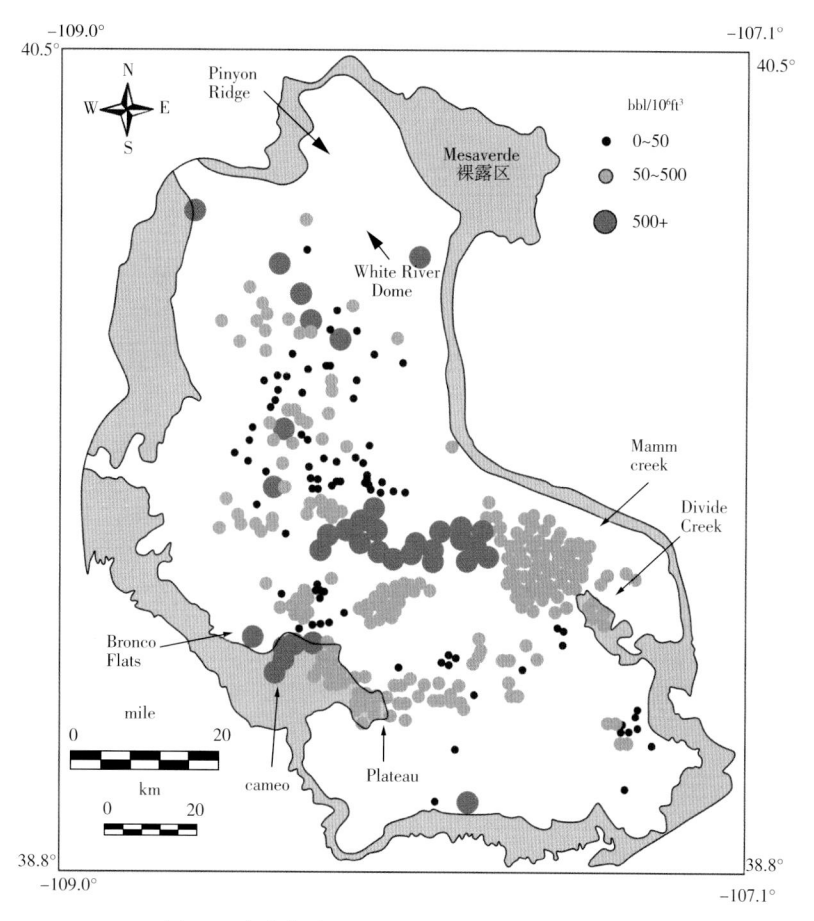

图 22 皮申斯盆地钻遇 Mesaverde 群井的产水量

3. 每年的平均出水量

采油工在该盆地中根据日常出水量,确定问题井的标准。这主要取决于采油工的能力和产出水处理成本。在一些气田中,任何出水量超过 10bbl/d 的井都被认为是问题井,采油工可能会考虑包括挤压含水带在内的各种补救措施。一些采油工采用更经济的方法来处理产出水,这对于在高含水带或其周围的完井,实现最大化的产能可能有影响。若用 10bbl/d

这一较为保守的标准,那么,盆地内只有14%的井被认为是问题井。高出水井发现在Pinyon Ridge、White River Dome、Love Ranch、Piceance Creek 和 Rulison 气田均有分布。Grand Valley 和 Matom Creek 气田的日产水量也非常高,只是气田内许多井的产气量也非常高,因此,具有低水气比。

(二)地层出水量

高出水量(总量和速率)图能产生误导,因为在高含水带或其附近完井,采油工采用的补救方法不同(谨慎的或冒进的),另外识别高风险的含水带的能力也不同。出水量高的气田或井可能仅仅反映一种更冒进的方法:只顾产气而不关注产水(如 White River Dome 气田),或作为一个采油工熟悉高含水带地层分布(如 Love Ranch 气田)。因此,了解哪个区带具有高风险产水至关重要。

皮申斯盆地北部埃克森美孚公司钻采井的具体试采和 PI Dwights 数据库中储层带的生产数据,提供了 Mesaverde 群流体分布的补充数据。绘制 Mesaverde 群气水分布图的难点之一是缺乏单一层带的试采数据。许多井的大部分层段被射孔和水力压裂,因此较难区分高产水带。因井质量差使得上层的水流入井眼,也导致数据不可信。图23汇总了通过地层层位数据分析确定的水气比。数据来源于皮申斯盆地北部埃克森美孚公司钻的约30口井的数据和从文献及 PI Dwights 数据库中提取的数据。这些数据在下文中讨论。

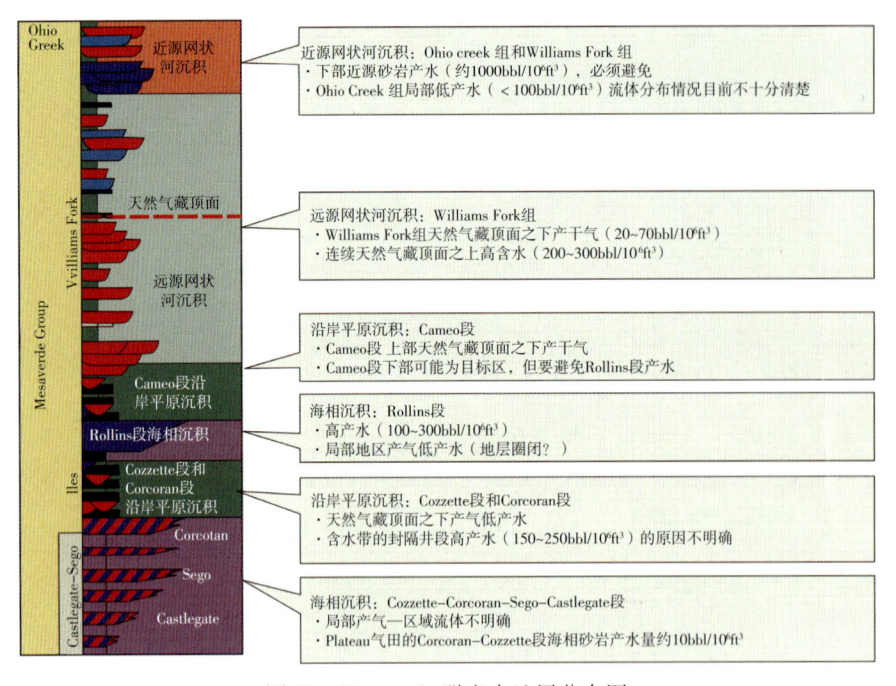

图23 Mesaverde 群出水地层分布图

1. 远物源的辫状河和沿岸平原储层

在绘制的连续气藏顶面之下的远物源辫状河和沿岸平原砂岩(Cameo 和 Corcoran – Cozzette 段)出水量相对较低,一般为 20~70bbl/10^6ft^3,而在连续气藏顶面之上,这些砂岩出水量一般为 200~300bbl/10^6ft^3。在 Mesaverde 层气藏顶面之上的砂岩也产气,但具有较高的含水饱和度,出水量也相对较高。

围绕皮申斯盆地煤层中的气水分布仍存在较大争议。Cameo 和 Corcoran – Cozzette 中的煤被认为是盆内天然气和地层水的来源。公司初步计划在盆地北部边缘 Pinyon Ridge 气田和东南部边界的几个小气田建几个煤层气试验区。埃克森公司对盆地南部的 Vega 气田两口井的 Cameo 煤层进行了试气（Choate 等，1984；Larsen，1985）。埃克森公司的 Vega Unit 2 井是第一口在煤层中完井的井。这口井钻于 1978 年，在 Cameo 煤层完井。通过射孔套管，四层主要的煤层被压裂。经过 30 天的清理，初始产水量从 100bbl/d 降至 12bbl/d。日渐增加的出水量主要归因于关井时压裂带被水充注。这口井共计产 $75 \times 10^6 ft^3$ 天然气，最终于 1983 年关井。埃克森公司也对其矿权内的 Vega Unit 4 井 Cameo 煤层进行了试气。初期产气率是 $140 \times 10^3 ft^3/d$ 和产水率 706bbl/d。该井于 1981 年关井，累计产气量是 $17.6 \times 10^6 ft^3$ 和产水量为 2000bbl 水。

在 20 世纪 90 年代和 21 世纪初期，汤姆布朗石油公司认为在 White River Dome 气田中 50%的产气量将来自 Cameo 煤层，因此一般对 Cameo 煤层进行射孔。出水量一直不稳定，分析认为地层水主要来自煤层。新钻井的产水率通常在 100～120bbl/d，且递减快。仅从砂岩中产出的水平均为 10bbl/d（Olson，2003）。

皮申斯盆地深部的 Mesaverde 煤层渗透率非常低，看似不能解析出有效量的甲烷气。通过试采数据和岩心样品原位应力分析的数据来看，Williams Fork 组煤的渗透率范围从几个纳达西到 1mD，总体是在微达西的范围（Reinecke 等，1991；Close 等，1993；Logan 和 Mavor，1995；Kaiser 和 Scott，1996）。Cameo 煤层的试井下降曲线表明，煤层脱水不是主要的出水来源，即产气量不随着产水量的减少而增加。开发井煤层的平均水气比为 $260bbl/10^6 ft^3$。与盆地内其他层相比，Cameo 煤层是具有最高的产水率。而多数情况下，盆地两翼浅层煤的出水可能与地表水有关。

2. 海相砂岩储层

Rollins 组海相砂岩通常以高含水率为特征（$100～300bbl/10^6 ft^3$），一般不在此组完井。而在中产水率的 Plateau，DeBeque，Shire Gulch 和 Mamm Creek 气田中，局部的 Rollins 海相砂岩有产能。S. Cumella（2003）认为这些区域可能是前积到加积组合的转变区。区域倾斜与纵向加积的叠合，可能形成局部圈闭。

Iles、Sego 和 Castlegate 组下部的海相砂岩出水有点不可思议。这些砂岩局部高产水，但在盆地南部的部分地区它们是主要的产气区，具有低—中等的出水率（$10～50bbl/10^6 ft^3$）。Iles 组的 Corcoran 和 Cozzette 段海相砂岩在 Plateau，DeBeque，Shire Gulch，Buzzard，Baldy Creek，Vega，Wolf Creek，和 Divide Creek 气田中均有产能，这些气田都位于盆地南半部。这些海相砂岩厚度薄，低连续性，与浅层的 Rollins 储层相比，具有较差的储层物性。S. Cumella（2005）认为该区域 Corcoran – Cozzette 海相砂岩的低产水主要与非常低的气水相对渗透率有关。大部分的 Corcoran 和 Cozzette 海相砂岩含水饱和度超过 50%，由于其具有非常低的基岩渗透率。因此，气水相对渗透率（Shanley 等，2004；定义为束缚渗透率）非常低。Cumella 认为 Corcoran 和 Cozzette 海相砂岩的气产能可能来自一些高品质的薄层，它们具有高含气饱和度，使得气体能够渗流。储层形态可能也是低产水的一个因素。研究认为，这些砂岩主要是远物源的滨岸准层序，由滨外泥岩和滨岸砂岩组成，通过 Grand Junction 地区周围的露头研究认为其具有中等连续性（P. Patterson，2007），可以形成局部的地层圈闭。

3. 近物源辫状河砂岩储层

在该组（Ohio Creek 砾岩和 Williams Fork 组最上部）顶部的近物源辫状河砂岩以高产水

为特征。近物源砂岩的下部(Williams Fork 组最上部)高含水(达到或超过 $1000bbl/10^6ft^3$),一般不在此层中完井。而近物源砂岩的上部(Ohio Creek 砾岩)局部地区高产气、中含水(小于 $100bbl/10^6ft^3$)。近物源砂岩的下部具有较好的连续性和良好的导水性;而近物源砂岩的上部局部不连续,形成低产水的常规地层圈闭(图24)。

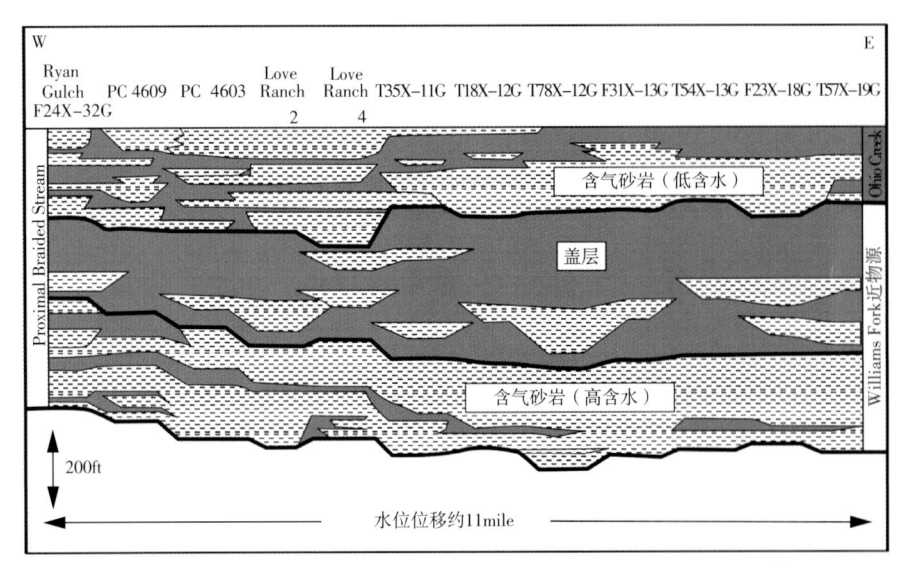

图 24 Piceance Creek 背斜附近近物源辫状河道储层横剖面图(砂体连续性和流体分布间的关系)

(三)水化学

1. 水组分数据

水化学数据来自皮申斯盆地 Mesaverde 群 84 个产水样品,由 Discovery Group 通过两种主要渠道收集的。美国地质调查局(2003)的产出水数据库是主要的渠道;美国地质调查局证实,理论上离子浓度总和不超过总矿化度(TDS)的 15%,阴离子/阳离子电荷也不超过 15%。化学分析结果不满足这些标准的数据均被剔除。

另外,还收集了科罗拉多石油与天然气委员会钻杆测试的分析化验资料,以及对相关高产水井进行化验分析。通过与美国地质调查局应用的标准进行对比,证实了化验分析数据的准确性。分析化验结果见图25。

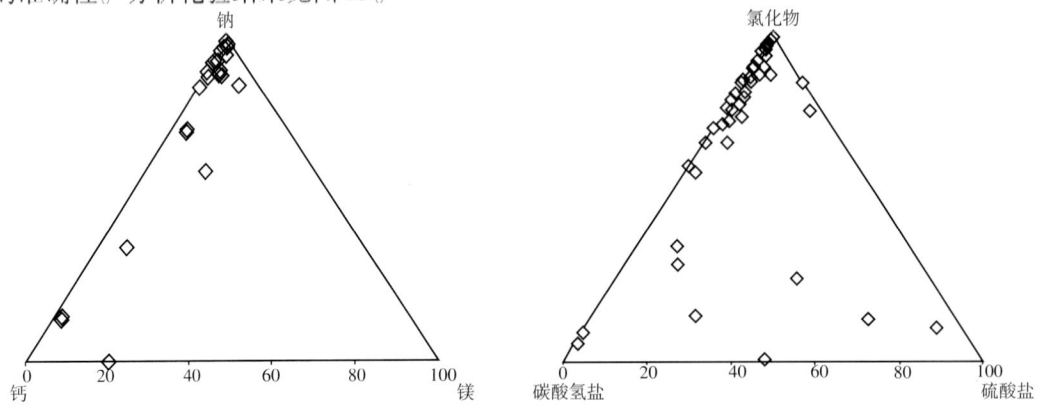

图 25 Mesaverde 群水化学、阳(左)阴(右)离子分布图

2. 水组分总结

水组分数据分析结果表明,Mesaverde 群产水层一般钠离子含量高,钙离子含量较少(小于总阳离子的10%),镁离子含量可以忽略。阴离子组成中,氯离子占主导地位,硫酸根离子含量较少,碳酸氢根离子可忽略。这也表明在 Mesaverde 群内,煤对产水几乎没有贡献。Van Voast(2003)研究表明,与煤层气有关的地层水一样,以低硫酸根离子、钙离子和镁离子,主要含碳酸氢根离子和钠离子为主要特征。在该地区 Cameo 厚煤层中完井,碳酸氢根离子含量低,这说明在该地区煤对产水的贡献不大。

总矿化度范围为 1~85000mg/L。由于数据太少,且零散分布,较难对总矿化度进行成图。然而,沿盆地边缘总矿化度最低(小于 10000mg/L),在盆地中心一般为 10000~35000mg/L(Freethey 等,1988)。这说明,降水或地表水渗滤是盆地周边临近 Mesaverde 群露头的含水带进行淡水补给最主要的方式。

八、总结

该项研究通过几种途径分析了 Mesaverde 群的流体分布,其中包括皮申斯盆地的生气模式、以钻井液测井显示为基础描绘总气柱、绘制高产水井的分布、识别高产水储集带。结合区域地层格架和裂缝骨架了解储层结构(砂体形态和物性)与盆内流体运移间的相互关系。研究结果表明,Mesaverde 群内的气水分布是总生气量与流体系统共同作用的结果,由控制盆地内气水运移的砂体形态和裂缝连通性决定的。图26 概括了皮申斯盆地 Mesaverde 群的气水分布。

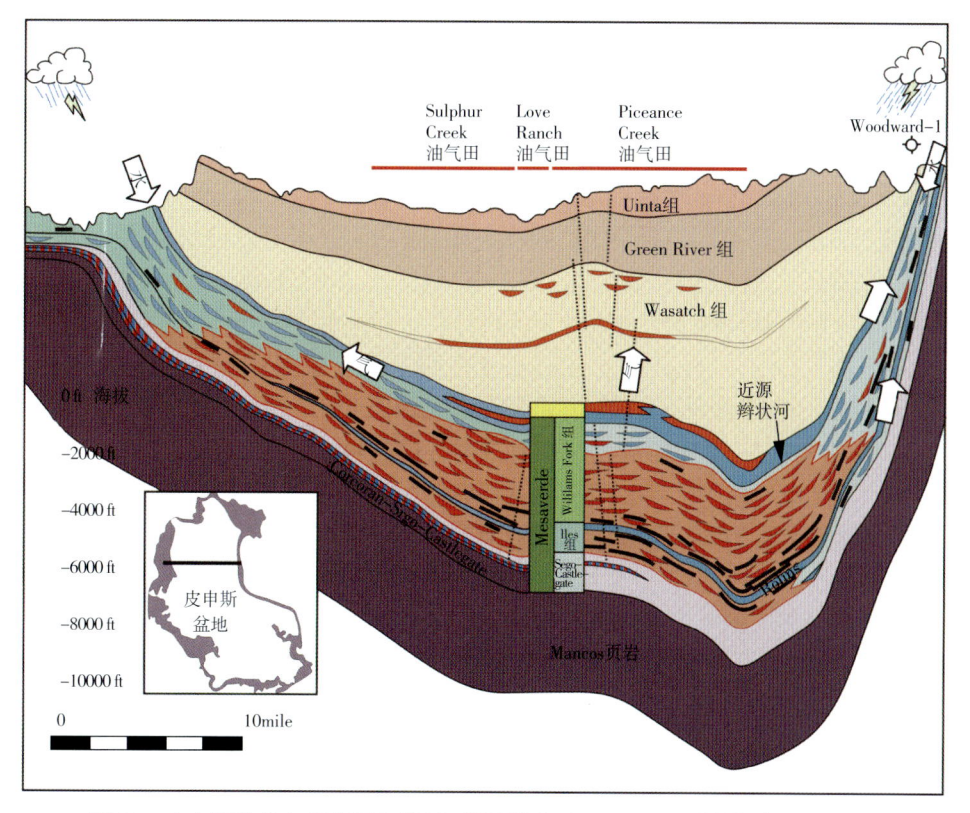

图26 皮申斯盆地北部东西向横剖面图(描述了 Mesaverde 群的气水区域分布)

建立了皮申斯盆地内 30 口井的埋藏史模型,生气量由 Mesaverde 群中烃源岩夹层和下伏 Mancos 页岩决定。产气率模拟表明,煤是 Mesaverde 群最主要的气源岩。Mesaverde 群底部的海相页岩和陆相页岩虽然厚度大、分布广,但一般具有低—中等的有机碳和氢指数,生成相对少量的天然气。盆地北部的深轴部烃源岩具有较高的成熟度生气量最大。

由埃克森美孚公司及公开发表可用的钻井液测井曲线数据可用来绘制连续气藏的顶界面,这能展示在 Iles 组 Rollins 段顶面的饱含气砂岩的高度。沿着盆地东部深轴区 Mesaverde 群中的气层最厚,生气量最大,向两侧逐渐降低。

生气量和连续气显示高度之间具有非常好的对应关系表明,Mesaverde 群储层的低渗透率和横向不连续的几何形态阻止了气体横向运移。在 Mesaverde 群和成熟源岩之上的新生界储层中存在天然气表明,天然气在 Mesaverde 群中主要为纵向运移。这有助于在生气过程中产生的高孔隙压力使微裂缝纵向扩张(Cumella 和 Scheevel,2005)。沿着与构造相关的低变形断层和裂缝(如 Piceance Creek 背斜(图 27),天然气运移到上覆新生界储层,这有可能发生。

地层格架、储层物性和裂缝模型表明,在 Mesaverde 群和 Ohio Creek 砾岩中可能存在 5 种主要的流体带控制流体横向运移。Mesaverde 群大都是低渗透横向不连续的河流相砂岩,包括了 Williams Fork 组和 Iles 组远物源的辫状河、沿岸平原砂岩和曲流河砂岩(流体带 2 和 4)。Mesaverde 群储层非常低的渗透率表明,流体(天然气和水)长距离运移主要受裂缝控制。皮申斯盆地的天然裂缝平行排列性强,因此,连通性主要依赖于裂缝密度、长度和高度。大部分裂缝发育终止于砂体边界,因此,不连续的远物源辫状河以及曲流河河道砂具有裂缝连通性差。

结合它们非常低的渗透率,导致流体的低流动性。横向运移主要在该层顶部连续性较好的近物源辫状河砂岩(流体带 1)和 Iles,Sego 及 Castlegate 组的海相临滨砂岩(流体带 3 和 5)。几乎在盆内所有地区,Mesaverde 群连续气藏顶界面均在 Ohio Creek 近物源辫状河砂砾岩以及 Williams Fork 组的最上部之下。这表明这些砂岩是流体运移散失的通道富含页岩的 Mesaverde 群盆地中心气藏的天然气纵向分布范围也能影响的 Mesaverde 群天然气纵向分布范围。另外,Cumella 和 Scheevel(2005)所研究 Mesaverde 群中页岩相的变化也影响了天然气纵向分布范围。

盆内广泛分布的 Rollins 段(流体带 3)可以将 Mesaverde 群含油气系统分为上部(Williams Fork 组)和下部(Iles,Sego 和 Castlegate 组)两个次级含油气系统。Iles 组、Sego 组和 Castlegate 组的 Corcoran 和 Cozzette 段内的海相临滨砂岩不像 Rollins 段中的砂岩那么厚或者分布那么广泛,在所有储层相中,它们具有最低的孔隙度和渗透率。虽然这些砂岩可以作为盆内部分地区流体流动的半区域通道,但它们局部性的产气并产适量的水,表明储层具有较低的水相渗透率及较低的储层低连通性。

总之,皮申斯盆地天然气的分布反映了总生气量及 Mesaverde 群内不同砂体聚气成藏的能力。气柱厚度最大的地区位于生气量最大的地区。天然气优先在不连续的冲积河道中聚集,而该层底部的海相砂岩连续性较好,该层顶部叠加的近物源辫状河砂岩是天然气运移至地表以及淡水从周边露头补给的通道。

参 考 文 献

Barker,C. E. ,1989,Fluid inclusion evidence for paleo – temperatures within the Mesaverde Group Multiwell

Experiment site, Piceance Basin, Colorado, in B. E. Law and C. W. Spencer, eds. , Geology of tight gas reservoirs in the Pinedale anticline area, Wyoming, and at the Multiwell Experiment site, Colorado: U. S. Geological Survey Bulletin, v. 1886, p. M1 – M11.

Bohacs, K. M. , and J. Suter, 1997, Sequence stratigraphic distribution of coaly rocks; fundamental controls and paralic examples: AAPG Bulletin, v. 81, p. 1612 – 1639.

Bostick, N. H. , 1983 Vitrinite reflectance and temperature gradient models applied at a site in the Piceance Basin, Colorado: AAPG Bulletin, v. 67, p. 427 – 428.

Bostick, N. H. , and V. L. Freeman, 1984, Tests of vitrinite reflectance and paleotemperature models at the Multiwell Experiment site, Piceance Creek Basin, Colorado, in C. W. Spencer and C. W. Keightn, eds. , Geological studies in support of U. S. Department of Energy Multiwell Experiment, Garfield County, Colorado: U. S. Geological Survey Open – File Report 84 – 757, p. 110 – 120.

Bragg, J. , J. K. Oman, S. J. Tewalt, C. J. Oman, N. H. Rega, P. M. Washington, and R. B. Finkelman, 2002, U. S. Geological Survey Open – File Report 97 – 134, U. S. Geological Survey Coal Quality (COALQUAL) Database: Version 2. 0: http://energy. er. usgs. gov/products/databases/CoalQual /index. htm (accessed June 2002).

Cantwell, J. R. , 2002, The geology of the Gibson Gulch unit, Piceance Basin, Garfield County, Colorado (abs.): Rocky Mountain Section Meeting, AAPG Program with Abstracts, p. 20.

Chancellor, R. E. , and R. C. Johnson, 1986, Geologic and engineering implications of production history from five wells in central Piceance Creek Basin, northwest Colorado: Society of Petroleum Engineers Symposium on Unconventional Gas Technology, Louisville, Kentucky, 1986, SPE Paper 15237, p. 351 – 364.

Choate, R. , D. Jurich, and G. J. Saulnier, 1984, Geologic overview, coal deposits and potential for methane recovery from coalbeds, Piceance Basin, Colorado, in C. T. Rightmire, G. E. Eddy, and J. N. Kirr, eds. , Coalbed methane resources of the United States: AAPG Studies in Geology, v. 17, p. 223 – 251.

Clark, J. , 1975, Controls of sedimentation and provenance of sediments in the Oligocene of the central Rocky Mountains: Geological Society of America Memoir 144, p. 95 – 117.

Close, J. C. , T. J. Pratt, T. L. Logan, and M. J. Mayor, 1993, Western Cretaceous coal seam project, summary of the Conquest Oil Company South Shale Ridge #11 – 15 well, Piceance Basin, western Colorado: Gas Research Institute Report GRI – 93/0146, 298 p.

Cole, R. D. , and S. P. Cumella, 2005, Sand body architecture in the lower Williams Fork Formation (Upper Cretaceous), Coal Canyon, Colorado, with comparison to the Piceance Basin subsurface: The Mountain Geologist, v. 42, p. 85 – 107.

Cole, R. D. , S. P. Cumella, M. Boyles, and G. Gustason, 2002, Stratigraphic architecture and reservoir characteristics of the Mesaverde Group, northwest Colorado: 2002 Rocky Mountain Sectional Meeting, AAPG Field Trip Guidebook, Laramie, Wyoming, 117 p.

Colorado Oil and Gas Commission, 2003, Colorado Oil and Gas Commission database: http://www. oil – gas. state. co. us/ (accessed 2003).

Cumella, S. P. , and D. B. Ostby, 2003, Geology of the basin – centered gas accumulation, Piceance Basin, Colorado, in K. M. Peterson, T. M. Olson, and D. S. Anderson, eds. , Piceance Basin 2003 guidebook: Rocky Mountain Association of Geologists, p. 171 – 193.

Cumella, S. P. , and J. Scheevel, 2005, Geology and mechanics of the basin – centered accumulation, Piceance Basin, Colorado, in W. Camp and K. Shanley, conveners, Understanding, exploring and developing tight gas sands: AAPG Bulletin, Program Abstracts (Digital), AAPG Hedberg Conference, Vail, Colorado, April 24 – 29, v. 89, 5 p.

Decker, D. , 1985, Appropriate sttatigraphic nomenclature for coal reservoirs in Piceance Basin, Colorado (abs.): AAPG Bulletin, v. 69, p. 846.

Decker, E. R. , 1995, Thermal regimes of the southern Rocky Mountains and Wyoming Basin in Colorado and

Wyo – ming in the United States: Tectonophysics, v. 244, p. 85 – 106.

Erdmann, C. E., 1934, The Book Cliffs coal field in Gar – field and Mesa counties, Colorado: U. S. Geological Survey Bulletin, v. 297, 96 p.

Freethey, G. W., B. A. Kimball, D. E. Wilberg, and J. W Hood, 1988, General hydrogeology of the aquifers of Mesozoic age, Upper Colorado River basin— Excluding the San Juan Basin— Colorado, Utah, Wyoming, and Arizona: U. S. Geological Survey Hydrologic Investigations Atlas HA – 698.

Goolsby, S. M., N. S. Reade, and D. K. Murray, 1979, Evaluation of coking coals in Colorado: Department of Natural Resources, Colorado Geological Survey, Denver, Colorado, Resource Series 7, 72 p.

Hancock, E. T., and J. B. Eby, 1930, Geology and coal resources of the Meeker quadrangle, Moffat and Rio Blanco counties, Colorado: U. S. Geological Survey Bulletin, v. 812 – C, 242 p.

Hettinger, R. D., and M. A., Kirschbaum, 2003, Stratigraphy of the Upper Cretaceous Mancos Shale (upper part) and Mesaverde Group in the southern part of the Uinta and Piceance basins, Utah and Colorado, in Petroleum systems and geologic assessment of oil and gas in the Uinta – Piceance Province, Utah and Colorado: U. S. Geological Survey Digital Data Series DDS – 69 – B, chapter 12, 21 p.

Hettinger, R. D., L. N. R. Roberts, and T. A. Gognat, 2000, Investigations of the distribution and resources of coal in the southern part of the Piceance Basin, Colorado, in M. A. Kirschbaum, L. N. R. Roberts, and L. R. H. Biewick, eds., Geologic assessment of coal in the Colorado Plateau— Arizona, Colorado, New Mexico, and Utah: U. S. Geological Survey Professional Paper 16 – 25 – B, chapter O, 61 p.

Johnson, R. C., 1989, Geologic history and hydrocarbon potential of Late Cretaceousage, low permeability reservoirs, Piceance Basin, Western Colorado: U. S. Geo logical Survey Bulletin, v. 1787 – E, 51 p.

Johnson, R. C., and V. F. Nuccio, 1986, Structural and thermal history of the Piceance Creek Basin, western Colorado, in relation to hydrocarbon occurrence in the Mesaverde Group, in C. W. Spencer and R. F. Mast, eds., Geology of tight reservoirs: AAPG Studies in Geology 24, p. 165 – 205.

Johnson, R. C., and D. D. Rice, 1990, Occurrence and geochemistry of natural gases, Piceance Basin, northwest Colorado: AAPG Bulletin, v. 74, p. 805 – 829.

Johnson, R. C., and S. B. Roberts, 2003, The Mesaverde total petroleum system, Uinta – Piceance province, Utah and Colorado, in Petroleum systems and geologic assessment of oil and gas in the Uinta – Piceance province, Utah and Colorado: U. S. Geological Survey Digital Data Series DDS – 69 – B, chapter 4 CD – ROM, 63 p.

Jüntgen, H. E., and J. Karweil, 1966, Gasbildung und Gasspeicherung in Steinkohlenflozen: Parts I and II: Erdol Kohle, Erdgas, Petrochem, v. 19. p. 251 – 258, 339 – 344.

Kaiser, W. R., and A. R. Scott, 1996, Hydrologic setting of the Williams Fork Formation, Piceance Basin, Colorado, in R. Tyler, A. R. Scott, W. R. Kaiser, H. S. Nance, and R. G. McMurry, eds., Geologic and hydrologic controls critical to coalbed methane producibility and resource assessment: Williams Fork Formation, Piceance Basin, northwest Colorado: Gas Research Institute contract 5091 – 214 – 2261, p. 252 – 268.

Kelley, S. A., and D. D. Blackwell, 1990, Thermal history of the Mulri – well Experiment (MWX) site, Piceance Creek Basin, northwestern Colorado, derived from fission – track analysis: Nuclear Tracks and Radiation Measurements, v. 17, p. 331 – 337.

Kukal, G. C., 1993, Downdip water incursion and gas trapping styles along the southwest flank of the Piceance Basin (abs.): AAPG Bulletin, v. 77, p. 1453.

Larsen, V. E., 1985, Geology and overview of coalbed methane resources and activity in the Piceance Creek Basin, Colorado: Quarterly Review of Meth ane from Coal Seams Technology, v. 3, no. 1, p. 1 – 22.

Larson, E. E., M. Ozima, and W. C. Bradley, 1975, Late Cenozoic basic volcanism in northwestern Colorado and its implications concerning tectonism and the origin of the Colorado River system: Geological Society of America Memoir 144, p. 155 – 178.

Law, B. E., 2002, Basin-centered gas systems: AAPG Bulletin, v. 86, p. 1891–1919.

Logan, T. L. and M. J. Mavor, 1995, Final report Western Cretaceous Coal Seam Project: Gas Research Institute Topical Report GRI-94/0089, Chicago, Illinois, March 1995, 167 p.

Lorenz, J. C., 2003, Fracture systems in the Piceance Basin: Overview and comparison with fractures in the San Juan and Green River basins, in K. M. Peterson, T. M. Olson, and D. S. Anderson, eds., Piceance Basin 2003 guidebook: The Rocky Mountain Association of Geologists, p. 75–94.

Meissner, F. F., 1984, Cretaceous and lower Tertiary coals as sources for gas accumulations in the Rocky Mountain area, in J. Woodward, F. F. Meissner, and J. L. Clayton, eds., Hydrocarbon source rocks of the greater Rocky Mountain region: Rocky Mountain Association of Geologists guidebook, p. 401–431.

Nelson, P. H., 2003, A review of the Multiweil Experiment, Williams Fork and Iles formations, Garfield Country, Colorado: Chapter 15 of Petroleum systems and geologic assessment of oil and gas in the Uinta-Piceance Province, Utah and Colorado, by USGS Uinta-Piceance Assessment Team: U. S. Geological Survey Digital Data Series DDS-69-B CD-ROM, 24 p.

Nuccio, V. F., and L. N. R. Roberts, 2003, Thermal maturity and oil and gas generation history of petroleum systems in the Uinta-Piceance province, Utah and Colorado, in Petroleum systems and geologic assessment of oil and gas in the Uinta-Piceance province, Utah and Colorado: U. S. Geological Survey Digital Data Series DDS-69-B, chapter 12, 35 p.

Olson, T. M., 2003, White River Dome field: Gas production from deep coals and sandstones of the Cretaceous Williams Fork Formation, in K. M. Peterson, T. M. Olson, and D. S. Anderson, eds., Piceance Basin 2003 guidebook: Rocky Mountain Association of Ge ologists, p. 155–169.

Olson, T. M., H. Held, W. Hobbs, B. Gale, and R. Brooks, 2002, White River Dome field, Piceance Basin: Basin-center gas production from coals and sandstones in the Cretaceous Williams Fork Formation (abs.): Rocky Mountain Section Meeting, AAPG Program with Abstracts, p. 35.

Passey, Q., R. S. Creaney, J. B. Kulla, F. J. Moretti, and J. D. Stroud, 1990, A practical model for organic richness from porosity and resistivity logs: AAPG Bulletin, v. 74, p. 1777–1794.

Patterson, P. E., K. Kronmueller, and T. D. Davies, 2003, Sequence stratigraphy of the Mesaverde Group and Ohio Creek Conglomerate, northern Piceance Basin, Colorado, in K. M. Peterson, T. M. Olson, and D. S. Anderson, eds., Piceance Basin 2003 guidebook: Rocky Mountain Association of Geologists, p. 115–128.

Payne, D. F., K. Tuncay, A. Park, J. B. Comer, and P. Ortoleva, 2000, A reaction-transport-mechanical approach to modeling the interrelationships among gas generation, overpressuring, and fracturing: Implications for the Upper Cretaceous natural gas reservoirs of the Piceance Basin, Colorado: AAPG Bulletin, v. 84, p. 545–565.

Pitman, J. K., and E. S. Sprunt, 1985, Origin and distribution of fractures in Tertiary and Cretaceous rocks, Piceance Basin, Colorado, and their relation to hydrocarbon generation: AAPG Bulletin, v. 69, p. 860–861.

Pitman, J. K., C. W. Spencer, and R. M. Pollastro, 1989, Petrography, mineralogy, and reservoir characteristics of the Upper Cretaceous Mesaverde Group in east-central Piceance Basin, Colorado: U. S. Geological Survey Bulletin, v. 1787–G, 31 p.

Reinecke, K. M., D. D. Rice, and R. C. Johnson, 1991, Characteristics and development of fluvial sandstone and coalbed reservoirs of Upper Cretaceous Mesaverde Group, Grand Valley field, Colorado, in S. D. Schwochow, D. K. Murray, and M. F. Fahy, eds., Coalbed methane of western North America: Rocky Mountain Association of Geologists, p. 209–225.

Rice, D. D., 1993, Composition and origins of coalbed gas, in B. E. Law and D. D. Rice, eds., Hydrocarbons from coal: AAPG Studies in Geology 38, p. 159–184.

Scheevel, J., and S. P. Cumella, 2005, Stratigraphic and rock mechanics control of Mesaverde gas distribution, Piceance Basin, Colorado, in S. Goolsby and J. Robinson, cochairmen, Low permeability reservoirs in the Rockies:

Rocky Mountain Association of Geologists and Petroleum Technology Transfer Council, 12 p.

Shanley, K. W. , R. C. Cluff, and J. W. Robinson, 2004, Factors controlling gas production from low - permeability sandstone reservoirs: Implications for resource assessment, prospect development, and risk analysis: AAPG Bulletin, v. 88, p. 1083 - 1121.

Spencer, C. W. , 1989, Review of characteristics of low - permeability gas reservoirs in western United States: AAPG Bulletin, v. 73, p. 613 - 629.

Teufel, L. W. , 1984, Distribution of natural fractures in the Piceance Basin of Colorado: Eos, Transactions, American Geophysical Union, v. 65, 1118 p.

Tyler, R. , and R. G. McMurry, 1995, Genetic stratigraphy, coal occurrence, and regional cross section of the Williams Fork Formation, Mesaverde Group, Piceance Basin, northwestern Colorado: Colorado Geological Survey Open File Report 95 - 2, 42 p.

Tyler, R. , W. R. , Kaiser, A. R. Scott, D. S. Hamilton, and W. A. Ambrose, 1995, Geologic and hydrologic assessment of natural gas from coal: Greater Green River, Piceance, Power River, and Raton basins, western United States: Bureau of Economic Geology, University of Texas at Austin, Report of Investigations 228, 100 p.

U. S. Geological Survey, 2003, Produced water database: http://energy.cr.usgs.gov/prov/prodwat/data.htm (accessed 2003).

Van Voast, W. A. , 2003, Geochemical signature of formation waters associated with coalbed methane: AAPG Bulletin, v. 87, p. 667 - 676.

Wilson, M. S, , B. G. Gunneson, K, Peterson, R. Honore, and M. M. Laughland, 1998, Abnormal pressures encountered in a deep wildcat well, southern Piceance Basin, Colorado, in B. E. Law, G. F. Ulmishek, and V. I. Slavin, eds. , Abnormal pressures in hydrocarbon environments: AAPG Memoir 70, p. 195 - 214.

Wyman, R. E. , 1984, Gas resources in Elmworth coal seams, in J. A. Master, ed. , Elmworth - Case study of a deep basin gas field: AAPG Memoir 38, p. 173 - 188.

Yurewicz, D. A. , K. M. Bohacs, J. D. Yeakel, and K. KronmuellBer, 2003, Source rock analysis and hydrocarbon generation, Mesaverde Group and Mancos Shale, northern Piceance Basin, Colorado, in K. M. Peterson, T. M. Olson, and D. S. Anderson, eds. , Piceance Basin 2003 guidebook: Rocky Mountain Association of Geologists, p. 130 - 153.

地层学和岩石力学对皮申斯盆地 Mesaverde 群天然气分布的影响

Stephen P. Cumella　Jay Scheevel

摘要：皮申斯盆地内区域性大范围分布的 Mesaverde 群盆地中心气藏的勘探开发正如火如荼地进行着。日产量从 2000 年的小于 $20 \times 10^6 \mathrm{ft}^3/\mathrm{d}$ 到目前的大于 $1 \times 10^9 \mathrm{ft}^3/\mathrm{d}$。皮申斯盆地大部分的天然气产量来自 Mesaverde 群 Williams Fork 组的不连续河流相砂岩。在皮申斯盆地南部一些地区，10acre(4ha) 的井密度已证实是可行的。这些地区的典型井估算的最终可采量(EURs)是每口井 $1 \times 10^9 \sim 2 \times 10^9 \mathrm{ft}^3$，所得储量为 $60 \times 10^9 \sim 120 \times 10^9 \mathrm{ft}^3/\mathrm{mile}^2$。对于商业气藏的深度界限目前还不清楚，盆地更深部位也可能存在商业天然气。在商业产气区内，大部分的天然气产自连续的、饱含气的 Williams Fork 组，产气层的总厚度超过 3000ft(900m)。Williams Fork 组向盆地边缘方向饱含气的层厚逐渐变薄，变得无工业价值。

这种巨大的天然气资源的存在是因为其具备了几个重要的地质条件。大量生成的天然气来自 Mesaverde 群巨厚的高热成熟的煤。Mesaverde 群的砂岩储层具有非常低的渗透率和不连续的天然特性，阻止了天然气的运移。天然气的生成和聚集的速率超过其逃逸的速率，导致形成超压。最终，气体压力超过水润湿孔的毛细管束缚力，孔隙系统的水被排出，形成高压，饱含气储层内几乎不含可动水。

此外，Williams Fork 天然气的整体分布与高孔隙压力有助于产生裂缝和通过产生的天然裂缝系统进行天然气的运移。裂缝总体的排列方向由其形成时的构造应力方向所决定，但裂缝的分布和强度主要受天然气充注时形成的超压大小和随时间变化的影响。

皮申斯盆地 Mesaverde 群裂缝主要是张性样式裂缝（也叫张性破裂或张节理）。其中一些裂缝是开启的，此后被胶结物胶结，然后又开启。有时候，这个过程一直重复发生。众所周知，开启裂缝是地下流体运移的一个重要因素，Mesaverde 井不测试的原位渗透率比岩心测试的岩石基质渗透率高三个数量级。由于皮申斯盆地 Mesaverde 群大部分的裂缝是张性破裂，因此，我们重点研究孔隙压力的大小对有效应力和应变边界条件的影响及它们如何控制张性破裂。研究发现，高孔压力在不同方向均匀地压缩砂体内的单砂粒（孔隙弹性效应），随着孔隙压力的增加横向正应力减小，直到某些情况下孔隙压力达到了岩石的抗张有效应力，岩石发生破裂。这些情况一般发生在 Williams Fork 下部含煤层成熟阶段，此时，孔隙压力达到足以使大部分类型的岩石发生破裂的程度。目前，该组的一些层段仍然保持较高的超压。随着向上远离含煤层，压力逐渐递减，只有脆性砂岩岩性才能发生破裂导致地层因素成为天然气横向、纵向运移的一个非常重要的因素。

这种运移过程主要发生在饱含气的连续气藏顶面之下。饱含气的连续气藏顶面之上是含气水的过渡带。过渡带砂岩中的天然气可能是沿着主要断层和裂缝带运移上来的。过渡带中的砂岩一般比饱含气的连续气藏中的砂岩具有更好的孔隙度和渗透率。在许多含气过渡带的砂岩中，常规圈闭可能起作用。

皮申斯盆地覆盖层主要的剥蚀发生在生气高峰之后。剥蚀期间气体膨胀，可能对气体饱和度有重要的影响。当气藏被紧密封闭、地层剥蚀后储层埋深变浅（小于 6000ft，小于 1800m），气体膨胀作用明显。在不连续砂岩储层中的气体膨胀可能驱替地层水进入周围的页岩,导致储层没有明显的底水。

一、概况

近几年来,皮申斯盆地 Mesaverde 群的产气量持续增加。产气量较大的气田是 Grand Valley、Parachute、Rulison 和 Mamm Creek 气田(图1),天然气主要产自 Mesaverde 群 Williams Fork 组。图2展示了这几个气田平均日产气量的增长,目前日产气总量超过 $1 \times 10^9 ft^3$。该天然气来自于皮申斯盆地构造最深部一个非常大的盆地中心气藏(图1)。皮申斯盆地大部分天然气产自 Williams Fork 组下部 $1/2 \sim 2/3$ 间的地层。该组在钻井过程中见相对连续的气显示(图3),地层等厚图见图1。大部分在该富含气层中的完井产水率低(在 Grand Valley、Parachute 和 Rulison 气田中,一般井的出水量小于 $5 bbl/10^6 ft^3$ 天然气)。

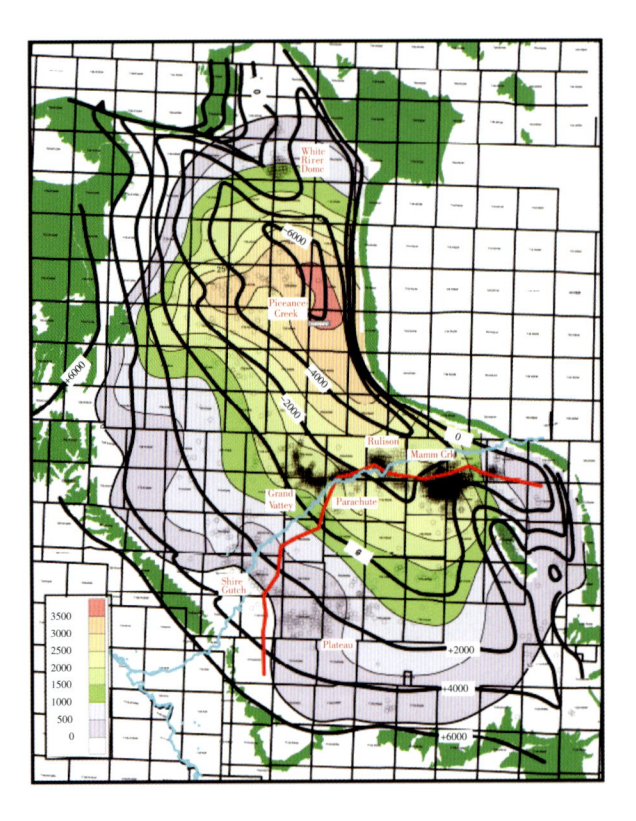

图1 皮申斯盆地 Mesaverde 群的生产井分布图(据 Johnson,1989,修改)
绿线代表 Mesaverde 群露头,蓝线代表科罗拉多河,气田名称代表的是主要气田。Rollins 砂岩段顶部的构造等高线(粗黑线)。颜色充填的等值线展示了 Rollins 砂岩段之上连续气显示的厚度(据 Yurewicz,2005,修改)。红色代表与图3、图4、图5B 相似的横剖面线。方格是 $6 mile^2 (10 km^2)$

盆地南部 Williams Fork 组正在开发,这主要是因为这些地区靠近科罗拉多河谷,拥有相对便利的交通(图1)。科罗拉多河北部和东北部 Mesaverde 群的开发速度较慢,这是由于其面临地貌、缺乏公路、缺乏实用的基础设施等经济和环境方面的挑战。

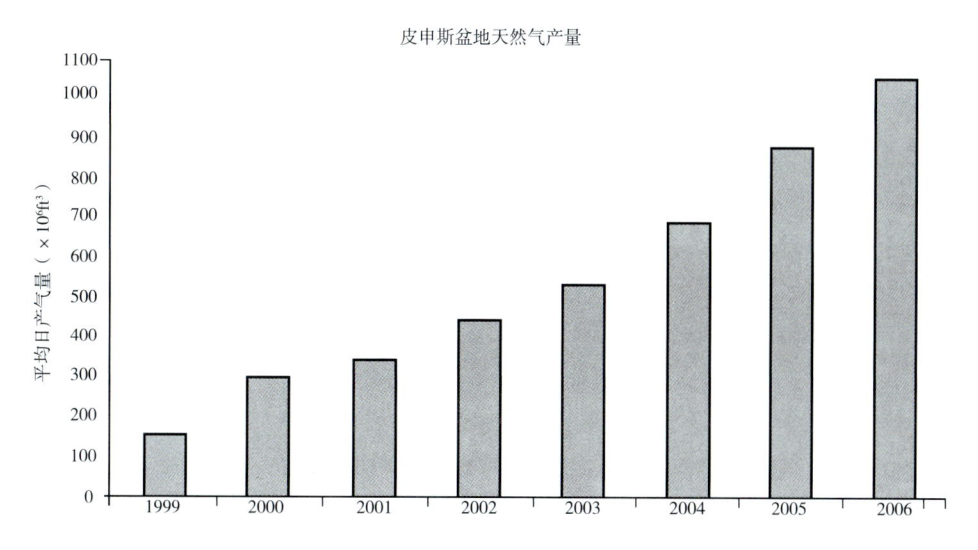

图 2 Rand Valley,Parachute,Rulison 和 Matom Creek 气田的平均日产气量

日益完善的完井技术和高密度钻井(井间距主要在 10~20acre[4~8ha])使产量有效增长

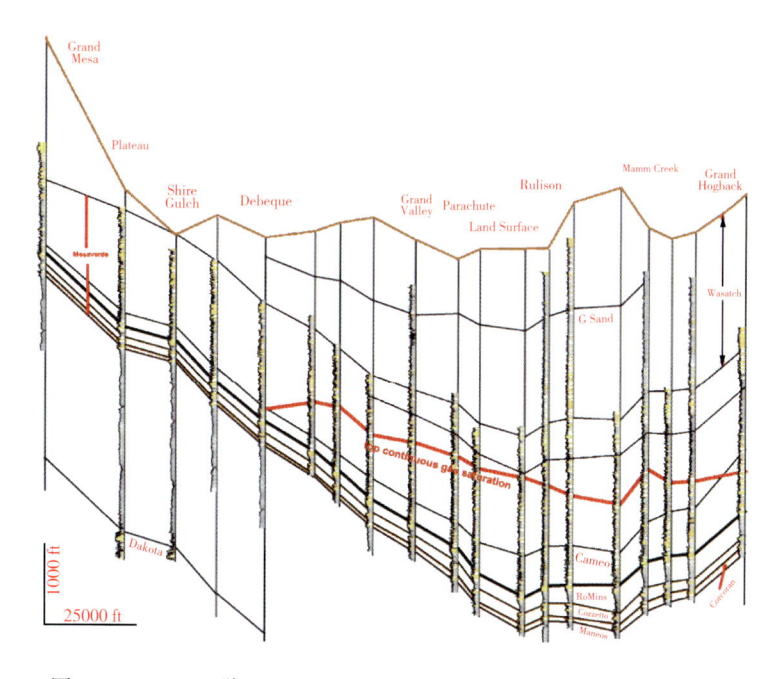

图 3 Mesaverde 群 Grand Mesa 至 Grand Hogback 的区域构造横剖面图

地层线的位置见图 1。颜色充填的伽马测井曲线见图,黄色代表砂岩,灰色代表页岩

长期以来,众所周知皮申斯盆地包含一个厚而饱含气的 Mesaverde 气藏,但由于砂岩的渗透率非常低,因此其商业开采困难。多种增产技术包括利用两次尝试运用核爆炸来进行钻井压裂,但都没有取得成功,直到 19 世纪 80 年代中期 Barrett 资源局利用改进的完井技术建立了 Grand Valley,Parachute 和 Rulison 气田的商业性产能。

许多文章都介绍了皮申斯盆地 Mesaverde 气产量。一些关键的参考文献包括 Reinecke 等(1991),Tyler 等(1996),Kuuskraa(1999),Hemborg(2000),cumella 和 Ostby(2003),Johnson 和 Roberts(2003)及 Cumella(2005)等。大量发表的文章出自 19 世纪 80 年代美国能源局 MWX 计划在 Rulison 气田投资 40000000 美元的一个研究项目。为了更好地了解和认识致密气藏,项目收集了大量的地质和工程资料。其中许多资料可在 Northrop 和 Frohne (1990)中查到。

二、Mesaverde 群层序地层

(一)Iles 组

白垩系 Mesaverde 群包括 Iles 组和 Williams Fork 组(图 4)。Iles 组上覆于海相 Mancos 页岩之上,包括 3 个海退海相砂岩旋回,被舌状海相页岩分隔。这三个海退旋回,自下而上分别为 Corcoran、Cozzette 和 Rollins 段。它们中的砂岩横向连续且横跨盆地南部和东部的大部分地区。Johnson(1989),Cole 和 Cumella(2003),Hertinger 和 Kirschbaum(2003),及 Kirschbaum 和 Hettinger(2005)详细总结了 Mesaverde 群层序地层。

(二)Williams Fork 组

Grand Valley、Parachute、Rulison 和 Mamm Creek 气田的高密度钻井提供了一个详细研究等时的、浅海的、含煤的、河流冲积地层的机会。该地层约是一个大于 30mile(48km)的倾斜区域(图 1)。补充的控制井 Williams Fork 组的主要地层单元与盆地东西两边露头的对比提供了条件。在皮申斯盆地南部,Rollins 段之上仍存在海相砂岩(图 4)。这些海相砂岩的叠加模式可与同期的河流沉积叠加模式相对比,以便研究二者之间是否存在一定关系。

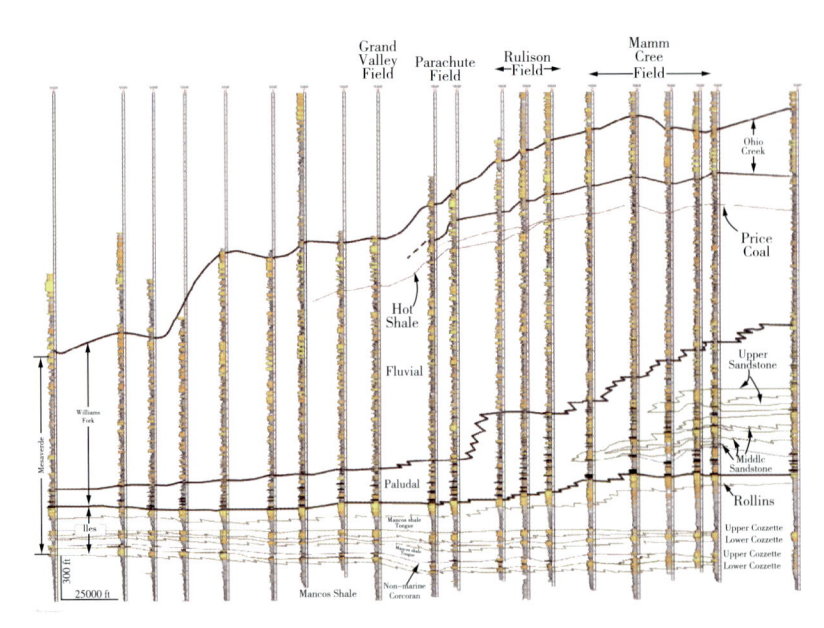

图 4 Mesaverde 群 Grand Mesa 至 Grand Hogback 区域地层横剖面图
Cozzette 顶部资料,地层线的位置见图 1。伽马曲线的充填颜色见图;黄色代表砂岩,灰色代表页岩

Rollins 段穿过皮申斯盆地从西部向东部海岸进积,至现在皮申斯盆地以东的某个地方达到最大海退(皮申斯盆地在 Rollins 段沉积时期还未成型,因为它是一个拉腊米期沉积盆地,在 Williams Fork 组沉积后形成的)。然后,该海岸进积回返向西,到达图 4 所示的位置。随着其再次向东进积至皮申斯盆地以东的某个位置,Williams Fork 的中部砂岩(非正式用语)在该时期沉积。另一次海进推动该海岸进积向西到达图 4 所示的某一个位置。在这次海岸进积过程中,沉积了 Williams Fork 的上部砂岩。此后,该海岸进积没有再回返至皮申斯盆地,因此,Williams Fork 没有海相沉积。

河流相砂岩的叠加模式很难描述,因为难以找到可对比的地层层位。平滑后的伽马测井曲线能反映地层总体结构,而常规伽马测井曲线不能直接反映(Patterson 等,2003a)。图 5A 展示了 Mamm Creek 气田同一口井完整的 Williams Fork 组常规的和平滑后的伽马测井曲线对比图。伽马测井曲线的低频分量在平滑的伽马曲线上显示得更明显。图 5B 是用平滑伽马曲线表示的一个横剖面构造,暖色(黄—红)对应低伽马值,冷色(绿—蓝)对应高伽马值。交替的高低净毛比层在光滑的伽马曲线显示上更容易识别。

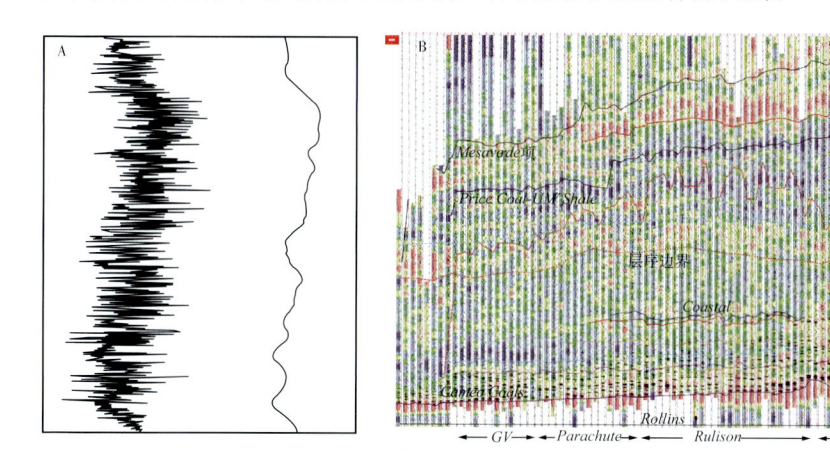

图 5　A. Mamm Creek 气田同一口井完整的 Williams Fork 组的常规伽马测井曲线与平滑后的伽马测井曲线的对比。B. 平滑后的伽马曲线横剖面展示了 Williams Fork 组泥质含量大范围的变化

横剖面线见图 1。测井曲线轨迹展示了每口井的常规伽马测井曲线。颜色充填的是平滑后的测井曲线,暖色代表低伽马值,冷色代表了高伽马值。线的颜色代码展示了海相沉积单元与同时期的煤层间的关系。GV 代表 Grand Valley 气田

基于 Shanley 和 McCabe(1994)的研究,一个关于临滨沉积与河流沉积叠加样式之间关系的简单模型见图 6。当沉积供应速率大于可容纳空间的增加速率,海岸进积(前积),河道沉积叠加产生高的净毛比砂岩有效厚度/总厚度。当基准线(相对海平面)上升,可容纳空间的增加速率超过沉积供应速率,海岸退积。可容纳空间的增加,导致泛滥漫滩和其他细粒的河流沉积得以保存,河道砂沉积更少且不连续。当沉积供应速率与可容纳空间的增加速率大致平衡时,海岸沉积垂向加积。在高速率增加的可容纳空间与高速率沉积供应相平衡时,主要沉积不连续的河道砂。

Williams Fork 组中一些厚的富砂层可能与较大级别的层序地层事件有关,且大多上覆于层序界面之上(Patterson 等,2003b)。这些层被标识为"低位体系域"和"Ohio Creek",图 5B 就存在着两个这样的层。这些层底部沉积物颗粒突然变粗,有效支持了这些层底界面为层序界面的观点。而且,图 4 中横剖面西部边缘的井可与露头对比,低位域一般是厚的粗粒富砂层,形成凸起台地。

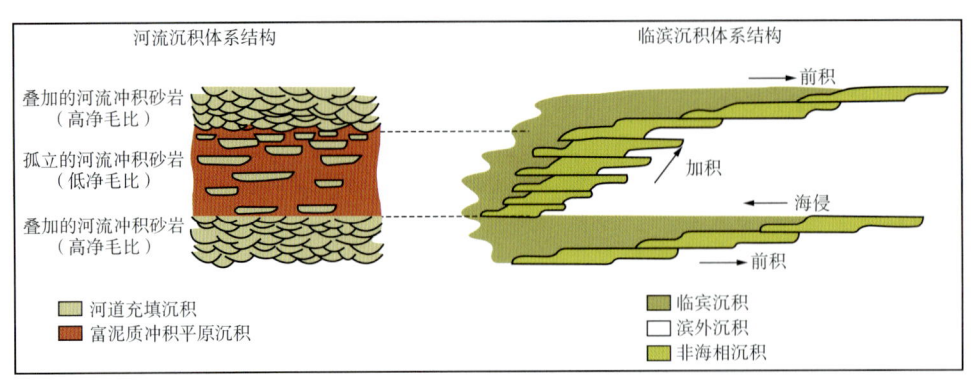

图6 临滨沉积和河流沉积叠加样式之间的关系可看作沉积供应与可容纳空间之间
的相互作用关系(基于Shanley和McCabe(1994)的概念)

三、烃源岩、成熟度及油气运移

前人对皮申斯盆地的研究已经记载了大量有关成熟烃源岩的资料(Johnson,1989;Johnson和Roberts,2003;Yurewicz等,2003)。Mesaverde群下部的煤生气量最大,Mancos页岩也是非常重要的烃源岩(Yurewicz等,2003)。盆地内大部分地区Williams Fork下部的煤层累计厚度一般为20~80ft(6~24m),但盆地东部通常大于80ft(24m)(Johnson和Roberts,2003)。成熟度研究表明,盆地深部大部分Mesaverde群的煤具备生成天然气的高成熟度(Johnson,1989;Yurewicz等,2003)。Yurewicz等(2003)估算了Grand Valley – Rulison气田区域所有源岩的累计生气量,生气强度为$300\times10^9 \sim 1100\times10^9 \text{ft}^3/\text{mile}^2$。

中—晚新生代的岩浆作用影响了皮申斯盆地南部地区,导致较高的热成熟度,Johnson(1989)通过测量煤化成熟度值证实了这点。岩浆作用的热效应对整个区域也有影响,提高了整个地区的煤化程度(Johnson,1989)。因此,皮申斯盆地的热史演化较难重建,因为煤化变质模型表明时间和温度是可以互补的,即短期高温与长期相对低温可产生相同的煤化变质作用(Johnson,1989)。

皮申斯盆地Williams Fork组包含页岩和顶部低渗透不连续的河流相砂岩。在这些岩层中,一般不发生横向运移。气体分布表明,天然气以纵向运移为主,主要受天然裂缝分布影响。通过对碳同位素的变化研究,证实了天然气的纵向运移(Johnson和Roberts,2003)。Jonson和Rice(1990)发现从Rulison和Grand Valley气田的Wasatch和G Sand组(图3)1100~2300ft(330~700m)取样进行碳同位素分析,其结果与Williams Fork中天然气的碳同位素分析结果很相近。该区域Williams Fork下部煤层顶面的埋深5500~8500ft(1700~2600m),该煤层可能是该区天然气的烃源岩。White River Dome气田Wasatch的天然气及Piceance Creek气田Green River组的天然气均来自Williams Fork煤层所生的气(Johnson和Roberts,2003)。

局部的同位素变化也显示了天然气以纵向运移为主。皮申斯盆地不同地区产出的天然气其同位素组分不同,这可能主要与这些地区Williams Fork组煤层成熟度的变化有关。产自煤层的天然气横向运移可能使天然气同位素组分的区别变得模糊(Johnson和Roberts,2003)。皮申斯盆地Mesaverde群连续气藏气柱高度的分布也能提供相应的证据支持曾经有过横向长距离运移。通常连续的饱含气层与其下伏的 Mesaverde 烃源岩生成的天然气数量之间存在着较好的一致关系(Yurewicz,2005)。而向盆地两侧有效的横向运移可能会导致气柱高度呈现与上述看到的不一样的分布特征。

四、天然裂缝证据

各种数据都有力地说明了 Williams Fork 砂岩储层中存在大量天然裂缝。作为 Rulison 气田 MWX 项目的一部分,收集了超过 4000ft(1200m)的钻井岩心,并描绘了这些井的裂缝体系(Lorenz,2003)。盆地内大量成像曲线表明,Williams Fork 连续饱含气层的大部分产气井普遍存在天然裂缝(Koepsell 等,2003)。

裂缝的存在导致速度各向异性,这可以通过偶极子声波测井和地面地震资料检测到。图 7 是 Mamm Creek 气田一口井的偶极子声波测井,展示了大量的横波各向异性。同一口井的成像曲线和全岩心分析数据表明,各向异性的增加由天然裂缝的密集程度增加所致。连续气藏顶部之上,各向异性明显减少。Mamm Creek 气田二维地震资料的叠加速度展示了裂缝在地震测线走向上的主要区别(R. Roux,2004)。地震测线走向与裂缝走向(北西—南东向)平行的叠加速度大于地震测线走向与裂缝走向垂直的叠加速度。

试井数据也提供了天然裂缝存在的强有力证据。长期大量单砂层的试井也是 Rulison 气田 MWX 项目的一部分(Lorenz 等,1989)。由试井原地状态获得的储层渗透率值比同一口井岩心测定的基岩渗透率值大 1~3 个数量级。试井获得的储层渗透率值增大了很多,最好的解释是天然裂缝提高了储层渗透率(Lorenz 等,1989)。

井漏分析也可以估算储层渗透率(Craig 等,2005)。在低渗透储层中,少量的、低速率的注入液会产生裂缝,而在关井期间的压力递减分析也能估算渗透率。从 Grand Valley,Parachute,Rulison,和 Mamm Creek 气田 826 口井的试井分析资料来看,61% 的试井存在压力泄露表明天然裂缝的存在(Craig 等,2005)。

定向取心和成像测井数据表明,Rulison 气田开启的天然裂缝倾向是西—北西向。Rulison 气田以西成像测井数据表明,裂缝倾向逐渐向逆时针方向旋转,在 Parachute 气田裂缝倾向近似于朝西,在 Grand Valley 气田为西—南西向展布(Cumella 和 Ostby,2003)。Ruli-

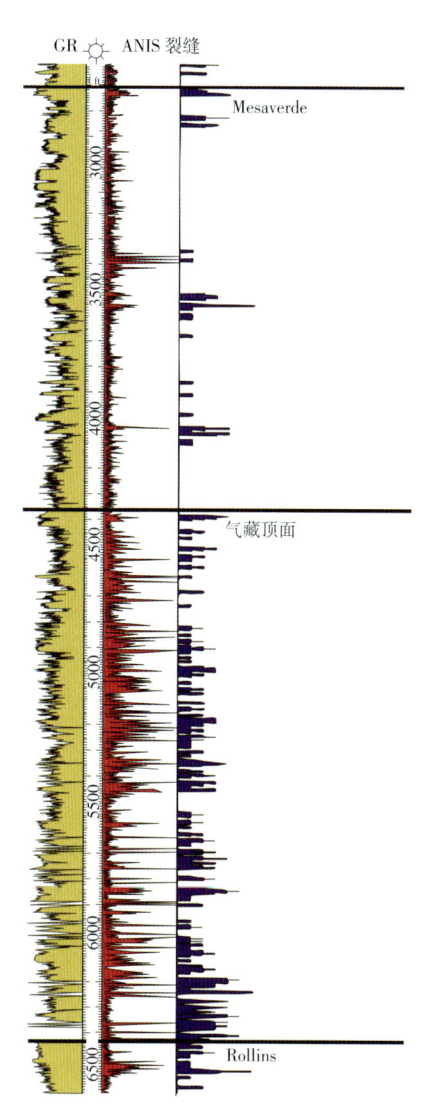

图 7 位于 Matom Creek 气田 Sec. 3,T7S,R92 井区的一口井的测井曲线
显示了连续气显示的顶面之下存在大量裂缝。伽马曲线位于左侧,显示了偶极子声波测井的横波非均质性(ANIS),成像曲线解释的裂缝分析(FRAC)位于右侧

son 气田以东，裂缝倾向顺时针方向旋转，在 Matom Creek 气田的某些地区裂缝倾向接近西偏北 45°。在拉腊米造山运动时期，天然裂缝的倾向被证实受地层条件下的水平应力控制（Lorenz 和 Finley，1991）。

五、Mesaverde 群的岩石力学

（一）力学方法综述

在天然气生成过程中，孔隙压力和应力条件引起地层自发的开启，产生裂缝，在皮申斯盆地一些地区，Mesaverde 群的致密气砂岩环境中仍然存在这样的裂缝（Scheevel 和 Cumella，2005）。孔隙压力的增加有利于天然裂缝的形成。

局部热成因气的快速进入能显著提高孔隙压力，引起弹性颗粒收缩（孔隙弹性效应）和有效应力的减小。增大孔隙压力、有限的横向边界应变导致横向有效正应力的下降形成拉张有效应力。拉张限度依赖于岩石类型。皮申斯盆地南部 Mesaverde 群已知的岩石机械性能和孔隙压力条件足以导致裂缝的形成。大部分 Mesaverde 群砂岩在目前的埋深和孔隙压力条件下，都处于富含裂缝状态。天然气生成的高峰期可能是孔隙压力最高的时候，此时可能形成很多泥岩和砂岩裂缝，这就为热成因气形成高峰期的天然气运移提供了通道。

裂缝预测是基于各向同性的线性弹性理论，应用于 Mesaverde 群测试井岩样上。这种应用弹性理论预测裂缝的方法可以应用于整个皮申斯盆地，同样适用于其他盆地的岩层。通过岩石力学的应用和从能源部在 Rulison 气田 MWX 井区研究项目获得的试井资料，证实了研究成果。

为了了解皮申斯盆地 Mesaverde 群天然裂缝存在的可能性，考虑了 Mesaverde 群岩性对各种孔隙压力的弹性效应，超负载产生的应力和变形。当岩石组分弹性应变时间超过了模型设置范围，则需要弹性分析校正。在研究实例中，Mesaverde 群下部煤层局部天然气的不断生成导致高孔隙压力的快速增加。在皮申斯盆地演化过程中，这些煤层生成了大量的天然气（Yurewicz 等，2003）。

低渗透率岩层中的天然气无法逃逸，导致在短期的地质时间内形成局部高孔隙压力，弹性应变主导岩石变形的过程。在 MWX 岩心样品分析观察到的弹性恢复之前，弹性应变一直占据主导地位（Warpinski 和 Teufel，1989）。一般地，如果应力载荷长时间存在，那些不可逆的（非弹性的）应变机制比弹性应变会起更大的作用，如压溶作用。压溶作用将会逐渐的耗散临界点之下的弹性负荷（Rutter，1976）。如随着埋深的增加，一般热膨胀会产生横向弹性的正应力，但由于长时间的较小应力差异，通过压溶作用应力载荷会逐渐消失。纯弹性应变不足以表征在埋藏过程中由热膨胀和压溶作用引起的应力状态的演化，除非埋藏过程和热膨胀过程发生的非常快。本文认为，热膨胀对皮申斯盆地 Mesaverde 群弹性应变的贡献小于孔隙—压力弹性应力的贡献。

（二）弹性分析

在下面的分析中，用正值表示压应力和压缩应变，负值表示张应力和拉张应变。

分析假定一个横向受限的应变环境，即井下环境下，非构造的横向应变被定义为 0，垂直

应变不受限。Gretner（1981）描述了在此假定情况下的应力状态（同轴变形）：

$$\sigma_{yy} = \sigma_{xx} = \frac{\mu}{(1-\mu)} \times \sigma_{zz} \quad (1)$$

σ_{yy} 和 σ_{xx} 是正应力的水平分量，σ_{zz} 是正应力的垂向分量，μ 是泊松比。

垂向正应力 σ_{zz} 为

$$\sigma_{zz} = L_0 \times Z \quad (2)$$

其中 L_0 是静岩压力梯度，Z 是埋深。L_0 的值是由 $\bar{\rho} \times g$ 决定的。$\bar{\rho}$ 是埋深 Z 和地表间的上覆层的平均密度，g 是重力加速度常量。L_0 值的单位是 psi/ft，利用 Warpinski 和 Teufel（1992）在测量的值，$L_0 = 1.05$ psi/ft（23.75 kPa/m）。

流体压力对岩石孔隙中的应力状态有非常重要的影响。含有压力孔隙流体的多孔岩石的变化应力被认为是有效应力（Terzaghi，1925；Handin 等，1963 之后）。有效应力的概念是指承担岩石骨架部分正应力的孔隙流体压力。有效应力可以通过方程式（3）和（3a）来表述

$$\sigma^{\text{eff}} = (\sigma - p_p) \quad (3)$$

$$p_p = H_V \times Z \quad (3a)$$

p_p 是孔隙压力，H_V 为流体静压梯度（孔隙压力作为深度的函数），在无流体的情况下，为法向应力分量。上标 eff 代表有效应力，下标 xx,yy 和 zz 分别代表两个相互垂直的水平方向和纵向上的分应力或分应变。

Biot（1941）认为，孔隙流体压力会引起基岩固体颗粒发生弹性收缩或扩张。颗粒变形使应力状态发生改变，与有效压力呈线性相关。这种变化称为孔隙弹性效应。

孔隙弹性特征与应力大小及应力变形有关，研究中重点分析了横向应变的边界条件，求解与横向弹性应变有关的弹性方程有利于研究和了解弹性应变的极限强度。横向骨架应变（$\varepsilon^f_{\text{lateral}}$）的一般方程由方程式（4）和（4a）中的任何一个横向有效应力（$\sigma^{\text{eff}}_{\text{lateral}}$）、纵向有效应力（$\sigma^{\text{eff}}_{zz}$）求得。

$$\varepsilon^f_{\text{lateral}} = \frac{1}{E} \times [(1-\mu) \times \sigma^{\text{eff}}_{\text{lateral}} - \mu \sigma^{\text{eff}}_{zz}] \quad (4)$$

其中

$$\sigma^{\text{eff}}_{\text{lateral}} = \sigma^{\text{eff}}_{xx} = \sigma^{\text{eff}}_{yy}$$

$$\varepsilon^f_{\text{lateral}} = \varepsilon^f_{xx} = \varepsilon^f_{yy} \quad (4a)$$

E 是杨氏模量。

在孔隙压力中，颗粒应变在各个方向上都是一致的。ε^g 代表孔隙压力中颗粒在各个方向上的线性应变，p_p，见方程式（5）。

$$\varepsilon^g = \frac{p_p}{3 \times K_g} \quad (5)$$

$$\varepsilon^g = \varepsilon^g_{xx} = \varepsilon^g_{yy} = \varepsilon^g_{zz} \quad (5a)$$

其中，K_g 是颗粒弹性模量。

联合方程(4)和(5),可以得到横向总应变(孔隙弹性应变)。

由于井筒条件下,横向应变为零。如方程式(6)中所示,设定方程式(4)和方程式(5)中的这两个应力总和为0。

$$\varepsilon_{\text{lateral}}^{\text{g}} + \varepsilon^{\text{g}} = \frac{1}{E}\left[(1-\mu) \times \sigma\varepsilon_{\text{lateral}}^{\text{eff}} - \mu\sigma_{zz}^{\text{eff}}\right] + \frac{p_P}{3K_g} = 0 \quad (6)$$

通过方程式(6)求得横向有效应力 $\sigma_{\text{lateral}}^{\text{eff}}$,即

$$\sigma_{\text{lateral}}^{\text{eff}} = \underbrace{\left(\frac{\mu}{1-\mu} \times \sigma_{zz}^{\text{eff}}\right)}_{\text{overburden}} + \underbrace{\left(\frac{p_P}{\mu-1} \times \frac{E}{3K_g}\right)}_{\text{grain}} \quad (7)$$

当横向有效正应力接近或变成拉应力的情况下($\sigma_{\text{lateral}}^{\text{eff}} \leq 0$),裂缝开启。这是因为脆性物质在拉应力作用下容易产生裂缝(Griffith,1920)。为了了解哪个因素有利于形成张应力,将方程式(7)的右边分成两项,分别将其定义为"覆盖层"和"颗粒"。"覆盖层"项总为正值(压缩状态),它驱使 $\sigma_{\text{lateral}}^{\text{eff}}$ 值远离拉张范畴。"颗粒"项总是负值,它促使 $\sigma_{\text{lateral}}^{\text{eff}}$ 值倾向于拉张范畴。"覆盖层"项部分依赖于泊松比(μ),颗粒组分依赖于颗粒的弹性模量(K_g)、杨氏模量(E)及泊松比(μ),当杨氏模量(E)与颗粒的弹性模量(K_g)非常接近时,"颗粒"项对张应力的形成影响增大,这种情况一般发生在孔隙度接近于0的情况下。

为了在Mesaverde群中使用弹性理论,考虑将构造应变用于系统内。应用Blanton和Olsen(1999)的方法,将方程(7)并入成为方程(8)。

$$\sigma_{\text{lateral}}^{\text{eff}} = \sigma_{xx}^{\text{eff}} = \underbrace{\left(\frac{\mu}{1-\mu} \times \sigma_{zz}^{\text{eff}}\right)}_{\text{overburden}} + \underbrace{\left(\frac{p_P}{\mu-1} \times \frac{E}{3K_g}\right)}_{\text{grain}} + \underbrace{\left(\frac{\mu \times E \times \varepsilon_{yy}^{\text{T}}}{1-\mu^2}\right)}_{\text{tectonic}_{yy}} + \underbrace{\left(\frac{E \times \varepsilon_{xx}^{\text{T}}}{1-\mu^2}\right)}_{\text{tectonic}_{xx}}$$

(8)

构造应力yy是由yy方向构造应变($\varepsilon_{yy}^{\text{T}}$)产生的xx向的横向正应力分量,构造应力xx是由xx方向构造应变($\varepsilon_{xx}^{\text{T}}$)产生的xx向的横向正应力分量。

如果构造应变在yy向的值比平行于xx向的值大(较大收缩应变),应变差异形成平行于xx向的最小横向有效应力。定义yy轴平行于最大压应力方向,那么,用横向最小有效正应力 σ_{xx}^{eff} 替代 $\sigma_{\text{lateral}}^{\text{eff}}$(先前各个水平向应变均等)。因此,任何开启裂缝都将垂直于xx向。

本次研究,认为西—北西向的(平行于yy)压应变为0.018%,北—北东向的(平行于xx)压应受相对较小,为0.006%。这些区域构造压应力非常小,但通过对MWX井岩心的弹性应力恢复分析,证实了它们的存在(Warpinski和Teufel,1989)。这些区域构造应力导致横向应力的非均质性,足以产生定向开启裂缝。在MWX区域,开启裂缝非常普遍(Lorenz等,1989),且都近似于垂直,一般呈西—北西向。

研究分析过程中也需要固体颗粒弹性模量值 K_g。这个值可以通过套外压缩率试井(管外样品的压力变化随与压力变化对应的体积变化的关系叫套外压缩率试井)直接获取 K_g。Warpinski和Teufel(1992)进行了这种类型的试井测量,从MWX井区岩心中测了一些样品的 K_g,取其平均值,(44GPa)进行研究。

为了在不同孔隙压力及Mesaverde群不同岩性条件下运用我们的研究方法,将岩石属性和孔隙压力条件集中于方程(8)中。岩石属性资料从MWX井区岩心分析获得,

压力包括了在 MWX 井区试井测量的压力值的范围。图 8 里所得的结果。坐标轴分别是弹性模量和泊松比。实线代表了在不同弹性模量和泊松比范围内,不同孔隙压力梯度下计算的拉张和压缩横向有效应力边界。图 8 计算的结果假定气藏垂直深度为 7150ft(2179m)。

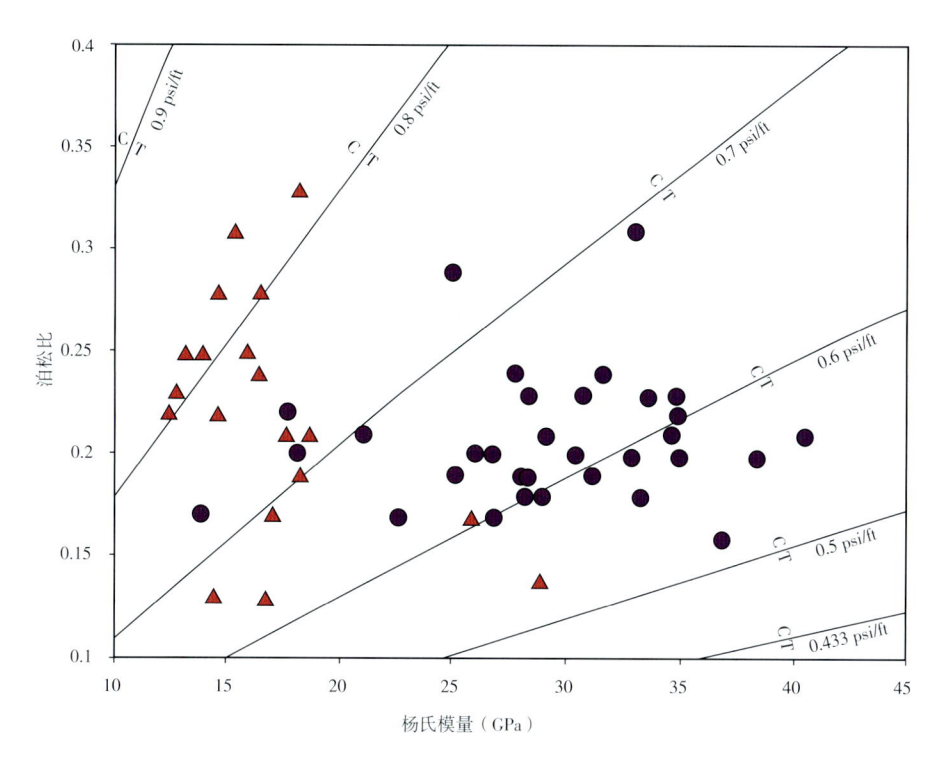

图 8 不同岩石弹性参数与孔隙压力梯度条件下压应力与拉应力界限图

黑线代表了不同孔隙压力梯度条件下由压缩有效正应力向拉张有效正应力(σ_{xx}^{eff})的转换(C 到 T)。该线的拉张一侧(T)为裂缝易发育区。蓝色圆点代表了 MWX 测定的砂岩岩心岩石力学属性,红色三角形代表了 MWX 测定的泥岩岩心岩石力学属性。固定参数值:垂直深度 7150ft(2179m),岩层静压梯度 1.05psi/ft(23.75kPa/m),颗粒弹性模量 44GPa(6.3×10^6psi),压缩应变(构造应力)为 +0.018%(yy 轴)和 +0.006%(xx 轴)

由于拉张横向有效应力($\sigma_{xx}^{eff} \leq 0$)会诱导裂缝开启,因此,若岩石的弹性参数落于实线右侧或下侧则发生破裂,若落于同一实线的左侧或上侧,则岩石会保持稳定,并维持原来的孔隙压力不变。图 8 中,圆点代表了砂岩弹性参数,三角点代表了泥岩弹性系数。图 8 可以反映不同岩性破裂门限的压力梯度。大部分 MWX 井区的砂岩可能在孔隙压力梯度为 0.6psi/ft 和 0.7psi/ft(13.5kPa/m 和 15.8kPa/m)时开始发生破裂。实际上,当孔隙压力梯度接近 0.8psi/ft(18.1kPa/m)时,所有砂岩和部分泥岩可能已经破裂了。当孔隙压力梯度达到 0.9 psi/ft(20.3kPa/m)时,Mesaverde 群内的所有岩石类型都开始发生破裂。

(三)裂缝演化及气体运移

在弹性分析总结的基础上,设想了孔隙压力增加促进破裂发生的过程,正如目前看到的超压气体聚集机理一样。根据本文的模型,气体首先运移到紧邻煤层的砂岩中,再运移至与该层砂岩紧密相邻的砂岩中,最后通过泥岩进入到孤立的砂体中。当气体生成量开始衰退时,孔隙压力降低,泥岩裂缝通道关闭,封闭了单砂体,形成高压。该过程形成的典型孔隙压力剖面是孔隙压力梯度向下增加至生气的煤层压力。

图9为模型示意图。天然气产自深部富含煤的层系。随着孔隙压力的增加,岩石裂缝的比例逐渐增加,有助于气体流向压力较低的砂岩,排出砂岩内的孔隙水。当孔隙压力梯度达到了其最高值,气体通过泥岩裂缝运移到孤立的砂体中。最后,当天然气生成量衰减,压力逐渐递减,每个孤立砂体的压力递减至其初始排替压力。目前的压力梯度是这整个过程的残余结果。MWX井区测量的孔隙压力梯度见图10。

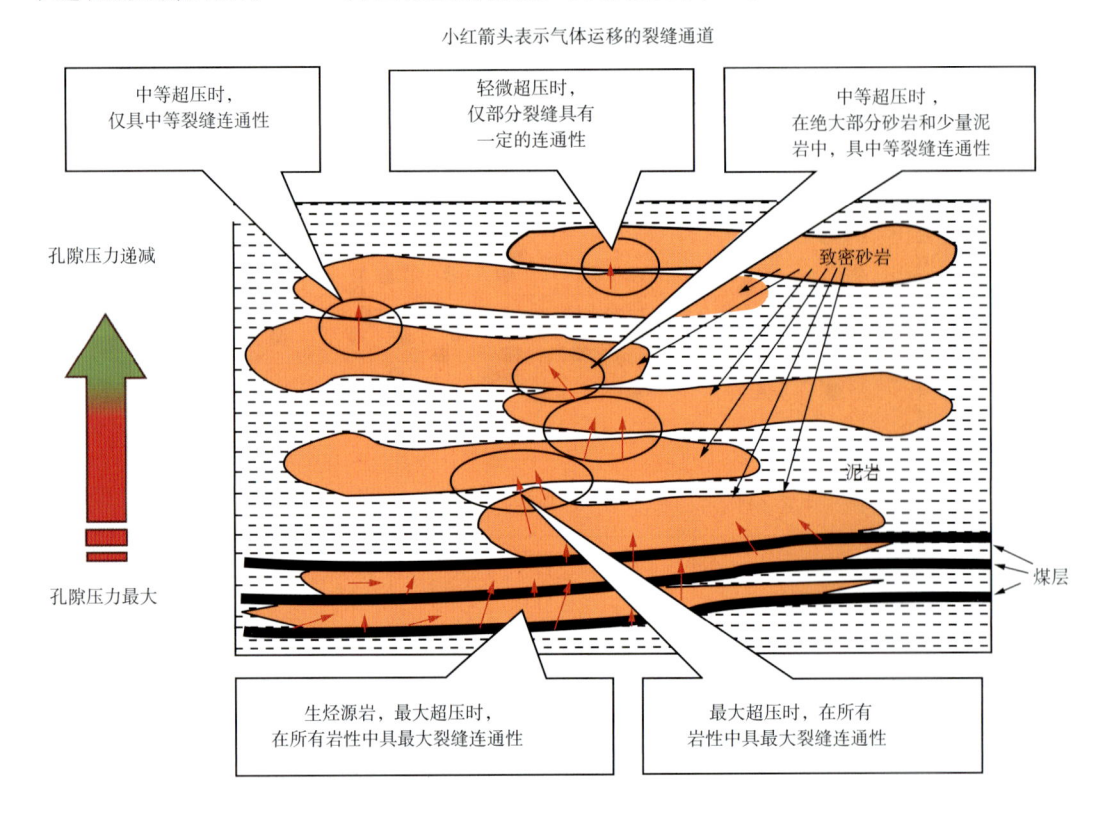

图9 裂缝破裂演化横剖面示意图
地层深部的煤层生成天然气,随着孔隙压力的增加,大部分的岩层发生破裂,
这有助于天然气向低压砂岩运移并驱替砂岩孔隙中的水,最后,当气体
生成量衰减时,孔隙压力也将递减至每个单砂体初始的最小
驱动压力。现今的压力梯度(图10)是这个过程的剩余压力

六、皮申斯盆地天然气运聚模型

图9中的模型应用于皮申斯盆地,得到天然气运聚模型,如图11所示。Williams Fork组中的大部分天然气产自其下部的煤层。Johnson(1989)认为,该煤层的主要天然气的生成开始于早始新世,其后的成岩作用大大降低了砂岩渗透率(Pittman等,1989)。砂岩的低渗透率和非连续的特性,使得气体很难从砂体中逃逸。当气体聚集的速率大于其散失的速率时,形成超压(Meissner,1987;Spencer,1989;Law,2002)。

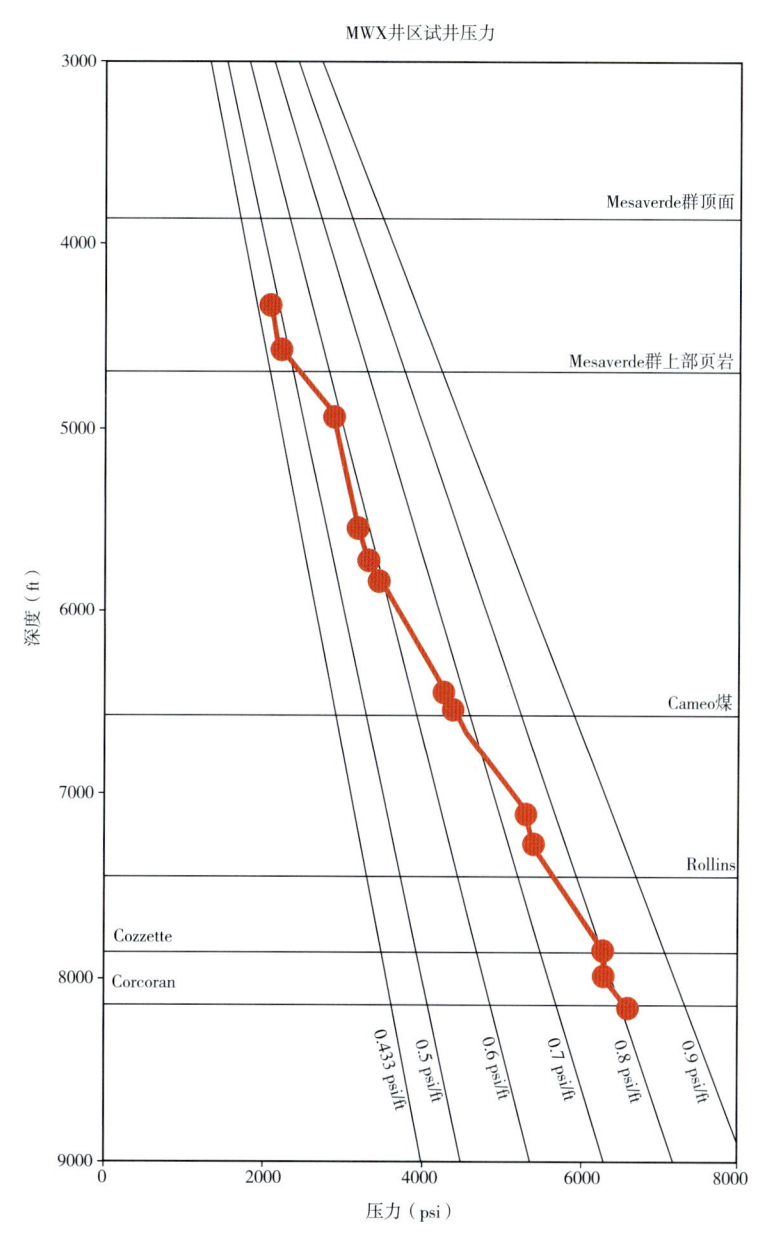

图 10 WMX 井区试井压力随深度变化图
红色点代表测试点(压力数据由 N. Warpinski,2005 提供),
黑色实线为不同的压力梯度线

应用由 MWX 项目获得的岩石力学资料计算表明,当孔隙压力梯度值大于 0.8psi/ft (18.1kPa/m)时,所有的砂岩都会发生破裂,当孔隙压力梯度值大于 0.9psi/ft(20.3kPa/m) 时,所有类型的岩石都会发生破裂。在裂缝发育间歇期,由于生烃产生的高压促使气体向上排挤,产生裂缝并向上运移。这个过程持续进行,直到压力不再充足,且(或)砂岩层之间泥质含量过高使得气体难以通过。图 7 提供了支持该裂缝模型的证据,横波和成像测井曲线解释的在连续饱含气的顶面之下天然裂缝发育明显增加,且在 Williams Fork 下部仍然保留较密集的天然裂缝。

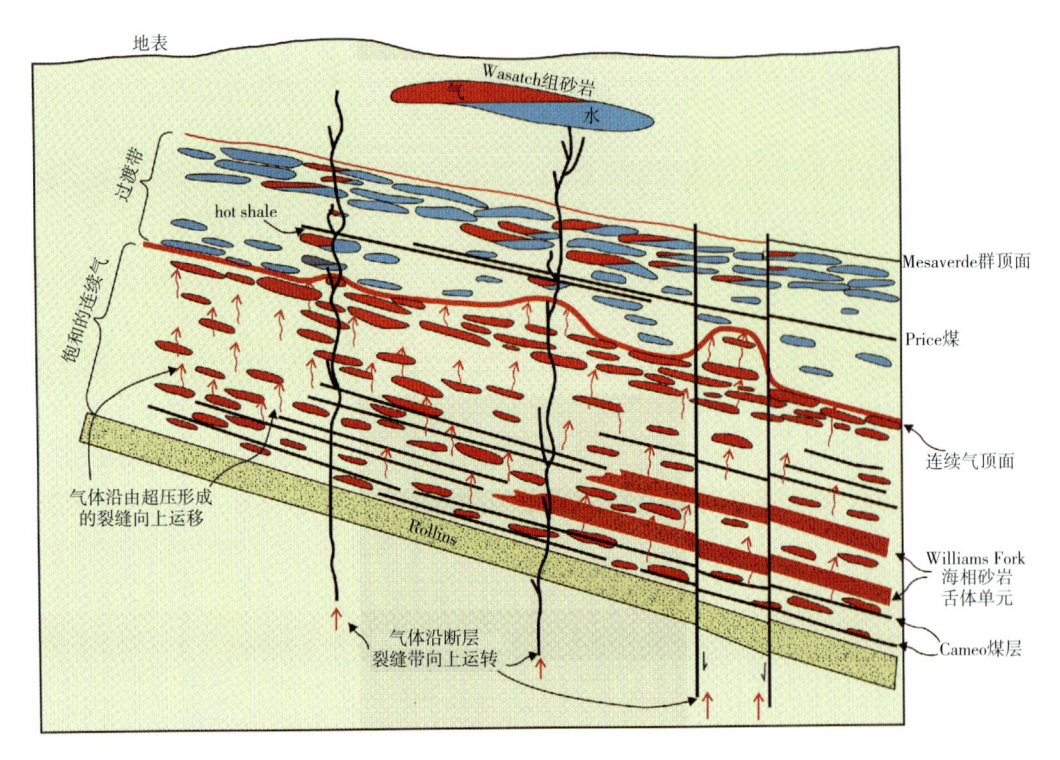

图 11　皮申斯盆地 Mesaverde 群天然气运移模式横剖面图

大部分来自 Mesaverde 群的天然气来自 Willams Fork 组下部的煤,气体大量生成产生的超压形成广泛分布的天然裂缝,天然气沿这些裂缝向上运移,形成一个饱含气层。气体也沿主要的断层和断裂系统向上运移,在某些地区,Willams Fork 组下部的煤或更深部位 Mancos 和 Niobrara 组生成的天然气可以沿这些断层和断裂系统向上穿透连续饱含气层运移至上部的气水过渡带圈闭和浅部的 Wasatch G 砂岩中。图中展示了不同类型的断层,走滑断层显示为花状构造,正断层在图中右侧的地堑中有显示。Rollins 顶部至 Mesaverde 群顶面的厚度 3000~4000ft(900~1200m)

　　图 5B 的横剖面反映出 Williams Fork 组上部存在一套厚的页岩层(以"水进域和高位域"为沉积特征)。在 Mamm Creek 气田大部分地区,该套页岩的底部即连续气藏的顶部,该套页岩层作为气藏的顶部盖层。但是,气藏顶部高于封盖泥页岩底部的连续气藏也存在。Gibson Gulch 地堑是天然气藏顶部抬高的一个最好的例子(图 12)。地震资料上的特征非常明显,连续气藏的顶部与地堑外的对应地层相比,被抬高了 1000ft(304m),边界断层向下延伸至下伏的富含成熟烃源岩的 Mancos 页岩中。

　　Gibson Gulch 地堑的边界断层显示该区域局部的张应力可能比区域性的张应力大一个数量级,局部额外张应力的存在减少了地堑内的横向压应力。横向应力的减小,可以形成裂缝并容易使气体向上运移突破页岩层的封盖。

　　另一个连续气藏顶部位于页岩层底部之上的区域在 Rulison 气田(图 5B)。Mancos 层的高压气体通过主断层带和裂缝向上运移突破至页岩层底部之上。在 Mancos 层中的井相对较少,但 Rulison 气田的一些深井提供了深部高压气体存在的证据。Rulison 气田位于北西向的鼻状构造之上,三维地震资料显示其以广泛发育断层为特征(Cumella 和 Ostby,2003)。Barrett 资源局在 Rulison 钻了一口深井(Sec. 27,T6S,R94 井),该井位于鼻状背斜上,在 9200ft(2800m)处 Mancos 页岩钻遇高压裂缝层,在钻井过程中发生井喷,估算产出 10000 ×10^{6}ft^3/d 天然气。井喷控制之后,下钻 Mancos 组其他剩余的层段时,该段的气测平均气量

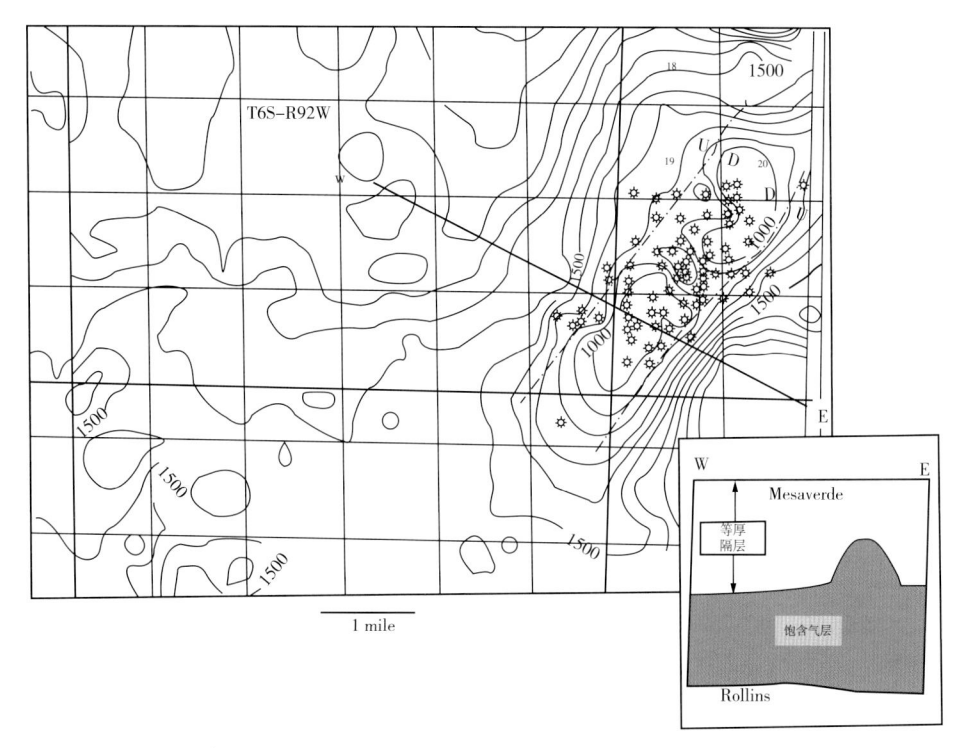

图12 Mamm Creek 气田 Gibson Gulch 地堑区连续气藏顶部与 Mesaverde 群顶部间的地层等厚图
从插入的横剖面图中可看出连续气藏顶部抬升的地方,该等厚隔层分布薄;Rollins 顶部至
Mesaverde 顶部的地层厚度约 3700ft(1100m);地堑的边界断层用虚线表示

仍然很高,最终完钻井深于 14278ft(4352m)的 Entrada 组,记录显示钻孔共用 18lb(8.1kg)的钻井液,相当于孔隙压力梯度值为 0.94,几乎与静岩压力梯度相当(1.0psi/ft;22.6kPa/m)。高压气体沿着 Rulison 鼻状构造广泛发育的断层从深部的 Mancos 层向上运移至上部的 Williams Fork 组,形成了相对较高的连续气藏顶面(图3)。

在饱含气的连续气藏之上是含气水的砂岩过渡带,过渡带中的砂岩含气可能是天然气通过主断层和裂缝带运移至此(图11)。这些砂岩一般比连续气藏中的砂岩具有更好的孔隙度和渗透率。对于许多过渡带,常规圈闭可能是非常重要的一种气体聚集类型(许多实例识别出底水边界)。

皮申斯盆地上覆层曾经发生过重要的剥蚀(Johnson,1989),剥蚀过程产生的气体膨胀可能对含气饱和度有重要的影响。只有当气体聚集被紧密封盖且剥蚀后埋深变浅(<6000ft;<1800m)的时候,气体膨胀才会发生(Brown,2005;Cluff 和 Shanley.2005)。气体在不连续砂体储层中的膨胀可以驱替孔隙水进入周围的页岩中,导致储层没有明显的底水。

七、结论

皮申斯盆地 Mesaverde 群的天然气产量大幅度增长,主要由于高密度及高成功率钻井快速开发。在渗透率非常低的含气系统中,天然气的大量生成造成超压,产生广泛发育的裂缝,导致这种商业天然气的广泛分布。Rulison 气田 MWX 井区丰富的岩石力学资料可以定量表征 Mesaverde 群岩石发生破裂的边界条件,而且,MWX 井区孔隙压力资料表明,当前的压力足以使砂岩产生破裂。

早期生成的大量天然气可能产生较高的压力,使所有类型的岩石都发生破裂,天然气沿着广泛分布的裂缝网向上运移,致使饱含气的连续气层的范围达到了 Williams Fork 底部之上 3500ft(1100m)。饱含气连续气藏之上是含气、水的砂岩过渡带。天然气向上运移至此可能没经过广泛存在的裂缝体系,而是沿着大断层和断裂带向上运移。含气过渡带的储层物性一般比连续气层中的储层物性好,且常规圈闭可能是其主要的圈闭类型。抬升过程中的气体膨胀可能是一个非常重要的过程,尤其是剥蚀发生后储层埋深变浅时(Brown,2005)。

参 考 文 献

Biot, M. A., 1941, General theory of three - dimension consolidation: Journal of Applied Physics, v. 12, p. 155 - 164.

Blanton, T. L., and J. E. Olsen, 1999, Stress magnitudes from logs: Effects of tectonic strains and temperature: Society of Petroleum Engineers Reservoir Evaluation and Engineering, v. 2, p. 62 - 68.

Brown, A., 2005, Effects of exhumation on gas saturatiion in tight gas sandastones, in M. G. Bishop, S. P. Cumella, J. W. Robinson, and M. S. Silverman, eds., Gas in low permeability reservoirs of the Rocky Mountain region 2005 guidebook: Rocky Mountain Association of Geologists, p. 33 - 50.

Clnff, R. M., and K. W. Shanley, 2005, Pressure and fluid contact evolution of "basin centered gas" accumulations (abs.): Rocky Mountain Association of Geologists - Petroleum Technology Transfer Council Fall Symposium, Low Permeability Reservoirs in the Rockies, August 29, 2005, Denver Colorado.

Cole, R., and S. P. Cumella, 2003, Stratigraphic architecture and reservoir characteristics of the Mesaverde Group, southern Piceance Basin, Colorado, in K. M. Peterson, T. M. Olson, and D. S. Anderson, eds., Piceance Basin 2003 guidebook: Rocky Mountain Association of Geologists, p. 385 - 442.

Craig, D. P., M. J. Eberhard, R. Muthukurnarappan, C. E. Odegard, and R. Mullen, 2005, Permeability, pore pressure, and leakoff - type distributions in Rocky Mountain basins: SPE Gas Technology Symposium, Calgary, April 30 - May 2, 2002, SPE Paper 75717, 12 p.

Cumella, S. P., 2006, Overview of a giant basin - centered gas accumulation, Mesaverde Group, Piceance Basin, Colorado: Mountain Geologist, v. 43, p. 219 - 224.

Cumena, S. P., and D. B. Ostby, 2003, Geology of the basin - centered gas accumulation, Piceance Basin, Colorado, in K. M. Peterson, T. M. Olson, and D. S. Anderson, eds., Piceance Basin 2003 guidebook: Rocky Mountain Association of Geologists, p. 171 - 193.

Gretner, P. E., 1981, Pore pressure: Fundamentals, general ramifications, and implications for structural geology(revised): AAPG Education Course Notes 4, 131 p.

Griffith, A. A., 1920, The phenomenon of rupture and flow in solids: Philosophical Transactions of the Royal Society of London: Series A. Mathematical and Physical Sciences, v. 221, p. 163 - 198.

Handin, J., R. V. Hager, M. Friedman, J. N. Feather, 1963, Experimental deformation of sedimentary rocks under confining pressure and pore pressure effects: AAPG Bulletin, v. 47, p. 717 - 755.

Hemborg, H. T., 2000, Gas production characteristics of the Rulison, Grand Valley, Mamm Creek, and Parachute fields, Garfield County, Colorado: Colorado Geo logical Survey Resource Series 39, 30 p.

Hettinger, R. D., and M. A. Kirschbaum, 2003, Stratigraphy of the Upper Cretaceous Mancos Shale (upper part) and Mesaverde Group in the southern part of the Uinta and Piceance basins. Utah and Colorado. in Petroleum systems and geologic assessment of oil and gas in the Uinta - Piceance province, Utah and Colorado: U. S. Geological Survey Digital Data Series DDS - 69 - B, chapter 12, 25 p.

Johnson, R. C., 1989, Geologic history and hydrocarbon potential of Late Cretaceous - age, low permeability reservoirs, Piceance Basin, western Colorado: U, S. Geological Survey Bulletin, v. 1787 – E, 51 p.

Johnson, R. C. , and D. D. Rice, 1990, Occurrence and geochemistry of natural gases, Piceance Basin, northwest Colorado: AAPG Bulletin, v. 74, p. 805 – 829.

Johnson, R. C, and S. B. Roberts, 2003, The Mesaverde total petroleum system, Uinta – Piceance province, Utah and Colorado, in Petroleum systems and geologic assessment of oil and gas in the Uinta – Piceance province, Utah and Colorado: U. S. Geological Survey Digital Data Series DDS – 69 – B, chapter 4, 63 p.

Kirschbaum, M. A. , and R. D. Hettinger, 2005, Facies analysis and sequence stratigraphic framework of upper Carnpanian strata (Neslen and Mount Garfield formations, Bluecastle Tongue of the Castlegate Sandstone, and Mancos Shale), eastern Book Cliffs, Colorado and Utah: U. S. Geological Survey Digital Data Series DDS – 69 – G, 40 p.

Koepsell, R. , S. P, Cumella, and D. Uhl, 2003, Applications of bore hole images in the Piceance Basin, in K. M. Peterson, T. M. Olson, and D. S. Anderson, eds, Piceance Basin 2003 guidebook: Rocky Mountain Association of Geologists, p. 233 – 251.

Kuuskraa, V. A. , 1999, Portfolio of emerging natural gas resources, Rocky Mountain basins: Gas Research Institute Topical Report GRI – 99/0169. 2, 55 p.

Laubach, S. E. , 1991, Fracture patterns in low – permeability sandstone gas reservoir rocks in the Rocky Mountain region: Society of Petroleum Engineers Joint Rocky Mountain Section Meeting and Low – Permeability Reservoir Symposium, SPE Paper 218S3, p, 501 – 510.

Law, B. E. , 2002, Basin – centered gas systems: AAPG Bulletin, v. 86, p. 1891 – 1919.

Lorenz, J. C. , 2003, Fracture systems in the Piceance Basin: Overview and comparison with fractures in the San Juan and Green River basins, in K. M. Peterson, T. M. Olson, and D. S. Anderson, eds. , Piceance Basin 2003 guidebook: Rocky Mountain Association of Geologists, p. 75 – 94.

Lorenz, J. C. , and S. J. Finley, 1991, Regional fractures: II. Fracturing of Mesaverde reservoirs in the Pieeance Basin, Colorado: AAPG Bulletin, v. 75, p. 1738 – 1757.

Lorenz, J. C. , N. R. Warpinski, P. T. Branagan, and A. R. Sattler, 1989. Fracture characteristics and reservoir be havior of stress – sensitive fracture systems in flat – lying lenticular formations: Journal of Petroleum Technology, v. 41, p. 615 – 622.

Meissner, F. F. , 1987, Mechanisms and patterns of gas generation/storage/expulsion – migration/accumulation associated with coal measures in the Green River and San Juan Basins, Rocky Mountain Region, U. S. A. , in B. Doligez, ed. , Migration of hydrocarbons in sedimentary basins, 2nd Institute Franvais du Petrole Exploration Research Conference, Carcais France, June 15 – 19, 987: Paris, Editions Technip, p. 79 – 112.

Northrop, D. A. , and K. H. Frohne, 1990, The Multiwell Experiment— A field laboratory in tight gas sandstone reservoirs: Journal of Petroleum Technology, p. 772 – 779.

Patterson, P. E. , K. Kronmueller, and T. D. Davies, 2003a, Sequence Stratigraphy of the Mesaverde Group and Ohio Creek conglomerate, northern Piceance Basin, Colorado (abs.) in T. Olson and D. Uhl, cochairTechnical Session, piceance Basin Field Symposium: Glenwood Springs, Colorado, Rocky Mountain Association of Geologists and American Institute of Professional Geologists, p. 32.

Patterson, P. E. , K. Kronmueller, and T. D. Davies, 2003b, Sequence stratigraphy of the Mesaverde Group and the Ohio Creek conglomerate, northern Piceance Basin, Colorado, in K. M. Peterson, T. M. Olson, and D. S. Anderson, eds. , Piceance Basin 2003 guidebook: Rocky Mountain Association of Geologists, p. 115 – 129.

Pittman, J. K. , C. W. Spencer, and R. M. Pollastro, 1989, Petrography, mineralogy, and reservoir characteristics of the Upper Cretaceous Mesaverde Group in the eastcentral Piceance Basin, Colorado: U. S. Geological Survey Bulletin, v. 1787 – G, 31 p.

Reinecke, K. M. , D. D. Rice, and R. C. Johnson, 1991, Characteristics and development of fluvial sandstone and coalbed reservoirs of Upper Cretaceous Mesaverde Group, Grand Valley field, in S. D. Schwochow, D. K. Murray, and M. F. Fahy, eds., Coalbed methane of western North America: Colorado: Rocky Mountain Association of Geologists Guidebook, p. 209 – 225.

Rutter, J. R., 1976, The kinetics of rock deformation by pressure solution: Philosophical Transactions of the Royal Society of London: Series A. Mathematical and Physical Sciences, v. 283, p. 203 – 219.

Scheevel, J., and S. P. Cumella, 2005, Stratigraphic and rock mechanics control of Mesaverde gas distribution, Piceance Basin, Colorado (abs.): Rocky Mountain Association of Geologists – Petroleum Technology Transfer Council Fall Symposium, Low Permeability Reservoirs in the Rockies, August 29, 2005, Denver, Colorado.

Shanley, K. W., and P. J. Mecabe, 1994, Perspectives on the sequence stratigraphy of continental strata: AAPG Bulletin, v. 78, p. 544 – 568.

Spencer, C. W., 1989, Comparison of overpressuring at the Pinedale anticline area, Wyoming and the Multiwell Experiment site, Colorado, in Geology of tight gas reservoirs, Wyoming and Colorado: U. S. Geological Survey Bulletin, v. 1886, chapter C, p. C1 – C15.

Terzaghi, K., 1925, Principles of soil mechanics: Engineering News Record, v. 95, p. 987 – 996.

Tyler, R., A. R. Scott, W. R. Kaiser, H. S. Nance, R. G. McMurry, C. M. Tremain, and M. J. Mayor, 1996, Geologic and hydrologic controls critical to coalbed methane producibility and resource assessment: Williams Fork Formation, Piceance Basin, northwest Colorado: Gas Research Institute Report GRI – 95/0532, 397 p.

Warpinski, N. R., 1989, Elastic and viscoelastic calculations of stresses in sedimentary basins: Society of Petroleum Engineers Formation Evaluation, v. 4, p. 522 – 530.

Warpinski, N. R., and L. W. Teufel, 1989, Insitu stresses in low – permeability, nonmarine rocks: Journal of Petroleum Technology, v. 41, p. 405 – 414.

Warpinski, N. R., and L. W. Teufel, 1992, Determination of the effective stress law for permeability and deformation in low – permeability rocks: Society of Petroleum Engineers Formation Evaluation, June 1992, SPE Paper 20572, p. 123 – 131.

Yurewicz, D., 2005, Controls on gas and water distribution, Mesaverde basin center gas play, Piceance Basin, Colorado (abs.): AAPG Hedberg Conference, Understanding, Exploring, and Developing Tight Gas Sands, April 2005, Vail, Colorado.

Yurewicz, D., K. M. Bohacs, J. D. Yeakel, and K. Kronmueller, 2003, Somce rock analysis and hydrocarbon generation, Mesaverde Group and Mancos Shale, northern Piceance Basin, Colorado, in K. M. Peterson, T. M. Olson, and D. S. Anderson, eds., Piceance Basin 2003 guidebook: Rocky Mountain Association of Geologists, p. 130 – 153.

多井实验(MWX)数据及结果分析:盆地中心气模式

Norman R. Warpinski John C. Lorenz

摘要:在科罗拉多州西北部多井实验(MWX)获得的大量试井、测量及收集的数据收集表征了皮申斯盆地1220m(4000ft)厚的Mesaverde群低渗透砂岩气藏特征,这些测试结果及数据也有助于认识和了解落基山地区其他盆地类似的气藏。这些数据表明,尽管随着深度增加孔隙度几乎没有变化,但是在靠近含气层顶部,随着含水饱和度的增加,渗透率逐渐变小。围岩压力和孔隙流体压力也能使渗透率减小,因此传统的实验室测定的岩心渗透率往往比岩石实际渗透率要大。由于,系统渗透率受天然裂缝的影响大,实验室复原原地岩心渗透率测量值严重低估了系统渗透率(如试井测量渗透率)。基岩渗透率和裂缝渗透率对压力的变化都比较敏感;生产过程中围岩压力的增加、孔隙压力的减小或两者的共同作用都会促使裂缝闭合、粒间孔隙的减小,从而使系统渗透率减小几个数量级。通过精细试井测试,天然裂缝能引起渗透率的横向非均质性,裂缝主要延伸的长轴方向与最大水平主应力方向的非均质性比可达100:1。这种裂缝型渗透体系容易受到增产注入流体的破坏。基于钻井液相对密度而得出的孔隙压力值小于实测的地层压力值。测试地层压力值为18.1kPa/m(0.8psi/ft),若考虑地形因素,仅超压12kPa/m(0.53psi/ft)。该区的煤层阻挡了热流扩散,从而形成了阶梯状的地温梯度。尽管这些数据是在20世纪80年代初收集的,但这些数据资料或许是单个地区最全面,地质和工程相互支持的一套数据,这些数据也对该区盆地中心气模型提供了强有力的支撑。

一、简介

用盆地中心气藏概念模式(例如Master,1979;Law,2002)来解释皮申斯盆地以及美国落基山地区其他盆地的天然气资源已经有几十年的历史了。最近,有人对这种模式提出了质疑(Shanley等,2004),认为这些盆地中的天然气仅仅是常规天然气。证据如下:①现有气藏存在普遍的构造控制作用,表明了常规圈闭机制起一定的作用。②数据缺乏,表明了天然裂缝的重要性。③常规的岩心渗透率与试井渗透率及生产测试渗透率相似。④气藏中有大量的水产出。⑤有高压存在的观点缺乏大量的证据。

不幸的是,几乎没有一家公司愿意花时间和金钱去获取足够的资料信息来验证每个模式。对这些模型的检验只能依赖低质量的数据,因而带来了错解和多解性。但是,通过多井实验(MWX项目)测试获得了大量高质量的资料和数据,该项目是由美国能源部(简称DOE)在20世纪80年代开展的,为期8年,目的在于描述科罗拉多西北部皮申斯盆地Mesaverde群致密砂岩气的特征,并估算其产量,如图1、图2(Northrop和Frohne,1990)。本文对来源于MWX试验区的资料(包括公开发表和未公开发表的)进行了综述,目的在于评估皮申斯盆地中心气模式的合理性。

文中包含的资料信息有岩心测试、试井、压力测试、天然裂缝研究、构造特征、地层应力敏感性、产液量等。这些资料有的是先前未公开发表的,有的只能通过公司报告或是提交到美国政府部门的报告中获得。本文旨在收集 MWX 试验地区涉及盆地中心气理论假设的资料。文中的资料和解释并非最新的,没有提出任何新的裂缝或成岩理论,也没有对各类致密砂岩气或裂缝的观点进行总结;本文的目的只在于使 MWX 的资料能够得到普及,相信这些资料也有助于其他低渗透砂岩气藏的研究。一些关于皮申斯盆地致密砂岩气藏和相关裂缝系统的后续研究本文也没提及。

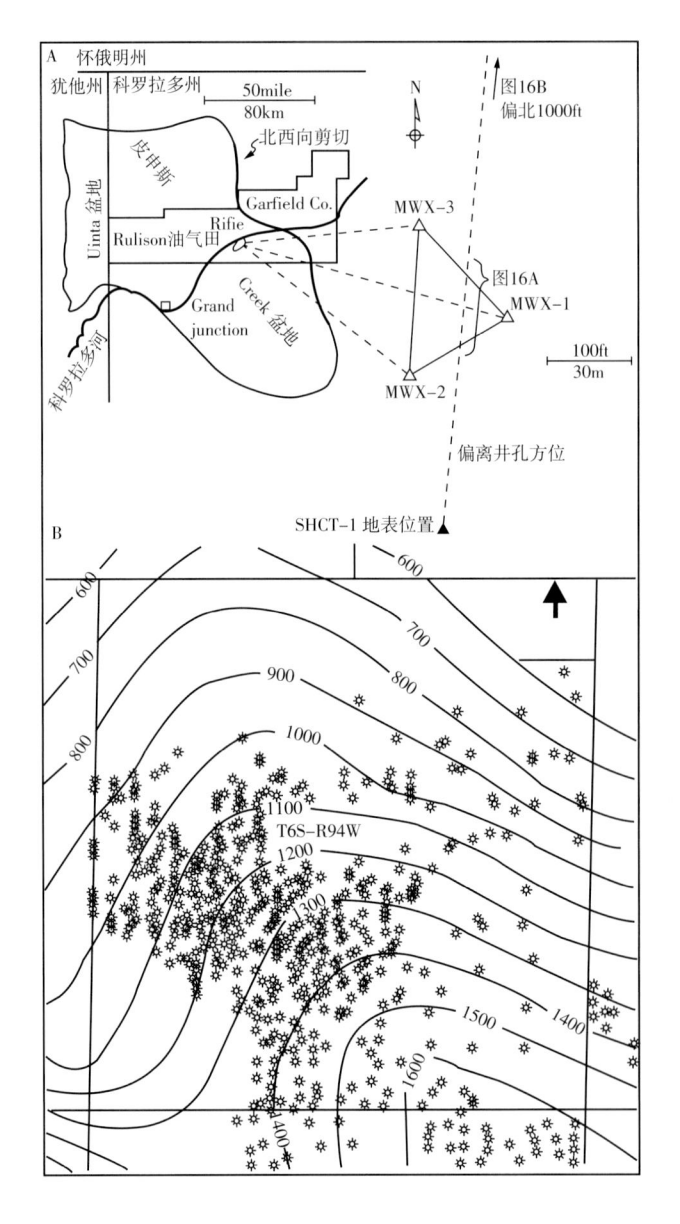

图1 (A)科罗拉多西北部皮申斯盆地东部中段三口 MWX 井和 SHCT-1 井的位置分布图;(B) Mesaverde 群顶部构造等值线图,等值线在平均海平面以上(据 Cumella 和 Ostby,2003 年修改) MWX 井区位于第 34 分区;该井区钻探于 20 世纪 80 年代初,当时该乡镇只有少数探井

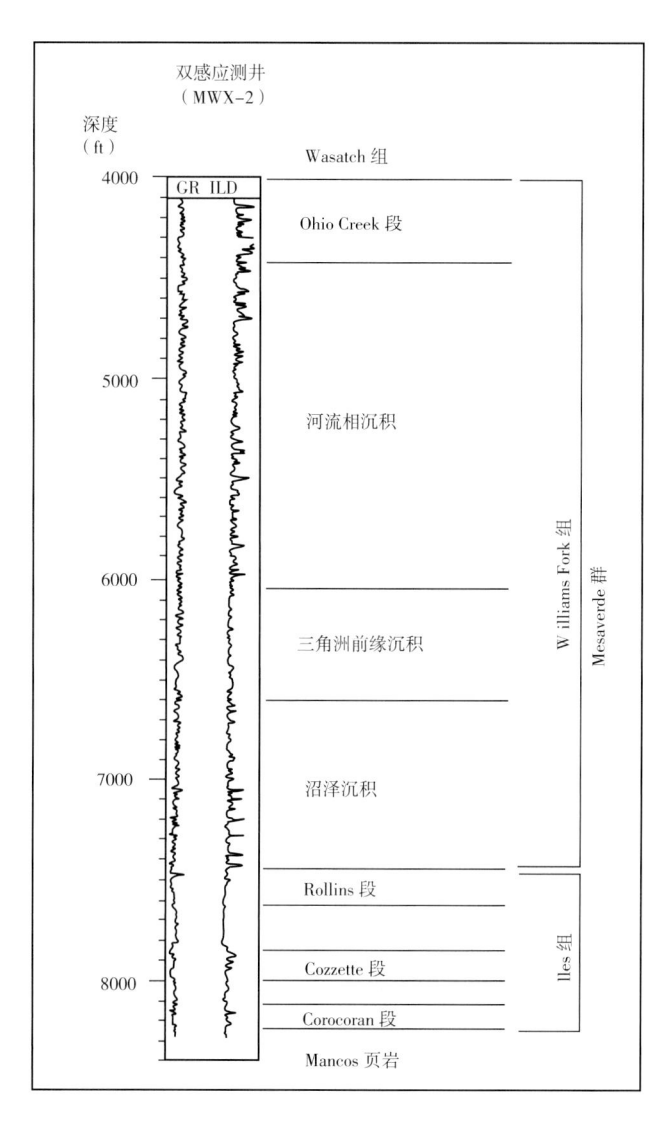

图2 MWX试验区Mesaverde群的地层及沉积环境序列(上部为Wasatch组；
下部为Mancos页岩)

  MWX井区Mesaverde群是由上白垩统海相—陆相沉积层序组成的,岩性为煤层、粉砂岩、泥岩夹砂岩储层(Lorenz,1989;Lorenz等,1991;Hettinger和lirschbaum,2002)。在MWX项目研究期间,获取了Mesaverde群超过1220m(4000ft)的岩心,分别来自CER公司的MWX-1、MWX-2、MWX-3三口井。超过275m(900ft)的定向取心被用来确定裂缝走向。所有可以商业化应用的电缆测井和部分实验阶段的测井都在MWX井得到应用。那时,这些井眼成像测井技术还没有出现。大量长期的油气井测试、应力测试和增产措施会在特定的层位进行试验,通过各种测试、分析、模拟来更好地了解气藏性质。通过对附近露头的精细研究来了解储层和裂缝的特征。此外,美国能源部(DOE)资助的斜井完井测试(SHCT)(Mann,1993)和天然气研究所(GRI)资助的M-Site试验(Middlebrook等,1993;Peterson等,1995;Branagan等,1997)都在相同实验区进行。这些项目的资料进一步补充完善并体现了Mesaverde群低渗透砂岩储层的特征。

MWX 项目旨在了解出现以下情况的原因:落基山地区常规钻探频频失利,当时的核爆压裂增产技术(如 Lorenz,2001)和大型的水力压裂技术(如 Simonson 等,1978)都不能起到对储层的有效改造作用。因此项目开展的初衷是大力发展油气开发技术,以促进天然气资源的开采。MWX 项目中大部分的数据和测试结果已在政府和公司报告公布(如 MWX 项目组,1987,1988,1989,1990),在地质和工程文献中也可以查阅到相关资料。但是,对验证盆地中心气模式有用的数据如渗透率、含水饱和度、裂缝、孔隙度、孔隙流体压力等从未在公开文献上发表过。

二、MWX 岩心

目前,位于丹佛的美国地质调查局岩心实验室内拥有超过 1220m(4000ft)取自 MWX 3 口井的岩心。岩心取自储层及其周围地带,并送至岩心实验室进行测试(Sattler,1989;Lorenz,1989),取样间隔为 1ft(0.3m)。其中 275m(900ft)的岩心为定向取心,其他取心采用古地磁归位。采用空间压力取心的方法(Sattler,1988)尽可能获得最准确的含水饱和度,用以校正常规饱和度测量值。研究区内的 Mesaverde 群厚约 1200m(4000ft),其中,约 915m(3000ft)岩心取自于 MWX-1 井。虽然仅有少部分特定层段的岩心取自 MWX-2 和 MWX-3 井,可进行两口邻井(相隔 46~61m(150~200ft))的井间对比。三口井钻井液不同(MWX-1 和 MWX-2 为油基,MWX-3 井为水基),可进行不同流体体系影响的对比。

除了常规的逐尺岩心测试外,岩样还被送至 IGT(天然气技术研究所)、新墨西哥州技术中心、岩心实验室以及其他机构进行特殊的储层物性及机械性能测试。储层物性测试包括毛细管压力(包括压汞注入和离心机分析)、孔隙体积压缩系数以及 Klinrenberg 校正渗透率 $f(s_w,p)$。测试的机械性能包括弹性模量、泊松比、抗断裂韧性和屈服强度。

(一)常规岩心分析

图 3 表示的是储集层段以及其周围非储集层段的孔隙度测试值,该交会图的资料主要来源于参考文献,表明 Mesaverde 群砂岩储层中大部分孔隙度达到 8%~10%,少部分甚至可达 12%。孔隙度随深度或层段的变化趋势不明显。含水饱和度测量值(图 4)表明含水饱和度总体随深度增加而降低,但这种趋势由于高含水饱和度的非储层样品的存在而变得不明显,这些非储层样品具有低孔隙度和高含水饱和度,与深度或层段关系不大。虽然取自水基钻井液体系(MWX-3 井)岩心的资料有限,但其含水饱和度明显高于油基钻井液体系的岩心,推测其具有吸水性。不否认不同井中岩性变化的差异性,但普遍的关联性表明,水基体系测得的含水饱和度比油基体系至少要高 10%,在某些情况下甚至更高。

如果仅从常规取心岩心分析来看,含水饱和度随深度变化的趋势更明显。图 5 显示的是孔隙度大于 4%的油基岩心含水饱和度测量值。除了 Mesaverde 群顶部 1310m(4200ft)的 Ohio Creek 组外,在 MWX 报告中有时称该组为"海陆交互"层,含水饱和度一般随埋深的增加而降低。

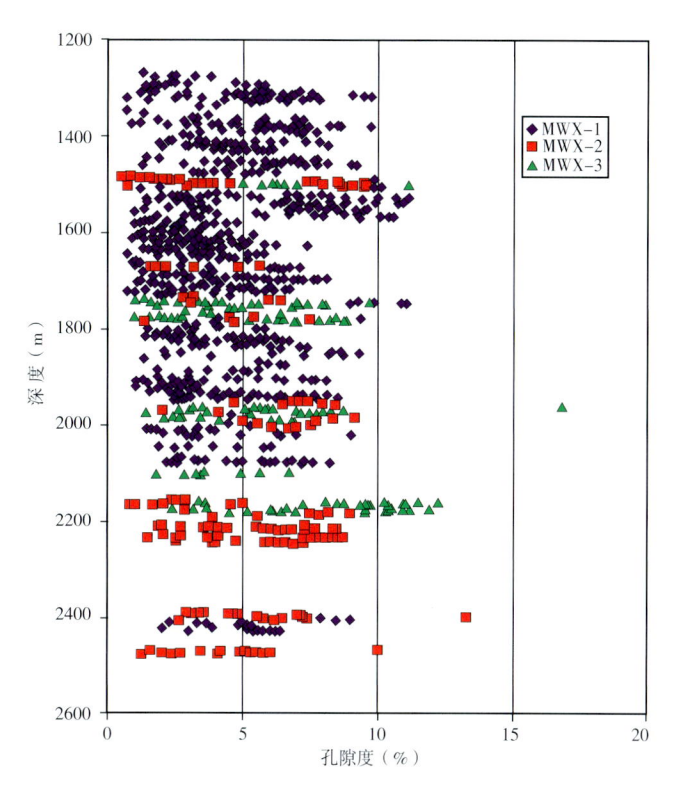

图 3　MWX 岩心实验测试的孔隙度分布图
由图可以看出在低渗透性的砂岩储层中孔隙度随深度变化不大

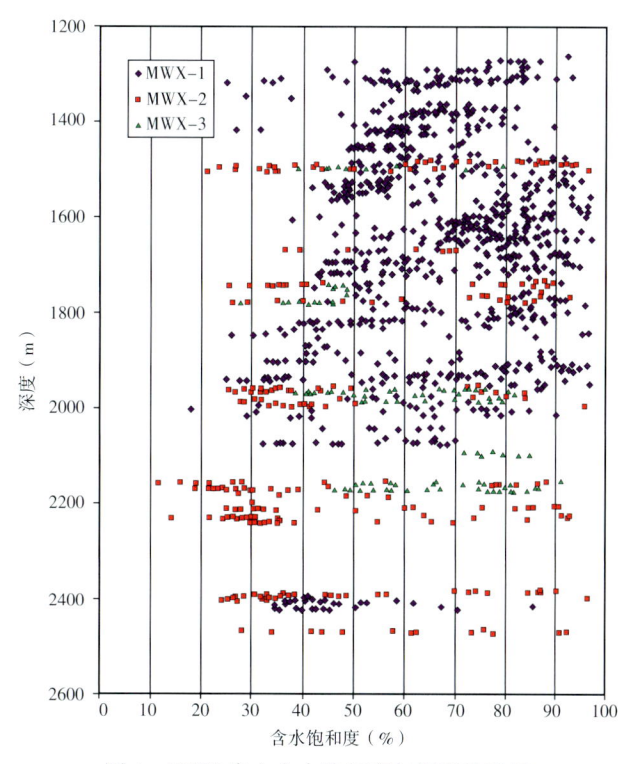

图 4　MWX 岩心含水饱和度与深度关系图
MWX 岩心含水饱和度分析数据表明含水饱和度具有随深度下降而减小的总体趋势,但不明显,这点符合盆地中心气理论

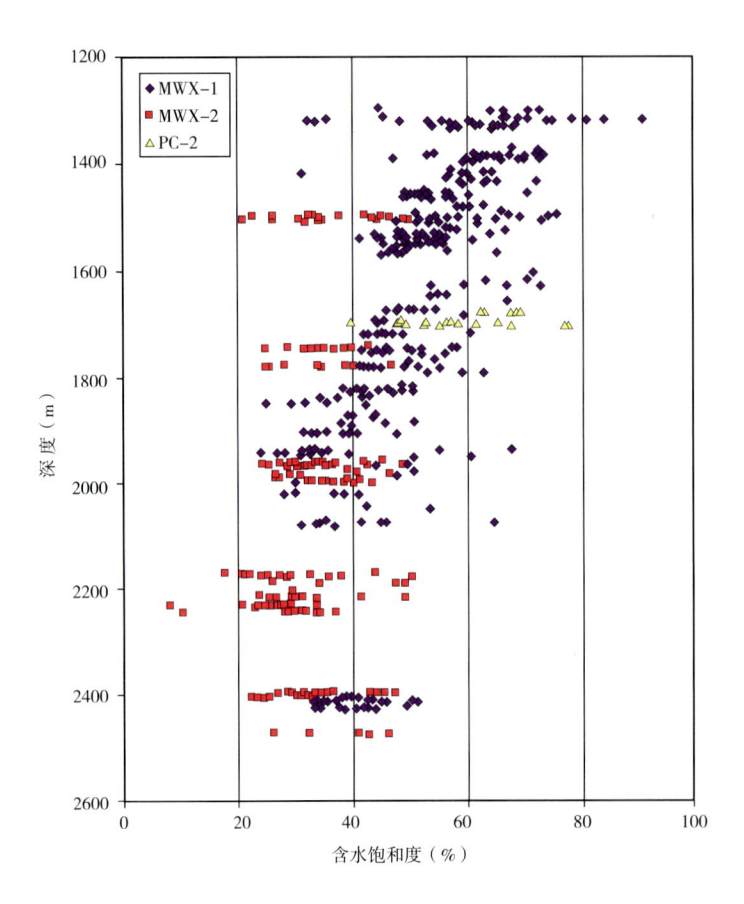

图 5 　MWX 油基钻井液密闭取心岩心含水饱和度与深度关系曲线

来自于孔隙度大于 4% 的含油岩样和密闭压力取心,该图剔除了孔隙度小的非储层岩心,密闭取心也使测量的
含水饱和度更精确,可以证实含水饱和度随深度增加而减小,支持盆地中心气理论

图 5 还反映了密闭取心的岩心含水饱和度数据。由于这些样品在原地压力中取得,在处理之前冷冻,其含水饱和度测量值接近原地值。粗看之下,原地压力下的岩心含水饱和度比从油基钻井液体系钻井岩心的更高,但从图 3 可知,该测试层为相对较低孔隙度的砂岩(孔隙度不超过 6%)。事实上,密闭取心岩心的含水饱和度测量值与附近低孔隙度岩石的测量值一致,如 MWX-1 井 1585~1676m(5200~5500ft)处岩心。测量结果表明,在这类岩石中由常规油基钻井液钻取的岩心经仔细处理后,可以得到合理、准确的含水饱和度测量值。因此,含水饱和度随深度增加而降低的趋势可以支持盆地中心气模式。

图 6 为一系列常规 MWX 岩心样品的常规气体渗透率,其中不包括具有天然裂缝的岩心。这些测试对于如此致密的岩石意义不是很大,因为,应力和含水饱和度的影响在测试过程中并未重建,实际上,也不能为常规储层所用。尽管如此,在与其他储层的对比中,这些测试数据也会有用,虽然数据有限,但可以为解释这些数据提供一个转化系数。图中可见随深度增加渗透率普遍降低是主要的趋势。下文将提供更完整、特殊的渗透率测试数据,通过对比可知,常规测试渗透大大高估了岩石真实的基质渗透率。

(二) 特殊岩心分析

IGT、新墨西哥技术中心和 Core Lab 等机构做了大量的特殊岩心渗透率分析,以确定应力和含水饱和度对渗透率的影响。如图7所示,样品的渗透率是净应力的函数(围岩压力减去孔隙的平均压力)。围岩压力为1.4MPa(200psi)下(测试围岩压力使用的是标准岩心夹持器)的渗透率为常规气体渗透率,净围岩压力为0。当岩石的围岩压力逐渐增加,渗透率持续下降减小到1/10~1/2。这些样品都来自于砂岩性质的储层和Mesaverde群不同的组段。

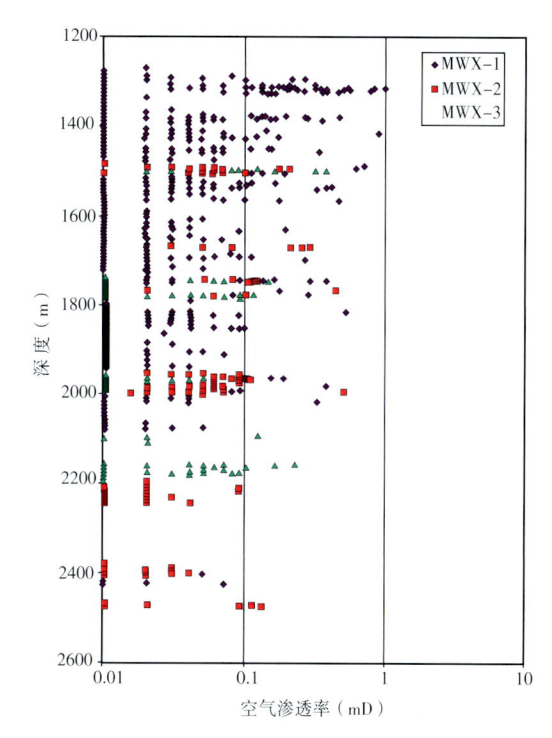

图8表示样品的渗透率与含水饱和度的相关性。一般情况下,含水饱和度增加40%左右时,储层岩石样品中的气体渗透率会降低至1/15~1/5。更重要的是在原地条件下(围限压力和含水饱和度)的Mesaverde群基岩中的渗透率较常规渗透率分析结果要低两个数量级,如图7、图8中所示。大部分恢复原位状态下的储层渗透率分布范围在0.1~1.0mD,但这些渗透率结果与MWX测试井和皮申斯盆地油气田中的实际生产数据不符,因此,裂缝等其他因素增加了原位渗透率。

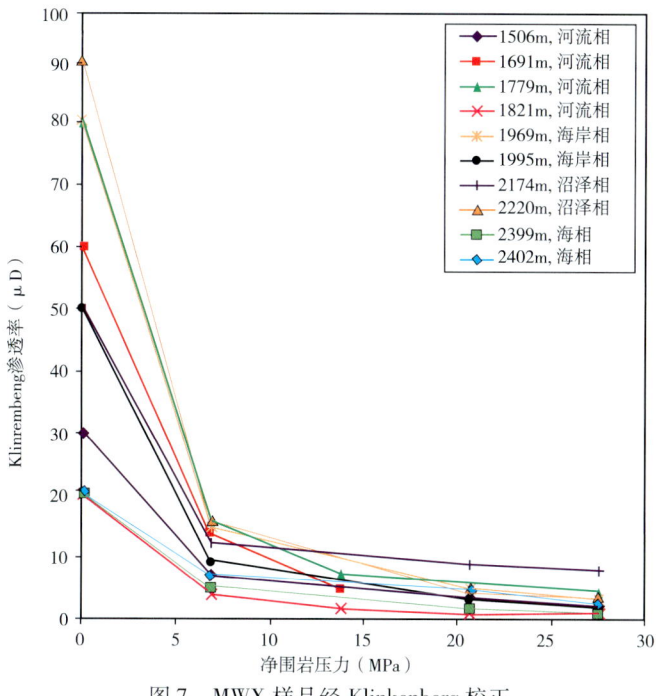

图6 MWX岩心常规空气渗透率与深度关系(常规渗透率不能反映真实气体渗透率变化)

图7 MWX样品经Klinkenberg校正的岩心渗透率与围岩静压力关系

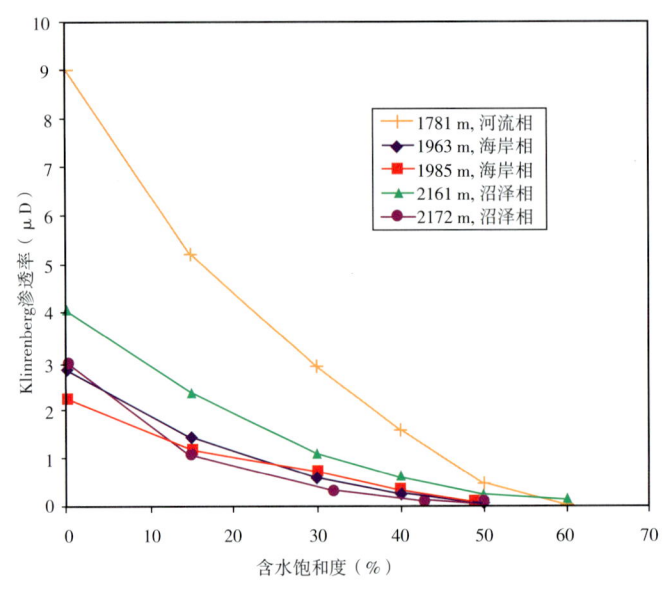

图8　MWX样品经Klinkenberg校正后的岩心
渗透率与含水饱和度关系

不同机构进行了大量的毛细管压力测试,包括压汞和高速离心机分析。图9为Core Lab通过离心测试的毛细管压力数据。低含水饱和度下的毛细管压力快速增加,表明有效残余含水饱和度在30%~50%之间。与图5所示的含水饱和度资料相比,Mesaverde群下部产气层明显接近残余含水饱和度,但是上部层段接近可动水饱和度。因此,大量产水不是来自于下部滨海、沼泽沉积层。虽然沼泽层中的煤可能含有自由水。事实上,从这些层段产生的水大多是增产和测试时的注入水(见下文),而不像常规气藏一样,预示着是气水界面。但是,由于可动水的存在,上覆河流沉积产气层中将有可能产水。

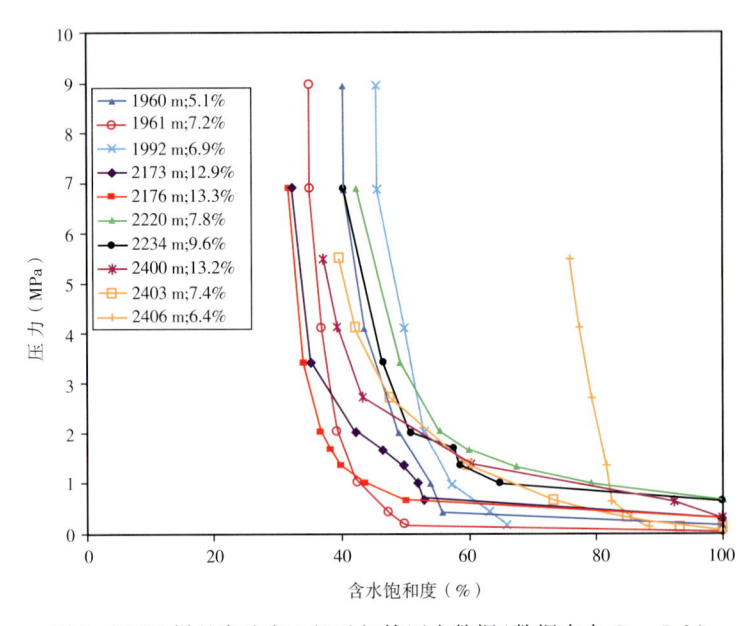

图9　MWX样品高速离心机毛细管压力数据(数据来自Core Lab)

· 168 ·

毛细管压力压汞测试的结果(Randolp等,1985)显示汞注入压力为76~152MPa(250~500psi),这表明水注入压力为18~36MPa(60~120psi)(图10)。与离心毛细管压力相比,结果基本一致,仍在最高和最低毛细管压力上有些出入(Morrow等,1980)。所有特殊岩心分析表明,沼泽相储集砂岩最不易受水和压力的影响,毛细管压力也最小。这些储层可能具有三维孔隙结构,与常规的孔隙结构系统最接近。河流相储集岩较易受水和压力的影响,以条带状、席状孔隙结构为主(如Morrow等,1980)。

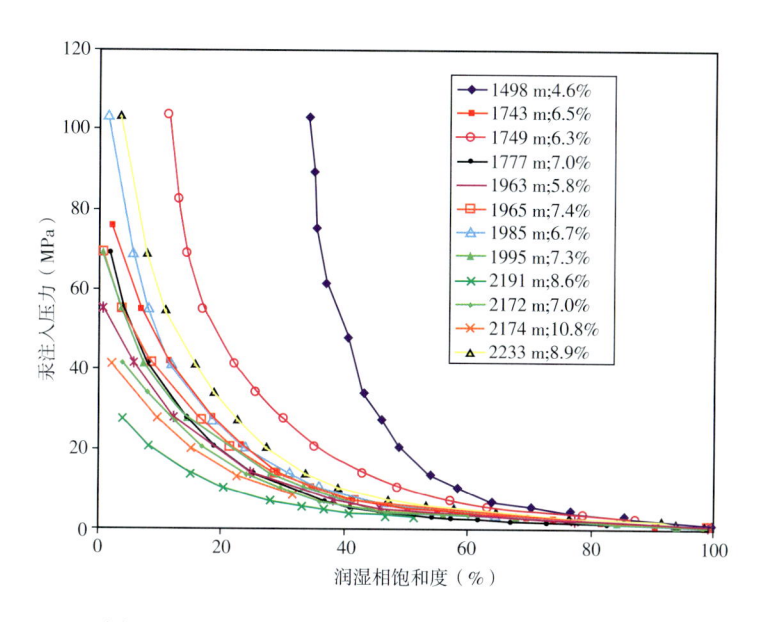

图10 MWX样品压汞毛细管压力数据(资料来自IGT)

(三)试井、压力测试和温度测定

在长达6年的MWX项目中,对Mesaverde群六个层段进行了一系列精细的试井和试压测试工作。这些测试结果结合其他测试值,已经为该区油气藏的评价提供了大量的数据,包括原地孔隙压力、应力大小和方向、裂缝产能特征、温度梯度以及有效渗透率。

1. 试井结果

测试结果、岩心资料和压力数据的结合,对了解致密储层的产出机制十分有用。我们关心的三个主要因素是储层渗透率、原始储层压力和水平渗透率的各向异性。渗透率各向异性可以在试井时通过产生的井间干扰来测定。压力恢复测试后获取的霍纳曲线可以推算出孔隙压力;不过在某些情况下,则是通过模拟或干扰压降来获得。霍纳曲线推算的测量值为0.7~2.8 MPa(100~400psi),所以这些测量值的误差大约为0.7MPa(100psi)。

表1中列出了MWX主要层段的试井数据和基岩渗透率,基岩渗透率值是在原始地层压力和含水饱和度条件下所测得的渗透率值(Branagan等,1985、1988)。图11为测试的岩心基质渗透率与试井渗透率对比图,右侧为用来标定的伽马曲线(Lorenz等,1989)。由图中可看出,这些层段有效的储层渗透率是实验室中测量基质渗透率的10~1000倍。其主要原因是储层中存在的天然裂缝大大增强了储层渗透率。通过干扰测试得出的渗透率

的各向异性也证明了天然裂缝的存在。那么,渗透率的各向异性归因于裂缝走向与渗透率椭圆体长轴方向一致。

表1 主要层段的试井结果

层 段	平均深度（ft）	试井平均渗透率（μD）	原始压力（psi）	各向异性	岩心平均渗透率（μD）
Fluvial	5550	13	3200	30:1	0.1
Fluvial	5830	10	3450	未测量	0.5
Coastal	6450	13	4300	未测量	0.1
Coastal	6550	11	4380	未测量	0.1
Paludal	7150	36	5340	10:1	2
Paludal	7270	50	5390	未测量	0.8
Upper Cozzette	7850	300	6300	100:1	0.9
Lower Cozzette	7950	750	6300	未测量	0.95
Corcoran	8150	40	6600	未测量	1

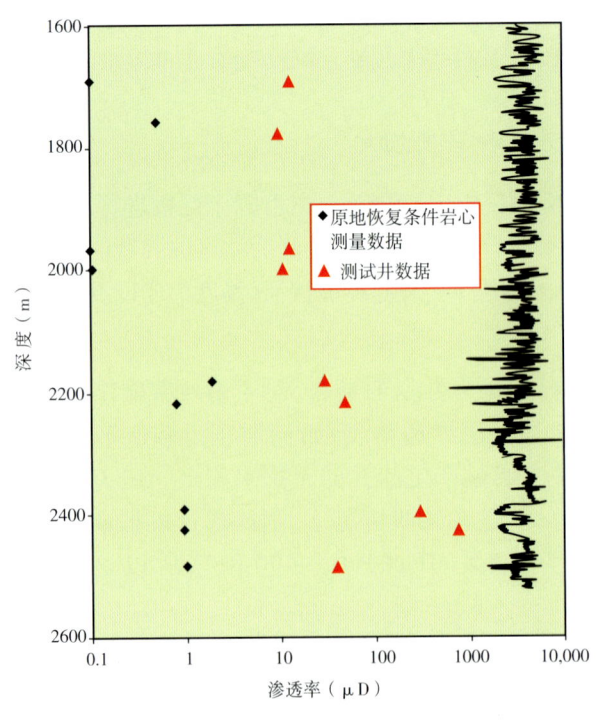

图11 MWX试井渗透率与原地恢复条件下测量的岩心基质渗透率对比图

由于未受到天然裂缝系统的影响,岩心实验测量值结果低估了系统渗透率达几个数量级

2. 压力和应力测试结果

Mesaverde 群中大量详细的孔隙压力和应力测量数据可结合钻井液密度以确定孔隙压力的演化特征。钻井液密度取一天中标准钻井液测量结果的平均值。图 12 对比了来自试井孔隙压力和从泥岩密度估算的孔隙压力（CER 公司，1982，a，b；1984）。黑色实线分别代表钻井液密度为 1035g/L、2070g/L、3105g/L、4140g/L（9lb/gal、11lb/gal、13lb/gal 和 15lb/gal）的测线。钻井液密度和实测孔隙压力均表明，孔隙压力随着深度增加明显增大，压力梯度达到约 18kpa/m（0.8psi/ft），几乎是平时静水压力梯度的两倍，且呈阶梯状增长。

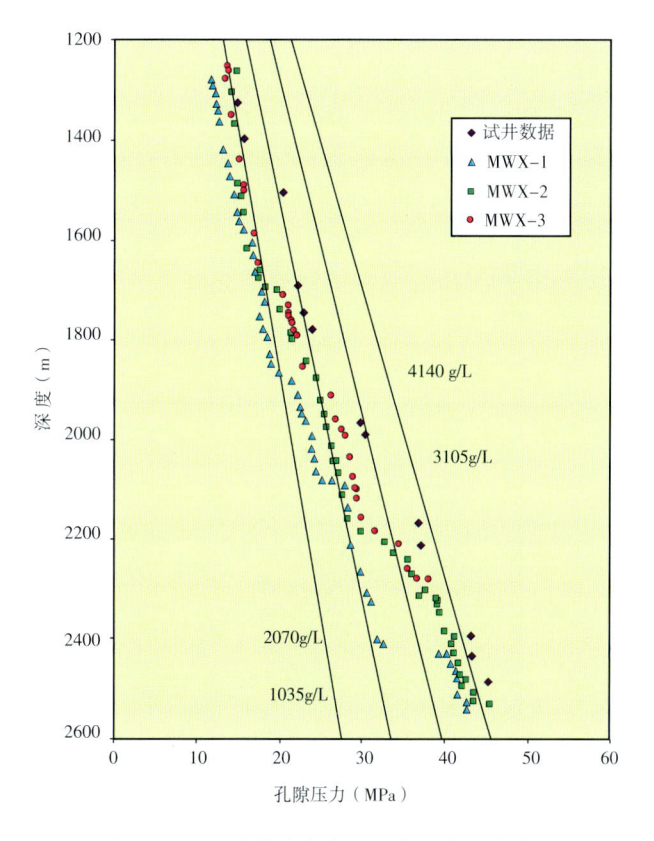

图 12 MWX 钻井液密度和试井孔隙压力关系

实测孔隙压力与通过钻井液密度所测得的孔隙压力相差 115～230g/L（1～2lb/gal），钻井一直在欠平衡状态下进行。因此，致密的储层中并不能从钻井液密度中准确地估算出储层压力。毛细管压力通常掩盖了致密岩层的真实地层压力。此外，在接近压力地层时，应注系控制钻井液密度。因此，钻井液密度不能用来确定是否为盆地中心气。

在 MWX 项目研究期间（Warpinski 等，1985；Warpinski，1989；Warpinski 和 Teufel，1989）和后续的 M-Site 试验中（Middlebrook 等，1993；Peterson 等，1995；Branagan 等，1997）进行的应力测试都证实地层具有较高的压力。应力数据包括水力压裂前期测量的闭合压力校准值（最小围岩应力）。由钻井液相对密度和试井得出的应力剖面呈明显阶梯状，因为应力主要依赖于孔隙压力。

因为通常情况下应力值是通过孔隙压力和岩石属性计算而来，所以通过公式换算，由应力和岩石属性来推导孔隙压力是可行的。该计算的前提假设是完全弹性作用,忽略任何构造或热事件,但由于存在较高的孔隙压力,MWX 数据计算结果似乎比较好。水平应力计算公式如下:

$$\sigma_h = \frac{\nu}{1-\nu}[\sigma_v - \alpha p] + \alpha p$$

式中,ν 为泊松比,σ_v 为上覆应力,p 为孔隙压力,α 为毕奥系数。这个公式可变形为压力计算公式:

$$p = \frac{\alpha(1-\nu)}{1-2\nu}\left[\sigma_h - \frac{\nu}{1-\nu}\sigma_v\right]$$

在 MWX 中,岩石的低孔隙度导致上覆岩层的应力梯度为 24.2kPa/m(1.07psi/ft);泊松比一般为 0.2;测量的毕奥系数 α 大约为 0.9(Warpinski 和 Teufel,1992);最小主应力的构造分量极小。在图 13 中可以看出,由测量的应力推导出的孔隙压力分布,图中无颜色充填的小方块表示即是。除底部海相地层外,试井和应力计算得出的测试值比较接近。这种测定孔隙压力的方法在河流相、海岸和沼泽相等沉积环境中得到了很好的应用,比较适合没有孔隙压力试井测试数据的地区。此外,这种呈阶梯状分布的孔隙压力特征表明,垂距超过 304m(1000ft)层段孔隙压力值可能保持不变。

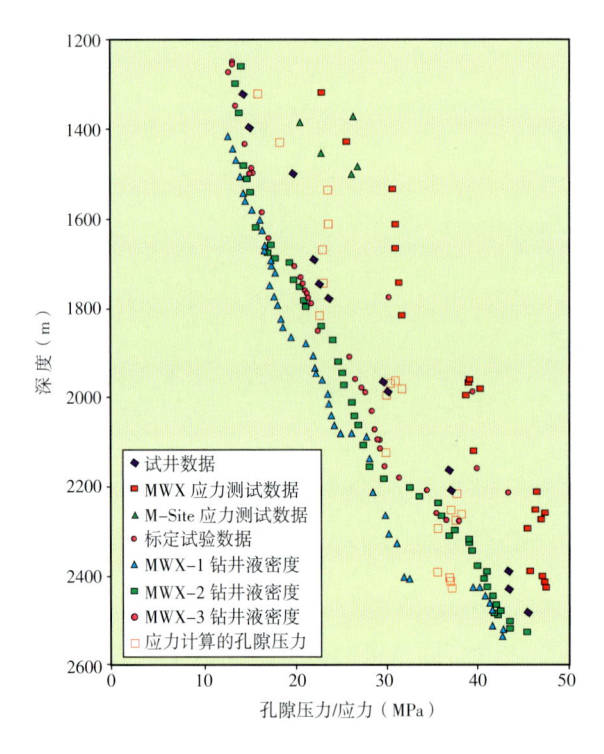

图 13　MWX 和 M－site 孔隙压力和应力测试结果用钻井液
密度估算地层压力小于真实地层压力

虽然这些数据比较准确,但孔隙压力梯度还取决于基准点的选取。局部所出现的异常高的压力梯度可能是因为钻井钻在了海拔高度约 1524m(5000ft)的地质年代相对较新的山谷表面,而最近 9Ma 以来的地表海拔比山谷表面高 1220m(4000ft)。而 MWX 地区的压力梯度可能不含与谷底低洼处的地表压力梯度一致。如果在气藏埋深基础上加 1200m

(4000ft),井底的压力梯度将减小到12kPa/m(0.53psi/ft),对应的钻井液密度大约1170g/L(10.2lb/gal),这样,超压值没那么高,但仍为超压。

3. 温度测量

MWX井区地温梯度是在钻探不久后由Los Alamos国家实验室测定,几个月后,热平衡重新恢复后南卫理公会大学又对其进行了测量(图14)。1776m(5500ft)以上,地温梯度为3.3℃/100m。从煤层之下的高地温梯度可以看出2012~2286m(6600~7500ft)煤层的低热导率。最高读数温度计在试井过程中也会用到,Corcoran段中部测量的温度值可达到约138℃(280°F),Cozzette段中部温度值大约为127℃(260°F)。这些测量值表明,在Mesaverde群底部的温度比南卫理公会大学测量的温度高6℃(10°F),且达到热平衡的时间比预计的长。在较浅部位的试井温度更接近南卫理公会大学所测的测量值(图15)。

与孔隙压力一样,相对较高的温度和地温梯度也能反映地形情况。科罗拉多河谷被侵蚀前,这些地层的埋深可能在1220m(4000ft)。对于一个沉积盆地的地温梯度而言,能满足达到相对较高地层温度的地温梯度可能更具有代表性。

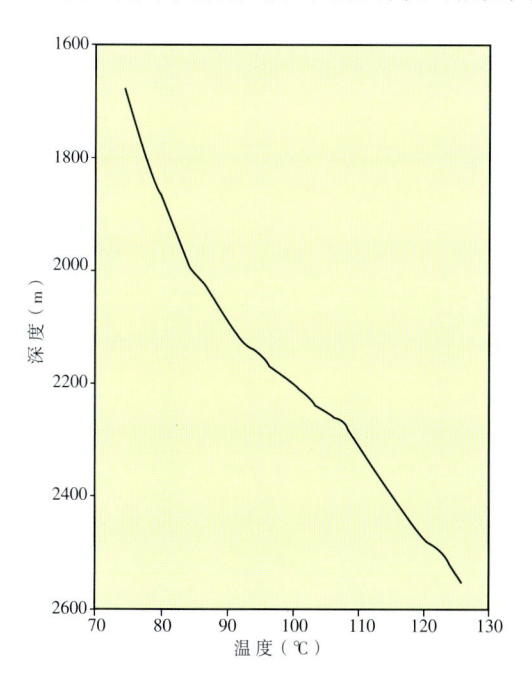

图14 由南卫理公会大学测定的
Mesaverde群下部地温梯度
表明温度阶梯状分布特征由热传导弱的煤层造成

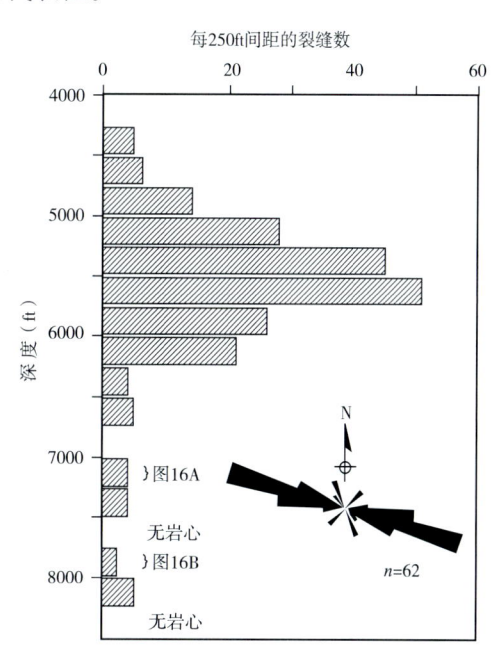

图15 MWX实验区垂直裂缝分布
定向取心表明裂缝主要呈西—北西向

三、天然裂缝

早在1981年钻探第一口MWX井时,人们还没有意识到裂缝能使具有压敏与流敏性渗透率的Mesaverde群储层产生经济效益。事实上,人们没有意识到孔隙压力具有抵制地层围岩压力的作用,普遍认为在深部地层压力的强烈挤压会使裂缝闭合。在这种观念的影响下,加之皮申斯盆地和落基山地区记录的露头裂缝分布较少,因此,在MWX井未钻探之前,认为该低渗透砂岩区不发育裂缝。

垂向岩心不能用来研究垂向裂缝。加之该地区储层取心较少,所取岩心是厚层砂岩中的一部分,很难发育裂缝。当时井眼成像测井技术还不成熟,电缆裂缝识别测井又不可靠。通过三种裂缝识别测井分析结果与大量MWX井的岩心描述结果的对比,发现只有10%的吻合度。此外,三种裂缝识别测井结果之间还存在矛盾。

人们尝试通过大规模水力压裂和核装置等来增加产能,但都没能成功(Simonson等,1978;Lorenz,2001)。而且事后发现这些手段对原来的天然裂缝渗透性的破坏程度远远大于对基质孔渗性的建设程度。因而,只有通过MWX试验区丰富的数据结合精细储层描述才能刻画和重建(储层内的)裂缝体系。更重要的是要将详细岩心、录井测井资料与大量压裂、完井试验相结合,以认识增产措施与破坏天然裂缝连通性之间的关系。

MWX试验区各直井、斜井、水平井取得的岩心资料表明,在砂岩储层中普遍发育单向裂缝系统。岩心中存在十种不同类型的裂缝(详细的裂缝特征参考Lorenz,1988,1989;Lorenz和Hill,1994;Lorenz,2003)。储层砂岩中最常见并且对渗透率影响最大的是垂直方向延伸的裂缝。下面的讨论也仅限于这一系列垂直裂缝。

在1280m(4200ft)的直井岩心中观测发现一共有275条垂直裂缝,平均每4.6m(15ft)岩心中有一条裂缝。由于是连续取心,包括泥岩、页岩、含裂缝的砂岩和粉砂岩,而只有约4%的裂缝存在于泥岩和页岩中,所以MWX试验区的直井中每2~2.5m(7~8ft)的砂岩和粉砂岩中就有一条裂缝。考虑到垂直井中发现垂直缝的概率较小,因而该区储层中裂缝是非常发育的。而日后的斜井勘探也证实了这一点。

随着深度增加,裂缝发育频率明显增加,直到Mesaverde群中部。再往下裂缝开始减少(图15)。裂缝频率增加表明该组地层中段周围存在局部构造波动(可能由Cumella和Ostby,2003年提到的某条北西向断裂运动引起)。局部地区存在的异常裂缝几何相和矿化作用(地开石)证明了这个推论。中段地层以下裂缝频率的减少则表明距离构造波动带的距离越远裂缝发育越少,也可能只是因为取心不完整或者该层段下部的砂岩含量较少。事实上,斜井SHCT-1的岩心表明,即使在沼泽沉积的透镜状河道砂岩与Cozzette隔层的席状海相砂岩,这些下部层段仍然每3ft(1m)就有一条裂缝(图15、图16)。

延伸的裂缝组成了一组区域的西—北西向断裂系统(图15),推断裂缝在拉腊米造山运动、周缘逆掩冲断作用、基底作用和盆地边缘隆升形成的水平挤压应力条件下形成的(Lorenz和Finley,1991)。岩心中四个低角度的小逆冲带(Finley和Lorenz,1988)证实确实存在水平方向很强的挤压应力。另外盆地西缘全新统Molina砂岩中也存在平面共轭的裂缝系统(Lorenz,1997)。逆冲断层和平面共轭断层都只能形成于水平强挤压应力条件下,逆冲断层形成时受到的挤压应力可能会超过上覆地层压力。皮申斯盆地中部其他钻遇Msaverde群的井中类似的延伸断裂样式(Cumella和Ostby,2003)表明,在盆地深部垂向延伸的断裂形成大范围的断裂系统。

石英和方解石充填后的裂缝开度平均约0.5mm(0.02in),完全被胶结物充填,裂缝两边被胶结方解石之间开度达1cm(0.4in)(Finley和Lorenz,1988;Lorenz,2003)。实验室测量结果表明,即使已被矿化充填的裂缝也可以提高渗透率(Lorenz等,1989)。由于裂缝内壁上石英和方解石胶结物的存在,裂缝面是弯曲的,因此适用于光滑裂缝面的裂缝开度与渗透率之间的"关系"在此不适用。

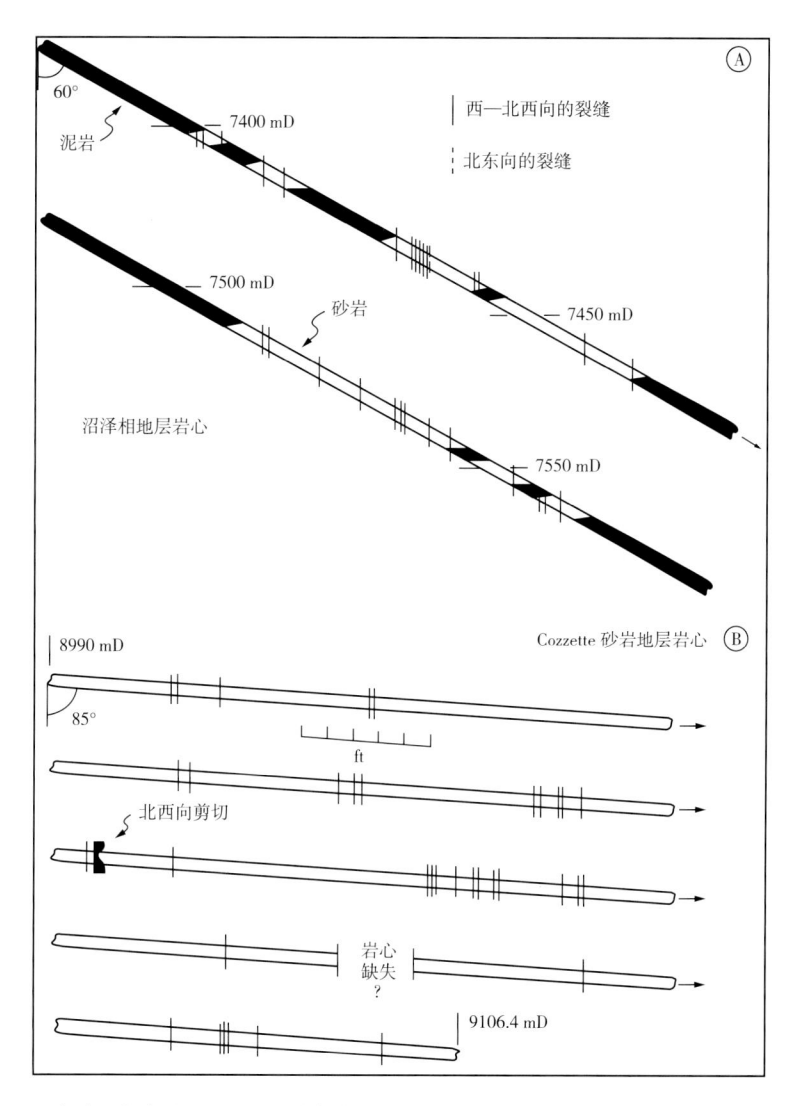

图16 钻遇 MWX 实验区深部的 SHCT-1 井倾斜段及近水平段的天然裂缝分布图(据 Lorenz 和 Hill,1994)
图中可以看出在深部甚至是断裂不太发育的部位可见部分矿化的、呈西—北西方向延伸的区域性裂缝。
岩心所在地层位置见图15,在 MWX 三口垂直井中对应的位置见图1
A—沼泽相地层中斜井裂缝横剖面图;B—Cozzette 砂岩地层中近水平段裂缝横剖面图

在钻穿 9~15m(30~50ft)厚的储层砂岩的直井中取心得到的裂缝极少(观测到的裂缝大多数来自裂缝间距极小的薄层)。斜井中的岩心平均裂缝间距大约为 1m(3ft),范围在 2.5cm(1in)到 5.2m(17ft)之间(Lorenz 和 Hill,1994)。裂缝垂向上延伸顶部至泥岩段,底部至储层下部。同时,裂缝也受内部地层边界限制,在河道充填砂体等非均质岩性中裂缝高度明显低于储层厚度(Lorenz,2003),且裂缝分布不规律。在一套 1.8m(6ft)厚的砂岩中发现的最大裂缝高 1.8m(6ft),尽管胶结物充填,裂缝宽度也达 1cm(0.4in),但由于砂岩储层太薄而无法射孔开采。有一些裂缝的高度超过岩心高度而无法测量,但也有很多取心中的裂缝高度小于 0.3m(1ft)。地下获得的资料显示的裂缝长度具有不确定性,在露头上可见延伸至几十米(几十至几百英尺)长的裂缝。

如定向岩心中所示,井下多数裂缝的走向为西—北西向(Lorenz 和 Finley,1991)。这与之前提到的水平方向渗透率的强非均质性(可达到100∶1)一致,亦与所测的原地最大水平应力方向一致(Warpinski 等,1985)。尽管现今测到的水平挤压力可能是一种遗留的束缚压力(Lorenz 和 Finley,1991),但其效果与地层现在仍然被挤压相同(Lorenz,2003)。通过微地震监测系统及后期取心发现,由于天然裂缝与应力的共同作用,水力压裂产生的裂缝方向平行于天然裂缝的方向(Warpinski 等,1993)。取心结果显示残留的凝胶充填在天然裂缝和人造裂缝内。

试验区主要发育西—西北向断裂,与在 Rifle Gap 附近出露的 Mesaverde 群砂岩垂向地层中的缝相似(Garrett 和 Lorenz,1990),也与该区新钻井的岩心和成像测井中显示的裂缝特征相似(Cumella 和 Ostby,2003),井下只有不到10%的裂缝与主导的西—北西向的裂缝斜交并切割。要成功模拟气藏的产率,必须考虑邻近裂缝的连通性,少数相交的裂缝可能会对裂缝系统整体连通性有较大贡献。然而,从露头剖面和岩心中不同的裂缝均可看出(Lorenz 和 Finley,1991),该系统中的裂缝并不是完全平行的,而是弯曲走向,变化范围在 ±10°。每条裂缝的曲折延伸以及邻近裂缝间近平行的走向关系表明,裂缝间存在低角度交错关系,即使在没有交错裂缝的系统中,也会存在一定程度的连通性。

四、构造特征

MWX 试验区的构造是一个平缓的单斜,倾向东北,倾角 1°~2°(Johnson,1983)。利用最近更多井和地震数据作出的构造图(图 1B)显示出宽阔的低起伏地形构造特征,Rulison 鼻状构造北西向延伸穿越该地区,并叠置在区域性的单斜上(Cumella 和 Ostby,2003),地形起伏很小,没有形成圈闭。三维地震勘探结果表明,同时存在一个北西向反转构造和走滑断裂(Cumella 和 Ostby,2003)。在 MWX 的部分取心层段,西—北西向的区域性垂向延伸的断层可能受此走滑断裂影响而活动加强,但方向偏斜,表明与之不是受相同地应力形成的。不管怎样,在 MWX 试验区及周边 Rulison 油气田范围内都没有明显的气藏构造圈闭。事实上,自从 MWX 各井完钻以来,由于钻采技术的发展,Rulison 油气田的范围已经向东和向西延伸至科罗拉多河谷两岸的其他油气田地带。

由于地形较高,钻采困难(而非地下构造原因),油气田的范围只分开在北部和南部。现在,地形困难的问题逐步得到解决,油气田范围也在延伸。在盆地较深部位 Mesaverde 群的 Williams Fork 组下段几乎所有井中都存在不含水的天然气。只要有天然裂缝存在,使用无损钻井和完井技术,便可产出天然气。由此看来,含气砂岩储层不仅限于传统的构造圈闭,而是广泛分布于皮申斯盆地的深部。

五、应力敏感性、流体与伤害

MWX 试验的另一个引人注意的结果是观察到 Mesaverde 群油气藏的产能既具有很强的应力敏感性,又容易受流体伤害(Branagan 等,1984、1985、1987、1988;Branagan 和 Wilmer,1988)。其中最好的实例来自于 Cozzette 砂岩上段的试井过程。这一段为 15m(50ft)厚的砂岩,当初始井底压力为 43.4MPa(6300psi)时产气率稳定在 $1.7 \times 10^4 m^3/d$ ($60 \times 10^4 ft^3/d$)。但当井内充满水或排水一到两天之后,井底压力降低到 6.9MPa(1000psi)之下时,产能几乎为零。如果把井内流体洗干净或者关闭井使压力回升到高于 6.9MPa(1000psi)门限值后,产能又可以恢复到初始值。在所有试验地区井中均观察到相似现象,因此,在操作上也尽量避免用水洗井问题。这种对压力变化和流体的敏感性可能与气体通过裂缝渗流有关。

(一)应力敏感性测试

通过试井和氮气注井在滨岸带储层 1951~2012m(6400~6600ft)深处,测量了应力敏感性(MWX 项目,1989;Warpinski,1991)。测试结果表明两套储层砂岩的混合渗透率—厚度(Kh)为 0.24mD·m (0.78mD·ft)。同地区氮气注井测试的压差率分析表明,当压力低于层位所在压力梯度时,可避免产生人工裂缝,这表明在注井条件下,Kh 的大小为 0.15~0.23mD·m(0.5~0.75mD·ft)。渗透率增加了 2 个数量级,唯一比较合理的解释是自然裂缝在不同围限压力下发生了开启和闭合。利用 Walsh(1963)模型可知压敏裂缝的渗透率为:

$$K = K_o \{C\ln[\sigma^*/(\sigma - p)]\}^3$$

式中,K_o 为储层条件下渗透率;σ 为裂缝正应力;p 为裂缝内流体压力;σ^* 为参考应力(计算时为常数),C 为常数。

K_o 是在初始压力条件为 30.3MPa(4400psi)下的渗透率值,在 37.9~38.6MPa(5500~5600psi)的注井压力下,该值可达 50 倍于初始值。在强压降条件下(该层为~5.5psi(800psi)),井筒不会产出大量的天然气,渗透率降低 2 个数量级才能阻止气体的流动。图 17 利用这些资料拟合出最佳 Walsh 方程参数($C=0.579$,$K_o=48354$MPa(7038psi)),符合实际观测。在较低净应力(高孔隙压力)的注井条件下,渗透率增加很明显,而在较高净应力的(低生产压力)关井条件下,渗透率变化较平缓。储层在生产和注井时的变化印证了天然气的产出主要缘于天然裂缝的存在。

(二)流体和地层伤害

从早期的 MWX 试井资料可知流体对储层和天然裂缝的影响。最初,通过微小射孔注液来实现井眼和储层的连通,一般是微量(每个射孔 0.5~1.0bbl)的氯化钾溶液。在大多层段,大概需要 1~3 周时间过滤这点体积溶液,形成(5~10)×10⁴kft³/d 的流量。随后利用超正氮气压射孔技术避免地层水损害(Sattler 等,1985;Branagan 等,1988;Warpinski,1991),这是第一次得知可以应用该技术(最初由 R. Saucier 提出,之后是 Shell),它解决了注射液清理问题,靶区可以立即形成流动,测试也更可靠,这也揭示了先前试井过程中地层流体破坏了地层的敏感性。

在增产措施中,地层水的损害仍然是个问题。如在沼泽区的交联凝胶增产导致产量减少 1.5 个系数(Branagan 等,1987;Warpinski 等,1987)。为了清理注液井和获得更好的流量,进行了大量尝试,包括化学降解裂缝残余胶体,但无一成功。随后该层段在浅滩层作业前被隔离 18 个月,当二次开采时,产率是初始产率的两倍。在这 18 个月中,岩石骨架吸水膨胀清理了水压裂缝,连接了天然裂缝;并且可能由于胶体脱水,最终获得稳定的流量。

沼泽区产大量的水。然而精确的注水和生产用水记录显示注入水和产出水基本平衡。初始增产中,压井水体积为 1970bbl,修井、修补注液及其他措施中总计泵入 3800bbl 液体。在关井的 18 个月之前,约有 3200bbl 水被采出,剩余 600bbl 未平衡。在 2 个月的生产期间,采出 840bbl 液体和 15.8×10⁶ft³ 气,仅超出注入量 240bbl,重碳酸水显示大部分的水来自于与砂层毗邻的煤层段。

遗憾的是没有进行长期试井来评估产水量,尽管在2个月的生产期间产水量在缓慢减少(MWX项目组,1988)。一个重要的观点是,由于各种修井等措施,实际流体注入量远远大于报道的增产注入量。MWX区其他不同层段的试井也显示了注入水对生产有同样的影响,正在作各种努力以减少地层中外来水量。对于评估产出的流体体积而言,精确的记录非常重要,当利用产气过程中的产水量这一事实来驳斥盆地中心气模型中不产水这一观点时需谨慎。

在同一工区继MWX项目之后,开展了能源部资助的SHCT(斜井完井试井)项目(Mann,1993),试井内容有斜井钻探,包括沼泽沉积层斜井(井斜55°)和Cozzette台地上部的水平段,两层段都有取心。

在沼泽沉积层的2个月低产量生产期间,增产注入水没有回采。然而在广泛分布海相砂岩的Cozzette段完井作业时观测到不同的产水量,平均每天产出95.4m³(600bbl)水(排出井口的水量)。虽然连通了水平段和垂向展布的含水断层体系的含水带,如Rollins砂岩段是产出水最有可能的来源,但还是很难确定水源来自何处。实际上落基山脉地区的致密气藏中的直井产水量正常,大量斜井会发生原生水侵入,导致水淹。这表明独立的水系在基岩孔隙中是稳定的,在断层中是流动的。

六、讨论

文中的数据为盆地中心气模型提供了强有力的支持,本文认为,除非收集到足够准确可靠的数据(油田标准程序收集的资料不足),否则将会导致错误的结论。MWX项目有足够的时间和资金,在对4000ft(1200m)的储层和非储层连续取心基础上,提高测量超低渗透率和含水饱和度的分析测试技术。可以对连续15m(50ft)厚的砂岩储层进行应力和产量测试并发展水力压裂造缝的技术手段;也可以进行高成本、非常规的取心作业(密闭取心、定向取心、水平取心)和其他公司未尝试的专门(测试)工作。

这些实际数据表明,在Mesaverde群1220m(4000ft)厚的地层中,含水饱和度随着埋深的增加而减小(图4、图5),与盆地中心气理论一致。随着深度的增加孔隙度没有变化,但渗透率会逐渐变小(图6),这表明储层埋藏越深,砂岩越致密,天然气越难以逸散。MWX数据表明,常规的实验室测量的渗透率值通常太大,会高出几个数量级,这是因为没有考虑到围岩压力和含水饱和度的影响(图7,图8)。同时,恢复原地状态的基岩超低渗透率并不能代表控制油气产率的系统渗透率(表1,图11),因为天然裂缝增大了该系统的渗透率。试井结果表明,试井渗透率与实验室常规方法测试的渗透率一样高,不支持盆地中心气理论不成立,但是试井测试未考虑应力和含水饱和度这两个因素。MWX井有天然气的产出是由于有裂缝系统的存在而不是因为基岩渗透率高。

取自于绿河盆地中心裂缝不太发育的岩心显示,裂缝发育不好的地方,岩石中的高压天然气不能被经济开采。随着越来越多的地下资料的获得,皮申斯盆地天然裂缝的存在和重要性开始受到广泛认同。常规的构造圈闭在MWX和Rulison不是控制天然气聚集的主要因素,实际上,通过周边地区的钻井,勘探区带一直延伸。本文认为,与局部构造相关的天然裂缝是天然气产量的主控因素,而不是圈闭机制。

裂缝对MWX地区以及落基山地区其他盆地中的砂体储层的水平渗透率非均质性影响大但难以准确测定,除非像MWX地区,井距几百英尺。但即使如此,由于孔隙压力、围压(图17)及流体作用也容易导致裂缝被破坏。天然裂缝在原始状态下无流体充注,主要是由于基岩的高毛细管压力致使流体被吸附在基岩界面。通过对毛细管压力进行测试,发现水在这些体系中是不可动的,即使是含水饱和度相对较高的体系也是如此,只有压裂及增产注液措施会导致大量产水,而钻井液和增产措施很容易破坏裂缝渗透系统。早在1980年以前,大量增产措施在皮申斯盆地的应用,不但没有增加油气产量,反而减少了。正如MWX地区进行的增产措施一样,采用的六个增产措施,五个是无效的。但实施者没有意识到这些,主要是因为他们没有时间和资金来进行增产改造的前期与后期测试工作。

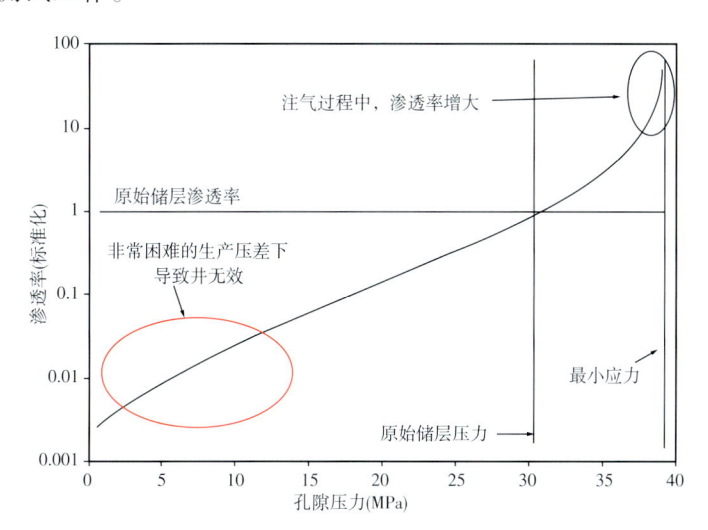

图17 应用Walsh模型描绘的MWX沿岸砂岩的压力敏感性渗透率图
沉降过程中孔隙压力释放引起裂缝型渗透率变小,从而造成围岩压力增大、裂缝闭合;外界流体注入时裂缝中压力增大从而引起系统渗透率变大

在MWX地区Mesaverde群储层中的地层压力高于静水压力,这与盆地中心生气理论相符。通过地层压力、钻井液密度、地温梯度以及应力测试研究,发现均呈阶梯变化模式。说明该地区的地层压力并不是简单的随地层埋深的增加而增大,而是比这复杂得多。在相互间隔数百英尺厚的两套地层中具有相同的地层压力,这说明存在穿越泥岩封隔层的垂向连通介质存在,从而出现上下压力均一的现象。

一般而言,用钻井液相对密度评估地层压力较MWX地区实测压力值偏低,表明钻井液相对密度测得的压力值只能作为估计值,不能作为反对盆地中心生气理论的依据。MWX地区大量数据表明盆地中心气理论适用于皮申斯盆地中部的Mesanerde群。

参 考 文 献

Branagan, P. T., and R. Wilmer, 1988, Breakdown procedures designed to minimize naturally fractured reservoir damage: Society of Petroleum Engineers Gas Technology Symposium, Dallas, Texas, June 13 – 15, SPE Paper 17716, 17 p.

Branagan, P. T., G. Cotner, and S. J. Lee, 1984, Interference testing of the naturally fractured Cozzette sandstone, a case study at the DOE MWX site: Society of Petroleum Engineers Unconventional Gas Recovery Symposium, Pittsburgh, Pennsylvania, May 13 – 15, SPE Paper 12869.

Branagan, P. T., C. L. Cipolla, S. J. Lee, and R. H. Wilmer, 1985, Comprehensive well testing and modeling of pre – and post – fracture well performance of the MWX lenticular tight gas sands: Society of Petroleum Engineers – U. S. Department of Energy Low Permeability Gas Reservoirs Symposium, Denver, Colorado, May 19 – 22, SPE/DOE Paper 13867, 11 p.

Branagan, P. T. , C. L. Cipolla, S. J. Lee, and L. Yan, 1987, Case history of hydraulic fracture performance in the naturally fractured paludal zone: The transitory effects of damage: Society of Petroleum Engineers – U. S. Department of Energy Low Permeability Reservoirs Symposium, Denver, Colorado, May 18 – 19, SPE/DOE Paper 16397, p. 61 – 71.

Branagan, P. T. , S. J. Lee, C. L. Cipolla, and R. H. Wilmer, 1988, Pre – frac interference testing of a naturally fractured, tight fluvial reservoir: Society of Petroleum Engineers Gas Technology Symposium, Dallas, Texas, June 13 – 15, SPE Paper 17724, p. 183 – 207.

Branagan, P. T. , R. E. Peterson, N. R. Warpinski, and T. B. Wright, 1997, Results of Multi – Site Project experimentation in the B – Sand interval: Fracture diagnostics and hydraulic fracture intersection: Gas Research Institute Report GRI – 96/0225, 144 p.

CER Corporation, 1982a, Multiwell Experiment MWX – 1 as – built report: Sandia National Laboratories report SAND82 – 7201, 104 p.

CER Corporation, 1982b, Multiwell Experiment MWX – 2 as – built report: Sandia National Laboratories report SAND82 – 7100, 94 p.

CER Corporation, 1984, Multiwell Experiment MWX – 3 as – built report: Sandia National Laboratories report SAND84 – 7132, 138 p.

Cumella, S. P. , and D. B. Ostby, 2003, Geology of Grand Valley, Parachute, and Rulison fields, Piceance Basin, Colorado, in K. M. Peterson, T. M. Olson, and D. S. Anderson, eds. , Piceance Basin guidebook: Rocky Mountain Association of Geologists, p. 171 – 193.

Finley, S. J. , and J. C. Lorenz, 1988, Characterization of natural fractures in Mesaverde core from the multiwell experiment: Sandia National Laboratories report SAND88 – 1800, 90 p. , appendix.

Finley, S. J. , and J. C. Lorenz, 1989, Differences in fracture characteristics and related production: Mesaverde Formation, northwestern Colorado: Society of Petroleum Engineers Formation Evaluation, v. 4, p. 11 – 16.

Garrett, C. H. , and J. C. Lorenz, 1990, Fracturing along the Grand Hogback, Garfield County, Colorado, in Southern Sangre de Cristo Mountains, New Mexico: New Mexico Geological Society Guidebook 41st Field Conference, p. 145 – 150.

Hettinger, R. D. , and M. A. Kirschbaum, 2002, Stratigraphy of the Upper Cretaceous Mancos Shale (upper part) and Mesaverde Group in the southern part of the Uinta and Piceance basins, Utah and Colorado: U. S. Geological Survey Investigations Series I – 2764, 2 sheets.

Johnson, R. C. , 1983, Structure contour map of the top of the Rollins Sandstone Member of the Mesaverde Formation and Trout Creek Sandstone Member of the Iles Formation, Piceance Basin, Colorado: U. S. Geological Survey Map MF – 1667, scale 1:253,440.

Lauhach, S. E. , 2003, Practical approaches to identifying sealed and open fractures: AAPG Bulletin, v. 87, no. 4, p. 561 – 579.

Law, B. E. , 2002, Basin – centered gas systems: AAPG Bulletin, v. 86, p. 1891 – 1919.

Lorenz, J. C. , 1989, Reservoir sedimentology of rocks of the Mesaverde Group, Multiwell Experiment site and east – central Piceance Basin, northwest Colorado, in B. E. Law and C. W. Spencer, eds. , Geology of tight gas reservoirs in the Pinedale anticline area, Wyoming, and at the Multiwell Experiment site, Colorado: U. S. Geological Survey Bulletin, v. 1886, p. K1 – K24.

Lorenz, J. C. , 1997, Conjugate fracture pairs in the Molina Member of the Wasatch Formation, Piceance Basin, Colorado: Implications for fracture origins and hydrocarbon production/exploration, in J. C. Close and T. A. Casey, eds., Natural fracture systems in the southern Rockies: Four Corners Geological Society, p. 97 – 104.

Lorenz, J. C., 2001, The stimulation of hydrocarbon reservoirs with subsurface nuclear explosions: Oil – Industry History, v. 2, p. 56 – 63.

Lorenz, J. C., 2003, Fracture systems in the Piceance Basin: Overview and comparison with fractures in the San Juan and Green River basins, in K. M. Peterson, T. M. Olson, and D. S. Anderson, eds., Piceance Basin guide – book: Rocky Mountain Association of Geologists, p. 75 – 94.

Lorenz, J. C., and S. J. Finley, 1991, Regional fractures II: Fracturing of Mesaverde reservoirs in the Piceance Basin, Colorado: AAPG Bulletin, v. 75, p. 1738 – 1757.

Lorenz, J. C., and R. E. Hill, 1994, Subsurface fracture spacing: Comparison of inferences from slant/horizontal and vertical cores: SPE Formation Evaluation, v. 9, p. 66 – 72.

Lorenz, J. C., N. R. Warpinski, P. T. Branagan, and A. R. Sattler, 1989, Fracture characteristics and reservoir behavior of stress – sensitive fracture systems in flat – lying lenticular formations: Journal of Petroleum Technology, v. 41, p. 615 – 622.

Lorenz, J. C., N. R. Warpinski, and P. T. Branagan, 1991, Subsurface characterization of Mesaverde reservoirs in Colorado: Geophysical and reservoir – engineering checks on predictive sedimentology, in A. D. Miall and N. Tyler, eds., The three dimensional facies architecture of terrigenous clastic sediments and its implications for hydrocarbon discovery and recovery: SEPM Concepts in Sedimentology and Paleontology, v. 3, p. 57 – 79.

Lorenz, J. C, L. F. Krystinik, and T. H. Mroz, 2005, Shear reactivation of fractures in deep Frontier sandstones: Evidence from horizontal wells in the Table Rock field, Wyoming, in M. G. Bishop, S. P. Cumella, J. W. Robinson, and M. R. Silverman, eds., Gas in low permeability reservoirs of the Rocky Mountain region: Rocky Mountain Association of Geologists guidebook, p. 267 – 288, CD – ROM.

Mann, R. L., 1993, Slant Hole Completion Test, final report: CER Corporation, Las Vegas, Nevada, U. S. Department of Energy Report DOE/MC/26024 – 3528, 87 p.

Masters, J. A., 1979, Deep basin gas trap, western Canada: AAPG Bulletin, v. 63, p. 152 – 181.

Middlebrook, M., R. E. Peterson, N. R. Warpinski, B. P. Engler, G. E. Sleefe, M. Cleary, T. Wright, and P. T. Branagan, 1993, Multi – Site project seismic verification experiment and assessment of site suitability: Gas Research Institute Report GRI – 93/0050, 295 p.

Morrow, N. R., J. S. Buckley, M. E. Cather, K, R. Brower, M. Graham, S. Ma, and X. Zhang, 1980, Rock matrix and fracture analysis of flow in western tight gas sands: New Mexico Institute of Mining and Technology, U. S. Department of Energy Report DOE/MC/21179 – 2853, 275 p.

MWX Project Team, 1987, Multiwell Experiment final report: I. The marine interval of the Mesaverde Formation: Sandia National Laboratories Report SAND87 – 0327, 262 p.

MWX Project Team, 1988, Multiwell Experiment final report: II. The paludal interval of the Mesaverde Formation: Sandia National Laboratories Report SAND88 – 1008, 537 p.

MWX Project Team, 1989, Multiwell Experiment final report: III The coastal interval of the Mesaverde Formation Sandia National Laboratories Report SAND3284, 429 and 448 p.

MWX Project Team, 1990, Multiwell Experiment final report: IV. The fluvial interval of the Mesaverde Formation: Sandia National Laboratories Report SAND89 – 2612/A and SAND89 – 2612/B, 119 p.

Northrop, D. A., and K. – H. Frohne, 1990, The Multiwell Experiment— A field laboratory in tight gas reservoirs: journal of Petroleum Technology, v. 42, p. 772 – 779.

Peterson, R. E., N. R. Warpinski, T. B. Wright, P. T. Branagan, and J. E. Fix, 1995, Results of multisites experimentation in the a sand interval: Fracture diagnostics, fracture modeling and crosswell tomography: Gas Research Institute Topical Report GRI – 95/0066, 104 p.

Purcell, W. R. ,1949, Capillary pressures— Their measurement using mercury and the calculation of permeability therefrom: Transactions of the American Institute of Mining Metallurgical and Petroleum Engineers, p. 39 – 48.

Randolph, P. , D. J. Soeder, and P. Chowdiah, 1985, Effects of water and stress upon permeability to gas of paludal and coastal sands, U. S. DOE Multiwell Experiment: Institute of Gas Technology, Chicago, Illinois, U. S. Department of Energy Report DOE/MC/20342 – 1838, 199 p.

Sattler, A. R. , 1989, Core analysis in a low permeability sandstone reservoir, results from the Multiwell Experiment: Sandia National Laboratories report SAND89 – 0710, 58 p.

Sattler, A. R. , C. J. Raible, and B. R. Gall, 1985, Integration of laboratory and field data for insight on the Multiwell Experiment paludal stimulation: Society of Petroleum Engineers – U. S. Department of Energy Low Permeability Gas Reservoirs Symposium, Denver, Colorado, May 19 – 22, SPE/DOE Paper 13891, 14 p.

Sattler, A. R. , A. A. Heckes, and J. A. Clark, 1988, Pressurecore measurements in tight sandstone lenses during the multiwell experiment: Society of Petroleum Engineers Formation Evaluation, v. 3, p. 645 – 650.

Shanley, K. W. , R. M. Cluff, and J. W. Robinson, 2004, Factors controlling prolific gas production from low – permeability sandstone reservoirs: Implications for resource assessment, prospect development, and risk analysis: AAPG Bulletin, v. 88, p. 1083 – 1121.

Simonson, E. R. , A. S. Abou – Sayed, and R. J. Clifton, 1978, Containment of massive hydraulic fractures: Society of Petroleum Engineers Journal, v. 18, p. 27 – 32.

Walsh, J. B. , 1963, Effect of pore pressure and confining pressure on fracture permeability: International Journal of Rock Mechanics, Mining Sciences and Geomechanical Abstracts, v. 18, p. 429 – 435.

Warpinski, N. R. , 1989, Determining the minimum in situ stress from hydraulic fracturing through perforations: International Journal of Rock Mechanics Mining Sciences and Geomechanical Abstracts, v. 26, no. 6, p. 523 – 531.

Warpinski, N. R, 1991, Hydraulic fracturing in tight fissured media: Journal of Petroleum Technology, v. 43, p. 146 – 152 and 208 – 209.

Warpinski, N. R. , and L. W. Teufel, 1989, In situ stresses in low – permeability, nonmarine rocks: Journal of Petroleum Technology, v. 41, p. 405 – 414.

Warpinski, N. R. , and L. W. Teufel, 1992, Determination of the effective – stress law for permeability and deformation in low – permeability rocks: Society of Petroleum Engineers Formation Evaluation, v. 7, p. 123 – 131.

Warpinski, N. R. , P. T. Branagan, and R. Wilmer, 1985, In situ stress measurements at U. S. DOE's Multiwell Experiment site, Mesaverde Group, Rifle, Colorado: Journal of Petroleum Technology, v. 37, p. 527 – 536.

Warpinski, N. R. , P. T. Branagan, A. R. Sattler, J. C. Lorenz, D. A. Northrop, R. L. Mann, and K. – H. Frohne, 1987, Fracturing and testing case study of paludal, tight, lenticular gas sands: Society of Petroleum Engineers Formation Evaluation, v. 2, p. 535 – 545.

Warpinski, N. R. , J. C. Lorenz, P. T. Branagan, F. R. Myal, and B. L. Gall, 1993, Examination of a cored hydraulic fracture in a deep gas well: Society of Petroleum Engineers Production and Facilities, v. 8, p. 150 – 158.

大绿河盆地和风河盆地区域气藏最终采收率的描述与评估

Ray Boswell　Keuy Rose

摘要：本文描述了由美国国家能源技术实验室(DOE-NETL)在大绿河盆地和风河盆地开展区域气藏评价的方法体系和地质评价结果。评价结果有助于关键参数的获取，并有助于理解国家天然气资源潜力和剩余天然气资源潜力及特性的关键因素。DOE-NETL 的资源评价结果独一无二，因为它不是在当前条件或者将来可能的条件下估算采收率，而是对潜力资源（大部分为原地资源）进行详细地质条件研究。计算机模型估算在将来不同技术和市场条件下的经济和技术可采资源。

本文主要选取大绿河盆地和风河盆地一些区块区域气藏数据进行研究。研究结果明确了依据深度、孔隙度、渗透率和含水饱和度等解释出来的地质资源的分布特征。其他研究结果的数据也表明大部分剩余资源分布于孔隙度低、含水饱和度较高的地层中。模拟结果表明，资源采收率与技术进步相关参数密切相关。

在过去的 20 年中，美国地质调查局与美国国家能源技术实验室(DOE-NETL)充分认识到了盆地低渗透地层中存在大量天然气地质资源。评估的天然气地质资源分别为皮申斯—尤因塔盆地 $419 \times 10^{12} \text{ft}^3$（Johnson 等，1987），大绿河盆地 $5063 \times 10^{12} \text{ft}^3$（Law 等，1989），风河盆地 $995 \times 10^{12} \text{ft}^3$（Johnson 等，1996），大角盆地 $335 \times 10^{12} \text{ft}^3$（Iohnson 等，1999）。然而，尽管这些地质资源量非常大，普遍认为其中的大部分资源因太分散而无法开采。这一观点得到了各种资源评价的支持，包括美国地质调查局 1995 年对大绿河盆地的评价，认为只有 $119 \times 10^{12} \text{ft}^3$，或大概只有地质资源的 2% 为技术可采。这一估算结果后来降低到了 $82 \times 10^{12} \text{ft}^3$（美国地质调查局，2002）。因此，2001 年美国国家能源技术实验室启动了一个描述选区盆地中低渗透资源特征的项目，试图定量描述技术驱动下的采收率。

美国国家能源技术实验室发布了一张 CD，概括了相关方法及大绿河盆地和风河盆地最初的研究结果（Boswell 等，2003）。CD 中的报告描述了应用充足的地层和地质信息构建资源特征，使 DOE 的分析模型可以估算在未来不同市场情景和技术提高条件下的可采资源潜力。CD 中也包括了各种地层剖面图、岩性等值线图、地层等厚线图及项目研究过程中的测井分析数据库。本文是该 CD 中信息的总结。

一、研究方法

为达到既定目标，用基于网格单元的方法评价这些天然气资源气田规模分布统计法（Schmoker，2002）不可用，因为这些区域性天然气聚集不是独立的离散的气藏，而是由许多相互叠置个体集合而成的非均质性很强的区域性天然气聚集带。此外,生产区域的边界也不固定。随着钻井技术的进步,气田边界逐步外扩,原来分散的气田逐渐连片。因此,决定使用体积网格单元的方法,每一个网格点可以算出其原地资源量,每个网格点的采收率用逆过程曲线拟合方法确定该方法与常规方法不同,通常是用生产曲线来推测储层参数,而这里我们用测井曲线获取储层参数,并拟合出一系列无量纲的曲线,从中选取典型的生产曲线(具有40年可采资源量)。

两个盆地的地层单元如图1所示,测井曲线如图2、图3所示。研究区范围如图4所示。收集的都是用高质量测井系列获得的钻穿目的层的测井资料。测井数据密度见表1所示。在数据收集时没有考虑井产量,以确保数据的随机性(不倾向于好储层)。

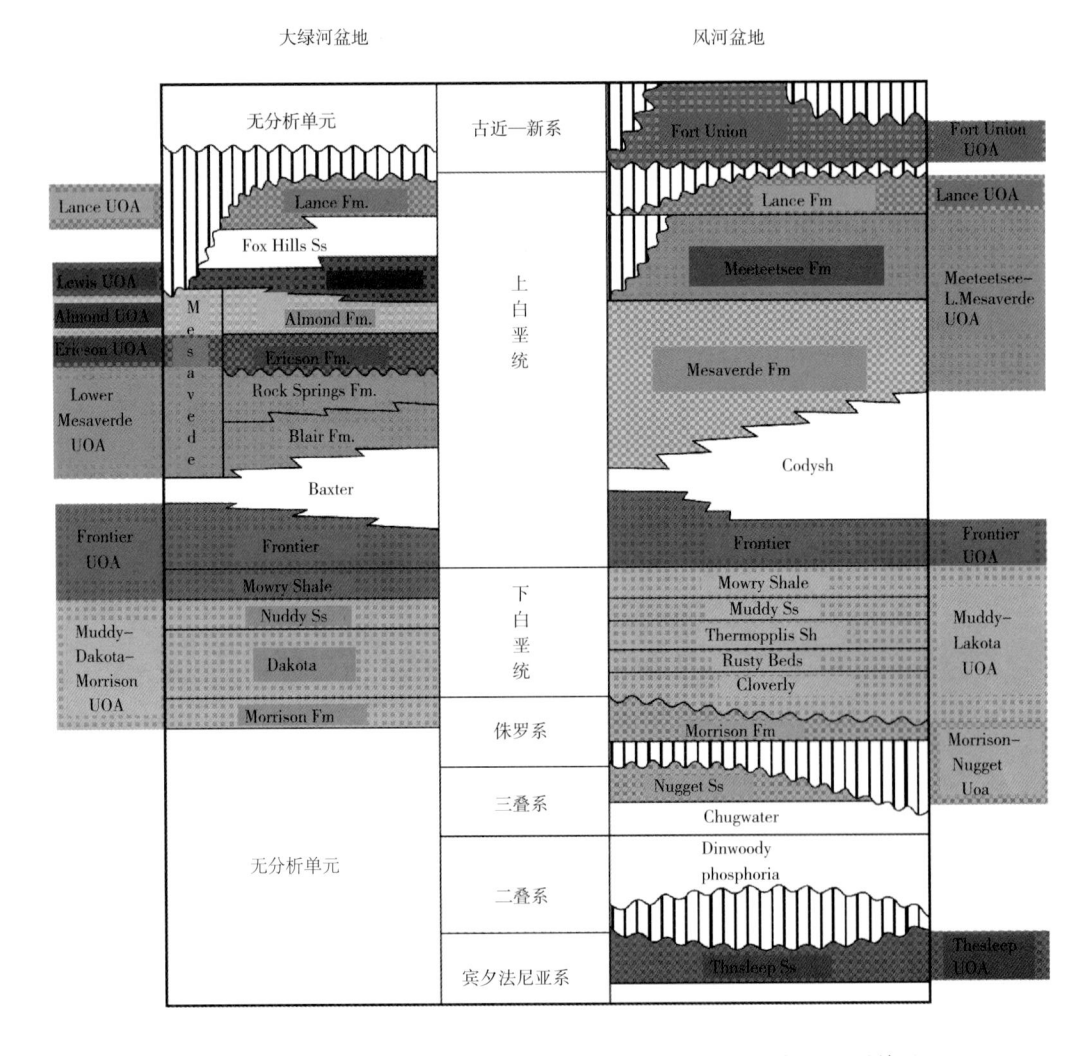

图1 大绿河盆地和风河盆地综合地层柱状图(有颜色的为分析的地层单元)

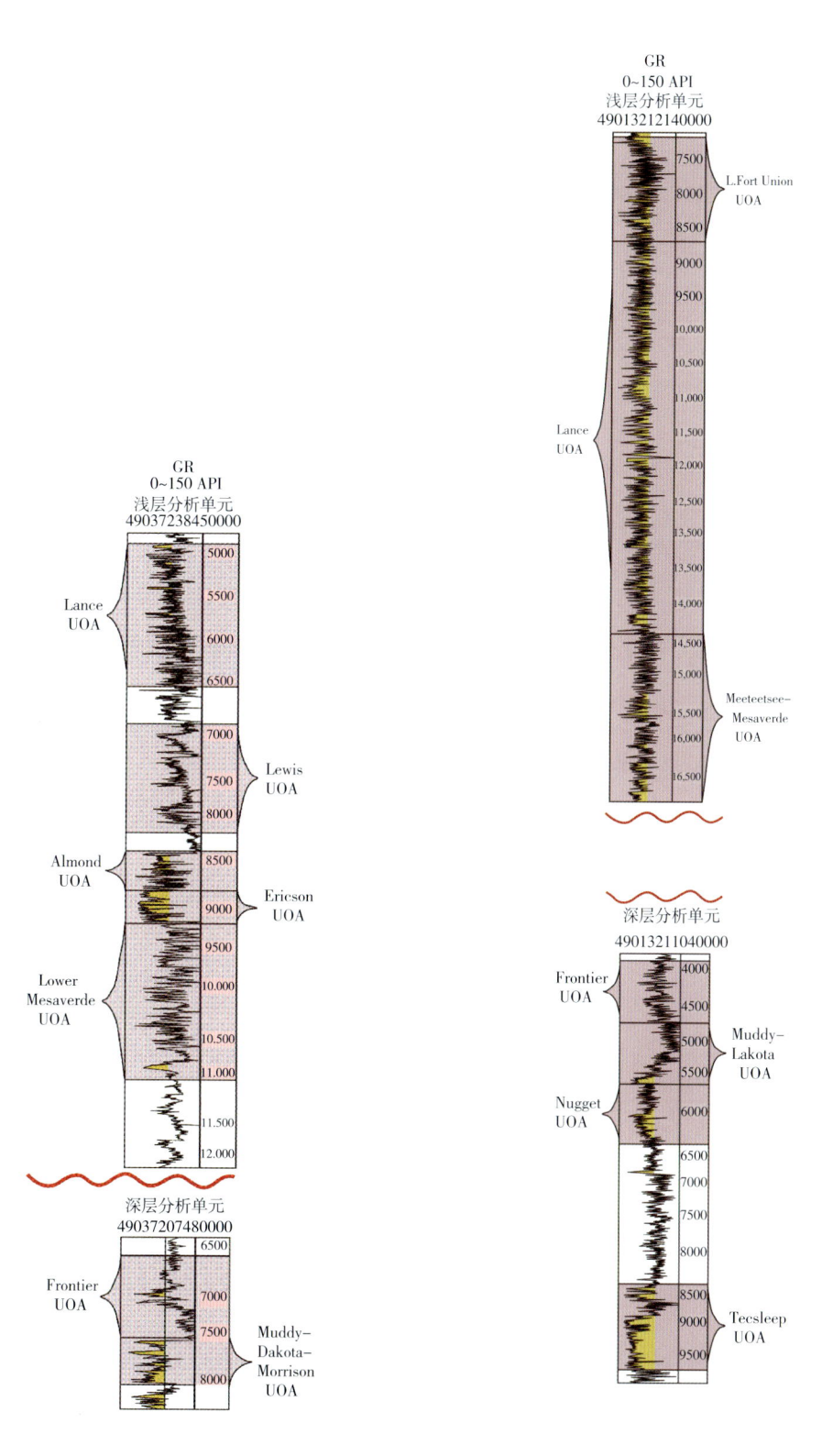

图 2　大绿河盆地的伽马测井曲线

图 3　风河盆地的伽马测井曲线

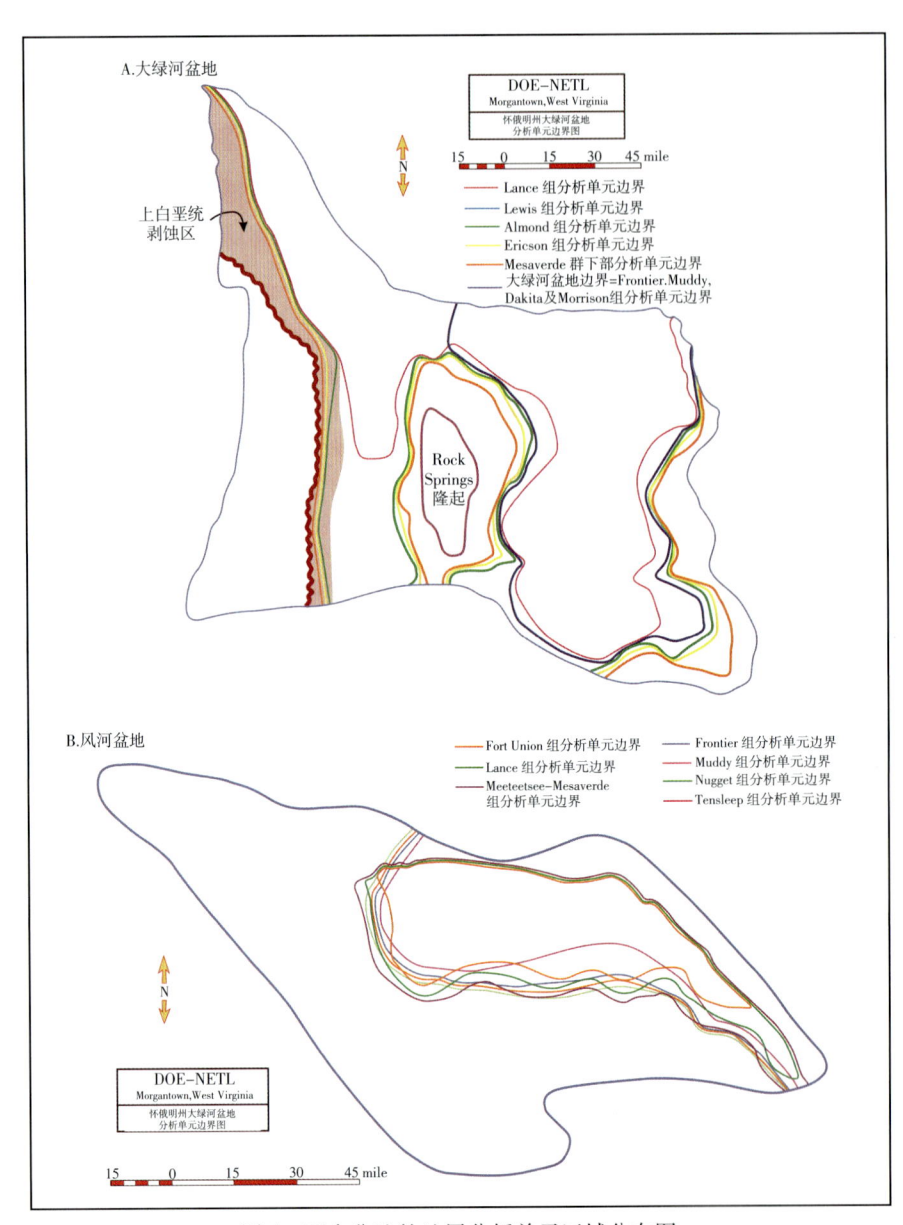

图4 两个盆地的地层分析单元区域分布图
蓝色粗线表示盆地范围,彩色线条区为分析的地层单元

表1 数据密度统计表*

	分析单元	井位数	评价区测井(套)	评价区块(个)	每个区块的测井套数
大绿河盆地	Lance	209	88	297	0.3
	Lewis	399	297	169	1.76
	Almond	369	293	265	1.11
	Ericson	301	242	338	0.72
	Lower Mesaverde	153	136	353	0.39
	Frontie	266	158	489	0.32
	Dakota-Morrison	192	131	467	0.28

续表

分析单元		井位数	评价区测井(套)	评价区块(个)	每个区块的测井套数
风河盆地	Fort Union	75	44	49.8	0.92
	Lance	63	28	58.8	0.48
	Meeteetsee–Mesaverde	60	27	67.1	0.4
	Frontie	136	19	56.2	0.34
	Muddy–Lakota	123	16	56.6	0.28
	Nugget	95	8	55	0.15
	Tensleep	82	4	24.8	0.06

* 测井数据，用来作图和对比。

通过对每一层段的区域对比来建立砂岩岩相分布。然后，将这些对比转换成标准二维剖面(图5、图6)。地层对比和砂岩厚度图一般以地层分析单元来成图，但有时根据情况(主要是海相和边缘海层段)，地层对比可精细到砂体(图7、图8)。

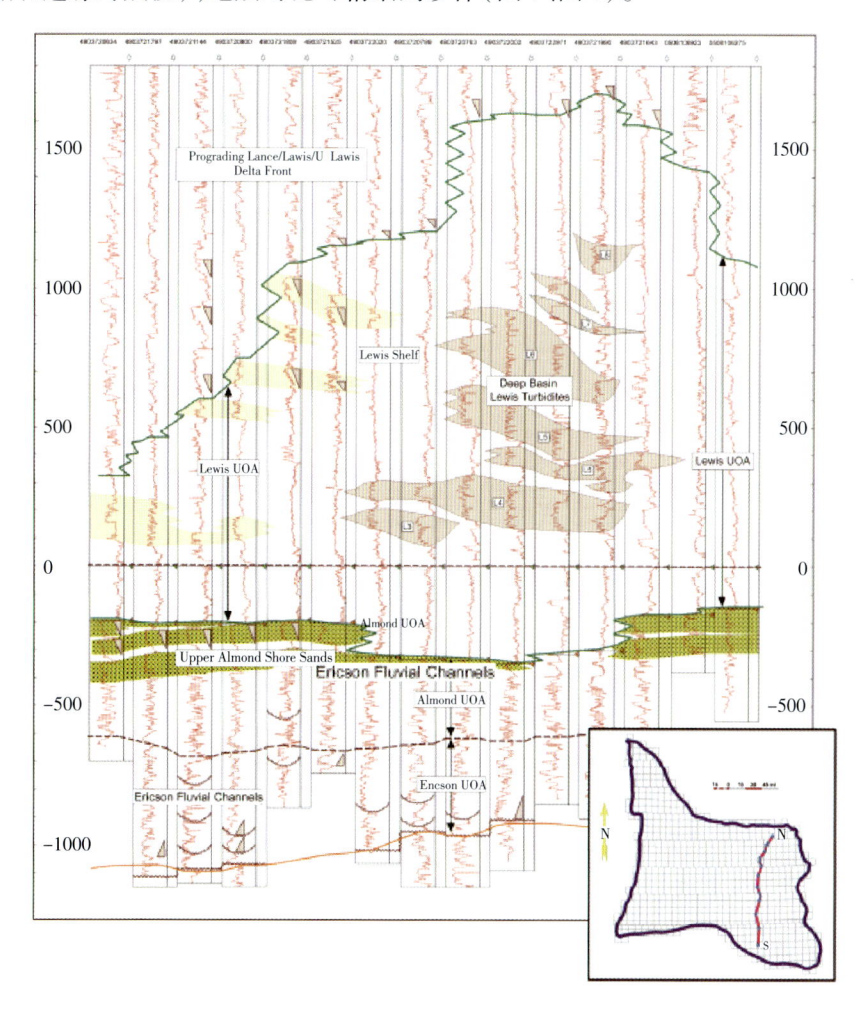

图5 过 Washakie 和 Sand Wash 盆地(大绿河东部)南北向地层剖面图(伽马测井)

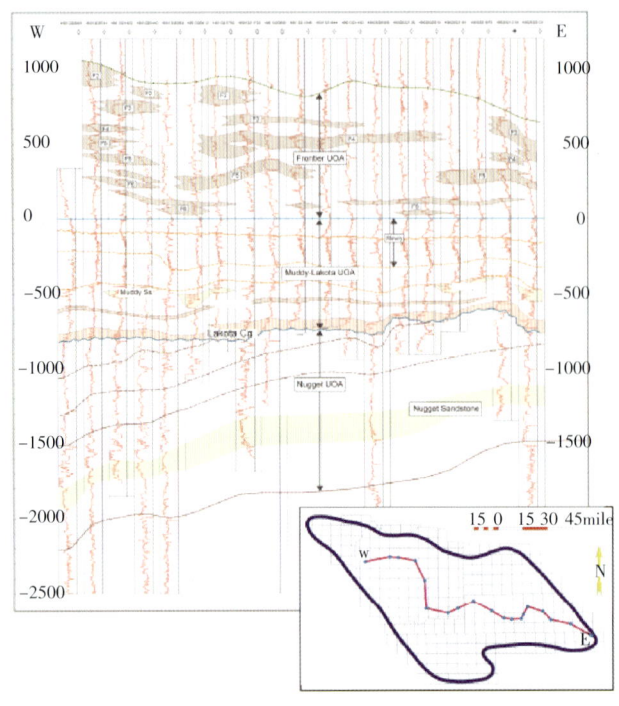

图 6　风河盆地东西向地层剖面图,基准面为 Mowry 的顶面(伽马测井)

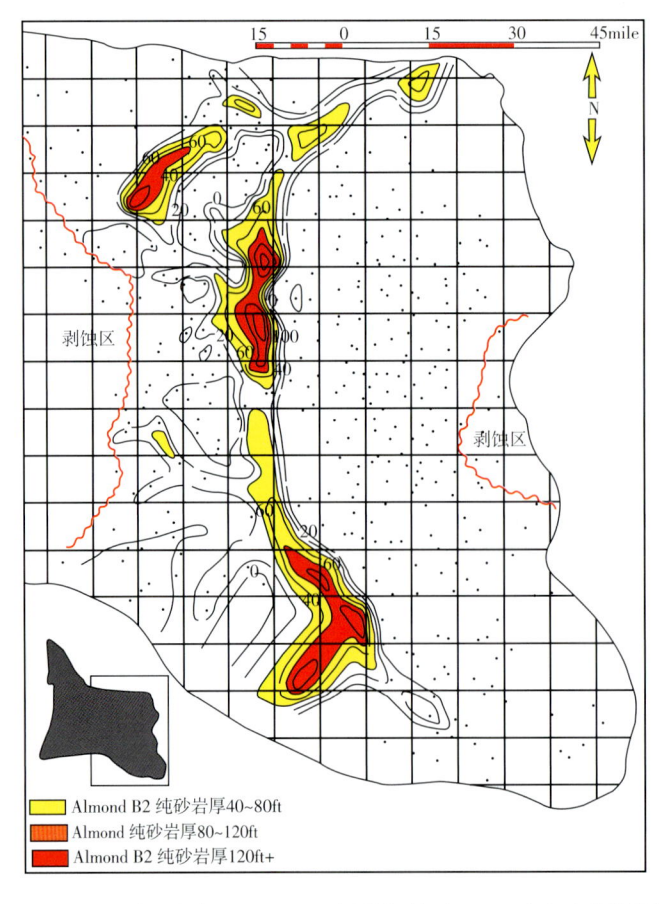

图 7　大绿河盆地东部 Alomond 地层分析单元 B－2 砂岩砂体等厚图

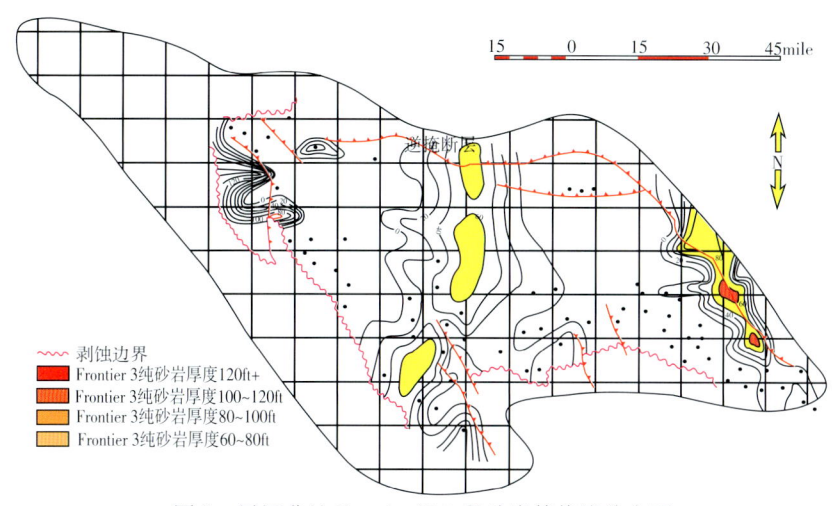

图8 风河盆地 Frontier 组 3 段砂岩等值线分布图

分析测井数据是为了提供地层分析单元的钻井中点深度作为确定体积的关键参数。孔隙度可由补偿密度—中子测井确定。气水饱和度可由基于页岩—砂岩校正模型来计算,通过页岩体积(V_{sh})、电阻率(R_{sh})及地层水电阻率(R_w;表2)的测井曲线求取。一般情况下地层水电阻率为假定值,对陆相和(或)较浅地层分析单元假定值较高,海相和(或)较深的地层分析单元假定值较低,只适用于大绿河盆地 Lewis 远景区,有足够的水化学数据能够形成岩层水电阻率与温度之间的关系式($R_w = -0.0017T + 0.4468$)。每口井的孔隙度和含水饱和度都赋予单值,为该地层分析单元内所有单个砂体的标准值。多数情况下这个标准值由肉眼观测决定(在整个剖面中孔隙度和电阻率相对较一致的地方)。当出现纵向变化较大的情况时,每个厚度单元重量均值点处作为假定值。在美国国家能源技术实验室(DOE – NETL)发行的 CD(Boswell 等,2003)报告中有该方法的详细介绍。

表2 假设的地层水电阻率值

盆 地	分析单元	电阻率($\Omega \cdot m$)
大绿河盆地	Lance	0.1
	Lewis	可变数据
	Almond	0.23
	Ericson	0.7
	Lower Mesaverde	0.23
	Frontie	0.04 ~ 0.09
	Dakota – Morrison	0.04 ~ 0.09
风河盆地	Fort Union	0.4
	Lance	0.35
	Meeteetsee – Mesaverde	0.25
	Frontie	0.05
	Muddy – Lakota	0.05
	Nugget	0.05
	Tensleep	0.05

地层分析单元中点处的温度和压力由来自测井和商业数据库(如 IHS 能源数据),由钻井深度和地区平均压力及温度梯度决定。采用由 Advanced Resources International(研究伙伴国际高级资源部)提供的 Drunchak 方程修订式及假定纯甲烷比重为0.65来计算每个单元 Z

· 189 ·

因子的平均值。

剩下的体积参数和产层厚度需要进一步讨论。"产层(pag)"通常指特定条件下能产出油气的层段。地质学家习惯于建立气藏或气田的孔隙度或含气饱和度下限来确定产层。然而,本文的目的不是为了说明每一个产层,也不排除那些目前不可行但将来可行的目标。本文是要描述在将来技术进步条件下具有可采潜力的资源。因此,乐观地采用孔隙度下限(4%)和含水饱和度上限值(70%)来定义有潜力的产层。因此本研究得出的资源量值并不是真正的原地资源量,因为还有大量的潜力资源在分析中没有考虑。

为了使这种资源评价方法的计算机模型能够分析潜在的可采资源,需要先对每个网格单元赋予一个有效渗透率估算值,通常可以取个低值(如0.01mD)。而我们趋向于更加合理的有效渗透率值分布。这一工作由 Advanced Resources International 完成,通过结合基岩渗透率(根据孔隙度和渗透率相关性)、构造成像,分析历史产能数据来确定裂缝渗透率。Boswell 等(2003)对本方法有更详细的介绍。图9中渗透率分布柱状图。从这些数据可以看出,如果没有裂缝,大部分资源的渗透率都很低。

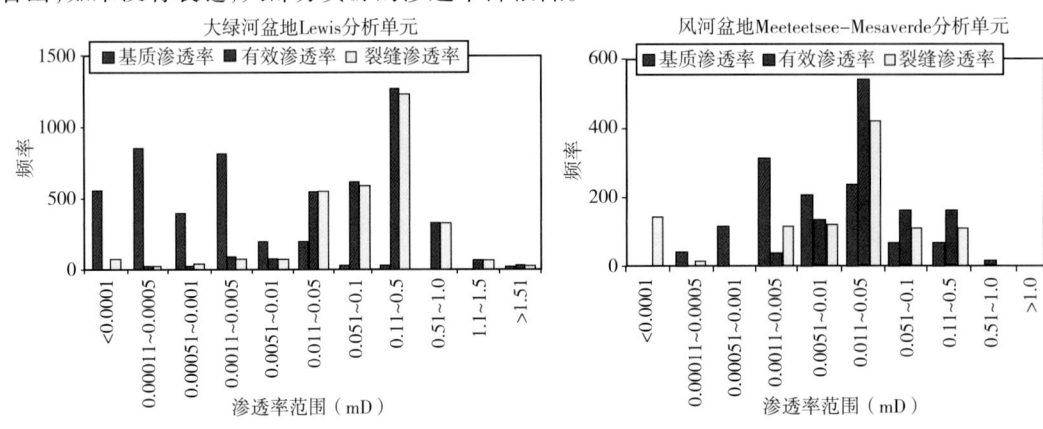

图 9 两个地层分析单元(UOA)的基岩渗透率、天然裂缝渗透率和总有效渗透率频率(网格单元数)分布直方图

为了在地理上分配这些资源,以乡镇(较深地层)或者四分之一乡镇(较浅地层)为单元来划分每个分析单元。从分散气井资料中采用标准网格程序来确定每个网格单元中心点的参数值。因此,这两个盆地的总资源最终表现为数据库的形式,由大约8000个独立的资源信息包组成。这些信息包(等同于网格单元)可以视为一个三维立方体,底面积3mile²(7.7km²)(Cody 页岩之下的为6mile²(15.5km²)),厚度等于所测量潜在产层总厚度(一个井段内所有的产层折合成一个地层单元),潜在产层位于所分析地层单元的垂向中点处。每个单元的剩余资源首先通过从前期准备采油的井中清除网格单元来确定,四分之一可用来钻井的区域(假设160acre(64ha)的井间距)位于特定单元,它由所有剩下单元总体积累积分析得到。目前公认用井间距为160acre(64ha)会得出剩余资源的较保守值,因为剔除了那些需要加密井才能完全开采的气藏(图10)。

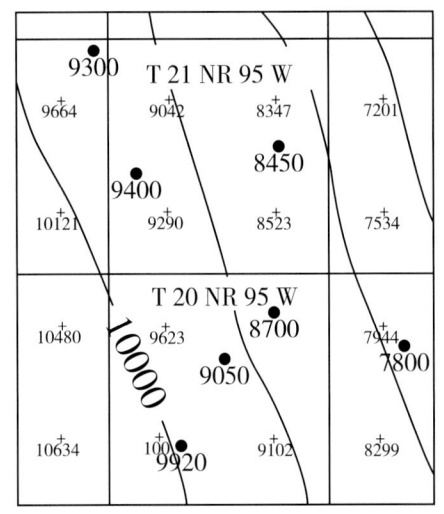

图 10 分散井与规则网格的关系

二、结果

该研究得到了三个重要的结果:①每个地层分析单元潜力产层天然气资源量。②地层单元内每个网格单元的孔隙度、含水饱和度、钻井深度及其他关键储层参数。③基于模型的每个地层分析单元经济和技术可采系数。下面对这三种结果做详细的描述。

三、资源量

表 3 总结了不同区带体积法资源量分析结果。两个盆地总计有近 $4800 \times 10^{12} ft^3$ 的天然气地质资源,大绿河盆地有 $3638 \times 10^{12} ft^3$,风河盆地有 $1169 \times 10^{12} ft^3$。这些资源大部分分布于大绿河盆地的 Lance 组、Ericson 组和 Mesaverde 群,风河盆地的 Fort Union 组、Lance 组和 Mesaverde-Meeteetsee 群厚层的河流相储层中。全部资源中有约 $900 \times 10^{12} ft^3$ 分布于深度 4500m 以下。估算的大绿河盆地资源为 $3638 \times 10^{12} ft^3$,比早期 Law 等(1989)估算的 $5064 \times 10^{12} ft^3$ 要少大约 28%,主要是因为 Mesaverde 和 Lewis 井段平均产层厚度有差异。估算的风河盆地地质资源 $1160 \times 10^{12} ft^3$,超过 Johnson 等(1996)估算的 $995 \times 10^{12} ft^3$ 的 17%。

表 3 大绿河盆地分析单元中潜力产层的天然气地质储量和平均体积参数统计表

层 位	Lance	Lewis	Almond	Ericson	Lower Mesaverde	Frontie	Dakota-Morrison
面积(×1000acre)	5247	4332	8363	8484	9066	11128	11796
平均厚度(ft)	341	82	27	119	305	46	55
平均孔隙度(%)	8	7	9	9	8	8	8
平均含水饱和度(%)	58	61	62	53	58	39	35
平均钻深(ft)	8628	10104	9882	9729	10778	14511	14629
平均压力(psi)	4322	5232	5430	5322	5739	8498	9592
平均温度(°F)	164	181	179	177	189	249	250
平均 Z 系数	0.99	1.05	1.03	1.06	1.06	1.39	1.4
地质储量(×$10^{12} ft^3$)	714	149	120	519	1257	351	528
15000ft(4500m)以深资源量(×$10^{12} ft^3$)	0.7	8	5	24	201	145	212

四、储层特征

图 10 和图 11 的柱状图表示在储层参数在不同取值范围内出现的网格单元数。Boswell 等(2003)也介绍了其他地层分析单元和储层特征参数的类似数据。大绿河盆地 Lewis 地层分析单元的孔隙度柱状图表现为轻微的倾斜分布,多数值分布在 5%~7%(大绿河盆地其他地层分析单元的值稍高点,Almond 组平均为 7%~8%,最高达 8%~9%)(图 11)。风河盆地浅层的孔隙度比深层的稍高(表 4)。最明显的是 Boswell 等(2003)所提供的含水饱和度柱状图表明,大绿河盆地拥有最多资源的地层分析单元中,大部分网格单元赋值大于

40%,范围在 50%~70%。图 12 为大绿河盆地 Almond 组含水饱和度实例。风河盆地含水饱和度值比大绿河盆地的含水饱和度小,大部分网格单元的估值在 30%~50%(表 4)。这些发现表明,对致密储层而言,在高含水饱和度,气相相对渗透率对气体在基岩中的运移很关键。另外,由于自然裂缝和其他现象导致体积平均渗透率增大的情况也很重要。

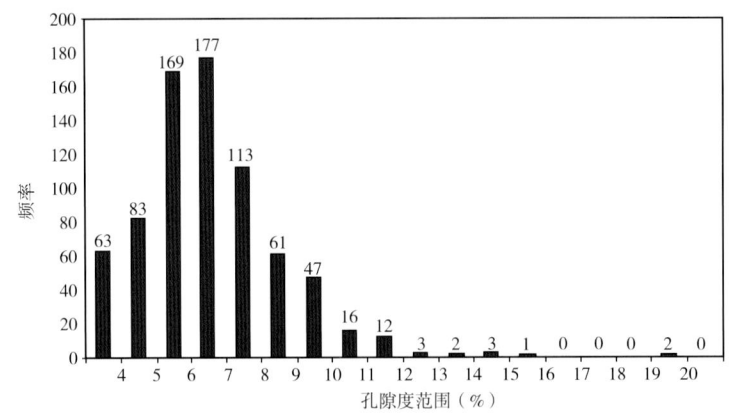

图 11 大绿河盆地 Lewis 组分析单元中对应不同孔隙度值的网格单元数分布柱状图

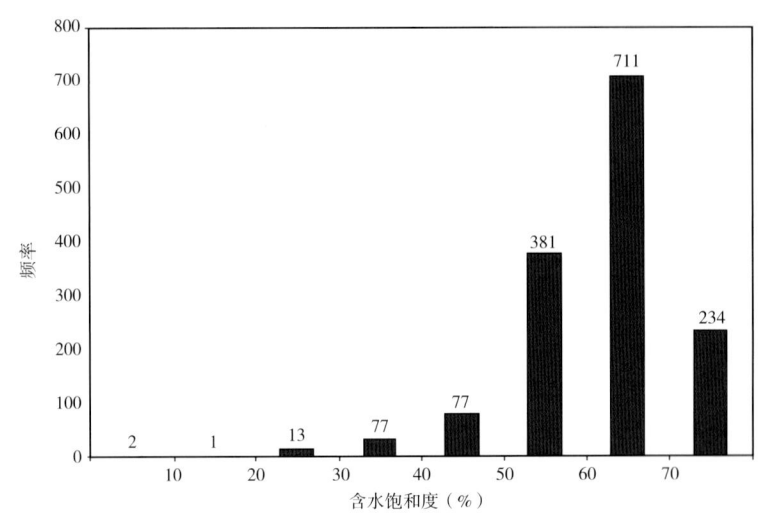

图 12 大绿河盆地东部 Alomond 组分析单元中对应不同含水饱和度值的网格单元数分布柱状图

表 4 风河盆地分析单元中潜力产层的天然气地质储量和平均体积参数统计表*

层 位	Fort Union	Lance	Meeteetsee – Mesaverde	Frontie	Muddy – Lakota	Nugget	Tensleep
面积(×1000acre)	1094	1267	1480	1613	1866	1682	1247
平均厚度(ft)	408	560	524	135	53	76	285
平均孔隙度(%)	10	9	8	6	6	5	6
平均含水饱和度(%)	56	50	42	41	35	**	**
平均钻深(ft)	8240	10003	12021	18931	20058	19485	20458

续表

层位	Fort Union	Lance	Meeteetsee – Mesaverde	Frontie	Muddy – Lakota	Nugget	Tensleep
平均压力(psi)	3663	4736	7410	12219	13585	13444	14184
平均温度(°F)	175	200	228	325	340	372	387
平均Z系数	0.94	1.03	1.16	1.52	1.52	1.57	1.61
地质储量($10^{12}ft^3$)	190	329	456	129	65	**	**
15000ft(4500m)以深资源量($10^{12}ft^3$)	0	12	159	89	54		

注：*每个网格单元潜力产层的平均值。例如,7%的孔隙度意思是所有网格单元的潜力产层平均孔隙度为7%。总值为所有网格单元值和;

**因数据不全没有估算值。

五、潜在采收率

应用 Boswell 等(2003)中介绍的美国能源部天然气系统分析模型(GSAM)来分析技术进步对资源采收率的潜在影响。总体上,GSAM 的技术可采资源相当于在40年时期内只考虑当前技术水平和钻井作业条件不考虑价格和实际钻井能力的限制条件(如在一个给定时期内实际能钻探井的数量)下能够采出的那部分地质资源。GSAM 也对技术可采资源中的经济可采部分赋予了一个子集,即通过对每个资源区块(分析单元中的每个网格单元)给定一个最小的供给价格(MASP),MASP 是产量净现值为零时的价格(换句话说长期产量的收入与成本在基准回收率时平衡)。因此,在低于或者等于最小供给价格的情况下,经济可采资源在任何给定价格下都可以计算,且等于所有网格单元的技术可采资源总和。

值得注意的是,GSAM 的主要目的其实是评价各种研究方法的相对优势。该模型并不是用来严格测量采收率值的绝对大小。而是为了估计采收率一般值以及这些数值的变化规律。表5为 GSAM 估算的每个地层分析单元的技术可采资源量。这里分别给出了 \$2.00/1000ft³ 和 \$3.5/1000ft³ 气价下的经济采收率。GSAM 分析得出的一个重要结果是资源可采率不是固定的,而是具有对技术和经济条件变化的高度敏感性。

表5 气体分析系统模型估算每个地层分析单元的技术和经济可采资源量(单位 $10^{12}ft^3$)

盆地	分析单元	技术可采资源	气价(\$3.5/1000ft³)	气价(\$2.00/1000ft³)
大绿河盆地	Lance	68	46	18
	Lewis	33	18	12
	Almond	27	8	3
	Ericson	44	11	4
	Lower Mesaverde	95	21	6
	Frontie	59	<1	<1
	Dakota – Morrison	37	1	<1
	总计	363	105	43

续表

盆地	分析单元	技术可采资源	气价($3.5/1000ft³)	气价($2.00/1000ft³)
风河盆地	Fort Union	18	10	4
	Lance	29	11	5
	Meeteetsee - Mesaverde	37	9	2
	Frontie	32	3	<1
	Muddy - Lakota	6	<1	<1
	总计	122	33	12

图 13 为由 GSAM 得出的经济可采资源随气价变化图。例如,当井口气价格为 \$ 2.5/1000ft³ 时,大绿河盆地和风河盆地有 89×10^{12} ft³ 的资源是经济的,但是当价格为 \$ 5.00/1000ft³ 时,经济资源量翻了一倍多,基本上接近 200×10^{12} ft³。

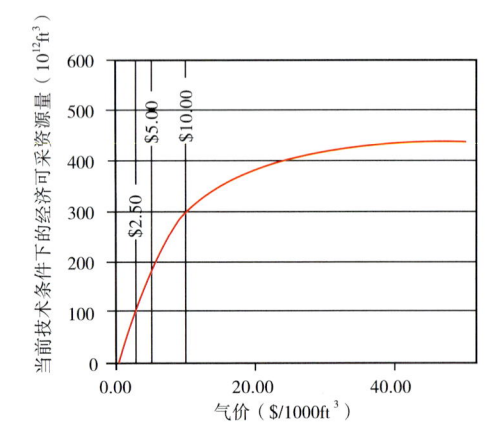

图 13 大绿河盆地和风河盆地的经济可采资源为由 GSAM 估算的井口气价格的函数

六、讨论

GSAM 估算大绿河盆地的 363×10^{12} ft³ 技术可采资源远远超过了美国地质调查局提供的可采资源估算值 82×10^{12} ft³(2002)。二者差别较大的原因在于,美国地质调查局评价的初衷是对该盆地能够开采的资源做一个合理评估,因此,将大面积含有技术可采但又不太经济的含气区排除在外,导致可采资源的估算值少了很多。美国地质调查局的估算值也考虑了实际钻井能力的限制,而 GSAM 的估算正好相反,计算的是饱和探井条件下(井距 160acre(64ha))可采气体资源的总和,并且都使用当前的技术。

通常情况下,若未对相关术语进行明确定义,关于天然气资源和估算值的比较和讨论,不同组织单位间得出的结果会给人造成较大的误解。例如,术语"资源"大多数时候是完全不明确的在多数情况下,应加上"地质资源"、"技术可采"或者"经济可采"等定语,使得要阐述的资源量更加明确地给出了修改后的定义。天然气地质资源字面上可以理解为岩石中所有气体分子的总和。当然,实际很少以这种意义使用。多数情况下,包括本文的研究中,地质资源(例如,大绿河盆地 Mesaverde 分析单元中)往往是全部总地质资源的一个子集,部分资源没有算在内(这些没有计算在内包括孔隙度小于 4% 和估测饱和度小于 30% 的砂岩以及页岩、煤层和薄砂层中的气体)。

关于技术可采资源的定义更为关键。字面理解是"不考虑经济条件,在当前技术条件下能够产出的所有天然气"。这一定义与本研究很接近。如果这样的话,技术可采资源在气价 \$ 2.00/1000ft³ 或 \$ 200.00/1000ft³ 时的值都是一样的。实际上在计算技术可采资源时很难不考虑经济因素。通常技术可采资源表示在工业条件下一定时间内能开采出来的资源。

七、总结

本文阐述了 DOE－NETL(美国国家能源技术实验室)开展的天然气资源评价的目的和方法。研究表明,大绿河盆地和风河盆地存在着大量大面积低渗透气藏。数据资料显示这些资源分布于孔隙度低、含水饱和度高的储层中。对数据资料建模来表征不同技术和成本构想条件下采收率的变化。结果表明可采资源对技术进步具有高度敏感性。因此,随着新技术的发展和应用,将会新增更多资源。

参 考 文 献

Boswell,R,A. Douds,K. Rose,S. Pratt,J. Pancake,J. Dean,V. Kuuskraa,R. Billingsley,and G. Bank,2003,Natural gas resources of the Greater Green River and Wind River basins of Wyoming:Morgantown,West Virginia,U. S. Department of Energy,National Energy Technology Laboratory,CD－ROM:www. netl. doe. gov/scngo.

Johnson,R. C. ,R. A,Crovelli,C. W. Spencer,and R. F,Mast,1987,An assessment of gas resources in low－permeability sandstones of the Upper Cretaceous Mesaverde Group,Piceance Basin,Colorado:U. S. Geological Survey Open－File Report 87－357,26 p.

Johnson,R. C. ,T. M. Finn,R. A. Crovelli,and R. H. Balay,1996,An assessment of in－place gas resources in low－permeability Upper Cretaceous and lower Tertiary sandstone reservoirs,Wind River Basin,Wyoming:U. S. Geological Survey Open－File Report 96－264,67 p.

Johnson,R. C. ,R. A. Crovelli,B,G. Lowell,and T. M. Finn,1999,An assessment of in－place gas resources in the low－permeability basin－centered gas accumulation of the Big Horn Basin,Wyoming and Montana:U. S. Geological Survey Open－File Report 99－315－A,123 p.

Law,B. E. ,C. W. Spencer,R. A,Crovelli,R. F,Mast,G. L Dolton,R. R. Charpentier,and C,J. Wandrey,1989,Gas resource estimates of overpressured low－permeability Cretaceous and Tertiary sandstone reservoirs in the Greater Green River Basin,Wyoming,Colorado,and Utah,in J,L. Eisert,ed. ,Gas resources of Wyoming,Wyoming Geological Association,40th Field Conference guidebook,p. 39－6Ⅰ.

Schmoker,J. W. ,2002,Resource－assessment perspectives for unconventional gas systems:AAPG Bulletin,v. 86,no,11,p. 1993－1999.

U,S. Geological Survey,1995,1995 national assessment of United States oil and gas resources:U. S. Geological Survey Circular 1118,30 p.

U. S. Geological Survey,2002,Petroleum systems and geologic assessment of oil and gas in the southwestern Wyoming Province,Wyoming,Colorado,and Utah:U. S. Geological Survey Digital Data Series DDS－69－D,CD－ROM.

新墨西哥湾圣胡安盆地低压含气系统特征研究

Philip H. Nelson　S. M. Condon

摘要：自1951年起，在圣胡安盆地白垩系产出大量低压天然气，然而低压以及天然气聚集的机理仍需进一步深入研究。本文用两条反映白垩系及之上地层的区域构造和层序格架的横剖面来阐述储层压力的特征。不同地区Dakota砂层组中的气体压力不同，西部地区的压力/深度比值为0.36psi/ft(8.16kPa/m)，东部地区则接近静水压力梯度为0.41psi/ft(9.27kPa/m)。Mesaverde群砂岩气藏除了东南角压力为0.35psi/ft(7.91kPa/m)之外，其他地区的气体压力十分一致，压力梯度均为0.24psi/ft(5.42kPa/m)。

通过压力—海拔关系图，结合剖面及水井静水后头的测量，表明该含气系统与常规气藏的浮力作用机制不尽相同。该盆地的低压特征反映出气藏的底部缺水，水位于气藏的顶部。气体压力特征表明气藏有质水面，无表水。气体的基准压力在气藏边部而非底部，且开采前期气体压力是由横向气水过渡带的高度决定的，气水过渡带位于该不对称盆地的东南翼部和其他边部构造下倾部位的气和上倾部位的水之间。

在气藏上倾部位的边部气水之间的压力是连续的，因此，通常情况下不存在也不需要盖层。被由毛细管压力软封盖层取代了传统的页岩或者蒸发岩硬封盖层，这种软盖层是由下倾部位低渗透岩石与上倾部位高渗透岩石之间的渗透率差异形成的。

因此不再用水动力封闭来解释这类气藏。实际上，天然气藏是聚集在一个一侧地层起伏平缓，其他三个侧面相对较陡的低渗透单斜地层里。由于下伏缺少含水层，气体不存在剩余压力，因此气体不会从盆地的边部漏失。

本文解剖了新墨西哥湾圣胡安盆地上白垩统广泛分布的低压气藏。在横剖面、平面和压力—海拔关系图上显示气体压力数据，展示了三套岩层的压力在平面和垂向上的分布特征。Mesaverde群气藏不存在下伏的含水层，除了气藏的东南缘，其他地区不存在浮力作用。埋藏最深的气藏(位于Dakota砂层组)压力特征表明，在一些地区发生了水侵作用，但在Dakota气藏的大部分地区气藏下伏是不存在水的，气体不受浮力作用。(浮力可用$\Delta\rho g h$来表示，其中，$\Delta\rho$为气水的密度差，g为重力加速度，h为气水界面之上气柱的高度。水动力在文中没有考虑)。

自20世纪50年代初Blanco Mesaverde群气藏进入了初步开发阶段，钻井间距已经从320acre减小到160acre再到80acre(从129ha减小到64ha再到32ha)。目前，4900口气井每天约产气$0.75 \times 10^9 \mathrm{ft}^3$。累计产气量约为$10 \times 10^{12} \mathrm{ft}^3$，预测储量为$7 \times 10^{12} \mathrm{ft}^3$(Engler和Brister，2005)。

Silver(1950)文章中也讨论了Pictured Cliffs砂层组和圣胡安盆地Mesaverde群砂岩中广泛分布的天然气藏。同时他也提及了水的缺乏并证明了气体的低压状态。Silver(1950)也提到"盆地西南翼单斜地层中水的构造位置高于气的……，盆地中气体赋存状态的主要问题是气体的界限问题"。因此,早期人们就意识到了低压盆地中心气的研究难点。

在加利福尼亚州输气管线建成之后,1951年Blancomesaverde气藏进入了大规模的开发阶段(Allen,1955)。截至1952年底,累计产气量为$102.9\times10^{12}\text{ft}^3$。Allen(1955)同时报道气藏是低压的,并且在Mesaverde群砂岩中天然气被用作为钻井液。此后,在Dakota砂层组的开发过程中天然气也被用作钻井液,这样就避免了低压的Mesaverde群砂岩开发中气体的损失(Cummings,1987)。由于Mesaverde群砂岩中产水量很小,因此,钻井过程中麻烦较少。

Berry(1959)详细阐述了研究中的困难:"所有连续的气藏都位于Mesaverde群渗透率最低的区域。通过电测井横剖面、渗透率图以及井采收率情况分析,都没有发现气层存在上倾尖灭。事实上,从气层边界向上的各个方向上渗透性一般都会变好。水位于构造的上倾部位,气位于构造的下倾部位(气水倒置),它们之间不存在地层尖灭。这种盆地应该称为'潘多拉(paradox)'盆地"。

Berry(1959)认为,中心部位气藏的气体应该与气柱底部的含水层接触。1000ft(304m)气柱将需要大约400psi(2757kPa)的压力来维持,并且岩性尖灭或缺失会形成压力的屏障,并转变为水动力封闭机制。Berry的概念模型主要是在Hubbert(1953)理论的基础上建立起来的,水从盆地边缘穿过白垩系流向盆地中心被气充注的地区,然后再向下渗入古生界岩层中。侏罗系Entrada砂层组中高盐度岩层和上覆白垩系中低盐度的水之间形成渗透压差,它提供了水从低压的白垩系流入常压的古生界所需的动力势能。反对者认为该模型不合理的地方包括它假定的高盐度岩层以及水向下部的低渗透率地层中流动,然后水又垂直向下流过厚厚的页岩层。另外,关于水向下部运移的机制问题,Meissner(1987)认为热收缩,扩散运移和煤层对气体的吸附可以产生有效的孔隙空间,为向下运移的水提供空间。

在提出水动力封闭理论时,Hubbert(1953)用水头来表示水、油和气的势能。他认为大部分盆地中与普遍存在的水相比,油和气占据着较小的空间。假设没有水的流动,三相流体的水头是水平的且相互平行。在浮力的作用下油气向高部位低势的地区运移。当水流动时,三相流体的水头仍是平行的,但是以一定角度发生倾斜,倾斜的角度取决于流体的密度差和横向上的水力梯度。Hubbert(1967)在一篇摘要中阐述了在盆地深部油气不受构造控制聚集的可能性。他指出:"在这种盆地的深部,岩性屏障和水动力的结合是很容易形成大规模和大面积的油气圈闭。"Hubbert(1967)认可了Berry的概念模型,并将圣胡安盆地深部的气藏列为存在水动力封闭的油气藏。

Masters(1979)将圣胡安盆地的深部气藏与西加拿大的深盆气藏进行了类比。他强调了含气的普遍性。他指出:"整个含气带都是饱含气,不仅在主要的产气层中,而且,每个粉砂岩地区和砂岩条带都含有气,不仅仅是在Mesaverde群岩层中,从Pictured Cliffs到Dakota,5000ft(1524m)的岩层中都是饱含气的,即使在很薄的夹层中也是如此(Masters,1979)。Masters(1979)也指出在上倾产水的多孔渗透性岩层与下倾气层之间存在一个过渡带,较低孔渗的产气层在侧向上延伸8~16km,并认为确切的封闭机理仍然不清楚,但水动力封闭是最合理的封闭机理。

尽管一些学者已在圣胡安盆地提出了气藏水动力封闭机理,但是它并不是唯一的解释。

Martinsen(1994)列出了其他7种可能引起低压的原因:①由于抬升和上覆地层的剥蚀而导致温度和压力的降低。②饱和气储层的埋藏作用。③非均衡的流体活动。④盖层的渗漏。⑤渗透作用。⑥地下流体的减少。⑦低水位。

关于这些机理的进一步描述和说明参见 Martinsen 的文章。然而,在本文中,圣胡安盆地低压的原因并不是由这些机理引起的。恰恰相反,我们坚持认为低压是由于气藏底部缺水,而气藏顶部含水的原因导致的。即气体的基准压力在气藏的边部而不是底部。在气藏上倾的边部气水之间的压力是连续的,通常情况下不存在也不需要盖层。优质的页岩或者蒸发岩硬盖层被由岩性横向不连续性而形成的软盖层所取代。

"压力梯度"作为石油工业常用的术语,其意义并不明确,故在本文中将不予使用。文中所用的术语有:①"压力/深度"比值是指用测量的压力除以对应的深度;②"气体压力梯度"是指在连续气相中压力差值除以对应的深度间隔;③"静水压力梯度"是指连续水相中的压力梯度。文中静水压力梯度为 0.433psi/ft(9.794kPa/m)。流体压力梯度在英制单位中与流体密度相当。例如,静水压力梯度为 0.433psi/ft(9.794kPa/m)是指由 0.433lb(0.196kg)淡水在单位体积 1ft×1in×1in(0.30m×2.5cm×2.5cm)内所产生的压力,它等于 0.433×144=62.4lb/ft^3(1010.85kg/ft^3)。

水头为长度单位是指势能的实际测量值。水文学家用水力梯度作为含水层中引起流体流动的水平势能梯度的度量,是一无量纲量。水力梯度这个术语本文不使用。

一、区域地质概况

先简明扼要的总结一下圣胡安盆地的构造和地层情况。该盆地为一大规模半圆形的构造坳陷,位于新墨西哥湾西北部和科罗拉多州的西南部,局部延伸到犹他州和亚利桑那州(图1)。图中盆地的边界据 Craigg(2001),在盆地边部出露了三叠系及其以上地层。盆地东西长约 140mile(225km),南北长约 180mile(289km),面积约 19400mile^2(50245km^2)。关于盆地的、自然地理以及与盆地相关的地层研究方面的大量文献等信息参见 Craigg(2001)。

(一)构造

盆地北部、东北部、东部分别以圣胡安隆起、Archuleta 穹隆、Nacimiento 隆起为界(图1)。盆地南部以 Zuni 隆起为界,其东西两侧分别为 Acoma 凹陷和 Gallup 凹陷。Defiance 隆起位于盆地的西缘,Hogback 单斜和 Four Corners 台地构成了盆地的西北部边界(图1)。沿着 Hogback 单斜延伸的地层在盆地北缘和东缘向上翻转。

图2、图3为两个构造横剖面展示了盆地的构型和上侏罗统 Morrison 组之上的沉积充填特征。表1介绍了两个横剖面上 37 口井的信息,横剖面的建立使用了来源于 HIS 公司(2005)的井数据。大约利用1900口井的信息研究了区域地层厚度的变化,其中最深的井可钻遇 Morrison 组。

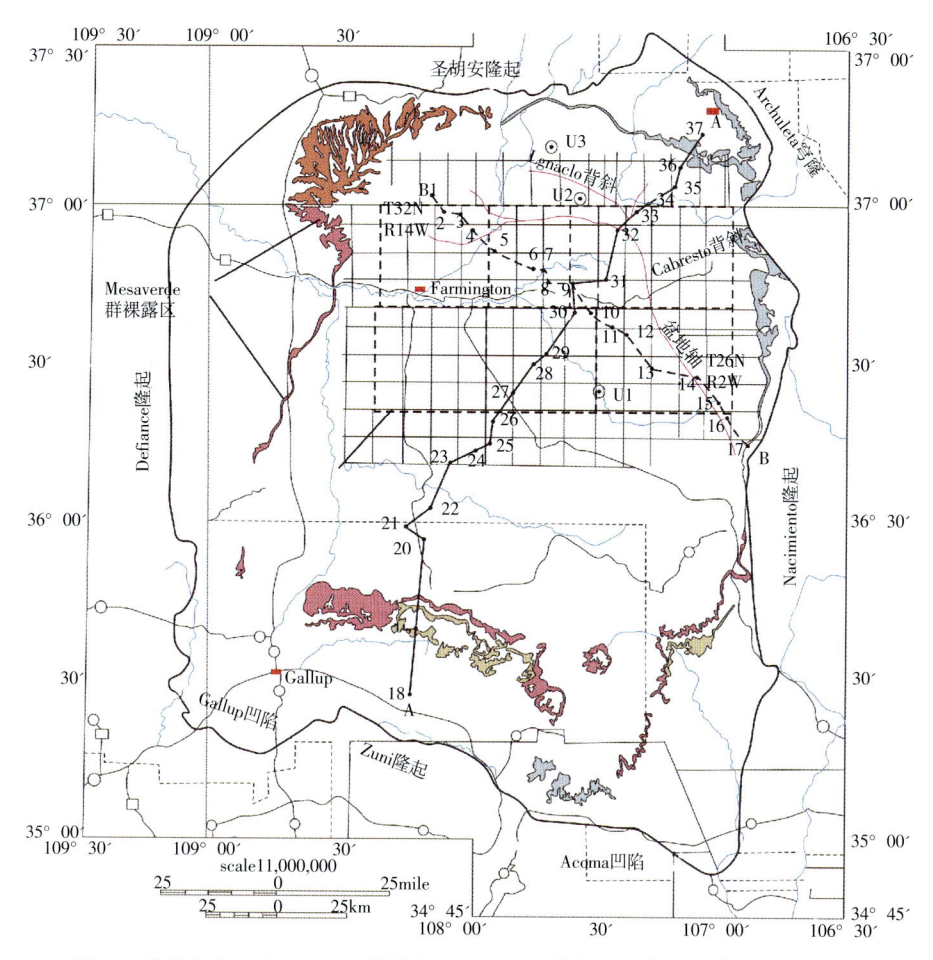

图 1 圣胡安盆地 Mesaverde 群露头，AA′和 BB′横剖面的位置及其主要地质特征

U1、U2 和 U3 井数据在文中有讨论，底图据 Craigg 等（1989）

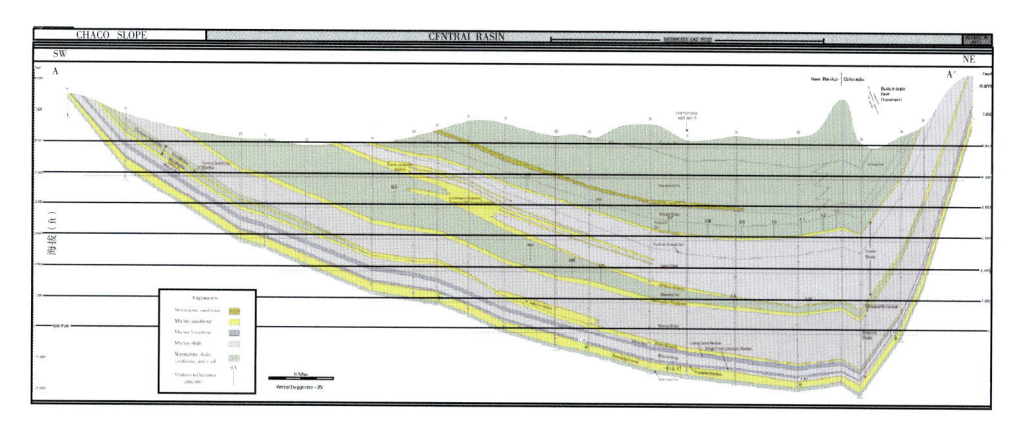

图 2 AA′地质横剖面图

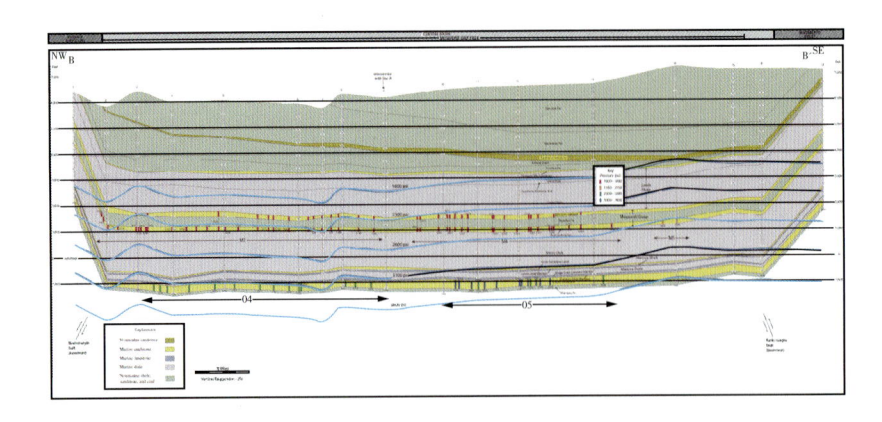

图3 圣胡安盆地北西—南东向的BB′地质横剖面图
压力数据标于井位附近,以彩色柱子表示,五条曲线反映了在静水
压力梯度0.433psi/ft(9.794kPa/m)时的地表预期压力值

表1 用作地质层位标定和剖面图编制的井位汇总表

序号	编码	作业公司	区块和井号	坐标 (Sec., Twp., Ramge)
1	05067060720000	Benson – Montin – Greer	Clinder Buttes – Govt. P – 2	Sec. 2, T32N, R13W
2	30045122020000	Aztec Oil & Gas Co.	Culpepper Martin 12	Sec. 20, T32N, R12W
3	30045118260000	Tenneco Oil Co.	Moore Com 1	Sec. 25, T32N, R12W
4	30045108600000	Delhi Oil Co.	Mudge 3	Sec. 9, T31N, R11W
5	30045253390000	Arco Oil & Gas Corp.	Atlantic – C 101	Sec. 6, T30N, R10W
6	30045092850000	Delhi Taylor Oil Corp.	Florence 49	Sec. 22, T30N, R9W
7	30045091940000	Delhi Taylor Oil Corp.	Howell Branch 3	Sec. 30, T30N, R8W
8	30045263140000	Sun Expl & Prod Co.	St. John Federal 1	Sec. 5, T29N, R8W
9	30039200820000	El Paso Nat Gas Co.	San Juan Unit 29 – 7 101	Sec. 7, T29N, R7W
10	30039074080000	Delhi Taylor Oil Corp.	San Juan 28 – 7 Unit 136	Sec. 14, T28N, R7W
11	30039072660001	Delhi Taylor Oil Corp.	McPherson 1	Sec. 33, T28N, R6W
12	30039071390000	El Paso Nat Gas Co.	SJU 27 – 5 69	Sec. 7, T27N, R5W
13	30039064880000	Southern Union Prod.	Jicarilla – H 5	Sec. 18, T26N, R4W
14	30039063120000	Honolulu Oil Corp.	Jicarilla AI	Sec. 26, T26N, R3W
15	30039233120000	Mesa Grande Res. Inc.	Gavilan – Howard 1	Sec. 23, T25N, R2W
16	30039056400000	Denmar Resources. Co.	Palmer 1	Sec. 1, T24N, R2W
17	30039218080001	Folk James K.	Harvard – Federal 1	Sec. 2, T23N, R1W
18	30031050760000	Tidewater Oil Co.	Marianol	Sec. 8, T15N, R13W
19	30031203350000	Maddox J F.	Long Shot 1	Sec. 28, T17N, R13W
20	30031053610000	Sinclair Oil & Gas Co.	Richardson – Federal 1	Sec. 26, T20N, R13W
21	30031203190000	Davis Oil Co.	Stoney Butte 1	Sec. 9, T20N, R13W

续表

序号	编码	作业公司	区块和井号	坐标 (Sec., Twp., Ramge)
22	30045050330000	Sinclair Oil & Gas Co.	Hoska-Inya-Navajo 1	Sec. 18, T21N, R12W
23	30045208300000	Apache Corp.	Ashcroft 1	Sec. 26, T23N, R12W
24	30045050790000	Shell Oil Co.	Meyer 1	Sec. 14, T23N, R11W
25	30045250870000	Yates Petroleum Corp.	Kinbeto R G-Federal 1	Sec. 8, T23N, R10W
26	30045214630000	Tenneco Oil Co.	Monument 2	Sec. 16, T24N, R10W
27	30045262760000	Arco Oil & Gas Corp.	Navajo Allotted Com 1E	Sec. 24, T25N, R10W
28	30045050400000	Turner J Glenn Estate	Ballard 14-14	Sec. 14, T26N, R9W
29	30045117300000	Tenneco Oil Co.	Bolack-B 1	Sec. 29, T271N, R8W
30	30039074070000	El Paso Nat Gas Co.	San Juan Unit 28-7 12	Sec. 17, T28N, R7W
31	30039077120000	El Paso Nat Gas Co.	San Juan 30-6 31	Sec. 33, T30N, R6W
32	30039079200000	Stanolind O & G Co.	Rosa Unit 1	Sec. 11, T31N, R6W
33	30039080090000	Stanolind O & G Co.	San Juan Unit 32-5 3	Sec. 10, T32N, R5W
34	05007060100000	Sun Oil company	Jessie Zabriskie 1	Sec. 17, T32N, R4W
35	05007060080000	Sun Oil company	J Felix Gomez	Sec. 32, T33N, R3W
36	05007002700000	Sun Oil company	O Jacquez 1	Sec. 16, T33N, R3W
37	05007051040000	Owen B B et al.	Haystack 1	Sec. 17, T34N, R2W

盆地南北方向上不对称,南部为构造浅的 Chaco 斜坡,新墨西哥湾 McKinley-圣胡安县的北部为构造较深的盆地中心部位(图1)。AA′横剖面为西南—东北方向展布,平行于构造倾向,从新墨西哥湾 Gallup 的东部延伸到科罗拉多州 Pagosa Springs 的西南部。构造单元包括 Chaco 斜坡、盆地中心带和 Archuleta 穹隆。Ignacio 背斜可见于盆地中心以北的部位,位于横剖面上的33井处。一个小型的次盆地位于34井 Ignacio 背斜的东北部。

BB′横剖面为西北—东南方向展布,从新墨西哥湾 Farmington 的北部延伸到新墨西哥湾 Cuba 的北部(图1)。剖面西部终止于 Hogback 单斜,东部终止于 Nacimiento 隆起附近。剖面的大部分地区位于盆地的中心部位,总体方向与 Dakota 砂层组的构造线方向平行。

尽管现今盆地构造大部分具有拉腊米期构造运动特征(Kelley,1963),但是该区早在寒武纪就是一个间歇性沉积中心。露头实测断层主要分布在东北部、东南部及南部—中部区域(Craigg,2001)。隐伏断裂分布于盆地北部—中部区域(Stevenson 和 Baars,1977;Taylor 和 Huffman,1998)及 Hogback 单斜的北西、北及东部下伏地层中(Baltz,1967;Taylor 和 Huffman,1998)。这些隐伏断裂走向分别为北西—南东向和北东—南西向。Hogback 单斜下伏边界断层为高角度逆冲断层,盆地中心处于断裂的下盘,也是下降盘。

除了沿 Nacimiento 隆起西部发育的断裂之外,其他一些盆缘断裂也通过地震测线进行了解释。前寒武系基底出现偏移,而新生界及一些老地层中的幕式运动也很明显(Taylor and Huffman,1998)。如剖面图所示,侏罗系 Morrison 组顶部在 AA′剖面北端、BB′剖面北西端及南东端分别存在 8000ft(2438m)、3350ft(1021m)和 2700ft(822m)的构造起伏。大部分构造起伏被认为是由于在 75~35Ma 的拉腊米造山作用的结果(Bird,1998),因为,前古近系厚度趋势不支持有拉腊米构造变形的影响。

(二)地层

寒武系—新近系完整出露于圣胡安盆地(Condon,1992;Condon 和 Huffman,1994;Huffrnan 和 Condon,1994;Craigg,2001;Molenaar 等,2002)。最老的地层仅仅出露于盆地北部和西北部,密西西比地层在东部上覆于前寒武系岩石,二叠系岩层在南部及西部上覆于前寒武系岩石。本文主要介绍上侏罗统—新近系地层单元,如 AA′和 BB′剖面所示(图 2~图 4)。

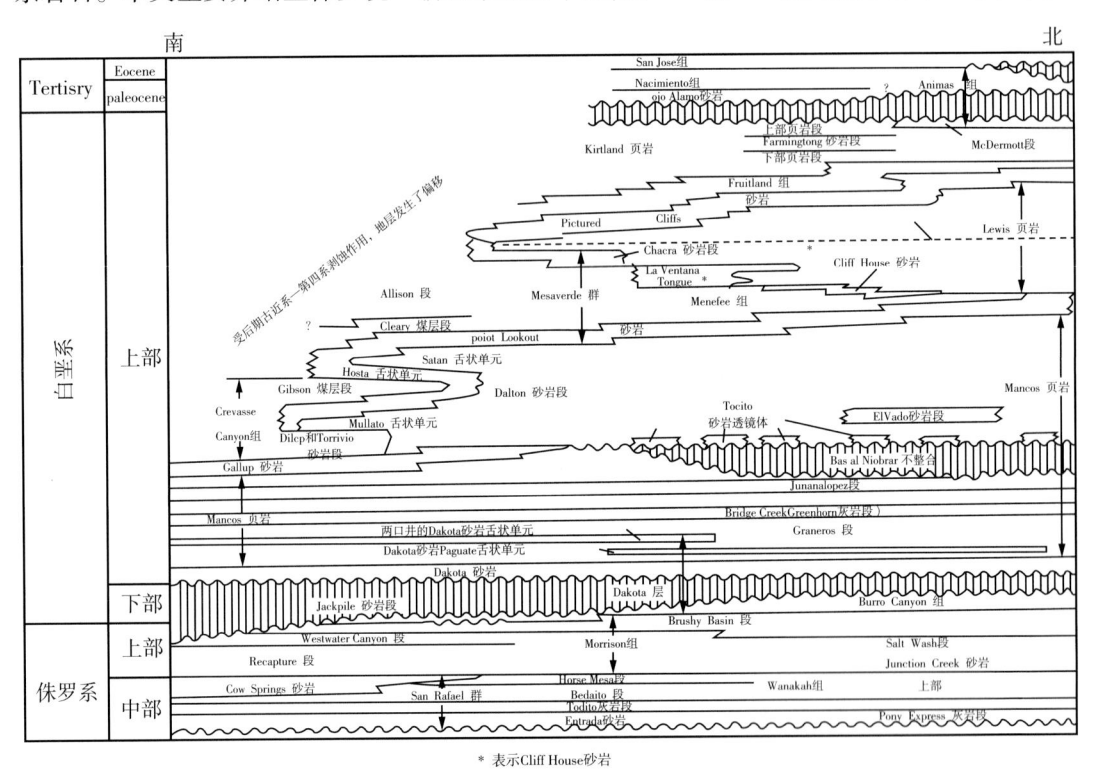

图 4 圣胡安盆地地层对比图(据 Molenaar,1989 修改)

侏罗系 Morrison 组是圣胡安盆地中含水最多的层组,尤其是 Westwater Canyon 段(Craigg,2001)。该段岩性为河流相粗粒长石砂岩在地下广泛分布,向盆地东北部变薄(Huffman 和 Condon,1994)。Sail Wash 段也是河流相粗粒砂岩,其分布在盆地北部及西北部,也为含水层。前白垩系主要的页岩及泥岩封盖层为三叠系 Moenkopi、Dolores 和 Chinle 组及侏罗系 Wanakah 组(图 4)。Morrison 组的细粒段也被认为是封盖层(Craigg,2001)。虽然侏罗系 Entrada 砂岩在盆地中心及 Chaco 斜坡上生烃(油),但它不是重要的含水层。宾夕法尼亚地层是 Four Corners 台地上重要的油气产层。

1. Morrison 组 Brushy Basin 段

Morrison 组是圣胡安盆地里最新的侏罗系,仅 Brushy Basin 段的顶部出现在横剖面上(图2,图3)。Brushy Basin段为非海相沉积单元,其包括河流相砂岩、河滩相和湖泊相凝灰质泥岩(Bell,1986;Turner和Fishman,1991),该段厚度从盆地中心北部的150ft(45m)变化到东缘的250ft(76m)。在盆地西南部,Brushy Basin段被Dakota砂岩所切割(图1)。Dakota砂岩分布于盖洛普市到西部博妮塔山涧和红湖之间中间位置的北东方向,长约5mile(8km)。

Bell(1986)报导玻璃质的火山灰组分占Brushy Basin段体积50%以上。露头的自生矿物包括蒙皂石、斜发沸石、方沸石、钾长石和钠长石(Turner和Fishman,1991)。

位于盆地浅部的Brushy Basin段中的沸石类矿物被认为能够降低渗透性,因而起到隔离上覆含气Dakota砂岩与下伏粗粒含水Westwater Canyon段的作用。

钻孔岩心(T21N,R8W:深度段4537~4697ft(1383~1432m))的矿物组合中粒度小于1μm的组分包括混层状伊利石、蒙皂石和绿泥石。泥岩为硅质,砂岩被微晶石英和石英次生加大所胶结。蚀变凝灰岩层包括方沸石、石英、伊/蒙混层及钠长石。

中心部位的高蚀变特征表明盆地深部的渗透性大大降低。AA′剖面从盆地南部最外部的蒙皂石相,经斜方沸石、方沸石到盆地中心的钠长石,盆地东北部为方沸石相。除了BB′剖面最东南端的3个井之外,其余都是钠长石相,而其他剖面则为方沸石相。

2. Dakota 砂岩和 Burro Canyon 组

剖面中标记Dakota砂岩包括一组不同的岩性单元(图2、图3),其代表了共生在一起的Dakota砂岩和Mancos页岩的多种舌状岩性单元,包括Mancos页岩的Clay Mesa舌状单元和Whitewater Arroyo舌状单元、Dakota砂岩的Paguate舌状单元和Twowells舌状单元。

在盆地部分地区发现有Burro Canyon组(Condon和Huffman,1994;Huffman和Condon,1994;Head和Owen,2005),它也属于Dakota层位。Dakota层位横跨Twowells Tongue顶部地层到Morrlson组顶部地层。在缺失Burro Canyon组的地区Morrison组和Dakota砂岩之间不整合接触(图4)。

Burro Canyon组包括河流环境沉积的细粒—粗粒砂岩,透镜状砾岩以及灰绿—橄榄绿色非蒙皂石质泥岩(Aubrey,1991;Craigg,2001)。Burro Canyon组岩性在每处都有不同,一些地方为纯泥岩(Ekren和Houser,1959)。Burro Canyon组在科罗拉多州西南部被单独填图标出,一般(Ekren和Houser,1959)包含在Dakota组内(Steven等,1974)。

上白垩统Dakota砂岩不整合于Brushy Basin段或Burro Canyon组(图4),岩性包括①底部为硅化中粗粒砂岩及含砾砂岩。②中部为碳质页岩、粉砂岩及少量煤层和细粒砂岩。③上部为细粒砂岩和灰色页岩(Craigg,2001)。其中下部和中部为河流—泥炭沼泽环境沉积,上部一直过渡到上覆Mancos页岩都是不连续的叶状前三角洲相杂岩(Head和Owen,2005)到滨海相陆架砂岩(Molenaar和Baird,1991)。浅河流相砂岩层呈透镜状,而陆架砂岩则较平坦且侧向连续分布。

Dakota层位的累计厚度区域上介于200~400ft(60~121m),IHS(2005)的地下数据揭示盆地南部和东部最厚,产量主要源于Dakota层位中上部的边缘海和海相地层圈闭(Hoppe,1978;Head和Owen,2005)。

在分布有大面积气藏的圣胡安盆地最深部的孔隙度和渗透率值最小,表2列出区内孔隙度和渗透率的平均值,孔隙度从南部三个最浅气田(T16N和T17N)的20%下降到西北部三个气田(T32N)的14%,直到最深的气田(T24N-T26N)的10%甚至更低。与之类似,渗透率从T16N和T17N中100mD下降到T32N中的0.3~17mD,直到T24N-T26N中的低于

0.3mD。盆地外部 Dakota 气藏的平均孔隙度和渗透率分别是 10% 和 0.18mD(表2)。Head 和 Owen(2005)报道了 Dakota 砂岩的孔隙度介于 4%～12%,渗透率仅在微达西范围内。Burro Canyon 组的孔隙度介于 12%～20%,渗透率比上覆的 Dakota 砂岩大很多(Head,2005;口述)。

表2 圣胡安盆地 Dakota 砂岩孔隙度、渗透率及含水饱和度统计表

油气田	类型	圈闭类型	发现时间	层号	区块	区域范围	海拔(ft)	孔隙度(%)	渗透率(mD)	含水饱和度(%)
Marcelina Dakota	油藏	断鼻	1975	18	16N	9W	5434	17	50	50
Lone Pine Dakota D	气藏	构造—地层	1970	13	17N	9W	4418	18.5	83	39
Lone Pine Dakota	油藏	构造—地层	1970	18	17N	8W	4247	22	143	44
Ute Dome	气藏	断背斜	1921	35	32N	14W	3965	15	10	40
Barker Creek Dakota	气藏	构造	1925	16	32N	14W	3764	14	16.5	25
Middle Canyon Dakota	油藏	地层	1969	14	32N	15W	3299	12.1	0.3	44
Blackey Dakota	油藏	构造—地层	1972	29	20N	9W	2763	15	50	40
Basin Dakota	气藏	地层	1947				−327	10	0.18	40
Lindreth Gallup – Dakota	油藏	地层	1959	1	24N	4W	−493	9	0.05	40
Ojito Dakota	油藏	地层	1958	18	25N	3W	−884	10	0.16	40
Wildhorse Dakota	油藏	构造—地层	1960	27	26N	4W	−1063	5	0.26	29

3. Mancos 页岩

Mancos 页岩是主要由海相页岩和少量的海相砂岩及碳酸盐岩组成的非均质性较强的地层,如 AA′和 BB′剖面所示(图2,图3)。从圣胡安盆地南部到北部页岩厚度介于 600～3000ft(182～914m)。盆地中心厚度约为 1800 ft(548m)(IHS,2005)。

Mancos 页岩底部与 Dakota 砂岩指状交错,但二者过渡带在剖面上属于 Dakota 砂岩。剖面上依次显示了 Mancos 岩性单元从老到新划分为 Graneros 段, Bridge Creek 灰岩段,下部页岩段(未命名),Juana Lopez 段,中部页岩段(未命名),Tocito 砂岩透镜体, El Vado 砂岩段及上部页岩段(未命名)(图2,图3)。该上部页岩段被 Mesaverde 群的 Point Lookout 砂岩所覆盖。

Mancos 层位通常划分为三个沉积类型:海相页岩、海相灰岩和海相砂岩。Graneros 段和未命名的下、中、上页岩段由浅灰—深灰色脆性海相页岩组成;斑皂岩标志层在一些页岩层段较发育(Molenaar 和 Baird,1991;Molenaar 等,2002)。区域上,Graneros 段厚度超过 300ft(91m)。沿 BB′剖面线,厚度向西南减小向东北则增大(图3)。由于 Tocito 砂岩透镜体底部存在不整合面,下部和中部页岩段厚度有所变化(图4)。沿 AA′剖面线从南到北,上部页岩段厚度从 800ft(243m)增大到 1500ft(457m)以上。Mancos 页岩是圣胡安盆地中重要的油源岩,未发现常规与非常规油气资源量油 12×10^6 bbl,气 5.1×10^{12} ft^3(Ridgley 等,2002)。

Bridge Creek 段和 Juana Lopez 段钙质海相地层,是圣胡安盆地大部分地区的标志层。

Bridge Creek 段包括层间钙质页岩和黏土质灰岩(Molenaar 和 Baird,1991)。区域上,Bridge Creek 段厚度小于 75ft(22m)。Juana Lopez 段包括层间页岩、粉砂岩、细粒砂岩和含化石的灰屑岩层,厚度介于 30~130ft(9~39m)。

截切 Juana Lopez 段的不整合面(Niobrara 底部不整合面)位于盆地内多处出露的 Mancos 组上部页岩段内部。不整合面之上的地层在测井上具有较高的电阻率,其下部为 Mancos 组页岩的 Tocito 透镜体,上部为 Mancos 组页岩的 El Vado 砂岩段。

Tocito 砂岩透镜体由一系列形成于下切河谷内河流—河口环境中粗粒透镜状厚度不一的砂岩层及滨海相陆架砂岩组成(Jennette 和 Jones,1995;Valasek,1995)。由于该层太复杂以致不能在小尺度上表示,故将其大致表示在 AA′和 BB′剖面上。沿着剖面线,Tocito 段厚度介于 20~140ft(6~42m)。该层是圣胡安盆地主要的产油层位(Fassett 等,1978),包含一个 20mile(32km)宽的油藏带。该油藏带从法明顿西北 40mile(64km)位置处向东延伸至新墨西哥州:古巴北部 30mile(48km)。

E1 Vado 砂岩段是 Mancos 组内的一个层位,位于 Tocito 透镜体之上。Fassett 和 Ientgen(1978)首次描述 E1 Vado 层位位于圣胡安盆地深部,但没有详细讨论,Ridgley(2001)较前者对该单元的地层进行了严格界定,包括层间细粒砂岩和页岩,沿 AA′剖面地层最后达 250ft(76m)(图 2)。Ridgleg(2001)认为 E1 Vado 砂岩段与部分 Crevasse Canyoncthe 层位可对比,是圣胡安盆地东北部产油气最多的层位。

4. Gallup 砂岩与 Crevasse Canyon 组

在圣胡安盆地西南部,与部分 Mancos 可对比的岩层包含于 Gallup 砂岩与 Crevasse Canyon 组内(图 4)。AA′剖面上显示了 Gallup 砂岩、Torrivio 砂岩及 Crevasse Canyon 组的 Dilco 段。

Gallup 砂岩为退积的海相砂岩,其逐级超覆于 Mancos 页岩中段。该层位包含一些舌状单元,其中,最北端的舌状单元东北方向(向海方向)尖灭于盆地中心的 Mancos 中(Nummedal 和 Molenaar,1995)。Niobrara 底部不整合面向削截部分退积 Gallup 砂岩的末梢部位。该不整合面也多处被 Tocito 砂岩透镜体的进积砂岩层所超覆。这些接触关系导致错误地将退积 Gallup 砂岩与盆地北部—中部 Tocito 进行对比(Fassett 等,1978)。AA′剖面显示 Gallup 砂岩向北延伸到被不整合面削截的 26 井处。

Crevasse Canyon 组位于圣胡安盆地西南,地层单元复杂,包括很多段。在 AA′剖面上,Dilco 段和 Torrivio 砂岩段覆盖在 Gallup 砂岩之上,Torrivio 砂岩段则介于 Dilco 上部和下部之间。Dilco 是含煤单元,形成于三角洲平原底部之上的排水性差的沼泽环境中(Condon,1986).Torrivio 砂岩段为细—粗粒河流相砂岩,在一些地方直接覆盖在 Gallup 砂岩之上,其他地方则被 Dilco 段的细粒地层所包裹。AA′剖面显示 Dilco 和 Torrivio 在 22 井和 23 井直接被底部 Niobrara 不整合面所削截。

5. Mesaverde 群

Mesaverde 群上覆于 Mancos 页岩,包括 Point Lookout 砂岩、Menefee 组及 Cliff House 砂岩(图 4),厚度由南向北减薄,沿 AA′剖面线厚度最大可达 2200ft(670m)。在盆地南部的其他地方,厚度达到近 2500ft(762m)。大部分是 Menefee 组。在 36 井北部,整个 Mesaverde 群都减薄。

Point Lookout 砂岩属于细—中粒退积海相砂岩,向上过渡到 Mancos 页岩,并且,砂岩层向顶部粒度越来越粗,层状厚度加大。该砂岩形成于多种环境,从河口湾—临滨—前滨(Wright Dunbar,1999),海岸线走向为西北—东南向。横剖面上,Point Lookout的厚度介于45~200ft(13~60m),但也有报导称盆地一些地方的厚度达到400ft(121m)。Point Lookout是盆地中心重要的气藏,其孔隙度为10%~16%,渗透率大于2.0mD(Prichard,1978)。Point Lookout是盆地东南部一个较小的含水层,不能作为区域水源(Craigg,2001)。

Menefee组是陆相沉积单元,由三角洲环境中沉积形成的不连续的互层河流相砂岩、河滩相泥岩和煤组成(Molenaar和Baird,1991)。AA′剖面显示Menefee组在盆地南部的Mesaverde群中占大部分,厚度可达1750ft(533m),但向北减薄并最终在东北部进入Mesaverde群的其他部分。底层含煤,净厚度可达30ft(9m),但多呈透镜状和不规则状分布(Whyte和Shomaker,1977)。Hogback Mountain舌状岩性单元是Menefee组顶部的一个非正规地层单元,在深250~4000ft(76~1219m)范围可能含有$113×10^8$t的煤,厚度超过2ft(0.6m)(Whyte和Shomaker,1977)。该单元主要发育在AA′剖面中的22井和23井(图2)。Ridgley等(2002)认为Menefee组至少包含$1.3×10^{12}$ft^{3}的天然气和$0.66×10^{12}$ft^{3}的煤层气。

Clift House砂岩为进积海相砂岩,上覆于Mesaverde群顶部的Menefee组中。Clift House组包含极细—细粒的块状砂岩层,盆地西北部露头处厚度为400ft(121m)(Aubrey,1991),沿剖面线方向,厚度几年减薄为0,如29井处(图2)。但是,在其他地方,厚度增大到超过700ft(213m),如26井。这种组合称为Cliff House的La Ventana舌状单元。而沿AA′剖面的23井和24井之间的组合称为Chacra舌状单元(图4)。Cliff House也是盆地中心重要的气藏,其孔隙度为10%~16%,平均渗透率仅0.5mD(Prichard,1978)。砂岩储层的压裂也是完井的操作流程之一。尽管该组没有产出大量水,但确是一个连续的含水层(Craigg,2001)。砂岩层与平行于古海岸线方向(西北—东南)分布非常连续,但是在东北—南西方向横向连续性较差。

6. Lewis页岩

Lewis页岩是另一个厚层海相页岩单元,从南到北厚度逐渐增大。该单元向南包含数个砂岩层,这些砂岩层能够一直向陆上追溯并且与部分Cliff House砂岩可对比。Lewis页岩的中上部含有重要的标志层——Huerfanito Bentonite层。在地下,该组厚度介于500~2400ft(152~731m)。到目前为止,Lewis页岩不是重要的产气层。

7. Pictured Cliffs砂岩

Pictured Cliffs砂岩是个退积海相单元,平缓地覆盖于Lewis页岩之上,且局部与其上覆的Fruitland组互层。向上粒度逐渐增大,从极细粒变至细粒,层单元逐渐成块状。该组厚度从盆地东部的0变到其他部分近400ft(121m)(Craigg,2001)。Pictured Cliffs砂岩厚度沿着海岸线走向(东南—西北)变化。Pictured Cliffs砂岩是一个重要的产气层,平均孔隙度为17.5%,平均渗透率为5.4mD。

8. Fruitland组与Kirtland页岩

Fruitland组覆于Pictured Cliffs组之上,二者接触面通常很明显,局部舌状相错。煤层在Fruitland组的底部通常最厚(累计厚度约50ft(15m)),但薄煤层则广泛分布(Sandberg,1990)。细粒—中粒河流相砂岩层与煤层互层。泥质岩(局部为碳质)主要分布在Fruitland组的上部(Sandberg,1990)。该组厚度从盆地东南部的0变化到西北部的约500ft(152m)

(Aubrey,1991)。沉积环境为三角洲煤系沼泽及其相关环境。该层位是圣胡安盆地中重要的煤层气区。

Kirtland 页岩除了缺失煤层外,其他都类似于 Fruitland 组,包括层间河流相砂岩及河滩相泥岩层(局部碳质泥岩)。在一些地方,该页岩分为上、下页岩段及中部砂岩段。沉积环境为三角洲冲积平原,但与 Fruitland 组相比更近陆,这可能是煤层缺失的原因。Kirtland 页岩厚度向盆地东南部减薄至 0,而沿 BB′剖面向西北方向则增加至约 1500ft(457m)(图3)。

9. Ojo Alamo 砂岩

古新统 Ojo Alamo 组砂岩是圣胡安盆地中心南部最老的古近纪沉积地层,不整合覆盖在白垩系 Kirtland 页岩之上,并向北尖灭(图2)。该组形成于强水动力河流环境,由长石砂岩和砾岩及其层间少量页岩组成(Craigg,2001)。横剖面上的厚度介于 60~260ft(18~79m)。一些地方厚度可达 400ft(121m)。Ojo Alamo 组砂岩的沉积物源来自圣胡安盆地北部,这不同于其下伏的白垩纪河流相沉积地层,后者物源来自盆地的南部—西南部(Aubrey,1991)。

10. Animas 组

在盆地的北部,Animas 组覆盖于 Kirtland 页岩之上。该组的大多数层段为古新世沉积,下段局部为白垩纪沉积,在剖面上没有显示。在下段缺失的地方,该组不整合于 Kirtland 之上(图4)。Animas 组包括下部的砾岩层及上部的砂岩和页岩层,形成于河流环境(Aubrey,1991)。在 AA′剖面上,Animas 组的顶部位于始新世 San Jose 组底部的砂岩之下。区域上 Animas 组厚度可达 2700ft(822m)(Craigg,2001)。但剖面上显示的最大厚度约 1400ft(426m)。Animas 组的物源来自盆地北部。

11. Nacimiento 组

古新统 Nacimiento 组主要由多种颜色的页岩和泥岩单元组成,含少量砂岩层。该组整合覆盖在 Ojo Alamo 组砂岩之上,横向上与 Animas 组可对比。沉积环境为河流远端相和湖泊相(Craigg,2001)。Nacimiento 组在剖面上的厚度介于 900~1650ft(274~502m),并且区域上向盆地中心厚度逐渐增大。

12. San Jose 组

始新统 San Jose 组是圣胡安盆地中心内部广泛分布的新近纪沉积地层单元,岩性主要为细粒—粗粒长石砂岩,局部为含砾长石砂岩和层间粉砂岩、泥岩和页岩,为河流沉积。该组下部具有一层块状砂岩层,该层底部作为 San Jose 组的底部界限(图2,图3)。该组顶部发生剥蚀,其原始厚度未知,在 BB′剖面上,盆地东部保留下的厚度介于 0~2500ft(0~732m)。San Jose 组的沉积物源来自盆地北部和西北部。

二、埋深和热史

从 25 井沿着 AA′剖面(图2)向北从地表到 Morrison 组顶部的地层厚度超过 5000ft(1524m)。区域最大厚度位于 BB′剖面的东北部(图3),由于古新世和始新世河流相和湖泊相持续的沉积(Nacimiento,Animas 及 San Jose 组),大部分区域 Morriso 组以上厚度超过 8000ft(2438m)。这些地层的沉积物源来自盆地北部及东北部。圣胡安盆地北部的圣胡安山脉渐新世发生火山活动时,2000ft(609m)厚的沉积物向南搬运(Bond,1984)。两位学者对渐新世圣胡安盆地内的剥蚀量进行了评价:①Law(1992)认为,盆地中心南部 U1 井位处的剥蚀量约1200ft(365m),盆地中心深部的 U2 井位处的剥蚀量约3700ft(1127m)(图1)。②Bond(1984)认为,盆地北部 U3 井位处的剥蚀量约6500ft(1981m)(图1)。

Fruitland 组的镜质组反射率(R_o)数据很多,Menefee 组数据相对较少,而 Dakota 砂岩的数据(图2)。由 AA′可知,R_o 在32井和33井附近的盆地最深部分达到最大值。然而,盆地轴线北部的 U3 井(图1)Fruitland 组 2200ft(670m)处 R_o 值为1.45%,Dakota 组 7400ft(2255m)处 R_o 值为3.3%(Bond,1984)。Fruitland 组的 R_o 分布图表明,盆地轴线北部 R_o 值较大,大部分超过1.3%。很明显,R_o 存在横向梯度,向南逐渐降低(Law,1992)。模拟圣胡安盆地的热史的难处在于解释 R_o 数据的空间变化。

Bond(1984)模拟了 U3 井最大地层温度和 R_o 值(图1),最大的上覆厚度出现在 27Ma,即渐新世火山活动及火山物质沉积时期。同时期与圣胡安山脉下的侵入活动相关的热脉动使地层温度上升到最高(Rice,1983;Bond,1984)。之后,盆地中的沉积地层开始抬升并接受剥蚀。因此,由于上覆岩层的抬升和剥蚀,侵入作用形成的热脉冲逐渐消失,自 27Ma 开始地温发生冷却。

通过一系列结合深部地壳热源的数值模拟后,Clarkson and Reite(1987)提出对流是加热盆地的重要因素。但是,他们基于热传导的模型不能和 Fruitland 组的 R_o 数据相吻合,因为没有综合考虑以下3个影响热量的因素:①Fruitland 组的实际埋深比地质解释的更深。②盆地内部的浅层岩浆活动。③热液流体。他们只考虑了热液流体作用。

Law(1992)研究了2口井的 R_o 数据,其值在浅部为常数,在深部具有恒定的梯度。在井 U1(图1)中,即对应于 AA′剖面上的29井(图2),从 Nacimiento 组 1500ft(457m)深度至 Lewis 页岩下部层位的 4000ft(1219m)深度,R_o 为常数,其值为0.52%。然后逐渐增大,一直到 Tocito 砂岩透镜体层位的 6400ft(1950m)处达到1.2%。在井 U2(图1)中,即对应于 AA′剖面上的32井(图2),从 Kirtland 组 2000ft(609m)深度处到 Fmitland 组中 3000ft(914m)深度处,R_o 为一常数,其值为1%,然后,R_o 值从 Pictured Cliffs 砂岩层 3200ft(975m)深度处的1.4%增大到 Dakota 砂岩层 8000ft(2438m)深度处的2.8%。对于这种具有稳定镜质组反射率值的厚层位只能用假设的高热导率值进行模拟,因此,Law(1992)认为该区 R_o 是热流传导作用的结果。

总之,前人两个热史实验的结果表明①盆地北部(科罗拉多州)深部存在热液的可能性。②指明了对流是热传导的重要因素。

三、水势的来源及气体压力数据

本文用于研究白垩系中水势(水头)和气体压力的数据主要来源于公开发表的文献。首先统计了水势的数据,并在压力—海拔关系图上做出了静水压力梯度线。

前人在圣胡安盆地进行了一系列的水文地质调查(Craigg 等,1989,1990;Dam 等,1990;Levings 等,1990;Thorn 等,1990)。水势为静水压面的海拔,即为本文中的水头。水头既可以通过测量水井中的水位获得,也可以通过油气井中的测试压力折算获得。在以气为主的盆地中,本文认为以后者获得的水头数据是无效的,原因将在后面阐述。本章涉及的两套地层的水头数据见图5和图6。数据测量于1949—1989年，大部分数据测量于20世纪70—80年代。由于数据趋势规律不明显，没有对不同年测得的数据进行校正。在一些地区20年里水头减小了几百英尺，而其他一些地区水头没有变化或者略微增加。研究过程中几百英尺的水头不确定性对结果影响不大。

由于水头沿盆地中心的不同方向上变化较大，所以，表3列出了不同方向上和不同地层中水头的平均值（表3）。计算平均值所需的井位均位于以气为主的盆地中心部位以外的井，距离露头较近。对于所有本文所考虑的地层，水头在盆地的西北缘和西缘较低，接近露头带的西南部和南部相对较高，在露头区的东南部附近最高（表3）。水头从西北向南，从西向东南方向上的变化反映了地表海拔的变化。从西北向东南，弧形距离跨度100mile（160 km），地表海拔和水头都增加了1000ft（304m）。

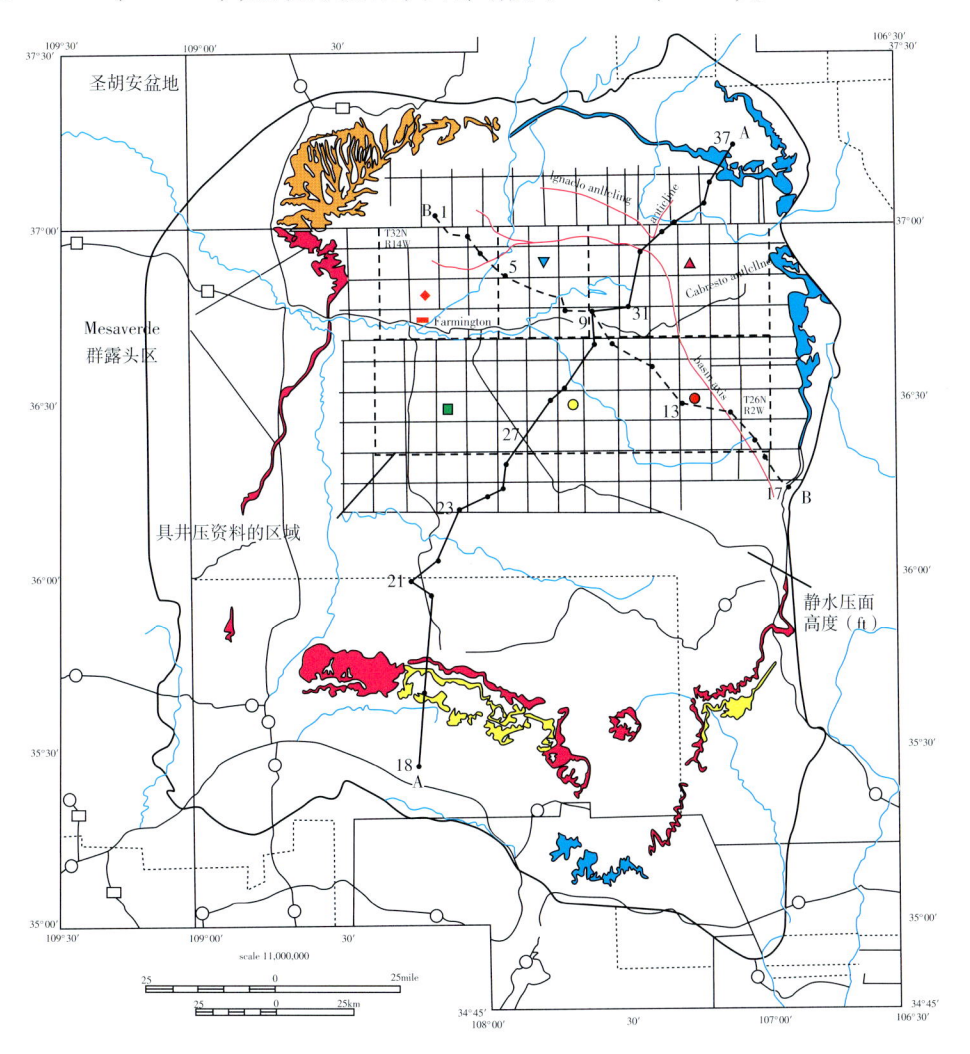

图5 圣胡安盆地图

图中显示了Mesaverde群岩石露头，压力数据来自Dougless（1984）。
不同颜色的点号参见图7
Point Lookout 砂岩气井和水井静水压面海拔数据（Craigg 等，1989）

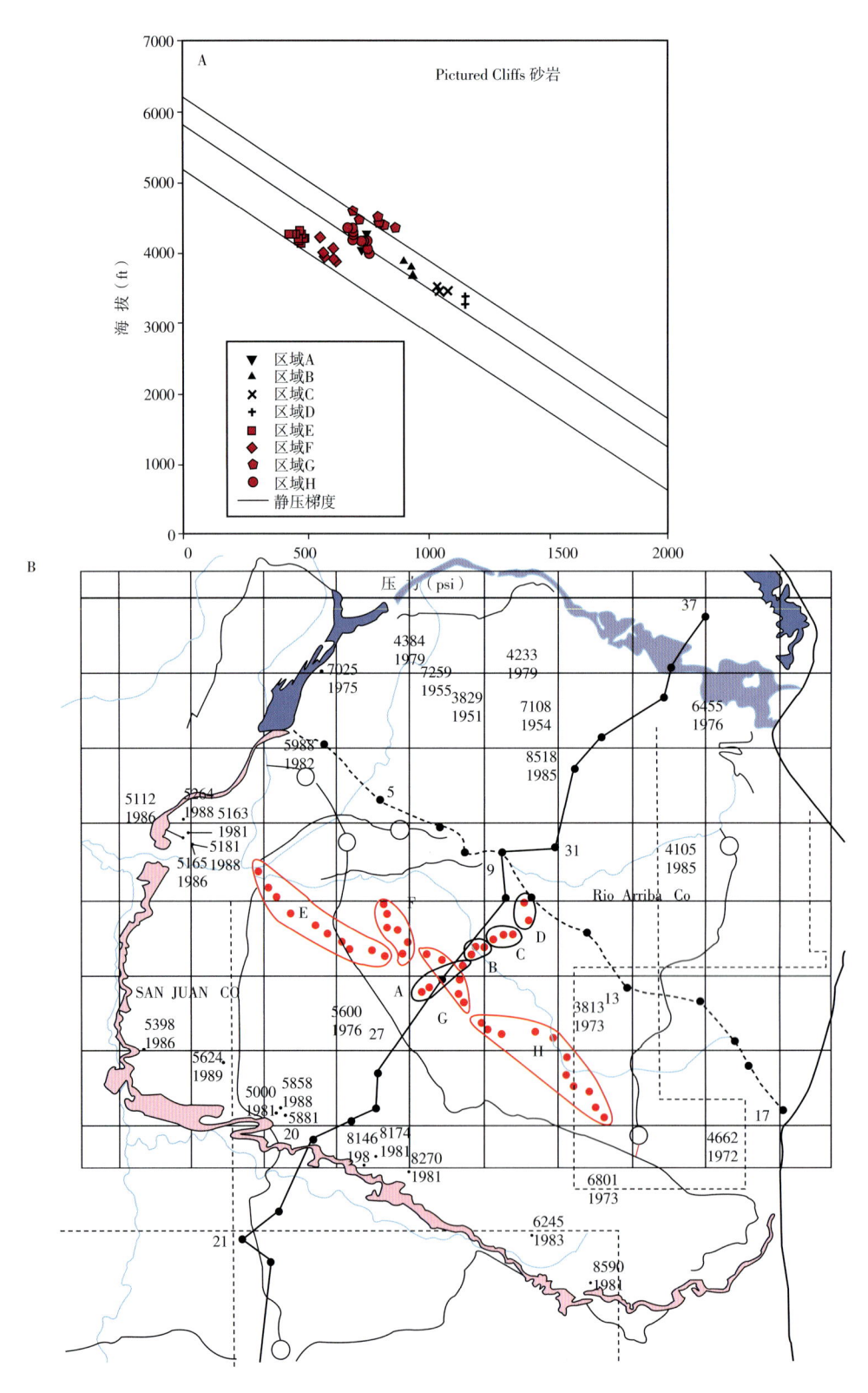

图6 （A）Pictured Cliffs 砂岩的井底压力与海拔的关系图

三条静水压力梯度线的海拔（0.433psi/ft；9.794kPa/m）为5181ft、5800ft 和6200ft（1579m、1767m 和1889m）；

（B）图 A 中压力数据井的位置，压力数据和井的位置据 Berry（1959）；底图据 Dam 等（1990）

表3 圣胡安盆地5个层段的水头(ft)统计表

层 段	西北部	西部	西南部	南部	东南部
Pictured Cliffs 砂岩	—	5181	5511	6031	6418
Cliff House 砂岩	—	—	5612	6341	—
Menefee 段	—	—	5772	6251	6432
Point Kookout 砂岩	5504	5782	—	6429	6381
Dakota 砂岩	—	5551	—	6575	6308

注：每个值代表了选取的油水井的水准面(海平面之上)，每个区域内的平均井数为2~20口，含气层或非含气区均有。数据来自于 Craigg 等(1989,1990)，Dam 等(1990)，Levings 等(1990)及 Thorn 等(1990)。

Dougless(1984)利用新墨西哥湾法明顿 El Paso 天然气公司提供的资料汇编了 Mesaverde 群和 Dakota 砂层组的关井井口气体压力数据。为了确保关井压力能够代表原始储层的压力，不受气体开采的影响，Dougless 收集了 Mesaverde 群1960年以前和 Dakota 砂层组1965年以前的试井数据。射孔段内井底压力是通过校正深度、温度和气体的相对密度等参数后通过关井井口压力计算获得。Dougless(1984)计算了 Dakota 砂层组176个和 Mesaverde 群195个井底压力数据。371个压力数据中的38个位于科罗拉多州，333个位于新墨西哥湾。新墨西哥湾井的位置见图5。本次研究没有使用科罗拉多州井的数据。Pictured Cliffs 砂层组的气体压力数据来源于 Berry(1959)。他收集了水样，测量了静水位，同时分析了从 El Paso 天然气公司和其他公司获得的中途测试的井底压力和关井压力数据。尽管本文不认同他计算的水势数据，但他在20世纪50年代汇编的数据很合理，与 Dougless(1984)汇编的数据相符。Dougless 和 Berry 的两组数据均是没有受到采气的影响。

四、压力分布特征

(一)压力与海拔的关系

由 Dougless(1984)汇编的新墨西哥湾井的井底气体压力数据见图7。每个符号代表了一口井中单一的井底压力。海拔低于+500ft(+152m)的数据来自于 Dakota 砂层组，位于浅部的数据集来自于 Mesaverde 群砂岩。每个数据集包括静水压力梯度和气体压力梯度。在含气区南部和东南部的 Mesaverde 群(Cliff House 砂层组、Menefee 组和 PointLookout 砂层组)水头的平均值(表3)为6367ft(1940m)。Mesaverde 群的静水压力梯度线可参考此值。类似地，在南部和东南部的 Dakota 砂层组水头的平均值为6441ft(1963m)，这为 Dakota 地区的静水压力梯度线提供了参考。西南、西和东南部的水头低于南部和东南部的水头(表3，图5)。水头在横向上的变化可以引起气水界面位置的变化，从而影响气藏的分布范围。

原则上，气体压力梯度应该利用图7中的数据通过统计拟合而获得，但是实际上数据太散乱无法得到可靠的结果。相反，图7中的气体压力梯度是通过对据 Rice(1983)的气体组分数据进行计算获得的，计算结果列于表4。图7中 Mesaverde 群的静水压力梯度线与气体压力梯度线相交于压力1149psi(7922 kPa)和海拔3713ft(1131m)，这基本上与 Cliff House 砂层组的 La Ventana 舌状单元底部相一致(图2)。Dakota 砂层组的静水压力梯度线与气体压力梯度线相交于压力 2367psi(16319 kPa)和海拔 975ft (297m)。在该海拔处 Dakota 的区域倾斜方向有轻微的变化(图2)。这些海拔和压力数据代表了气藏南缘和东南缘处。气水界面的普遍情况(接下来将讨论气水界面是一过渡带而不是一个突变的边界)。

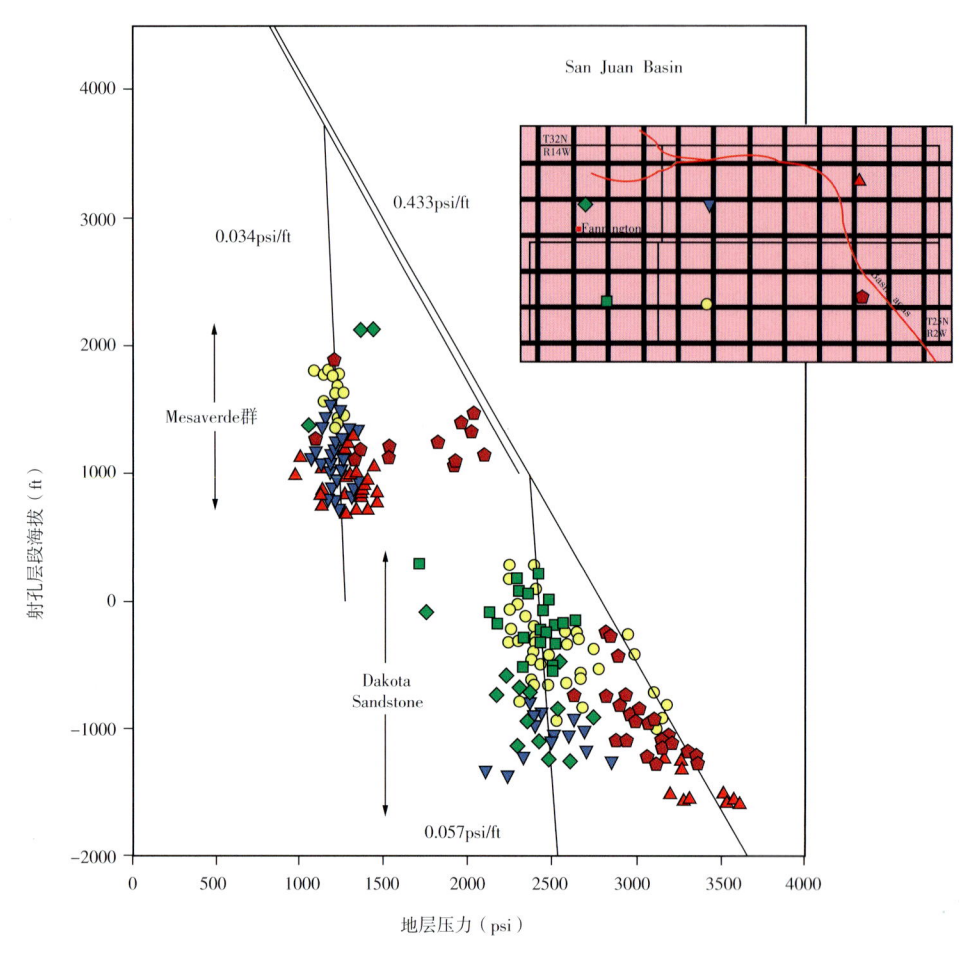

图 7 Mesaverde 群和 Dakota 砂层组井底压力与海拔的关系图

根据井位可以划分出 6 组,每组由 12 个或更多个区组成,并用一个符号表示。如图所示在右上部每个小区就是一个长为 36mile(93km)的区域。气体压力梯度的斜率可以由气体的组成数据获得(见本文)。0.433psi/ft(9.794kPa/m)的静水压力梯度纵向截距对应于 Mesaverde 井的地表海拔为 6367ft(1940m),而对于 Dakota 井为 6441ft(1963m)。1333 个压力数据点都位于新墨西哥湾,数据来源于 Dougless(1984)

表4 计算的分子重量 M、压缩系数 Z、密度和气体压力梯度(GPG)统计表

地层	深度 (ft)	压力 (psi)	温度 (°F)	CH_4 (%)	C_1/C_{1-5}	M 比值	Z	密度 (lb/ft³)	GPG (psi/ft)
Mesaverde	5063	1250	101	83.8	0.87	19.36	0.82	4.9	0.034
Dakota	7283	2500	146	87.6	0.91	18.46	0.87	8.15	0.0566

注:Mesaverde 群 18 块样品,Dakota 砂岩 9 块样品,计算结果基于 Rice(1983)的气体组分数据。

不是所有的测量值都落在了气体压力梯度线上,一些值和静水压力梯度线很接近,或者处于静水压力梯度线和气体压力梯度线的中间(图7),Mesaverde 测量值中有两个西北地区的点高于数据集的压力值。而且,东南地区有9个压力点落在了气体压力梯度线和静水压力梯度线之间。除了这些点,Mesaverde 压力值都明显地显示出一个大面积低压气藏的特征。Dakota 砂层组的压力也显示出一个大规模的低压气藏,但是没有 Mesaverde 砂岩那么明显。三个地区的符号(圆点,正三角和五边形)位于或者接近于静水压力梯度线,表明三个地区或其中部分地区的 Dakota 砂层组气体压力存在偏高气体压力梯度域的现象。三个地区的位置见图7中插图。下文从横剖面上分析气体的空间分布特征。

(二)低压带的位置

Dougless(1984)汇编的井底压力数据见平行于构造倾向的横剖面 AA′(图8)和平行于构造走向的横剖面 BB′(图3)。两个横剖面的井间距为3mile(4.8 km)。这两个横剖面展示了 Dakota 砂层组53个和 Mesaverde 86个井底压力数据,其中,约占 Dougless 数据的37%。压力值用带颜色的柱子来表示(图3、图8)。不同颜色的柱子代表了不同压力的范围,横剖面 AA′和 BB′压力变化的范围不同。在 Mesaverde 砂岩的许多产气井中两个带颜色的柱子之间有一条垂直的线,这表示射孔深度段跨越 Point Lookout 砂层组和 Cliff House 砂层组,这种联产措施导致不能确定这两套砂岩是否为统一的压力封存箱或者形成了两个独立的压力封存箱。

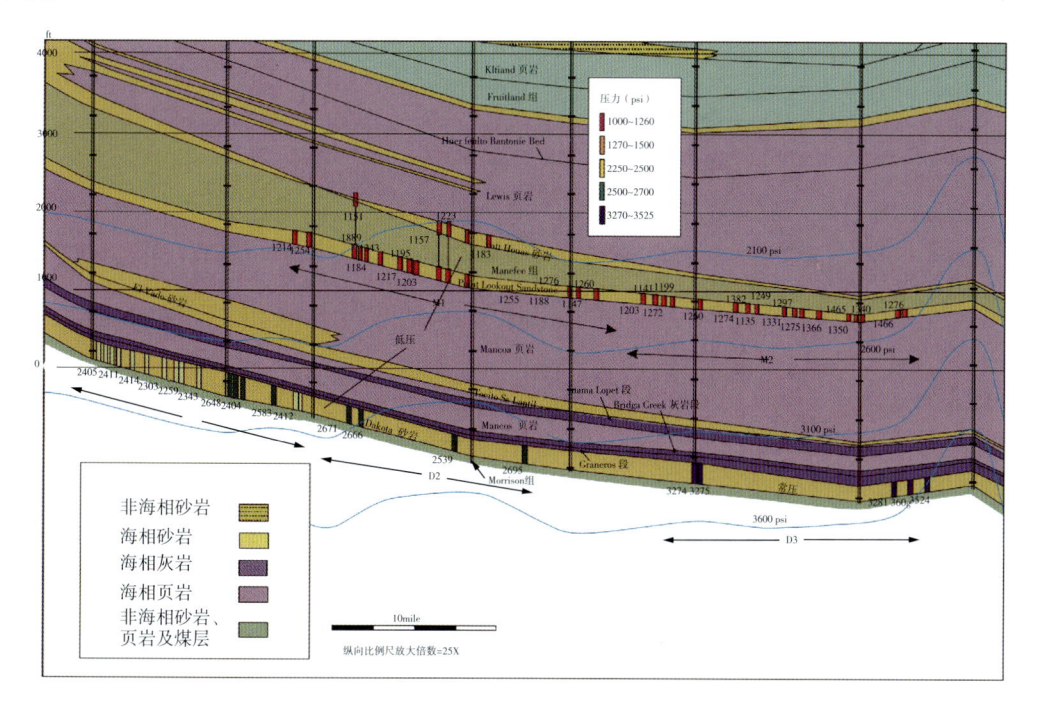

图8 AA′横剖面压力数据详图

反映地表地形的四条测井曲线在静水压力梯度 0.433psi/ft(9.794kPa/m)时,给出了气藏预期压力值为 2100~3600psi(14478~24821kPa)。这里用 Mesaverde 群的 M1、M2 区及 Dakota 砂岩的 D1、D2、D3 区的压力值进行了统计横剖面 AA′上有 5 个压力带(图 8 中的 M1、M2、D1、D2 和 D3),而在横剖面 BB′上也可识别出 5 个压力带(图 3 中的 M3、M4、M5、D4 和 D5)。这 10 个压力带的统计数据见表 5,统计的柱状图见图 9。

表 5 图 3、图 5 中 10 个区域井位的深度、井底压力(BHP)、
压力/深度比值(p/D)的平均值和标准偏差统计表

区 带	井位数	平均 ± 标准偏差		
		深 度(ft)	BHP(psi)	p/D 比值(psi/ft)
M1	18	4866 ± 456	1202 ± 45	0.249 ± 0.023
M2	18	5622 ± 156	1293 ± 94	0.230 ± 0.019
M3	27	4825 ± 327	1203 ± 65	0.250 ± 0.021
M4	21	5358 ± 325	1258 ± 57	0.235 ± 0.015
M5	2	5719(−)	2000(−)	0.354(−)
D1	17	6593 ± 99	2421 ± 119	0.367 ± 0.016
D2	4	6973(−)	2643(−)	0.380(−)
D3	5	7916 ± 206	3392 ± 162	0.428 ± 0.014
D4	14	7193 ± 240	2540 ± 99	0.353 ± 0.015
D5	14	7749 ± 373	3099 ± 207	0.401 ± 0.033

注:M1—M5 区带为 Mesaverde 群,D1—D5 区带为 Dakota 组。

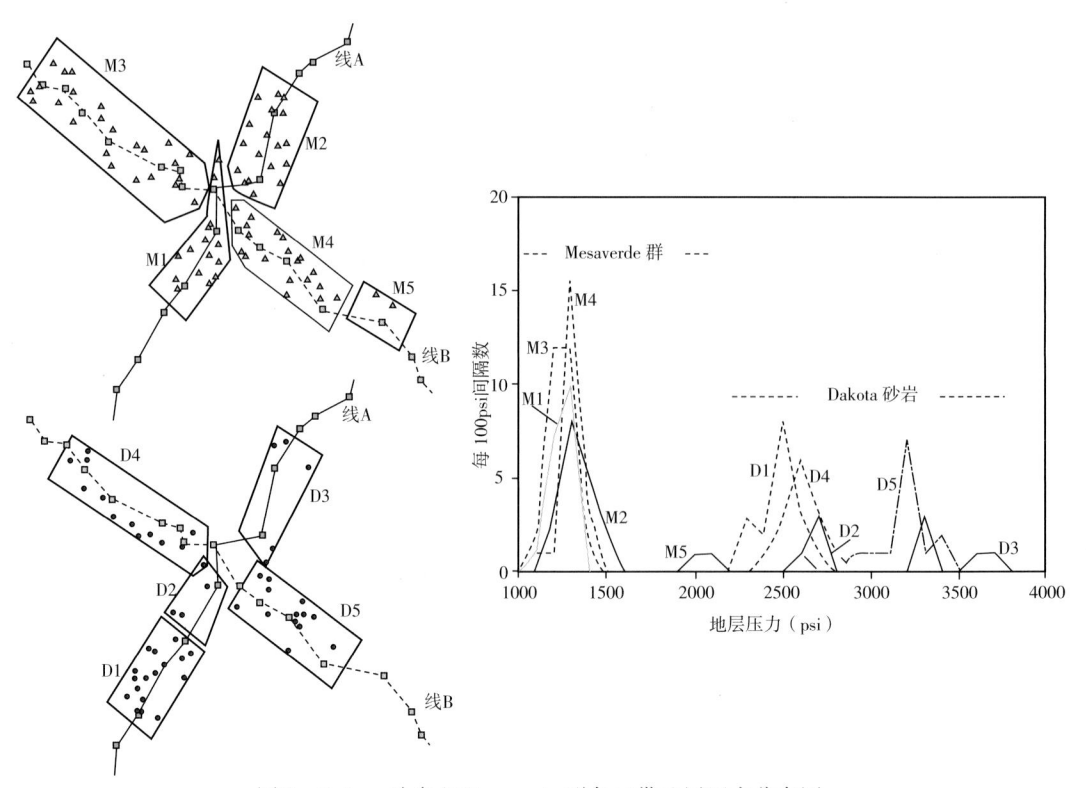

图 9 Dakota 砂岩和 Mesaverde 群各区带地层压力分布图
可见 AA′和 BB′横剖面 10 个区带的井位分布,图中 140 个压力值来自于图 7 中的 333 个压力值

如果以静水压力条件为主,四条恒定的压力线(在横剖面 AA′上为 2100psi、2600psi、3100psi 和 3600psi,14.478kPa、17.926kPa、21.373kPa 和 24.821kPa)反映了地表地貌组合,表示指定深度处的压力。用 0.433psi/ft(9.794 kPa/m)的静水压力梯度来确定四条等压线的深度。带颜色柱子旁边的井底压力可以与等压线进行对比以确定在特定井中的地层为低压还是为正常静水压力。在横剖面 AA′和 BB′上,除了两口井之外,Point Lookout 砂层组和 Cliff House 砂层组测得的压力介于 1000psi 和 1500psi(6894kPa 和 10.342kPa)。这些值都低于等压线 2100~2600psi(14.478~17.926kPa)的范围,表明横剖面 AA′和 BB′的地层均为低压。例外的两口井标注于表 5 和图 9 中的 M5 带,并且在图 7 的压力与海拔的关系图中位于一组由 7 个五边形数据点组成的数据组之中,集中分布在压力 2000psi(13.789 kPa)和海拔 1200ft(365m)处,紧邻静水压力梯度线的左侧。这 7 口井位于 26N~28N 和 2W~3W 的区域内,处于盆地轴线以东,并在该区呈南东向展布。总体上,Mesaverde 群砂岩大部分压力介于 1100~1500psi(6.894~10.342kPa)。压力在 2000psi(13.789kPa)附近的井位于盆地中心部位的东北部数据区域的东南角。

Dakota 砂层组在横剖面 AA′的 D1 和 D2 带是低压带(图 8),测得的压力介于 2250~2700psi(15.513~18.615kPa),低于它们对应的等压线。然而,在盆地最深部位测得的五个值介于 3270~3525psi(22.545~24.304kPa)(D3 带),位于等压线界限以内,表明 Dakota 砂层组的这五口气井大约处于静水压力,平均的压力/深度比值为 0.428(表 5)。横剖面 BB′展示了 Dakota 砂层组的压力从北西向南东方向呈不稳定地增加,但是,在较浅的 Mesaverde 群砂岩却不存在这样的趋势。图 9 中的柱状图和统计表 5 证明了在 M3 和 M4 带压力分布几乎相同,但是 D5 带压力比 D4 带压力高将近 600 psi(4136 kPa)。

图 7 和图 9 表明 Mesaverde 砂岩压力分布比 Dakota 砂岩压力分布更为集中。这两个含气系统似乎是明显相互独立的,除了在产气区东南角的三角地带(三个城镇的交汇处)区域外,Mesaverde 砂岩内部压力均是平衡的,气体处于静止或者几乎静止的平衡状态。然而,Dakota 砂层组的压力分布范围广,东北部(D3 带)压力最高,东南部(D5 带)压力较高,西南和西北部(D1、D2 和 D4 带)压力最低。压力横向上的变化表明,在 Dakota 砂层组内可划分出 3 个封存箱,并在盆地的最深部位发生了水侵作用。图 9 中的数据与 Head 和 Owen(2005)基于储层质量、原始压力和地层研究的基础上所刻画的三个封存箱是相符的。

前人已经对 Lewi 页岩层组中的砂岩段进行了测试。Dube 等(2000)报道了 Lewis 页岩层组中五口井在 4500ft(1371m)深度处的压力介于 500~1350psi(3447~9307kPa)。横剖面 AA′中沿区域构造走向上的这五口井从南部的 30 井途经 31 井到 32 井。这五口井的平均压力/深度比值为 0.22psi/ft(4.97kPa/m)与下伏的 Mesaverde 群砂岩的压力/深度比值相当(表 5),表明低压从 Mesaverde 砂岩一直向上延伸到 Lewis 页岩层组的砂岩中。

(三)Pictured Cliffs 砂层组的压力数据

Picturec Cliffs 砂层组中压力与海拔的关系与下伏 Mesaverde 群和 Dakota 砂层组中的不同。Berry(1959)绘制的两条相交线上的压力数据可分为 8 组,见图 6。西北部 E 组井与东南部 H 组井相距 58mile(93 km)。三个静水压力梯度线与三个压力数据集的分布相符:①E 和 F 地区的数据直接位于静水压力梯度线之上,该压力梯度受控于盆地西部边界处的水头(5181ft(1579m),表 3)。②A、B、C、D 和 G 地区的数据与静水压力梯度线很接近,该处压力梯度值为 5800ft(1767m),介于 Pictured Cliffs 砂层组南部和西南部露头附近的平均水头之间

(6031ft 和 5511ft(1838m 和 1679m),表3)。③H 地区的数据与静水压力梯度线很接近,该处压力梯度值为 6200ft(1889m),介于南部和东南部露头附近的平均水头之间(6031ft 和 6418ft(1838m 和 1956m),表3)。因此,图 6 中压力数据明显分群的现象似乎是由于独立的气体封存箱所致,表明具有三个或者更多不同的静水压力梯度系统。部分地区的压力在垂向上发生移动是由于在垂向上几百英尺的范围内气体赋存状态发生了变化。Pictured Cliffs 砂层组中似乎存在气水界面。总而言之,由于在图 6 中见不到气体压力梯度普遍低于静水压力梯度的现象,所以,Pictured Cliffs 砂层组在盆地的南缘主要含水,少量含气。

五、圣胡安盆地低压气藏特征

广泛分布的低压气藏地质特征可以总结如下:

(1)低压气藏主要分布于上白垩统 Dakota 砂层组和 Mesaverde 群砂岩之中。在含气区的大部分地区 Dakota 砂层组上覆于 Morrison 组 Brushy Basin 段的低渗透沸石单元之上,这使得气体与下伏的侏罗系含水层隔离。在其他一些地区 Burro Canyon 组多孔渗透性岩层位于 Dakota 砂层组和 Brushy Basin 段之间。Burro Canyon 组形成了岩性圈闭,面积一般不超过 25acre(10 ha)。此外,Burro Canyon 地层含水(C. Head,2005,私人交流)。

(2)盆地是不对称的,在盆地最深部位的上白垩统地层倾角小于 0.5°,西南缘小于 1.0°。在北部、西部和东部边界基底倾角更大些(倾角大于 5°)。抬升剥蚀的厚度在盆地的南部估计为 1200ft(365m),中心的深部位为 3700ft(1127m),北部为 6400ft(1950m)。

(3)在大部分低压地区,Mesaverde 群砂岩的气体压力介于 1000~1500psi(6894m~10342m)之间,压力/深度比值约为 0.24psi/ft(5.42kPa/m)。除了在数据区域的东南角具有较高的压力显示之外,Mesaverde 群压力的均一性表明具有统一的压力封存箱。气体压力梯度与静水压力梯度相交于海拔 3700ft(1127m),气藏的上倾部位位于海拔 700~2000ft(213~609m)。

(4)压力数据表明,Dakota 砂层组存在三个气体封存箱。气体压力在盆地的最深部位为静水压力或者略低的静水压力。盆地中心向上倾部位的气体是低压的,压力/深度比值约为 0.36psi/ft(8.14kPa/m)。上倾部位的封存箱的气体压力梯度线与静水压力梯度线相交于海拔 975ft(297m)。

(5)不存在将下倾部位的气体与上倾部位的水隔离的优质硬盖层。下倾部位的储层比上倾部位的饱含水层的孔隙度和渗透率都要低。

(6)Mesaverde 群和 Dakota 砂层组低压气藏西南部的分布范围与 $R_o=1.0\%$ 的范围大体相当。Pictured Cliffs 砂层组中的常压气藏分布于 $R_o=1.0\%$ 的岩层中,向北 $R_o>1.0\%$ 的区域内缺乏数据。由于缺乏数据无法进行 Mesaverde 群北缘和 Dakota 砂层组气藏北部界限与 R_o 值的关系。

(7)R_o 的特征指示了在盆地北部(科罗拉多州)深部热源引起了热对流传导。尽管来源研究对于下面关于低压成因的讨论和总结不是关键,但是,有助于理解普遍含气系统的成因。

考虑到这些特征,下面将讨论用过去的认识在解释如此大面积低压气藏成因时存在的问题。

六、错误的概念

对独立气水系统的错误认识导致了一些有关圣胡安盆地气体聚集的错误概念,包括浮力作用、水头的错误计算和低流速背景下水动力圈闭的应用。

(一)浮力作用

当储层内所有的可动水被驱替并且底部没有水的存在时,浮力作用是不存在的。本质上,气体赋存于储层内,残存的水作为储层的一部分在颗粒表面形成了一个水层,并充填在较小的孔隙和空隙空间中。因此,如前所述压力与海拔的关系图(图7)中的数据位于静水压力梯度线之下而并非之上。在主要的气藏内缺乏浮力即意味着在连续的含气系统开采前,作用在气体上的唯一动力是由气体的生成和气体密度的不同所引起的压力差。接受没有浮力的存在的观念比较困难,因为在常规的气上水下的气藏中浮力是存在的。

然而,在盆地中心的Dakota砂层组中由于水侵入含气系统的底部,浮力可能存在。在盆地中心部位含有低压气藏的地层几乎都是水平的,在盆地西南缘地层倾角 α 小于1°,盆地中心处地层倾角 α 小于0.5°(表6)。在如此低的倾角下直接作用在岩层上的浮力 F_n 几乎和浮力在垂向上的分力 F_t 相当。作用在岩层上的分力 F_b 使得气体沿毛细管力最小的方向向上运移。因此

$$F_b = F_n \sin\alpha = F_t \sin\alpha$$

$\sin\alpha$ 为 F_b 与 F_n 的比值,见表6。在盆地的中心部位(图2中的31井和32井),沿着倾向方向上的浮力分力为总浮力的0.5%,在西南部斜坡区(22井和23井)该值为1.5%,而在盆地北缘的单斜区(35~37井)该值为10%。

表6 Mesaverde群和Dakota砂岩倾角统计表

井位名称	地 层	井间距(mile)	倾角(°)	F_b/F_n
22–23	Mesaverde群	10.5	0.92	0.016
22–23	Dakota砂岩	10.5	0.87	0.015
31–32	Mesaverde群	10.2	0.22	0.004
31–32	Dakota砂岩	10.2	0.33	0.006
35–36	Mesaverde群	3.6	5.09	0.089
36–37	Dakota砂岩	7.9	7.01	0.123

浮力作用的弱化与Dakota砂层组一些地方的压力近似等于或者略小于静水压力有关(图7中的红三角、红五边形和黄圆点)。在这些地区可以推断出水是不动的或者水是在油气运移走之后补给过来的。在Dakota砂层组中浮力应该存在一些作用,但是,不足以使整个Dakota砂层组气体压力达到再平衡。

由于水从Burro Canyon组向上运移到Dakota砂层组,毛细管力使小孔隙先充满水。如果孔隙空间中已经全部充满了水,那么浮力作用会相对很小。Dakota压力封存箱的划分见图8和图9,主要根据Dakota砂层组地层的复杂性进行划分。

(二)水势和气势

据 Hubbert(1953,公式 30)地下流体的势能 Φ 可以描述为

$$\Phi = gz + \int_{p_o}^{p} \frac{dp}{\rho} + \int_{p}^{p_c} \frac{dp}{\rho} \tag{1}$$

式中,g 为重力加速度,z 为海拔。p_o 为参照点压力,p 为测点压力,p_c 为测点毛细管力,ρ 为流体密度。

公式 1 中的势能 Φ 单位为单位质量的能量。在只有水的情况下,第二个关于毛细管力 p_c 的积分项可以省略,即公式为

$$\Phi = gz + \int_{p_o}^{p} \frac{dp}{\rho} = gz + \frac{p - p_o}{\rho} \tag{2}$$

由于水的密度 ρ 可看作常数,那么该积分式子很容易求解。水头的概念便于使用,它的单位为长度单位,因为一口井的水位实质上就是测量 H。

$$H = z + \frac{p - p_o}{\rho g} \tag{3}$$

$\rho g = 0.433$ psi/ft(9.794 kPa/m)。测量的压力为 psi,可以转换成 $p/\rho g = p/0.433 = 2.3 lp$ft。这个值再加上 $z - p_o/\rho g$,便得到 H,然后,可以作出 H 的平面图和等值线图。区域上地下水是从 H 的高值区流向低值区。

将测量的压力转换成气井或油井的水头很常见。在转换的过程中尽管存在两种流体,在粗粒岩石中毛细管力较小的情况下,公式(1)的毛细管力可以被忽略;但在细粒岩石中 $p_c - p$ 与 $p - p_o$ 相当的情况下不能忽略。另外,如果出现了气(或油)柱时,那么,压力必须进行气(或油)密度的校正,在气水界面处减去相应的水压力。即一般情况下,常规油气藏中测量的压力可以转换成水势或者水头,但是在圣胡安盆地连续气藏内这个转换是不合适的。

例如在圣胡安盆地,当气是连续相态,在含水饱和度较低的情况下,我们希望得到的是气势而不是水势。由于只有连续气相存在,公式(1)中的第二项关于毛细管力 p_c 的积分项可以忽略。然而,由于气体的密度是压力的函数,公式中的第一项不好求解(参见水文地质学课本,如 Deming,2002,P40)。但是,一个简单实例的分析结果可以用于研究并与公式(2)进行对比。

密度 ρ 可以表示成 Mp/ZRT,其中,M 为分子的质量(甲烷为 16.04),p 为气体的压力,单位为 psi,Z 为压缩因子,R 为气体常数(10.732psi^2),T 为兰氏温度($T(°R) = 460 + T(°F)$)。将该式代入公式(1)中,假设在参照点和测点处温度 T 和气体压缩因子(Z)都相同,那么

$$\Phi \approx gz + \frac{ZRT}{M} \int_{p_o}^{p} \frac{dp}{\rho} = gz + \frac{ZRT}{M} \ln(p/p_o) \tag{4}$$

公式(4)中 Φ 与 p 和 p_o 的相关性与公式(2)中完全不同,这表明即使简化后,公式(2)的近似求解方法也不能用于连续含气系统。由于假设在 x、y 和 z 点水头代表了水势,公式(2)的错误使用会产生二次误差。然而,正如本文所见在远离测压井的上倾部位气势代替了水势。在气势和水头的结果图上流体的流动方向将会被错误解释。

(三)水动力封闭聚集

Hubbert(1953,1967)阐述了水动力封闭聚集的理论,认为在静水环境下储层中水的横

向流动可以遮挡住油气，导致垂向上从上到下形成了气—油—水的结构。在推导的公式中，Hubbert(1953)假设毛细管力可以忽略（中到粗粒岩石），并且假设油气的体积相对于水的体积较小。但这些假设在圣胡安盆地都不成立，水动力封闭需要水在油气藏之下流动，水流动得越快，越有利于油气藏的侧向遮挡。在无构造遮挡的背景下将会需要高速扰动流体才能形成气藏。水必须在气藏的下面，但是在 Mesaverde 群和 Dakota 砂层组中并没有发现这样的水，且水必须以某种方式在盆地的低部位排出，因此 Berry(1959)提出水在渗透压差的作用下向下穿过页岩层组被排出，但是，这种认为水通过 Mancos 页岩和 Dakota 气藏向下排出的观点目前来看是站不住脚的。

圣胡安盆地地下水流动的三维模拟表明地下水流动的整体级别较低（Kernodle，1995）。地下水总体的稳态流出量，即排放到河里的量计算为 195ft^3/s（5.5m^3/s），相当于每年降雨 0.14 in（0.355 cm）。虽然 Kemodle 的研究忽略了气体的存在，但是，可能不会影响以输入河床漏失量、直接的降水量和从上覆含水层向下的漏失量等基础的物质守恒的计算。这说明相当于每年平均降水量的 1% 的总地下水流量不能形成目前的地下水动力流动系统。

基于上述所有问题（物理假设的不合理、实际产水量少、向下排水的厚屏障以及较低的地下水流量）可以总结出圣胡安盆地深部的气藏存在水动力封闭是不合理的。

七、概念的提出

本文结合 Gies(1981,1984)的概念，针对 Mesaverde 群和 Dakota 砂层组中广泛发育的低压气藏，提出了一个简单的模型。

压力和海拔的关系图（图10）涵盖了所有以前讨论过的数据。含气系统顶部的压力来自于 Pictured Cliffs 砂层组，它不符合于单一的水或气的压力梯度。这些数据从三个静水压力梯度中获得，涉及圣胡安盆地西部、西南部和东南部水位的测量。这种方法还是初期阶段，需要进一步研究地层中的压力。但是 Pictured Cliffs 砂层组中的低压部分一定是位于井区的北部，见图6B。

与 Pictured Cliffs 压力相比，Mesaverde 群和 Dakota 砂层组测量的大部分压力都位于它们各自的静水压力梯度线之下，表现出了明显的低压特征。在气藏的底部不存在气水的接触，否则压力将会超过推测的静水压力。如果在 Mesaverde 群含气系统的底部存在一个含水层，它的水头将达到 3000ft(914m)，这大约是最低测量水头之下的 2500ft(762m)。除了在 Mesaverde 群气藏的东南缘和 Dakota 气藏的东缘之外，气与下伏的含水层是不接触的。

常规气藏顶部气水压力差与气柱的高度成正比，盖层的毛细管阻力必须能承受这个压力差。然而，这与 Gies(1981,1984)研究加拿大阿尔伯达深盆气时所认识的在低压气藏的上倾边界处情况不同，由于缺少下伏含水层，意味着没有浮力作用导致气的散失，在聚集时也就不需要毛细管力或盖层封堵。

缺少浮力作用可以解释 Berry(1959)提出的问题。他写道："砂岩不存在上倾尖灭，且砂岩向上倾方向渗透性变好。连续气藏的边界在西南部。任何假定的尖灭必须在这个边界的60mile 以外，然而沿着该边界不存在尖灭。事实上，穿过西南部的边界向上倾方向不仅渗透性变好，而且沿着西南方向净砂岩的厚度也逐渐增加。"

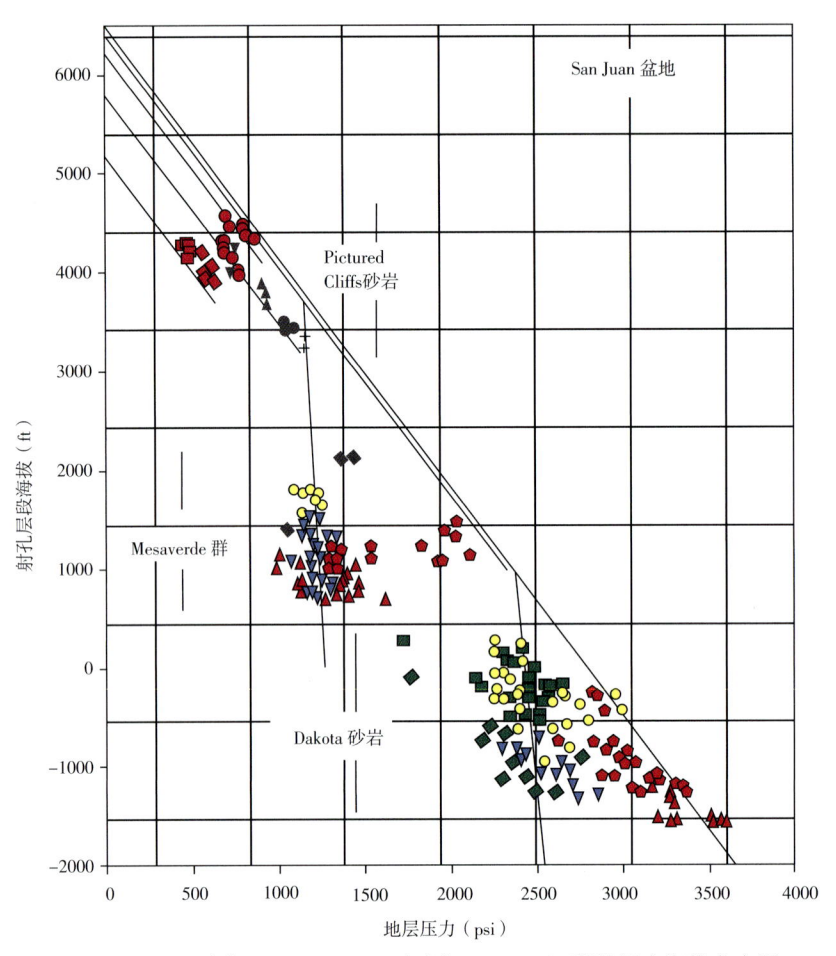

图 10　Dakota 砂岩、Pictured Cliffs 砂岩与 Mesaverde 群的压力海拔交会图
(井位位置见图 6 和图 7,海拔与静水压力梯度相关)

气水界面的位置决定着气体压力的大小,因为气和水的压力差不会超过该处的毛细管压力总和。如果气水界面在更下倾方向或现在位置的更东北处,那么气体压力将会高于图 10 中所显示的压力。如果平衡界面位于更远的上倾部位,那么气体压力将会更低。气体压力梯度也随着气水界面的位置而改变,如果界面位于更远的下倾部位,气体压力梯度变缓(对应密度较大的气体),如果界面位于更远的上倾部位,气体压力梯度变陡(对应密度较小的气体)。如果平衡的位置确实受到了岩性的控制,在抬升和剥蚀的过程中保持不变,那么压力距静水压力的偏移量将不会改变。然而由于剥蚀作用,气体压力的大小会随着水压力的降低而减小。

气水界面似乎是一个过渡带而不是一个突变的接触。下倾部位的气与上倾部位的水之间的过渡带的研究应该得到重视。Berkenpas(1991)研究了毛细管力、浮力以及与孔隙大小和孔喉大小有关的界面张力之间的平衡作用。他认为,上倾部位的孔隙较大会使气体在浮力的作用下克服界面张力而发生散失。而气体会储集在渗透率较低的下倾部位岩石中。

深部聚集的气藏是连续的,且压力也是连续的。水是非连续相,由于渗透率较低导致水只会以较低的速度流动。因此气采出时伴有很少的水。连续性气藏储存在具有足够孔隙空间的储层中使气体达到最大压力。然而,如果气体在储层之下和之上均为连续相,那么储层不需要一个独立的圈闭,气体将会在合理的时间内从那些孔隙体积足够大且连通性好的岩石中有效的采出。气的可压缩性、水的相对不可压缩性加上毛细管力作用使得采出的过程能够持续一定的时期。

下伏的 Morrison 组 Binshy Basin 段凝灰质泥岩构成了一个底部的盖层,最初在气的生成过程中阻止气向下散失,之后再阻止水向上侵入。天然气在生成过程中有可能从渗透率较高的 Burro Canyon 组发生大量的散失,该组现今位于 Dakota 砂层组之下。我们认为生成的气足以排驱出砂层中约 60% 的水,水的排出导致了储层内浮力作用的消失。盖层定期的开启和闭合需要进一步研究。气和水都可以在没有流动屏障的条件下向上运移到含气系统之外。超压在生气的过程中的确存在,但当底部大部分的水被排出后就会消失,然后顶部水的位置反映压力大小。

八、结论

在圣胡安盆地的中部的压力与海拔关系图上没有观察到代表气上水下常规气藏的垂向上广泛分布的气柱。作为一个已达到了高成熟阶段的盆地,不具有明显的超压特征,相反,气藏的压力/深度比值明显低于静水压力梯度。大面积发育的低压气藏表明了气藏下伏缺少水层。即 Mesaverde 群储层和 Dakota 储层封存箱底部都不存在气水界面的。

三个主要含气系统(Dakota 砂层组,Mesaverde 群和 Pictured Cliffs 砂层组)的气体压力不同说明,这三个系统是相互独立、互不联系的。

在广泛分布的含气系统内,水头不能直接从气体压力计算得到,因为气体的密度与压力、温度和气体成分有关。应用该方法计算的盆地地下水水头会得出不正确的结论,即认为水会运移到盆地的中心部位。在圣胡安盆地不存在水动力封闭聚集天然气。

气藏不具有低渗透率的盖层。在气藏下伏缺少含水层,没有浮力导致气体向上运移,因此不需要相应的压力屏障。低幅倾斜的含气地层受到低渗透率的基底、三面略微倾斜的单斜和西南向逐渐变高的海拔联合控制。与 Gies(1981,1984)提出的想法相同,当渗透率高的岩石中的浮力大于渗透率低的岩石中的毛细管力时,在下倾部位的气与上倾部位的水之间会形成一个横向的气水过渡带。过渡带的位置决定了气藏压力的大小。

参 考 文 献

Allen Jr. ,R. W. ,1955,Stratigraphic gas development in the Blanco Mesa Verde Pool of the San Juan Basin: Four Corners Geological Society guidebook,p. 144 – 149.

Aubrey,W. M. ,1991,Geologic framework and stratigraphy of Cretaceous and Tertiary rocks of the Southern Ute Indian Reservation,southwestern Colorado: U. S. Geological Survey Professional Paper 1505 – B,24 p.

Baltz,E. H. ,1967,Stratigraphy and regional tectonic implications of part of Upper Cretaceous and Tertiary rocks,east – central San Juan Basin,New Mexico: U. S. Geological Survey Professional Paper 552,101 p.

Bell T. E. ,1986,Deposition and diagenesis of the Brushy Basin Member and upper part of the Westwater Canyon Member of the Morrison Formation,San Juan Basin,New Mexico,*in* C. E. Turner – Peterson,E. S. Santos,and N. S. Fishman,eds. ,A basin analysis case study: The morrison Formation,Grants Uranium region,New Mexico: AAPG Studies in Geology 22,p. 77 – 91.

Berkenpas,P. G. ,1991,The Milk River shallow gas pool: Role of the updip water trap and connate water in gas production from the pool: Society of Petroleum Engineers 66th Annual Technical Conference, SPE Paper 22922, p. 371 – 375.

Berry, F. A. F., 1959, Hydrodynamics and geochemistry of the Jurassic and Cretaceous systems in the San Juan Basin, northwestern New Mexico and southwestern Colorado: Ph. D. dissertation, Stanford University, Stanford, 192 p.

Bird, P., 1998, Kinematic history of the Laramide orogeny in latitudes 35° – 49°N, western United States: Tectonics, v. 17, no. 5, p. 780 – 801.

Bond, W. A., 1984, Application of Lopatin's method to determine burial history, evolution of the geothermal gradient, and timing of hydrocarbon generation in Cretaceous source rocks in the San Juan Basin, north western New Mexico and southwestern Colorado, in J. Woodward, F. F. Meissner, and J. L. Clayton, eds., Hydrocarbon source rocks of the Greater Rocky Mountain region, Rocky Mountain Association of Geologists, Denver, Colorado, p. 433 – 447.

Brown, C. F., 1978, Fulcher – Kutz Pictured Cliffs, in J. E. Fassett, ed, Oil and gas fields of the Four Corners area: Four Corners Geological Society, v. 1, p. 307 – 309.

Clarkson, G., and M. Reiter, 1987, The thermal regime of the San Juan Basin since Late Cretaceous times and its relationship to San Juan Mountains thermal sources: Journal of Volcanology and Geothermal Resources, v. 31, p. 217 – 237.

Condon, S. M., 1986, Geologic map of the Hunters Point quadrangle, Apache County, Arizona and McKinley County, New Mexico: U. 5. Geological Survey Geologic Quadrangle Map GQ – 1588, scale 1:24,000, 1 sheet.

Condon, S. M., 1992, Geologic framework of pre – Cretaceous rocks in the Southern Ute Indian Reservation and adjacent areas, southwestern Colorado and northwestern New Mexico: U. S. Geological Survey Professional Paper 1505 – A, 56 p.

Condon, S. M., and A. C. Huffman Jr., 1994, Northwest – southeast – oriented stratigraphic cross sections of Jurassic through Paleozoic rocks, San Juan Basin and vicinity, Utah, Colorado, Arizona, and New Mexico: U. S. Geological Survey Oil and Gas Investigations Chart OC – 142, 3 sheets.

Craigg, S. D., 2001, Geologic framework of the San Juan structural basin of New Mexico, Colorado, Arizona, and Utah, with emphasis on Triassic through Tertiary rocks: U. S. Geological Survey Professional Paper 1420, 70 p.

Craigg, S. D., W. L. Dam, J. M. Kernodle, and G. W. Levings, 1989, Hydrogeology of the Dakota Sandstone in the San Juan structural basin, New Mexico, Colorado, Arizona and Utah: U. S. Geological Survey Hydrologic Investigations Atlas HA – 720 – I, scale 1:10000002 sheets.

Craigg, S. D., W. L. Dam, J. M. Kernodle, C. R. Thorn, and G. W. Levings, 1990, Hydrogeology of tire Point Lookout Sandstone in the San Juan structural basin, New Mexico, Colorado, Arizona and Utah: U. S. Geological Survey Hydrologic Investigations Atlas HA – 720 – G, scale 1:1,000,000, 2 sheets.

Cummings, S. G., 1987, Natural gas drilling methods and practice: San Juan Basin, New Mexico: Society of Petroleum Engineers/International Association of Drilling Contractors Drilling Conference paper 16167, New Orleans, p. 1027 – 1034.

Dam, W, L., J. M. Kemodle, C. R. Thorn, G. W. Levings, and S. D. Craigg, 1990, Hydrogeology of the Pictured Cliffs Sandstone in the San Juan structural basin, New Mexico, Colorado, Arizona and Utah: U. S. Geological Survey Hydrologic Investigations Atlas HA – 720 – D, scale 1:1,000,000, 2 sheets.

Deming, D., 2002, Introduction to hydrogeology: New York, McGraw – Hill, McGraw – Hill Companies, Inc., 468 p.

Dougless, T. C., 1984, Hydrodynamic potential of Upper Cretaceous Mesaverde Group and Dakota Formation, San Juan Basin, northwestern New Mexico and southwestern Colorado: M. S. thesis, Texas A&M University, College Station, Texas, 89 p.

Dube, H. G., G. E. Christiansen, J. H. Frantz Jr., N. R. Fairchild Jr., A. J Olszewski, W. K. Sawyer, and J. R. Williamson, 2000, The Lewis Shale, San Juan Basin: What we know now: Society of Petroleum Engineers Paper 63091, 24 p.

Ekren, E. B and F. N, Houser 1959, Relations of Lower Cretaceous and Upper Jurassic rocks, Four Corners area, Colorado: AAPG Bulletin, v. 43, no. 1, p. 190 – 201.

Engler, T., and A. Brister, 2005, Identification of behindpipe pay zone in low permeability sand/shale coal sequences: Gas Research Institute GRI – 04/01 99, RPSEA – 0013 – 04, 88 p.

Fassett, J. E., ed., 1978, Oil and gas fields of the Four Corners area: Four Corners Geological Society, v. I and II, 727 p.

Fassett, J. E., 2000, Geology, and coal resources of the Upper Cretaceous Fruitland Formation, San Juan Basin, New Mexico and Colorado: Chapter Q, in M. A. Kirschbaurn, L. N. R. Roberts, and L. R. H. Biewick, eds., Geologic assessment of coal in the Colorado Plateau: Arizona, Colorado, New Mexico, and Utah: U. S. Geological Survey Professional Paper 1625 – B, p. QI – Q132.

Fassett, J. E., and R. W. Jentgen, 1978, Blanco Tocito South, in J. E. Fassett, ed., Oil and gas fields of the Four Corners area: Four Corners Geological Society, v. 1, p. 233 – 240.

Fassett, J. E., and V. F. Nuccio, 1990, Vitrinite reflectance values of coal from drillhole cuttings from the Fruitland and Menefee formations, San Juan Basin, New Mexico: U. S. Geological Survey Openfile Report 90 – 290, 21 p.

Fassett, J. E., E. C. Arnold, J. M. Hill, K. S. Hatton, L. B. Marinez, and D. A. Donaldson, 1978, Stratigraphy and oil and gas production of northwest New Mexico, in J. E. Fassett, ed., Oil and gas fields of the Four Corners area: Four Comers Geological Society, v. 1, p. 46 – 61.

Gies, R. M., 1981, Lateral trapping mechanisms in deep basin gas trap, Western Canada (abs,): AAPG Bulletin, v. 65, no. 5, p. 930.

Gies, R. M., 1984, Case history for amajor Alberta Deep Basin gas trap: The Cadomin Formation, in J. A. Masters, ed., Elmworth – Case study of a deep basin gas field: AAPGMemoir 38, p. 115 – 140.

Head, C. F., and D. E. Owen, 2005, Insights into the petroleum geology and stratigraphy of the Dakota interval (Cretaceous) in the San Juan Basin, northwestern New Mexico and southwestern Colorado: New Mexico Geological Society, 56th Field Conference Guidebook, Geology of the Chama Basin, p. 434 – 444.

Hoppe, W. F., 1978, Basin Dakota field, in J. E. Fassett, ed., Oil and gas fields of the Four Corners area: Four Corners Geological Society, v. 1, p. 204 – 206.

Hubbert, M. K., 1953, Entrapment of petroleum under hydrodynamic conditions: AAPG Bulletin, v. 37, p. 1954 – 2026.

Hubbert, M. K., 1967, Application of hydrodynamics to oil exploration: Seventh World Petroleum Congress: Amsterdam, The Netherlands, Elsevier Publishing Co. Ltd., v. 1B, p. 59 – 75.

Huffrnan Jr., A. C., and S. M. Condon, 1994, Southwest – northeast – oriented stratigraphic cross sections of Jurassic through Paleozoic rocks, San Juan Basin and vicinity, Utah, Colorado, Arizona, and New Mexico: U. S. Geological Survey Oil and Gas Investigations Chart OC – 141, 3 sheets.

IHS Energy Group, 2005, PI/Dwights Plus on CD, US Well Data: Englewood, Colorado, IHS Energy Group; database available from IHS Energy Group, 15 Inverness Way East, D205, Englewood, Colorado 80112.

Jennette, D. C., and C. R. Jones, 1995, Sequence stratigraphy of the Upper Cretaceous Tocito Sandstone: A model for tidally influenced incised valleys, San Juan Basin, New Mexico, in J. C, Van Wagoner and G. T. Bertram, eds., Sequence stratigraphy of foreland basin deposits: AAPG Memoir 64, p. 311 – 347.

Kelley, V. C., 1963, Tectonic setting, in V. C. Kelley, ed., Geology and technology of the Grants Uranium region: New Mexico Bureau of Mines and Mineral Resources Memoir 18, p. 19 – 20.

Kernodle, J. , 1995, Hydrogeology and steady – state simulation of ground – water flow in the San Juan Basin, New Mexico, Colorado, Arizona and Utah: U. S. Geological Survey WRI 95 – 4187, 117 p.

Law, B. E. , 1992, Thermal maturity patterns of Cretaceous and Tertiary rocks, San Juan Basin, Colorado and New Mexico: Geological Society of America Bulletin, v. 104, p. 192 – 207.

Levings, G. W. , S. D. Craigg, W. L. Dam, J. m. Keorndle, and C. R. Thorn, 1990, Hydrogeology of the Menefee Formation in the San Juan structural basin, New Mexico, Colorado, Arizona and Utah: U. S. Geological Survey Hydrologic Investigations Atlas HA – 720 – F, scale 1:1,000,000, 2 sheets.

Martinsen, R. S. , 1994, Summary of published literature on anomalous pressures: Implications for the study of pressure compartments: Chapter 2, *in* P. J. Ortoleva, ed. , Basin compartments and seals: AAPG Memoir 61, p. 27 – 38.

Masters, J. A. , 1979, Deep basin gas trap, Western Canada: AAPG Bulletin, v. 63, p. 152 – 181.

Meissner, F. F. , 1987, Mechanisms and patterns of gas generation, storage, expulsion – migration, and accumulation associated with coalmeasures. Green River and San Juan Basins, Rocky Mountain region, U. S. A, *in* B. Doligez, ed. , Migration of hydrocarbons in sedimentary basins, 2nd Institut Francais du Petrole Exploration Research Conference: Paris, France, Editions Technip, p. 79 – III.

Molenaar, C. M. , 1989, San Juan Basin stratigraphic correlation chart, *in* W. I. Finch, A. C. Huffman Jr. , and J. E. Fassett, eds. , Coal, uranium, and oil and gas in Mesozoic rocks of the San Juan Basin: Anatomy of a giant energy – rich basin: American Geophysical Union Field Trip Guidebook T120, p. xi.

Molenaar, C. M. , and J. K. Baird, 1991, Stratigraphic cross sections of Upper Cretaceous rocks in the northern San Juan Basin, Southern Ute Indian Reservation, southwestern Colorado: U. S. Geological Survey Professional Paper 1505 – C, 12 p.

Molenaar, C, M. , W. A. Cobban, E. A. Merewether, C. L. Pillmore, D. G. Wolfe, and J. M. Holbrook, 2002, Regidonal stratigraphic cvoss sections of Cretaceous rocks from east – central Arizona to the Oklahoma Panhandle: U. S. Geological Survey Miscellaneous Field Studies Map MF – 2382, 3 sheets.

Nummedal, D. , and C. M. Molenaar, 1995, Sequence stratigraphy of rampsetting strand plain sequences: The Gallup Sandstone, New Mexico, *in* J. C. Van Wagoner and G. T. Bertram, eds. , Sequence stratigraphy of foreland basin deposits: AAPG Memoir 64, p. 277 – 310.

Prichard, R. L. , 1978, Blanco Mesaverde, *in* J. E. Fassett, ed. , Oil and gas fields of the Four Corners area: Four Corners Geological Society, v. 1, p. 222 – 224.

Rice, D. D. , 1983, Relation of natural gas composition to thermal maturity and source rock type in San Juan Basin, northwestern New Mexico and southwestern Colorado: AAPG Bulletin, v. 67, no. 8, p. 1199 – 1218.

Ridgley, J. L. , 2001, Sequence stratigraphic analysis and facies architecture of the Cretaceous Mancos Shale on and near the Jicarilla Apache Indian Reservation, New Mexico – Their relation to sites of oil accumulation: U. S. Department of Energy Report DE – AI26 – 98BC15026R11, 92 p. , CD – ROM.

Ridgley, J. L. , S, M. Condon, R. F. Dubiel, R. R. Charpentier, T. A. Cook, R. A. Crovelli, T. R. Klett, R. M. Pollastro, and C. J. Schenk, 2002, Assessment of undiscovered oil and gas resources of the San Juan Basin province of New Mexico and Colorado, 2002: U. S. Geological Survey Fact Sheet FS – 147 – 002, 2 p.

Sandberg, D. T, 1990, Coal resources of Upper Cretaceous Fruitland Formation in Southern Ute Indian Reservation, southwestern Colorado: U. S. Geological Survey Professional Paper 1505 – D, 24 p.

Silver, C. , 1950, The occurrence of gas in the Cretaceous rocks of the San Juan Basin, New Mexico and Colorado: First Field Conference of the New Mexico Geological Society, San Juan Basin, p. 109 – 122.

Steven, T. A. , P. W. Lipman, W. J, Hail Jr. , F Barker, and R. G. Luedke, 1974, Geologic map of the Durango quadrangle, southwestern Colorado: U. S. Geological Survey Miscellaneous Investigations Series Map 1 – 764, scale 1:250. 000. 2 sheets.

Stevenson, G, M., and D. L. Baars, 1977, Pre-Carboniferous paleotectonics of the San Juan Basin, *in* J. E. Fassett, ed., San Juan Basin III: New Mexico Geological Society 28th Field Conference, p. 99–110.

Taylor, D. J., and A. C. Huffman Jr., 1998, Map showing inferred and mapped basement faults, San Juan Basin and vicinity, New Mexico and Colorado: U. S. Geological Survey Geologic Investigations Series Map 1-2641, scale 1:500,000, 1 sheet.

Thorn, C. R., G. W. Levings, S. D. Crailgg, W. L. Dam, and J. M. Kernodle, 1990, Hydrogeology of the Cliff House Formation in the San Juan structural basin, New Mexico, Colorado, Arizona and Utah: U. S. Geological Survey Hydrologic Investigations Arias HA-720-E, scale 1:1,000,000, 2 sheets.

Turner, C. E., and N. S. Fishman, 1991, Jurassic Lake T'oo'dichi': A large alkaline, saline lake, Morrison Formation, eastern Colorado Plateau: Geological Society of America Bulletin, v. 103, no. 4, p. 538–558.

Valasek, D., 1995, The Tocito Sandstone in a sequence stratigraphic framework: An example of landward-stepping small-scale genetic sequences, *in* J. C. Van Wagoner and G. T. Bertram, eds., Sequence stratigraphy of foreland basin deposits: AAPG Memoir 64, p. 349–369.

Whyte, M. R., and J. W. Shomaker, 1977, A geological appraisal of the deep coals of the Menefee Formation of the San Juan Basin, New Mexico, *in* J. E. Fassett, ed., San Juan Basin III: New Mexico Geological Society, 28th Field Conference Supplement, p. 41–48.

Wright Dunbar, R., 1999, Outcrop analysis of the Cretaceous Mesaverde Group: Jicarilla Apache Reservation, New Mexico: U. S, Department of Energy Report DE-AI26-98BC15026, 127 p., GD-ROM.

25 年寻找的"答案"——致密砂岩气藏

James L. Coleman Jr.

摘要：在过去的 25 年里,几种不同的致密砂岩气藏进入了国家天然气开发计划。这里面包括了不同时代、不同盆地背景的多种储层类型。本文回顾、分析和对比了志留系(塔斯卡罗拉,Tuscarora)、泥盆系(奥瑞斯盖尼,Oriskany)、宾夕法尼亚系(菠茨维尔,Pottsville,杰克福克,Jackfork)、侏罗系(卡顿瓦利,Cotton Valley)、白垩系(Frontier 与 Almond)以及始新统(维尔克斯,Wilcox)致密砂岩的发现及勘探开发历程。每一个气藏都独一无二,既简单又复杂。然而,通过对致密气储层性质与种类的大概理解,可以为致密气储层的发现模式建立一套一般性原则,甚至可以发展成一套规范标准。

许多致密砂岩气藏被划归为连续型气藏(如缺乏明确边界的非常规天然气聚集),但致密砂岩气藏是一种复杂、隐蔽的气藏,在分布根本不连续致密砂岩气藏的勘探开发需要相应的理论知识、认真的计划部署、细致的施工作业以及不屈不挠的精神与足够的信心。本文提出了致密砂岩气的勘探开发模式和经验：①选择成熟度较高的含气盆地或地区开井,避免流体(水、原油或凝析油)产出,这些流体的产出会影响产气率。②选择沉积非物质性强的储层(如河道沉积系统)作为有利目标,这类储层紧临有机质丰富的烃源层。③选择页岩含量相对高的砂岩而不是低页岩含量(石英岩屑)砂岩,以避免由于胶结作用而导致储层致密。④尽量选择构造位置,尽可能的钻在构造高点上。⑤考虑好如何开发管理具裂缝的致密砂岩气藏。⑥避免高产水、低产气的砂岩储层。⑦气藏开发早期要对储层物理性质有清晰的认识。⑧初始井网开发方案一旦批准和实施,便要做好加密井网的计划和方案。

致密砂岩气(低渗透率)储层的勘探相比在一个三维地震工区寻找甜点或者在一个富气的盆地里随意钻探要更具有挑战性。这类勘探通常是要综合考虑矿区位置、矿权契约、天然气销售合同、市场战略、管线储集与输送的压力、探明储量、日产率、递减曲线、预计最终采收率、油田水处理、构造位置、沉积环境与沉积物、水力压裂、垂直与水平渗透率、基质胶结物、孔隙度、粒度、岩石物理性质等各项因素的复杂、系统工作。

科学界与商业界的很多人认为,如果一个人有足够的资源并付诸足够的努力,任何问题都能解决。然而,勘探开发致密砂岩气需要综合权衡各种要素才能实现经济开发,必需要在清晰、简单、正确的地质模型基础上建立合理的勘探开发策略。而建立这样的地质模型需要对多种类型的低渗透储层本质有个完整的了解。

从第一批探索者在西弗吉尼亚和宾夕法尼亚州沿溪谷和地表背斜进行钻探以来,致密砂岩气已有 190 多年的勘探历史。由于早期勘探开发技术的限制,很低的产气率不足以进一步刺激钻井投入。随着水力压裂技术的发展和应用,在以前看来诱人但难以开采的致密砂岩储层成为了现实的勘探目标。然而,生产的成本普遍超过了预期的投资回报,特别是在预探井勘探阶段。

为应对 20 世纪 70 年代的能源危机,联邦政府在 1978 年取消了天然气的价格管制。而且,美国国会于 1980 年通过了新的税收优惠政策来降低在低渗透砂岩(以及其他非常规天然气)的钻井和生产成本,以鼓励国内天然气的生产。到 70 年代末,预计未来的石油和天然气交易价格在 100 美元/bbl 与 10~12 美元/1000ft^3(比过去 14 美元/bbl 与 1 美元/1000ft^3 的井口价格有大幅上涨)。这大大刺激了人们对过去不经济的致密砂岩气藏的开发。

按照税费补贴的需要,对致密砂岩气储层进行了严格的法律定义。美国国内这些储层具有低于 0.1mD 的原位渗透率,基质孔隙度通常低于 10%。在美国之外,致密砂岩气储层由于较差的储层物性而被作为非经济性储层。本文认为致密砂岩储层是需要人工改造才能达到经济开采的低渗透性储层。

本文描述了 Amoco 公司与其后的 BP 美国公司钻探该类储层的经典实例。该项研究无意试图包括所有致密气储层,而只是作者从 1978—2003 年这 25 年职业生涯中涉及的一些案例。Amoco 公司很多人参与了本文讨论的致密砂岩成功开发的案例,例如在 Wattenburg(气田发现于 1970 年;Matuszczak,1974;Weimer 等,1986;Higley 等,2003;Sonnenberg,Weimer,等,2006)、Jonah(气田发现于 1986 年,并于 1993 年再次获得突破;Hanson 等,2004;Robinson,2004)、Moxa 背斜 – Whiskey Buttes 前缘(Moxa 气田发现于 1924 年,Whiskey Buttes 油气田发现于 1975 年;Wach,1977;Morton,1992),以及 Red Oak(浅层油气田发现于 1912 年,深层油气田发现于 1959 年;Six,1968;Houseknecht,Mcgilvery,1990;Wray,1990)等。Amoco、BP Amoco、BP(美国)等公司在上述油气田以及其他油气田的开发中,对致密砂岩气勘探开发理论和技术方面取得了巨大的进步。

关于案例的讨论,本文并不涵盖从勘探思路到开发开采的所有流程。除 Wamsutter 背斜气田外,本文不涉及气田近期开发现状。本文提供了今后如何寻找与开发致密砂岩气区带的总体思路。总结分析成功与失败案例的经验教训。了解不应该(或应该)在哪里打井,是成功的第一步。

这里讨论的致密砂岩储层具有不同的地质背景,从河流相到深海相,从古生界到新生界等,包括深层背斜、深层鞍部、断背斜、向斜、前陆冲断带以及超压层等。本文所用的地层名称,可能与美国地质调查局地层系统命名法不一致。

每一项勘探投资的前提条件是欠平衡钻探过程中有可检测的气体流出,并且在正确的完井(包括水力压裂)条件下有商业性天然气产出且产水量少。另外,最初没有考虑构造圈闭的影响,是因为没有意识到随着天然气产出,下倾方向底水侵入对产气量的影响。

表 1 列出了本文涉及的所有致密砂岩气区带,论述了勘探初期想法、钻探结果以及经验教训,各区带按照投资时间和钻探高峰时间的先后排序。

一、阿巴拉契亚盆地志留系 Tuscarora 砂岩区带(研究区 1)

美国石油公司(Amoco)借鉴早期在泥盆系 Oriskany 勘探开发项目(图 1,区 4)中的成功经验,在宾夕法尼亚州森特县(Centre County)Devil Elbow 远景区 Alleghenian 构造西面一冲断背斜构造的志留系 Tuscarora 砂岩钻探一口深探井(图 1~图 4)。在该地区,Tuscarora 砂岩为浅水混合海相沉积(Hettinger,2001)。Amoco Texas Gulf Sulfur 1 井钻至 3410m(11187ft)处的奥陶系 Juniata 组,钻遇 Tuscarora 组时获得高产气流。这口井在 Tuscarora 底部 3279~3345m(10759~10974ft)处的最初单井流量约为 1050000m³/d(37000×10³ft³/d)(图5)。经过水分离和脱氮处理后产气量为 198000m³/d(7000×10³ft³/d),该井于 1977 年完钻,作为 Devil's Elbow 油田的发现井。

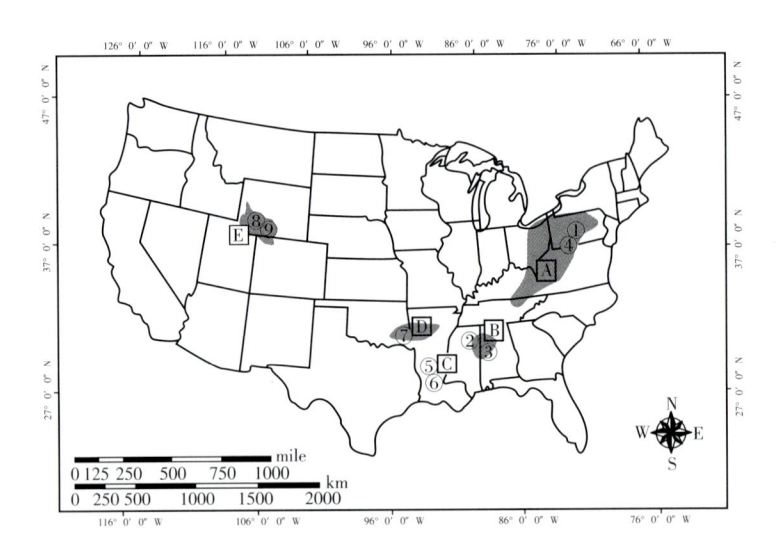

图1 研究案例的位置分布图

A—阿巴拉契亚盆地;B—黑勇士盆地;C—北路易斯安那盐丘盆地;D—Arkoma-Ouachita 盆地;E—大绿河盆地 ①志留系 Tuscarora 砂岩(宾夕法尼亚) ②宾夕法尼亚 Pottsville 砂岩(密西西比) ③宾夕法尼亚 Pottsville 砂岩(亚拉巴马) ④泥盆系 Oriskany 砂岩(宾夕法尼亚) ⑤侏罗系 Cotton Valley 砂岩(路易斯安那) ⑥Wilcox 群砂岩(路易斯安那) ⑦宾夕法尼亚 Jackfork 砂岩(俄科拉何马) ⑧白垩系 Frontier 组砂岩(怀俄明) ⑨白垩系 Almond 组砂岩(怀俄明)

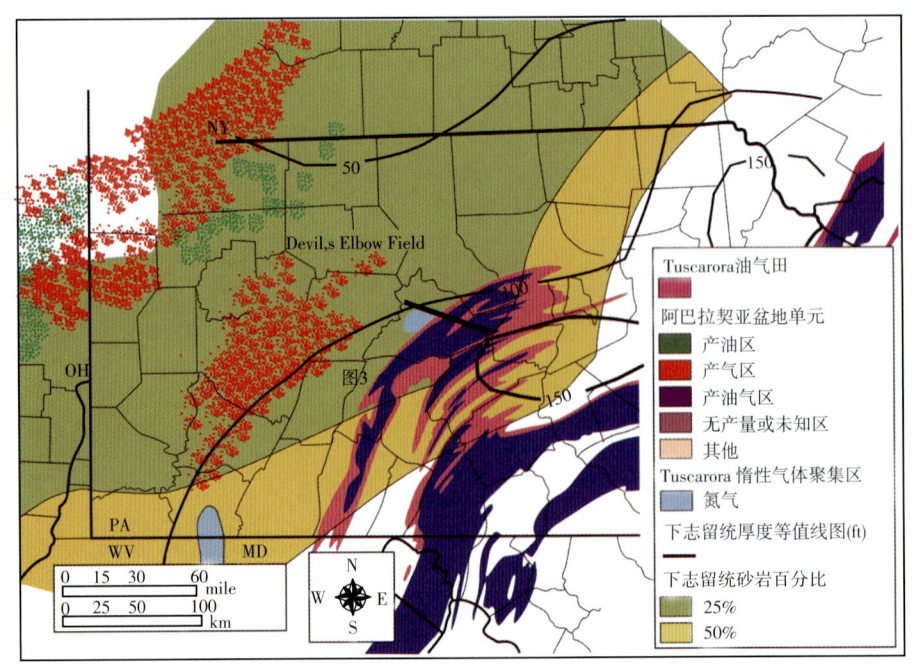

图2 宾夕法尼亚西部地质图

志留系露头(粉色)、前志留系露头(蓝色);Tuscarora 油气田(资料来源于 Avary,1996)下志留统等值线和砂岩百分比(资料来源于 Castle,2001)及产油气单元(资料来源于 USGS 油气资源评价,2007)

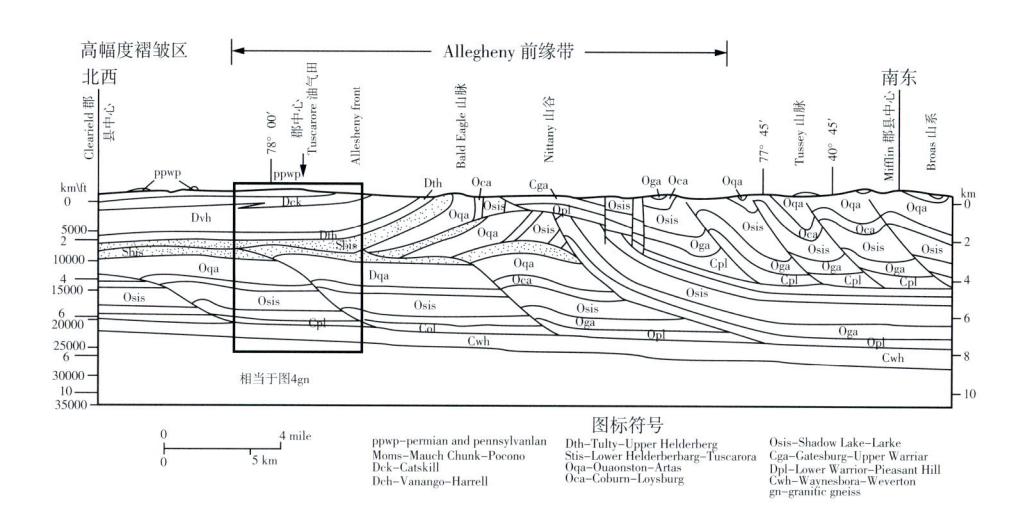

图3 阿巴拉契亚北西—南东向区域构造横剖面图
包括褶皱、逆冲带、阿巴拉契亚地台、宾夕法尼亚中部（据Avary,1996修改），
位置见图2，图4位置大致如图中的黑色长方形区域

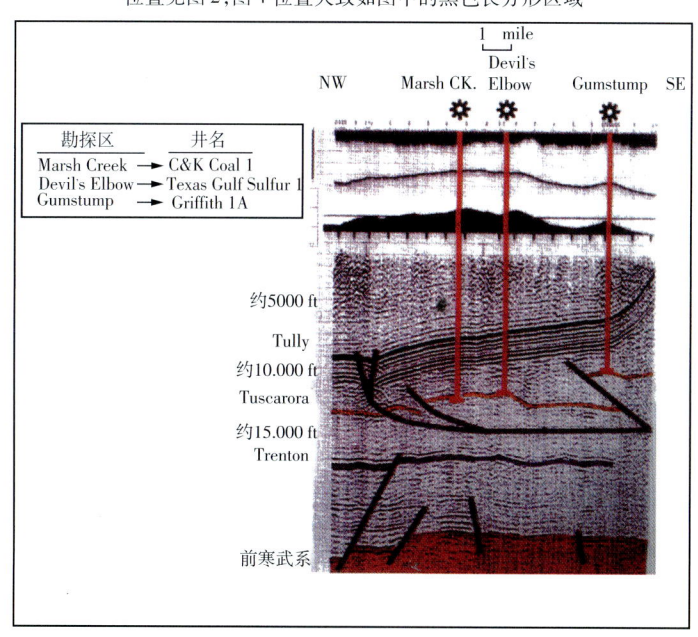

图4 Devil's Elbow油气田北西—南东向构造走向地震反射剖面
两口井无工业油气流，位置见图3黑色长方形区域，
地震资料来源于美国BP公司

通过测井资料和岩心分析，储层平均基质孔隙度为0.5%，自形石英晶体半充填的19mm(0.75in)裂缝发育（图6）。基质渗透率小于0.05mD。而且，裂缝本身具有2.8%的孔隙度，最大渗透率可达60.7mD(R.Nelson,1988,口述；Nelson,2001)。此外，Tuscarora储层具有轻微的超压，这一点在阿巴拉契亚盆地是不常见的（B.Ryder,2006,口述）。

另外的三口井部署在相邻的类似逆冲断裂背斜构造上（图4），但均未达到第一口井的井口产量。其中，两口井最大产量为28316~56633m³/d(1×10^6~2×10^6ft³/d)，另一口井为干井。这些井中只有一口井与Texas Gulf Sulfur 1井一起投产。作为一个只有两口井的气田，Devil Elbow在

1999年累计产量12176255m³。这些井中产出的天然气含氮量很高(Avary,1996;Laughrey等,2004),在输入管道传输之前需要混合其他储层或气田中产出的高热值天然气。

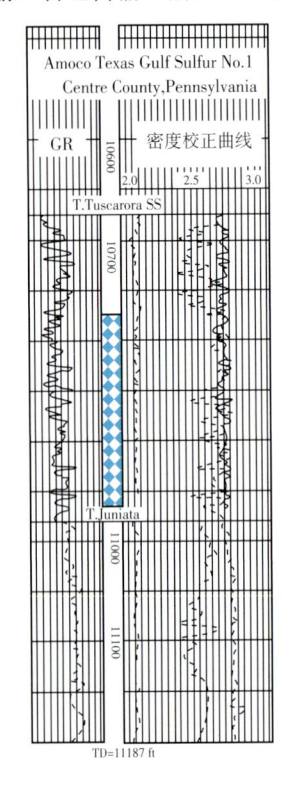

图5 Texas Gulf Sulfur Company 1井伽马—密度测井曲线(宾夕法尼亚研究中心) Devil's Elbow油气田的发现预探井,于1977年12月18日完井,射孔层段为10759～10974ft(3279～3344m),图中以实心菱形充填表示

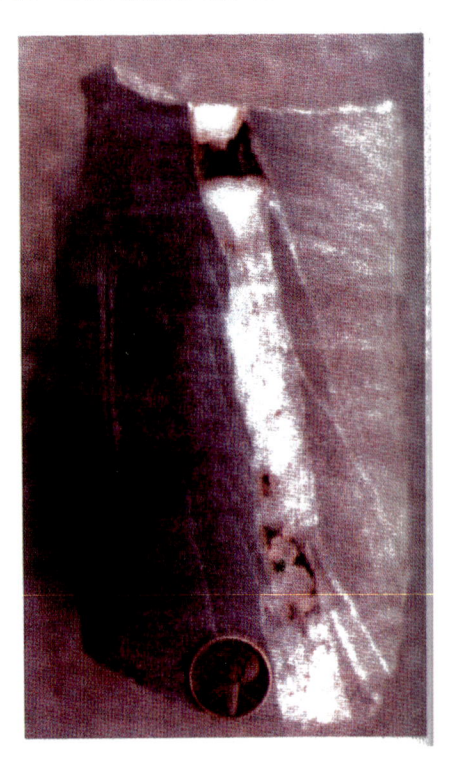

图6 Amoco Texas Gulf Sulfur Company 1井部分岩心(宾夕法尼亚研究中心)

到1979年时,Amoco公司已对在宾夕法尼亚和西弗吉尼亚钻探新的阿巴拉契亚砂岩油气田不感兴趣。因为在Oriskani之下钻探,比如志留系Tuscarora砂岩或奥陶系Trenton灰岩,已经被证实没有经济效益。因此,20世纪80年代中期,Amoco公司将在产井出售,并撤出阿巴拉契亚盆地的勘探开发。

截至1979年,Tuscarora区带勘探启示如下:①单一构造圈闭机制不能保证经济产量;②开发井成功率变化大;③产量和天然气组合钻前很难评估;④并非所有的致密砂岩气可以被人工改造达到经济可采。

二、黑勇士盆地宾夕法尼亚系Pottsville砂岩区带(研究区2、3)

Masters(1979)论述了一种与构造和地层圈闭不同的区带新类型。1976年在加拿大西部阿尔伯达盆地钻探发现Elmworth气田,1984年评估其在5040km²(1946mile²)范围内拥有481×10^9m³(17×10^{12}ft³)和1.6×10^8m³(1×10^9bbl)的NGL。以为该区位于气—水界面的西南部,整层含气,每一个孔隙喉道均含气(Masters,1984,p. ix)。Amoco公司是继1976年Elmworth气田发现之后,快速着手勘探此类油气田。在美国东部的落基山与中陆两个地区开始启动大量投资和钻探项目。位于密西西比州和亚拉巴马州境内的黑勇士盆地的宾夕法尼亚系 Pottsville 组(图1)就是这些项目其中之一。

在 Elmworth 油气田发现两年之后的1978年,Amoco 试图在密西西比西北部黑勇士盆地的构造深部钻探 Amoco 1 Burgin Brothers 井。在其东南方向7.3km(4.5mile)处的 McAlester 1 Sudduth 井。1958年,在 Oktibbeha 县境内钻遇宾夕法尼亚系 Pottsville 砂岩(图1,图7—图9)钻遇气层。密西西比东部的 Pottsville 以三角洲砂岩体系向北东方向进积,受海平面影响很大(Pashin,1994)。Burgin Brothers 1 井以空气钻井方式钻穿了含气砂岩段,由于测井工具被卡住并且天车滑落,最终打捞失败而报废。两年以后,附近气雾式钻进的 Amoco 1 Fulgham 22-6 井同样因为钻管被卡不能取回而再次废弃。从此以后,钻机向 Amoco 2 Burgin Brothers 的位置移动,运用空气和钻井液混合的钻井系统,在密西西比系上部层段进行钻探,钻探总深2630m(8629ft)。这一次,Pottsville 组成功取心,获得了14m(45ft)的低孔渗砂岩,但没有油气显示。地层测试显示85m(280ft)厚的微弱的气侵钻井液。最终该井于1980年8月封井并废弃。对测井解释气层进行井壁取心,所获20个岩心均无显示。

在上述3口井钻井过程的几个月里,Amoco 公司在密西西比州 Oktibbeha 县与亚拉巴马州 Pickens 县之间获得了一个更大面积的区块,并且沿着干井走向尝试去测试东南部更远地区的 Oktibbeha 县内 Pottsville 组砂岩的潜力。因为 Elmworth 油气田的例子,该区各构造部位被认为几乎没有天然气资源潜力。所以,在没有地震数据的条件下一口新探井被选在 Oktibbeha 县钻井项目(图1,图7)东南部57km(35mile)Pickens 县南部地区。Amoco 1 Weyerhaeuser 19-13①井钻探深度2225m(7300ft),钻穿整个 Pottsville 砂岩以及密西西比系上部层段,该井在1980年10月封井废弃。由于缺少成功案例,Amoco 公司将 Pickens 境内的矿权区全部转让。第一口转让井于1985年在 Woolbank Creek 1 气田 Pottswille 组发现天然气。之后的地质编图表明 Amoco 公司 Weyerhaeuser 19-13 井钻探在断层下降盘上,从而证明 Pickens 县内构造圈闭是区带评价要考虑的关键要素(图10)。

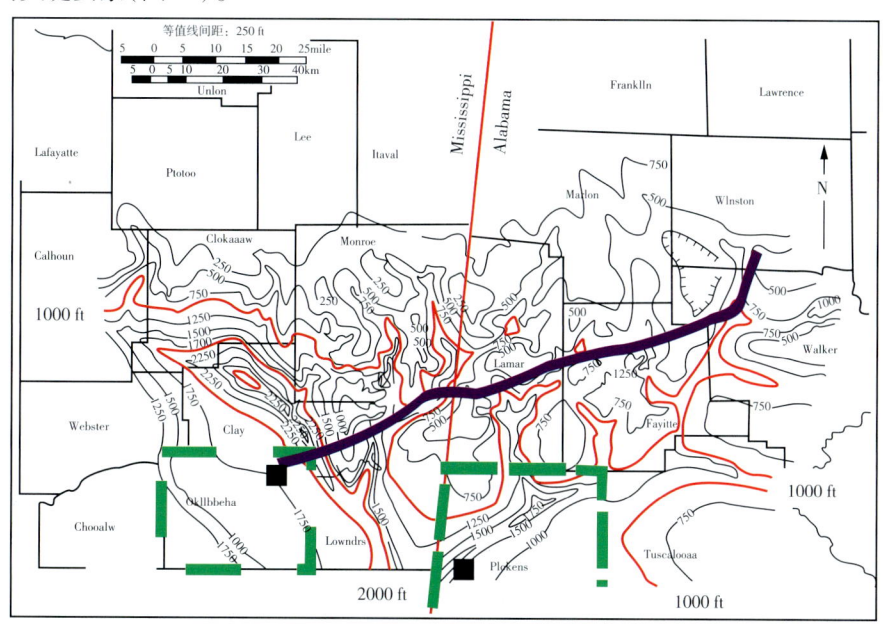

图7 Pottsville 净砂岩厚度等值线图(据 Cleaves,1981 修改)

图中的蓝色线为图8的剖面图,黑色方框区域为 Oktibbeha County,Missippi 钻井区域,

绿色加粗虚线为 Pilkens County,Alabama 钻井区域

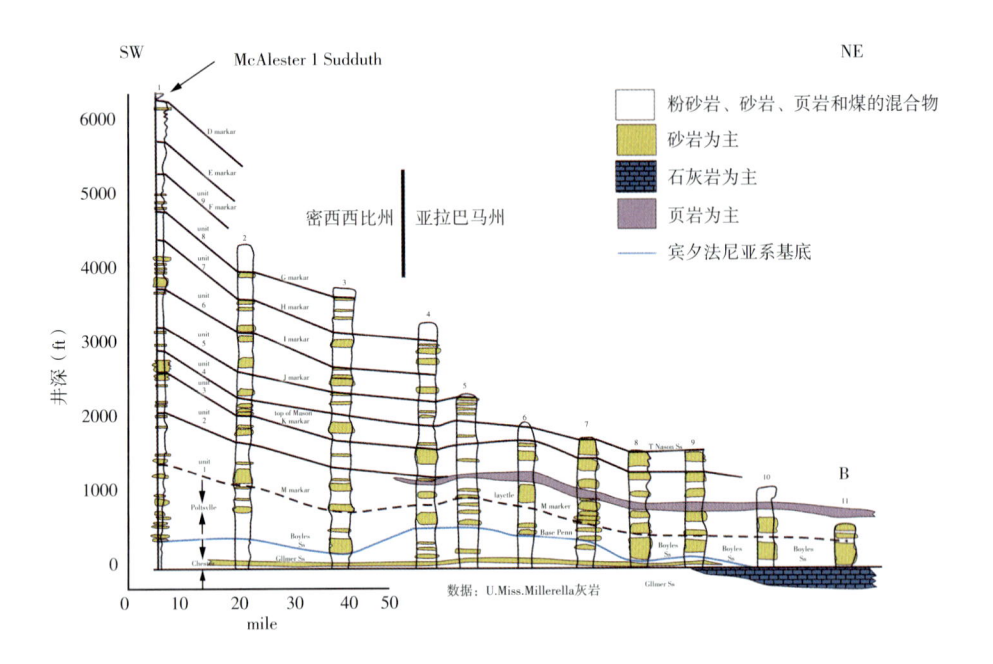

图 8 宾夕法尼亚系 Pottsville 砂岩北东—南西向剖面图
（据 Cleaves，1981 修改，位置见图 7）

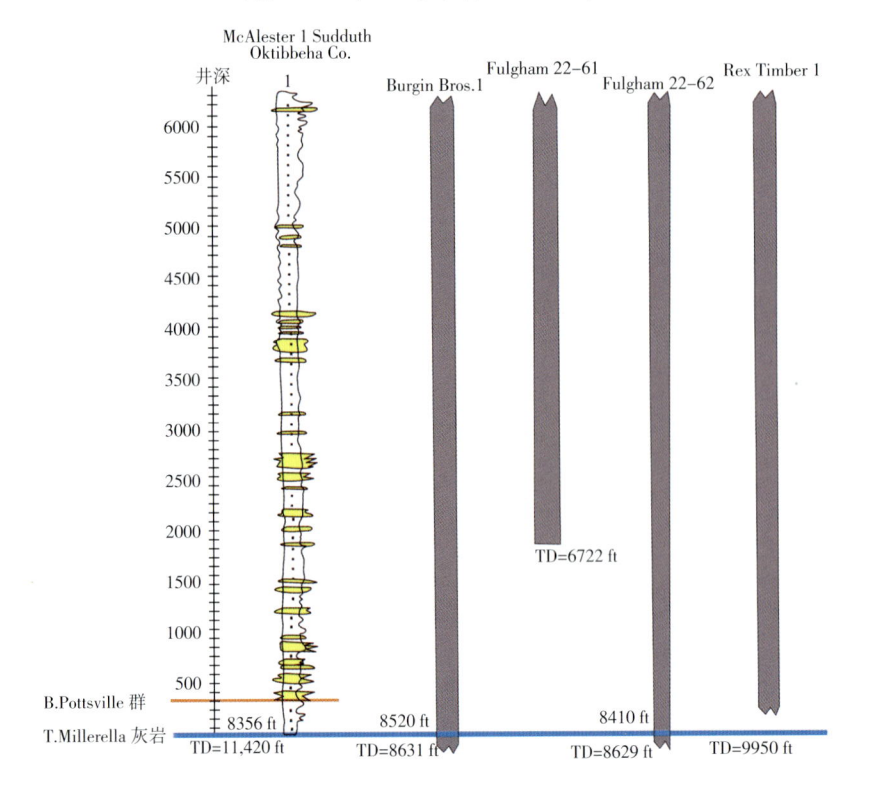

图 9 McAlester Sudduth 1 井测井解释（据 Cleaves，1981 修改）
垂向柱子反映了 Amoco 公司在密西西比州
Oktibbeha 县钻遇 Pottsville 砂岩的 4 口井钻探深度

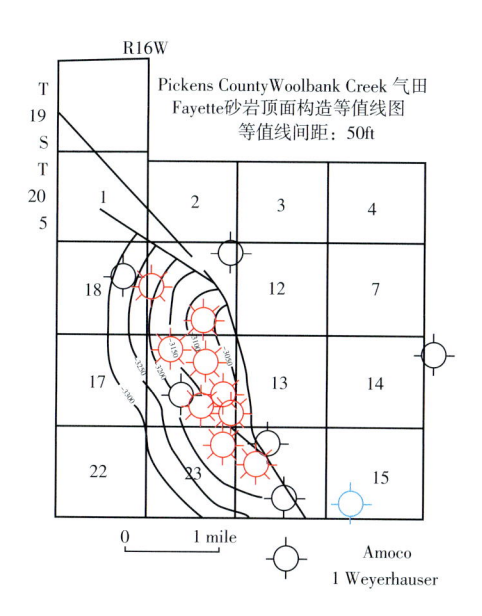

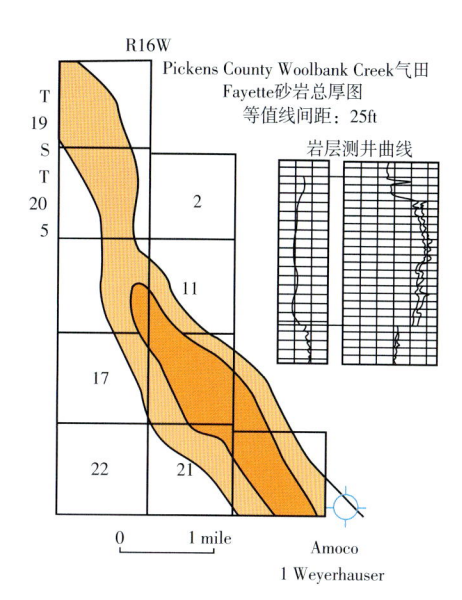

图10 亚拉巴马州 Pickens 县 Woolbank Creek 气田
Pottsville Fayette 砂层构造及厚度等值线图(据 Cleaves,1981 修改)
图中展示了 Amoco 1 Weyerhauser 19-13 干井与其他产气井的相对位置以及在气田产层平面分布中的位置
(据 Epsman,1987 修改,感谢亚拉巴马州地区调查局提供原始资料)

早在1984年,Amoco 公司重新返回黑勇士盆地并钻探了 Amoco 1 Rex Timber 井,这是距 Amoco 公司早期在 Oktibbeha 钻探项目西南部25km(15.5mile)的深层煤层气测试井。该井从白垩系与宾夕法尼亚系的不整合面到井深2911m(9550ft)完钻,发现目标煤层,在钻遇 Pottsville 组砂岩时也未发现气流。103个井壁取心也没有任何显示。此井最终于1984年2月封井废弃。

20世纪80年代 Oktibbeha 县早期钻探暴露钻测井问题没能得到很好地解释。直到2005年,通过钻井资料作的深度—压力曲线(图11)表明,全盆地处在正常压力之下,这在之前是没有意识到的。这种低压会导致早期钻井产生问题。

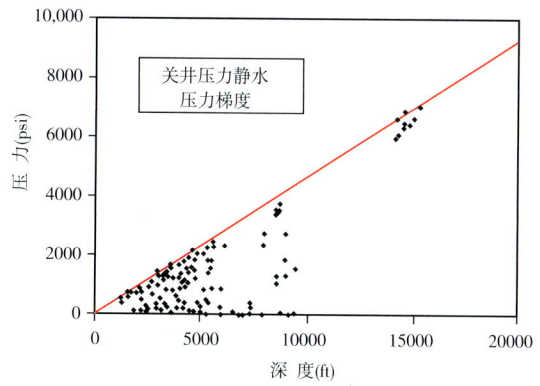

图11 亚拉巴马州与密西西比州的黑勇士盆地地层测试关井
压力与深度的交会图(资料来源于 HIS Energy,2005)

到1984年为止,Pottsville 组砂岩区带勘探启示如下:①低压盆地成功钻探需要特殊的钻井技术。②并非所有 Elmworth 气田类型的盆地深部都可以产出工业性天然气。

三、墨西哥湾盆地侏罗系 Cotton Valley 砂岩区带（研究区 5）

在开发得克萨斯州东部的 Longwood、Greenwood – Waskom 以及 Bethany – Longstreet 气田（图12）过程中，Amoco 公司认识到天然气产量不受构造界限控制，可延伸到地层下倾部位。Tenneco 公司在路易斯安那州东北部的 Caspiana 气田取得了同样的成功，更进一步表明，侏罗系 Cotton Valley 低孔低渗砂岩在非构造控制部位也可以开采出来经济性天然气。Cotton Valley 砂岩为海相沉积，是从得克萨斯向密西西比，由北向南进积式的三角洲沉积体系。在得克萨斯东部和路易斯安那东部三角洲体系非常发育（图1）（Coleman，1981）。Amoco公司在得克萨斯东部以及沿路易斯安那州教区北部已知气田的地层下倾方向积极投入勘探项目。

在1978—1981 年间，Amoco 公司在路易斯安那州北部钻探了 13 口探井以认识 Cotton Valley 不同的成藏组合类型。当时钻探的第一口井揭示了一个基本的概念：在构造低部位的中部钻探，如果获得了经济性天然气突破，那么，整个区域内的勘探局面将被打开。Amoco 1 Intenational Paper Company（IPC）井在 Desoto Parish 开钻，该井靠近已经建产的 Sabine 隆起上的 Cotton Valley 开发项目。其钻探井深 3246m（10650ft），钻穿整个侏罗系 Cotton Valley 块状的 Terryville 砂岩组合（图12，井1；图13，图14）（参见 Coleman 和 Coleman，1981；Dyman 和 Condon，2006）。原本对于整个层段的预测结果是富含气且为正常压力。然而，在钻探过程中，直到钻遇 Terryville 组 I 段的砂岩（原来没有预料到的）时才见气显示。该井的电缆测井纪录显示，Cotton Valley 层的孔隙度为 6% ~ 12%。由于该显示层段比较薄且为非目的层段，没有对其进行试气，认为不具有经济可采价值。该井于 1979 年 5 月封井。

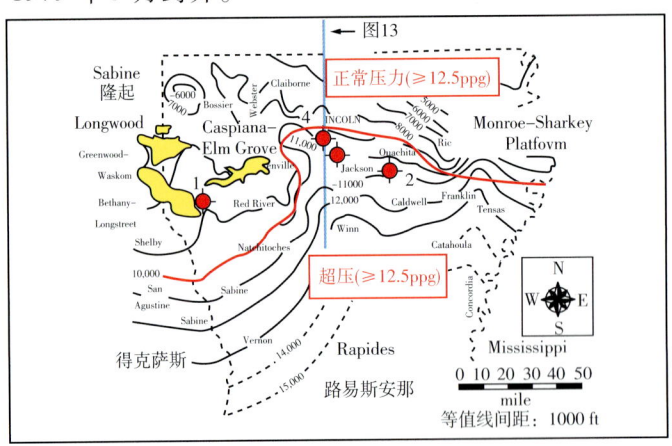

图12 Cotton Valley 砂岩顶面构造等值线图
（据 Coleman，1981；Bartberger 等，2002 修改）
图中显示了 Cotton Valley 群顶部压力范围，标示了部分路易斯安那北部较大的 Cooton Valley 砂岩储层气田
红色实线表示钻井液密度约为 12.5lb/gal 的区域边界。
井1 = Amoco 1 井 International Paper Company［IPC，Desoto Parish］；井2 = Amoco 2 井 Olinkra ft Paper Company，Ouachita Parish；井3 = Davis Brothers Lumber Company，Jackson Parish；井4 = Amoco James，Lincoln Parish

Amoco 公司紧接着在 Ouachia Parish 构造延伸的东部开钻第二口井——Amoco 1 Olinkra ft Paper Company 33 –7 井（图12，2 井；图14）。该井完井井深 3865m（12680ft），为 Cotton Valley II 段的底部。Cotton Valley II 段在区域上是侏罗系 Knowles 灰岩之下的超压地层，盖在砂岩目的层段之上。构造背景为从相对较小的张性正断层盆地方向的下倾断坡，钻穿了超过

228m(750 ft)厚的净砂层,但是没有发现有效的天然气显示。可能由于钻井液的使用未检测到天然气,因此,用浓缩氮替代。氮气从井内溢出,有效地将338m(1110ft)厚的全层段暴露,但是没有获得天然气(或水),该井于1979年8月封井废弃。

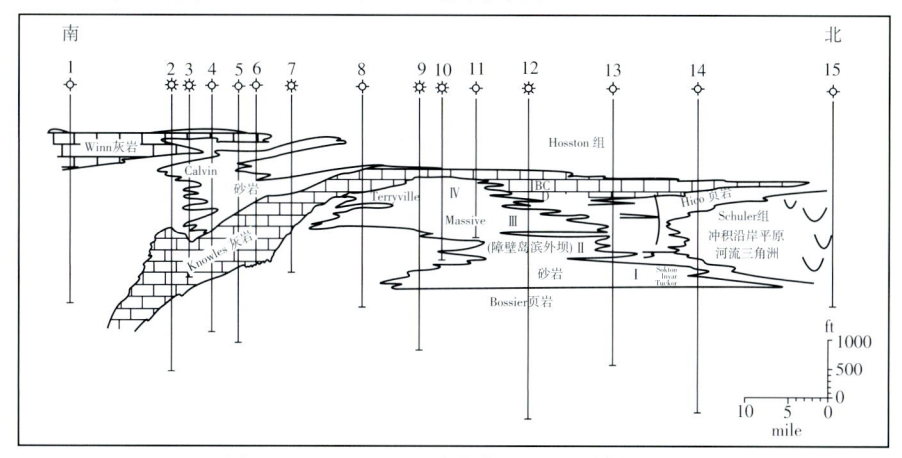

图13 Cotton Valley砂岩南北向地层横剖面图

重点展示了路易斯安那北部Terryville巨厚砂岩的层序地层(Terryville Ⅰ,Ⅱ,Ⅲ和Ⅳ)

(据Bartberger等,2002修改;剖面中的井见Coleman,1981)

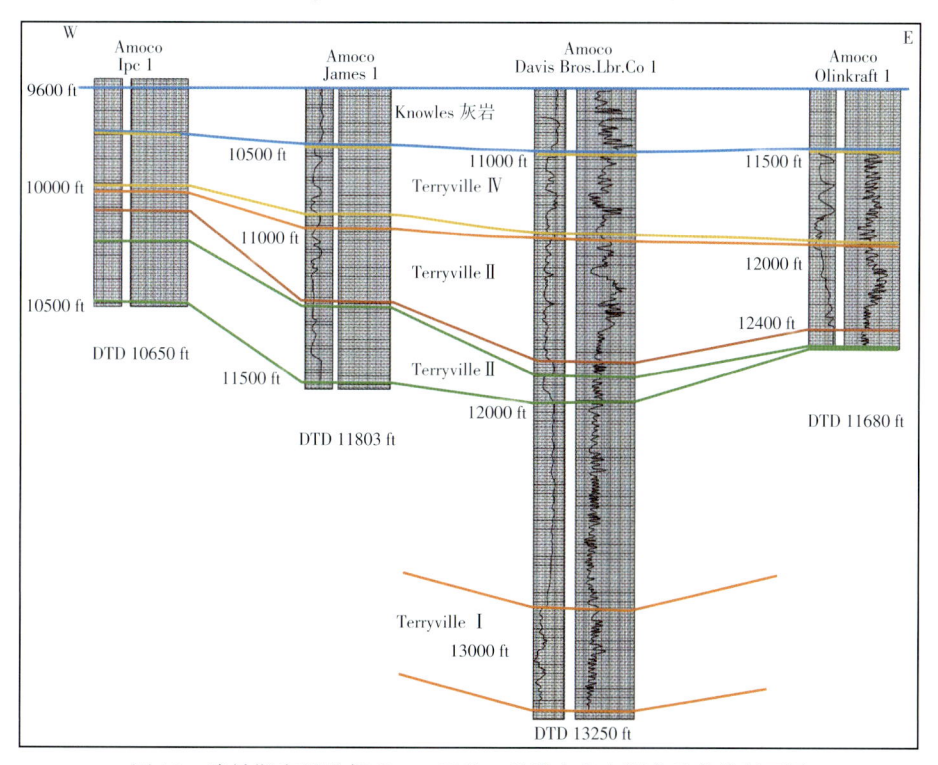

图14 路易斯安那北部Cotton Valley砂岩南北向测井连井横剖面图

图中展示了文中探讨的4口Amoco井钻探地层情况,钻井位置见图12,横剖面的基准面为侏罗系Knowles灰岩顶面

与此同时,在Jackson Parish西部大约35km(22 mile)靠近Olinkra ft井的地方,Amoco 1 Davis Brother Lumber Company 8-3井实施钻探,该井也钻在构造斜坡上(超压区)(图12,3井;图14),在Knowles灰岩底部附近的侏罗系Cadeville砂岩钻遇很强的气流,但是这套砂岩被套管隔住,从而没有进行检测。在深4038m(13250 ft)钻遇Terryville砂岩主要层段,发现

· 235 ·

几段含气砂岩。在预先设置的位置取心分析以获取这些砂岩的孔喉和渗流特征。孔隙度范围在 2%~20%,平均 8%。渗透率为典型的微达西级。分别在 Terryville IV 取心段和 Terryville 非取心段进行试气,前者。测试日产天然气 2830~5660m³(10000~20000ft³),凝析气 0.16m³。该井最终也因不具有经济效益而于 1979 年 8 月关井。

在 Lincoln Parish 附近,Amoco 公司从 T. L. James 手中接手了区块,该区块在 Simsboro 盐丘西南侧白垩系 Hosston 组的测试未获得成功(图 12,4 井;图 14)。而当钻井继续向 Knowles 灰岩(预测超压层)中计划套管钻进的过程中,在 2743m(9000ft) Hosston 组下部钻遇了超压含气砂岩,两次地层测试失败。因为 Hosston 组并非主要目的层段,设置了中间套管后该井一直钻到 Cotton Vally 群 3597m(11803 ft)深度处。对 Terryville IV 段上部砂岩组合与 IV—III 段过渡带进行了取心。岩心分析表明孔隙度为 2%~8%,平均 4%。渗透率为 0.022~0.41mD,平均值 0.091mD。该井于 1979 年 10 月以 Hosston 天然气产层完井。

Amoco 公司随即将注意力转移到较新的 Calvin 砂岩,该套砂岩位于 Knowles 陆架边缘下倾方向(图 13)。这次新的努力也一无所获,新井在没有任何产出的情况下废弃。

到 1981 年底,Amoco 公司在路易斯安那总共钻探了 13 口探井,仅 4 口 Cotton Valley 组的井投入生产,这 4 口井位于路易斯安那西部 Sabine 隆起之上。在经历了 Cotton Valley 组失败的尝试之后建成了 Hosston 组的两口生产井。该钻探项目在路易斯安那北部 Cotton Valley 区带中勘探成功率达到 31%,而在整个路易斯安那北部的油气勘探中钻探成功率达到 46%。在 1978—1981 年间,Amoco 公司在得克萨斯东部部署 114 口探井,其中 99 口在 Cotton Valley 区带中获得了天然气(87%),1 口获得了商业油(1%),8 口在 Travis Peak - Hosston 获得了商业天然气(7%),2 口注水井(2%),8 口干井。因此,得克萨斯东部的储层物性明显比中部好,这一认识,助力 Amoco 公司在该区域能够长期开发。在得克萨斯与路易斯安那东北部致密砂岩气的成功勘探经验表明,沉积和成岩作用差异性对同类型区带的勘探开发能产生重要影响(Coleman 和 Wescott,1985)。

1979 年末,Anschutz 将 Cotton Valley 群上部 Cadeville 组砂岩预探区扩展至 Cotton Valley 群下部,并在路易斯安那州 Jackson Parish 地区 Vernon 油田发现了一些稍微具有经济可采价值的 Bossier 页岩。在 1982—1999 年间,另外的四家作业公司也试图在该区域深层钻探该页岩。继在得克萨斯东部 Bossier 砂岩获得勘探成功之后,Anadarko 公司于 1999 年获得了 Vernon 油田并取得很大的矿权。在天然气价格上涨时期,通过低成本技术的应用,安纳达科石油公司在 Vernon 油田获得商业利益(Emme 和 Stancil,2002;Blanke 和 Kelly,2006)。在得克萨斯东部钻探 Cotton Valley 灰岩期间,在 Bossier 页岩中也发现了致密砂岩气。在过去几年的经历中,Cotton Valley 群 Bossier 页岩的成功勘探成为"美国能源工业最激动人心和最有利可图的事情之一"(Montgomery 和 Karlewicz,2001,P. 42)。

截至 1980 年,Cotton Valley 下部砂岩区带勘探启示如下:①除了获得矿权以及掌握压裂技术外,必须对地质条件有深刻的理解。②致密砂岩气储层研究需要丰富的岩心数据。③细微砂岩相变与深埋成岩作用控制了储层质量与油气产量。④产气率也许会发生非常大的细微变化,与超压似乎没有太大的关系。⑤产气层物性在整个岩层组的延伸方向上不连续。

四、阿巴拉契亚盆地泥盆系 Oriskany 砂岩区带(研究区 4)

在宾夕法尼亚东北部到西弗吉尼亚西南部广泛分布下泥盆统的 Oriskany 石英砂岩致密储层(图 1)。该砂岩为不同沉积环境下的一套浅水海相砂岩。方解石胶结与石英次生加大是原生孔隙减少的主要原因(Harper 和 Patchen,1996)。

1973 年到 1980 年间,Amoco 公司首先在宾夕法尼亚州 Somerset 县周围钻探 69 口井,成功开发 14 个气田(图 1,图 15)。1977 年到 1980 年间,大多数气田都是与合作伙伴 Ashtola 生产公司共同钻探开发的。这些气田最初都在阿巴拉契亚构造前缘西侧断块背斜附近的高部位区(图 15—图 17)。这些构造较微弱,没有可以明显识别的构造面,只能靠地震来进行识别(图 17)。在该地区,Cotton Valley 储层深度大概在 2652m(8700 ft)。在大多数情况下,储层压力在正常范围内,砂岩净厚度平均 24m(80 ft),孔隙度范围 0~12%,最高可达 20%,具经济可采价值的最小孔隙度下限值为 3.5%(图 18)。渗透率通常比较低,其范围从低于 0.10mD 到 29.6mD(Harper 和 Patchen,1996)。初期产率在 28316~56633m^3/d(1×10^6~2×10^6ft^3/d)之间变化。初始预计的最终每口井平均为 14158425m^3(0.5×10^9ft^3)。然而有一些井超过该预估的平均最终可采值,大多数井的产量都非常低。

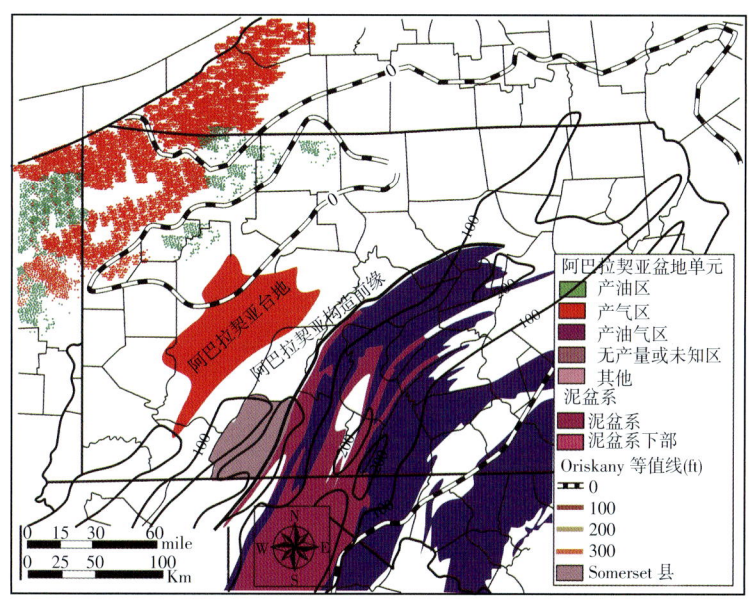

图 15 宾夕法尼亚西南部及临区地质图

图中展示了油气产区(USGS 资源油气评价,2007)、Oriskany 地层等值线和换算值、泥盆系出露区(Schruben 等,1998)及宾夕法尼亚州 Somerset 县的位置(Castle,2001),泥盆系后和前寒武系单元未着色,泥盆系单元为深浅紫色,前泥盆系单元为深蓝色

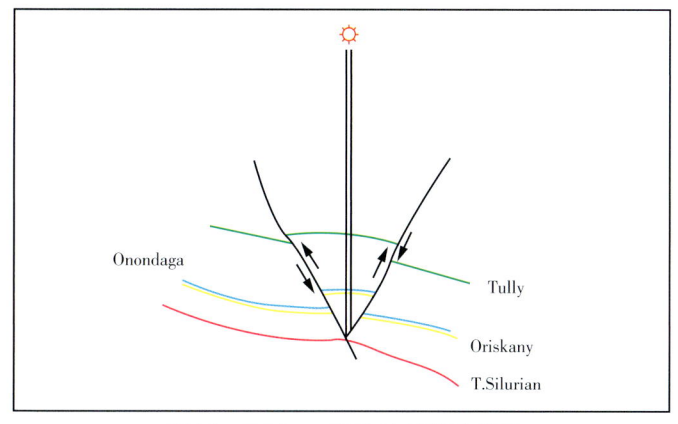

图 16 Oriskany 断块油气藏示意图

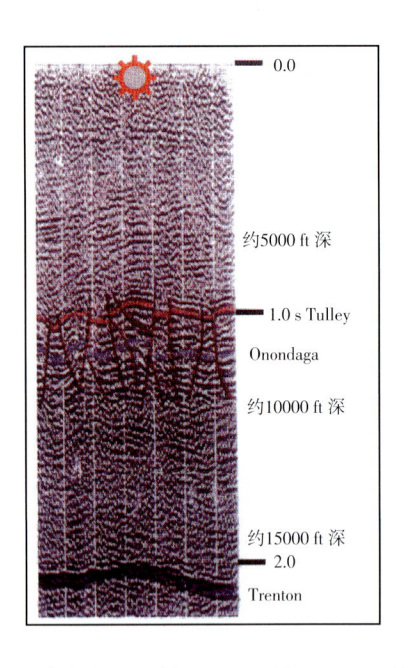

图 17　宾夕法尼亚州 Somerset 县 Oriskany 断块油气藏地震反射剖面实例（地震资料来源 BP（美国））

（Oriskany 油气藏紧临 Onondaga 反射层之下，在该地震剖面上不太容易识别）

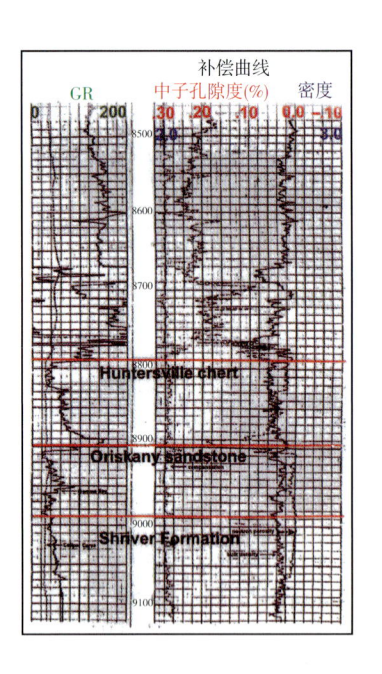

图 18　宾夕法尼亚州 Somerset 县 Somerset West 油气田的 Amoco 和 Ashtola 1 Hamminger 含气单元压缩的中子—密度测井曲线图

（典型的 Oriskany 砂岩储层）

Oriskany 断块区的储层物性在 Somerset 县区域内较好。而实践证明该区域以外进行生产是比较困难的。所以，最终在 20 世纪 80 年代中期这些气田被出售。

1982 年，Oriskany 砂岩区带勘探启示如下：①并非所有断块构造部位都存在高质量储层物性的砂岩。②无法预测的沉积及成岩变化限制了天然气经济开采的范围。

五、墨西哥湾盆地始新统 Wilcox 群砂岩区带（研究区 6）

到 1984 年，受原油与天然气价格下降的影响 Amoco 公司对勘探策略进行了重新评估，特别是针对致密砂岩气。在墨西哥湾盆地，其勘探目标从前新生界质量较差的储层转移到了古近系和新近系层组。路易斯安那中部 Wilcox 组广泛分布的砂岩储层是这些新目标中的一个（图 1，图 19）。这些砂岩沉积在陆架边缘向盆地方向倾的正断层之上，以浅水海相沉积为主，富含泥岩夹层（Belvedere，1988；Tye 等，1991）。1984 年早期，Amoco Riceland Lumber Company 1 井在路易斯安那州 Allen Parish 实施钻探，总深 4419m（14500 ft），在 Wilcox 组砂岩产出凝析气和天然气（图 20）。目标储层位于断背斜之上的构造圈闭中，具超压环境。主力产层为 4267m（14000 ft）深度处的两套 4m 厚的砂岩层，初始产率为 30m³/d（190bbl/d）油和 10165m³/d（359000ft³/d）气。常规气测井分析表明，射孔层段并不能长时间的保持初始较高的产率，但该井以较高的产率持续生产几个月。通过老井的油气显示分析表明，Riceland Lumber Company 1 井主力产层的天然气分布横跨 Allen Parish 达数千米，因此一场针对 Wilcox 区带拓展的勘探运动兴起了。随后，在该地区钻了 7 口井，遗憾的是仅有一口井的产量好于最初的发现井，其余 6 口井的天然气与凝析气产量都相对较少（图 21）。

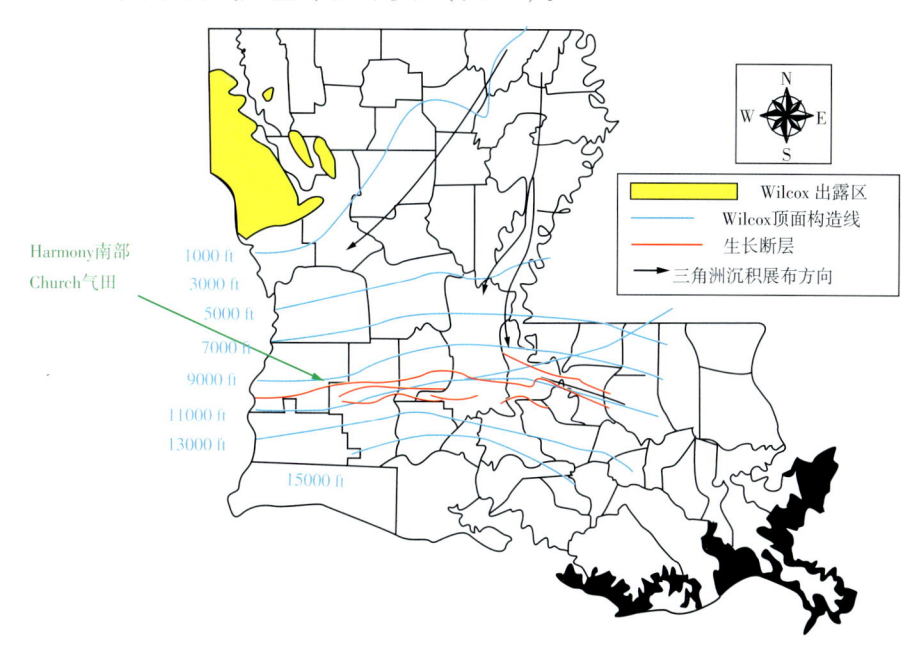

图 19 Wilcox 顶面构造图（据 Tye 等，1991 修改）

图中展示了 Wilcox 出露区、三角洲沉积展布方向、生长断层及 South Harmony Church 气田位置

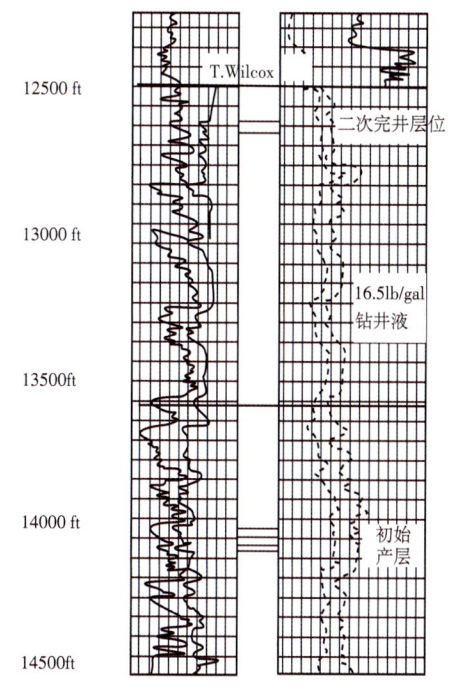

图 20 Amoco 公司 Riceland Lumber Company 1 井测井曲线

（路易斯安那州，Allen Parish）

图中可见原始产层及二次完井层位，该井为 South Harmony Church 气田的发现井（Wilcox 深层）

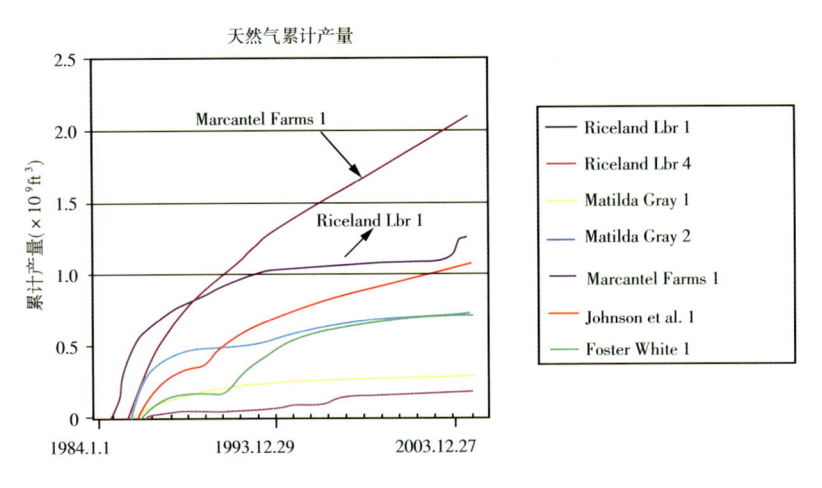

图 21 South Harmony Church 气田 Wilcox 深层天然气累计产量示意图
(Natwre Resowrces SONRIS,2005)

截至 1984 年,Wilcox 区带外扩勘探的两点启示:①想完整的认识 Wilcox 的生产潜力,必须结合常规测井以及生产数据信息。②充分利用早期钻井、岩心、测井等分析资料定制致密砂岩气勘探开发方案,才能最终节约勘探成本。

六、阿卡马盆地宾夕法尼亚系 Jackfork 群砂岩区带(研究区 7)

从 20 世纪 60 年代中期开始,Amoco 公司就在俄克拉何马州东部的 Arkoma 盆地进行天然气勘探开发,其目的层位为宾夕法尼亚系 Atoka、Spiro 以及 Wapanucka 储层。1992 年,H&H Star 在 Amoco 公司 Latimer 县的油气田附近钻了几口井,其目标为深层的宾夕法尼亚系 Spiro 砂岩(图 1,图 22—图 24)。其中,3 口井在宾夕法尼亚系 Jackfork 群钻遇含气砂岩段,测试流量为 8500～161400m³/d(300000～5700000ft³/d)(图 1)。Jackfork 群在宾夕法尼亚系早期主要沉积一套深海相浊积砂岩、粉砂岩与页岩(Coleman,2000)。通过很少的地震和井资料分析表明,尽管存在一些构造体,但天然气聚集并不受构造控制。通过野外露头的实测工作以及老井测井资料的复查发现,这是一套相当厚的易碎孔隙砂岩在 Jackfork 群底部与孔隙度近似于 0 的砂岩互层。在这 3 口生产井中,通过钻井资料可以识别出 Jackfork 群砂岩内的几个冲断带,但只有最深层的一套冲断带可以作为天然气产层(图 23,图 24)。通过区域对比与地震成像证实,在俄克拉何马州 Latimer 县与 Pushmatana 县 Potato Hills 天然气田的浅层冲断背斜之下,Jackfork 群孔隙砂岩可能分布在背斜构造之上。Amoco 公司通过与 GHK 合作,获得了勘探该区带的矿权,但却在第一口井开钻之前撤出了。而 GHK 公司的第一口井 Thompson 1-4 井在 Jackfork 群完钻,获得 107600m³/d(3800000ft³/d)的天然气产量,在 Potato Hills 气田设计钻井 34 口(图 25,图 26)并在深层建产(Miller 和 Smart,2005)。

截至 1996 年,从 Jackfork 区带获得的主要经验是,致密砂岩气勘探的成功,除进行良好的钻前地质设计与地球物理分析外,更重要的是需要耐心与坚持。

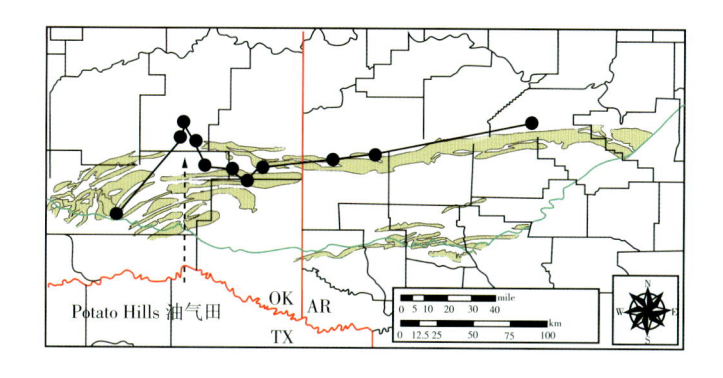

图22　阿肯色州西部—俄克拉何马州东部Jackfork群野外露头点位置示意图

群定名于俄克拉何马州,组定名于阿肯色州,可见图23的横剖面位置及Potato Hill油气田的位置,作图资料来源于Stoeser等,(2005)

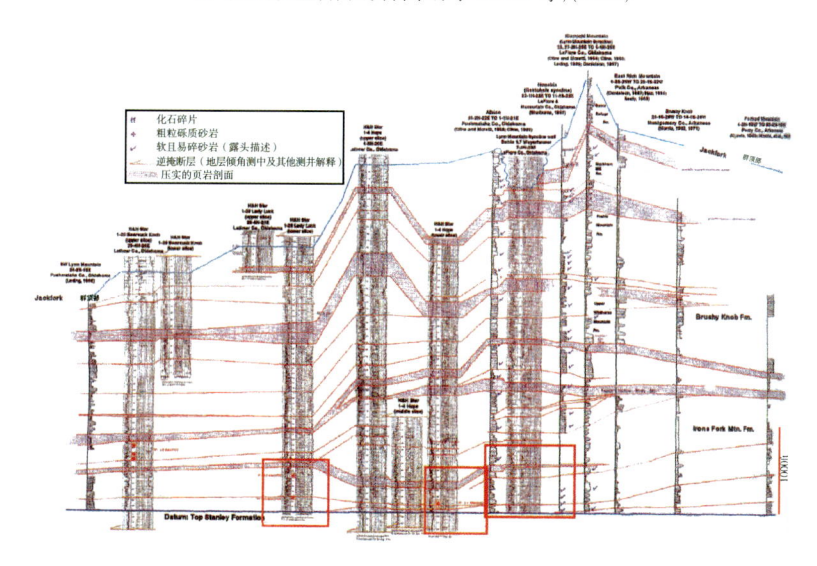

图23　阿肯色州西部—俄克拉何马州东部Jackfork群地层横剖面图

图中可见北部露头区,剖面线位置见图22,红色方形区为图24的缩影

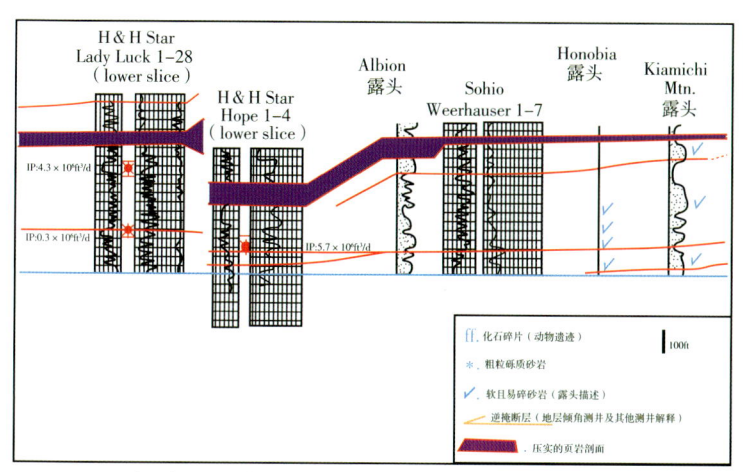

图24　Jackfork群下部地层横剖面图(露头与两口生产井和一口干井的地层对比)

· 241 ·

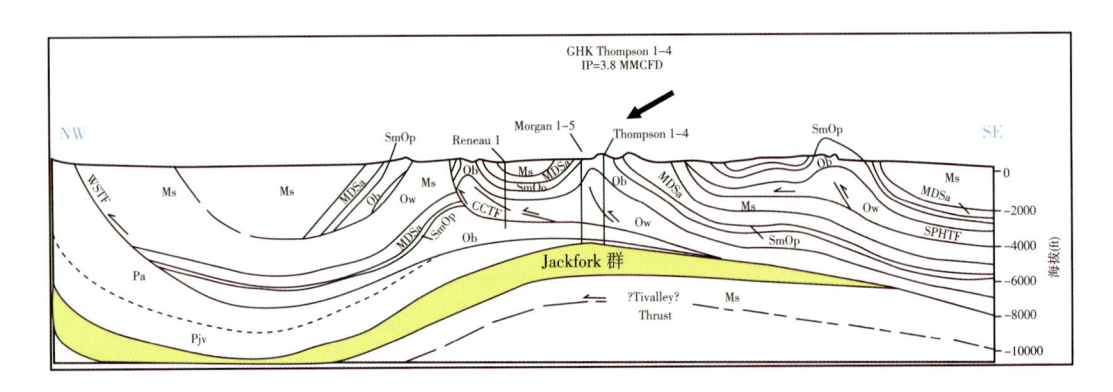

图25 横穿 Potato Hills 背斜、俄克拉何马州 Latimer 和
Pushmataha 县北西—南东向构造横剖面图（据 Miller 和 Smart,2005）
图中可见 Potato Hills 气田 Jackfork 深部气藏的发现井，横剖面位置见图26

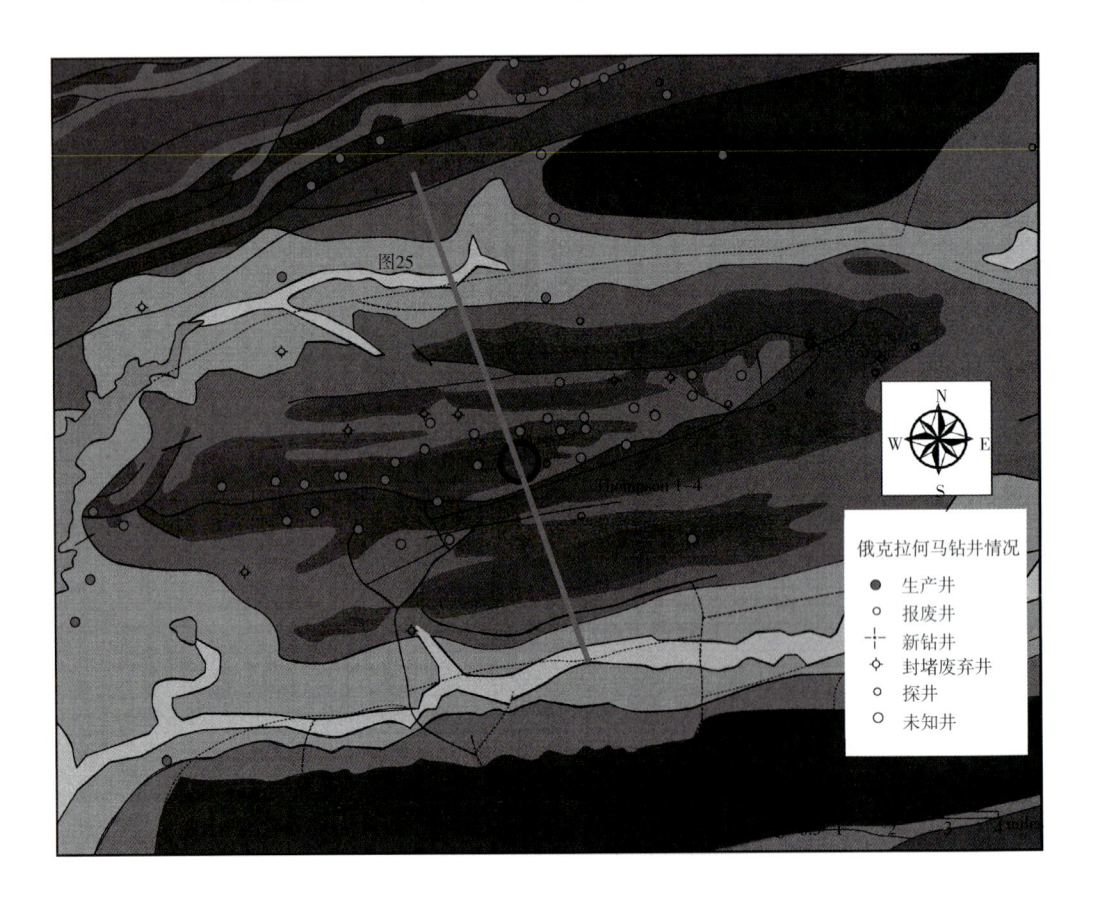

图26 Potato Hills 气田露头地质图

图中展示了气田产气情况及图25 的横剖面线（地质图资料来自 Stoeser 等,2005；产量数据来自 Miller 和 Smart,2005；井位资料来自俄克拉何马州资源保护部门,2007）。粉色和紫色表示奥陶系和志留系露头；浅蓝色和深蓝色表示泥盆系和密西西比系露头；深紫色、浅紫色和深红色表示宾夕法尼亚系露头；浅黄色和棕黄色表示第四系河谷充填单元

· 242 ·

七、大绿河盆地白垩系 Frontier 组砂岩区带（研究区 8）

20 世纪 70 年代晚期以来，Amoco 公司在怀俄明州西部 Moxa 隆起上的白垩系 Frontier 组及 Rock Springs 隆起东部、沿 Wamsutter 穹隆的 Almond 组与 Mesaverde 组（图 27）进行致密砂岩气勘探开发（图 1）。在一些实例中，Amoco 公司在绿河盆地东部 Almond 组主要有利层段之下进行钻探，以测试 Frontier 组砂岩储层的潜力。该区域的 Frontier 组比绿河盆地西部埋藏更深，钻探没有获得重要的发现。Frontier 组为 Moxa 隆起之上发育的三角洲砂岩与页岩复合体系，且向东过渡到海相沉积。在东部，Frontier 组的沉积在许多高凸起构造之上（Coleman 等，2003；Kirschbaum, Roberts，2005）。

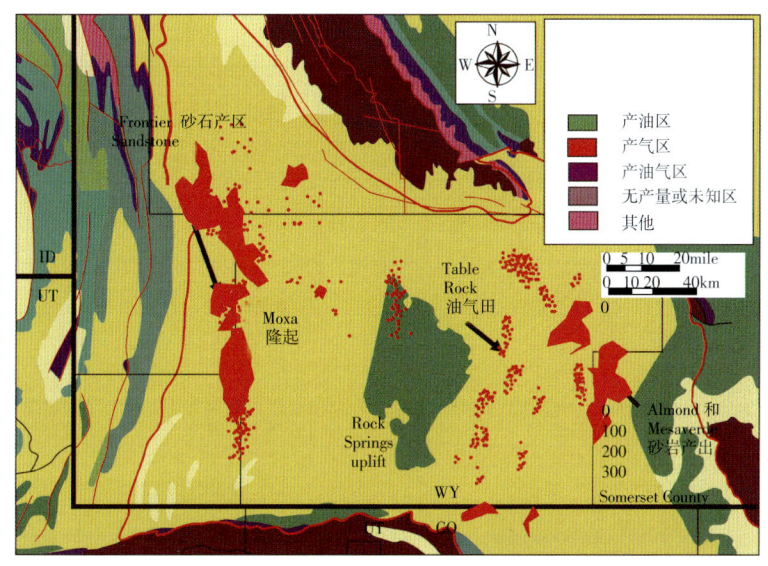

图 27　怀俄明州西南部大绿河盆地地表地质图

图中展示了油气生产单元、Table Rock 气田位置、Moxa 隆起、Rock Springs 隆起、Frontier 和 Almond–Mesaverde 组生产区域。红色单元为产气单元，绿色单元为产油单元，黄色区域为新生界地质单元，绿色区域为白垩系地质单元，其他颜色为古生界和前寒武系地质单元（地质资料来源于 Schruben 等，1998；井位资料来源于美国地质调查局国家油气资源评价中心，2007

1999 年，BP 与 Amoco 合并组建 BP Amoco，后改称 BP。此外，在 1999 年太平洋资源联合公司（UPRC）钻探了 Rock Island 4H 水平井。该井位于怀俄明州 Sweeteater 县境内 Table Rock 气田，钻于断背斜北翼之上（图 1，区 8；图 27~图 29）。该井所钻层段与 Frontier 组有约 533m（1750ft）的近平行或平行段。取心资料显示其孔隙度值为 8%~12%，渗透率值为 0.01~0.04mD。开启或闭合的裂缝在岩心上非常明显（图 30）（Krystinik, Lim，1999；DeJarnett 等，2001）。该井在 30 天内的平均产气率为 396400m^3/d（14×10^{6}ft^3/d）。URPC 试图联合 BP Amoco 在 Amoco 公司的长期矿权区和 UPRC 公司政府赠地优选有利区，开展针对 Frontier 组的水平井钻探。正值谈判之时，UPRC 在 Table Rock 构造的北端钻探了另外两口井，这两口井却因没有发现工业油气流而被废弃，就在 BP Amoco 同意与 UPRC 开展合作时，Anadarko 收购了 UPRC。因此水平井钻探项目也因 Anadarko 的购买评估搁置。为了支持与 UPRC 谈判，BP Amoco 也回顾分析了其早期在 Frontier 组、Bitter Creek 背斜深层以及 Frewen 深层构造的钻探成效。有两口深井分别在 1973 年与 1980 年钻探在 Bitter Creek 背斜上。Bitter Creek 1 井（1973）在 6499m（21322ft）处，钻遇断裂发育的侏罗系 Nugget 砂岩，其孔隙度近乎于 0。Bitter Creek 5 井（1980）也在 6345m（20818ft）处钻遇白垩系的低孔隙度 Dakota 砂岩。Bitter Creek 1

· 243 ·

井注水泥进行回堵,并在白垩系 Almond 组完井,初始产气率 16990m³/d(600000ft³/d),该井直到 2005 年年初仍以较低的产气率进行生产。Bitter Creek 5 井在 Dakota 砂岩试气,测试产气率为 9741m³/d(344000ft³/d),之后通过注水泥进行回堵,并在 Frontier 组完井、试气测试产气率仅为 5238m³/d(185000ft³/d),并最终于 1990 年关停。该井全井段的储层压力为 978kg/cm²(13911psi),需要 2kg/L 钻井液。对于 Bitter Creek 5 井中,除了压力控制的问题,温度也是一个不能忽视的因素,因为其井底温度达到 204℃(400 °F)。

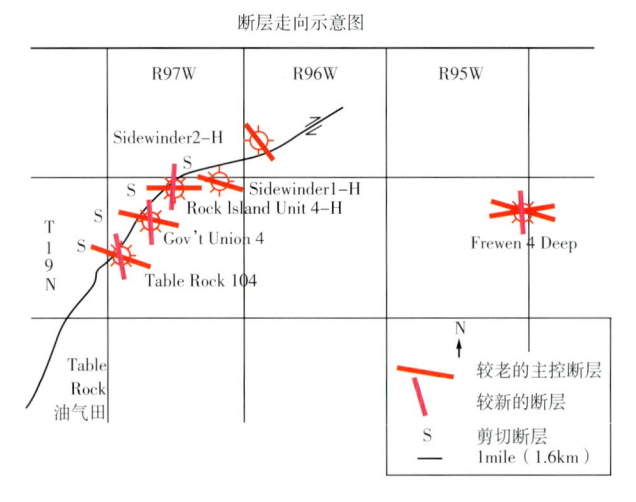

图 28 Table Rock 气田北端 Frontier 组断裂走向示意图(据 Lorenz 等,2001 修改)

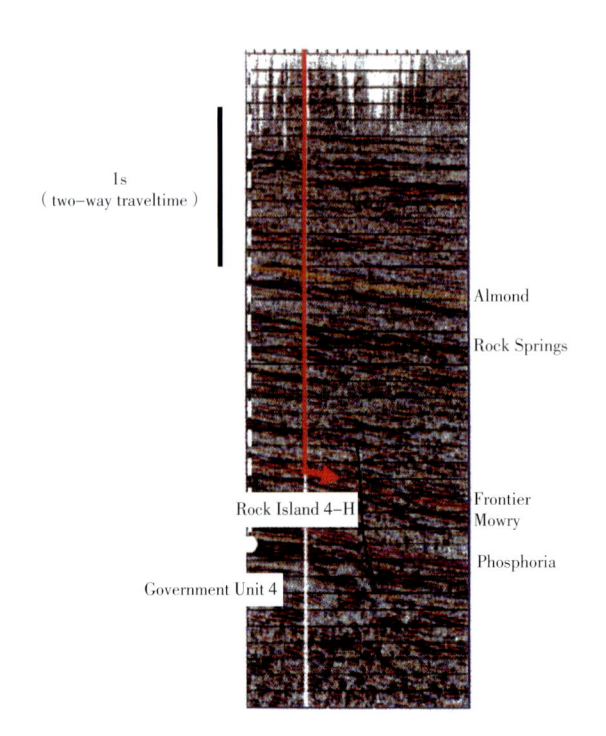

图 29 Table Rock 气田北端穿过 UPRC(Anadarko)
Rock Island 4H 井地震反射剖面
(据 Krystinik 和 Lim,1999 修改)

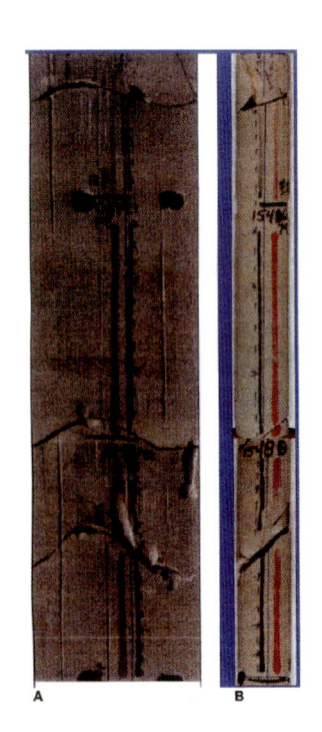

图 30 UPRC(Anadarko)Rock Island 4H 井
Frontier 组砂岩水平井岩心中的裂缝映像图
(据 Krystinik 和 Lim,1999)
A—数字扫描成像图;B—相同层段标准岩心照片

在 Frewen 深层构造，Amoco 钻探了两口井，一口目的层为 Dakota 砂岩（Amoco 1 Frewen Deep,1988），另一口目的层为 Frontier 组（Amoco 4 Frewen Deep,1990）。Frewen Deep Unit 4 井钻遇的 Frontier 组产气段，测井分析其孔隙度为 6%~10%。Frewen Deep Unit 4 井岩心记录在主力产层段发育半张开大裂缝，测试目的层产气率为 11327m^3/d（400000ft^3/d）。但是该井并没有投产，而于 1992 年关停。Frewen Deep Unit 1 井于 1992 年关停之前，在 Dakota 组与 Frontier 组层段产出天然气 4757231m^3（168×10^{6}ft^3）（怀俄明州油气储量委员会，2006）。

等到 Anadarko 公司准备在绿河盆地东部 Frontier 组钻探另一口井时，BP Amoco 认为这一项投资风险太高而决定撤出。直到 2007 年早期，没有一家公司在该地区钻探。然而，自 1999 年 Rock Island 4H 井完井以来，共产出天然气 2860000150m^3（10.1×10^{9}ft^3），321950m^3 水（2025 MBW）（图 31）。该井直到 2007 年仍在生产（怀俄明州油气储量委员会，2006）。

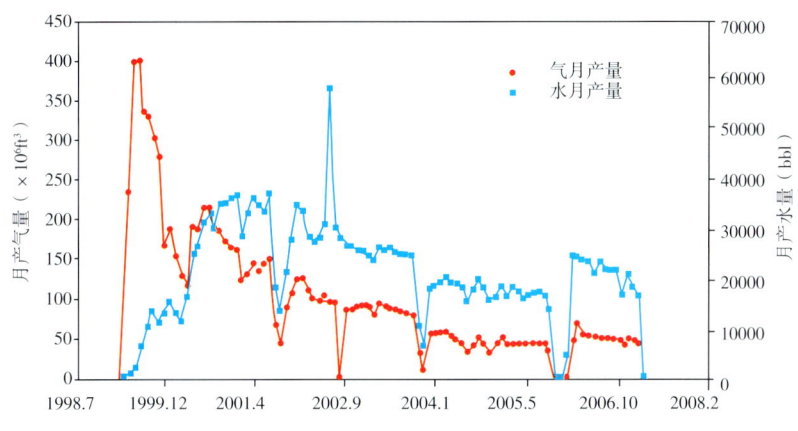

图 31 UPRC（Anadarko）Rock Island 4H 井月气、水产量动态图
（资料来源于怀俄明州油气储量委员会，2007 年 2 月数据）

截至 1999 年，Frontier 区带勘探启示如下：①高强度的压裂改造会导致致密砂岩气储层产出大量的水，因此在开发之前必须做好控水措施。②如果能确定井眼轨迹、钻穿裂缝断层，有效控制产水，那么，钻探水平井可以有效地改善其产气能力。③孔隙度与渗透率的变化与沉积相、成岩历史、压力梯度等有关，因此，也许可以通过充足的地质数据综合研究，对孔隙度和渗透率进行预测。

八、绿河盆地东部白垩系 Almond 组砂岩区带（研究区 9）

1975—1978 年，Amoco 公司在绿河盆地东部 5 个地区开采天然气，天然气主要来自于白垩系 Almond 组含煤层和滨岸—平原河道砂岩的海相障壁沙坝和潮汐砂岩复合体（图 1,研究区 9）。这些气田起初主要围绕着厚层障壁沙坝进行开发（Horn 和 Schrooten,2001）。随着开发的持续进行，潮汐水道砂岩和滨岸—平原砂岩也逐步成为主要目标。自 1958 年发现 Wamsutter 气田以来，相继在 Rock Springs 和 Sierra Madre 地垒之间的构造鞍部（Wamsutter 背斜）发现了 Wild Rose 气田、Echo Springs 气田、Standard Draw 气田、Coal Gulch 气田和 Siberia Ridge 气田（图 32）。另外，在背斜北部上覆的白垩系 Lewis 组储层中也有天然气产量（图 33）。

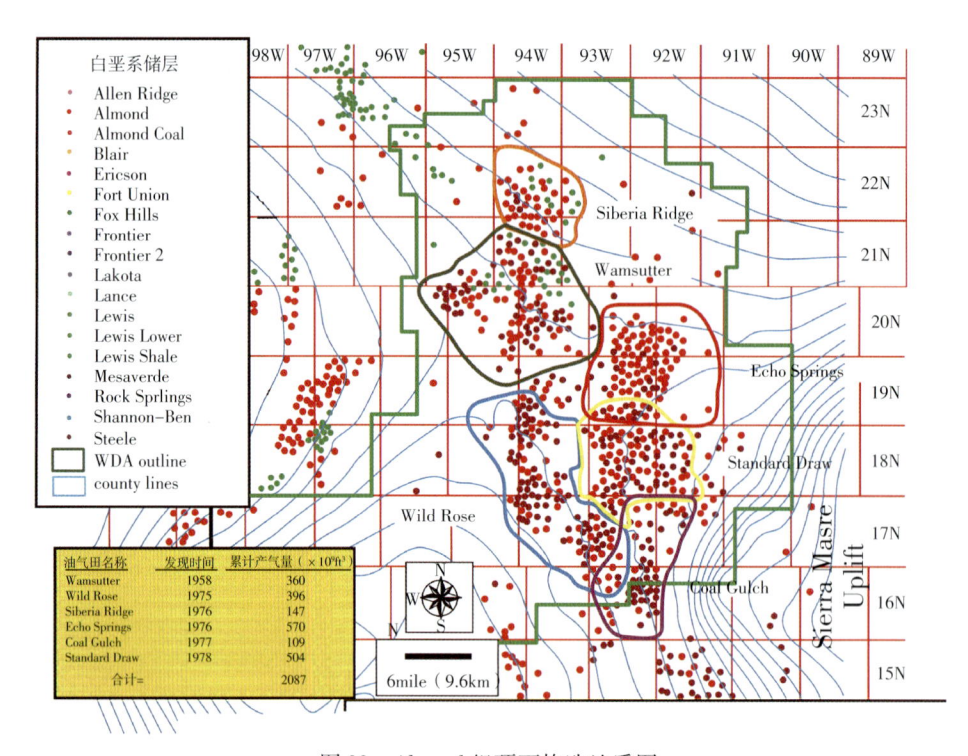

图 32 Almond 组顶面构造地质图

图中可见白垩系生产井位（WDA = Wamsutter 开发区），内置表为 Almond 组各气田累计产量数据

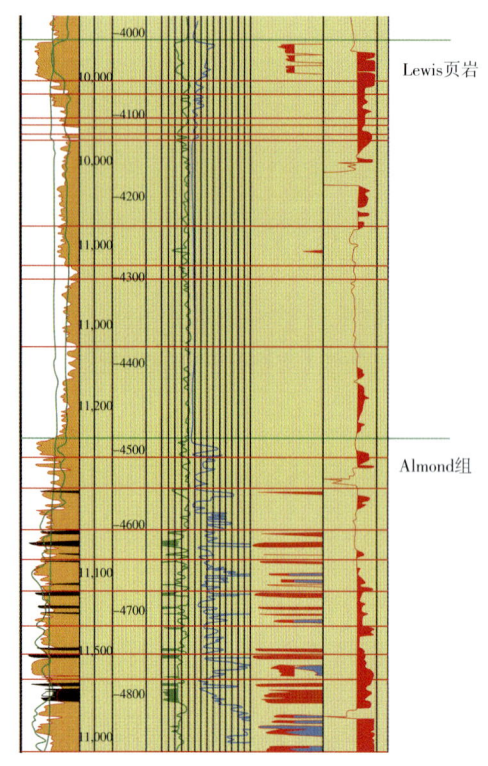

图 33 上白垩统 Lewis 页岩及 Almond 组油气井的测井解释综合图（据 Stone 和 Muller，2002 修改）

· 246 ·

2001年,Amoco(现为BP)和UPRC(现为Anadarko)的矿权期还有4年。在到期之前,他们尽可能多地钻探有利目标并建产。他们的计划比较简单,主要关注Almond组的两个关键参数:深度(钻探投资)和厚度(天然气产能)。对最近完成的65口井研究表明,储层孔隙度在10%~11%时,天然气储量最大。当储层孔隙度大于11%时,天然气产量明显下降,含水量升高。当储层孔隙度小于8%时,根据天然气储量和当时的价格计算,这部分天然气没有经济价值(图34)。研究表明,储层的厚度影响了天然气储量,储层净厚度为23~30m(75~100ft)时,天然气储量最大(图35)。所以将目标储层标准定为:净厚度24m(80ft)、孔隙度为11%,并且在这样的条件下,符合条件的有利区较多。

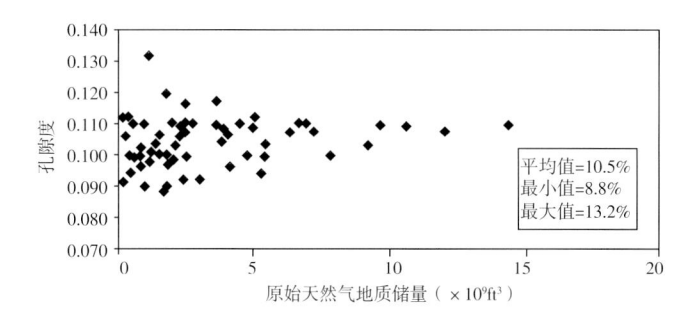

图34 Wamsutter开发区BP America井原始天然气地质储量与孔隙度交会图

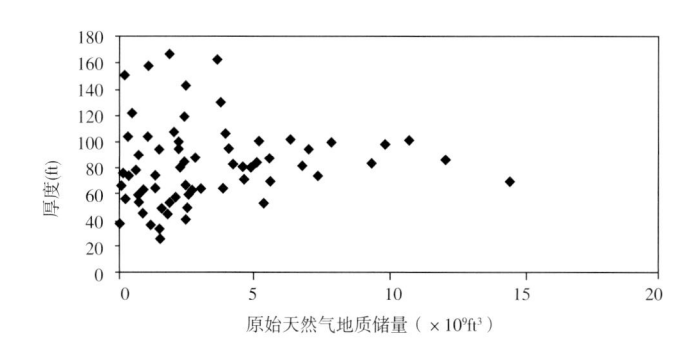

图35 Wamsutter开发区BP Amoco井原始天然气地质储量与储层厚度交会图

将评价目标注上"深、浅"的深度属性及"厚、薄"的厚度属性。厚储层主要为Almond组上段障壁沙坝砂岩或Almond组下段河道砂岩,而薄储层主要为潮汐河道砂岩或河漫滩砂岩。储层埋藏"深浅"的深度界限为3048m(10000ft)(图36)。这样的策略可以方便、高效地管理和开发利用资源。

Norris等(2005年)回顾了该项目的结果。他们称BP在过去3年的钻探中,锁定了230个区域,总面积为40468ha(100000acre)(76%的开采权益)。并不是所有储层厚度大的地区都有较高的产量,在一个砂岩厚度较大的地区,探井钻穿了Almond组,并有气显示。然而,压裂改造后,开采不出经济效益的天然气。因为大部分的天然气从储层中散失。

截至2003年,Almond组致密砂岩气勘探启示如下:①孔隙度过大的储层中会产出较多的水,制约了天然气的产量。②占有大面积的勘探区块以等待实现其区大的经济潜力。③需要制定一个持续的钻井、开发计划来最大限度地提高勘探效率。

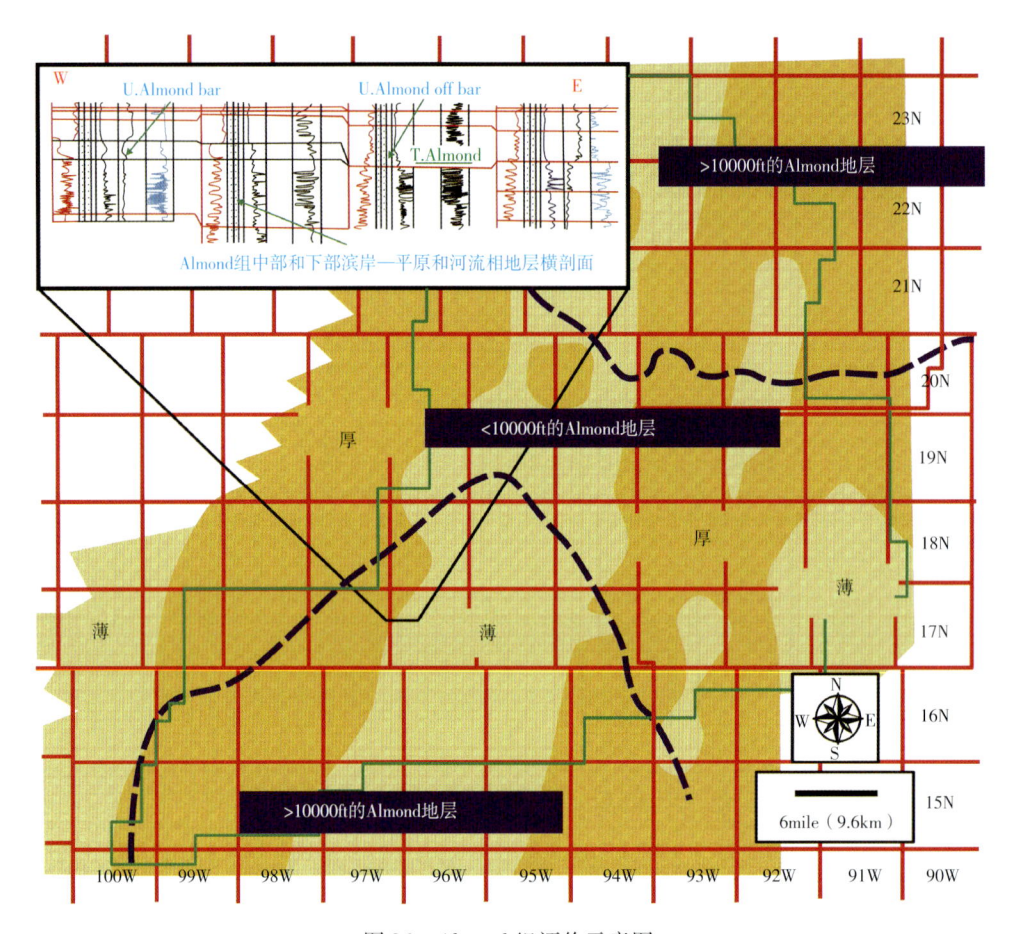

图 36 Almond 组评价示意图

图中展示了地层的"薄、厚"分布及深度变化情况,南北向红色线为 Sweetwater 县西部与 Carbon 县东部的交界线,内置图为一条 Almond 组东西向电测曲线地层横剖面,显示了 Almond 组厚度的横向变化特征

九、附加建议

不管天然气的价格是多少,致密砂岩气的有效开采总是处在经济效益的边缘。因此,致密砂岩气的成功开采需要不断降低成本。但不幸的是,在油田开发早期,并没有通过充分的科学研究来表征致密砂岩气储层物性,从而满足降低成本的需要。

对大多数公司而言,地质学家和油藏工程师将致密砂岩气成藏组合研究到一定程度后,把项目交给钻探部门。在此之前,要确保钻井和测试计划会提供足够的数据来评价勘探区。钻探人员要设计一口或一系列的探井来收集重要的储层信息:进行裸眼井测井、收集岩屑和(或)岩心,收集储层压力数据等。然而,当气田被认为有商业价值后,要制定另外一套钻探方案来最大限度地提高施工效率,降低成本。该方案可能导致没有裸眼井测井记录、没有岩心、没有可用的岩屑(特别是空气钻井)或者是根本没有岩屑、没有压力数据。因此,开发方案制定前期需要回答一个基本的问题:在较少数据条件下,你能充分了解储层物性能和非均质性吗?

十、答案？

很明显,隐含在题目中的问题没有唯一的答案。但是确实存在一些共性的东西。致密砂岩气储层或因隐蔽而复杂,或因复杂而隐蔽。它们有可能是连续性气藏,但是它们的储层物性并不是连续不变的。

致密砂岩气的勘探开发需要有专业的知识、充分的准备以及细致的操作。如果一个致密砂岩气储层在没有查明情况下被钻探,那么,将会引发其后期开发的各种问题。在钻预探井或接管以前的废弃井或气田之前,应该制定一个初步的气田开发计划。对产出水的控制之前不是致密砂岩油气田管理中的一个主要因素,却应通过深入研究来确保它在开发过程中不会出问题,即使在只有很少或没有明显的水出现的区域。

致密砂岩气的开发需要有相关知识、规划、对计划的认真执行、灵活性和耐心。因为致密砂岩储层的定义为低孔低渗的储层,通过地层之间地震对比,很难精确地预测储层的厚度和范围。地层露头及现代沉积类比确实可以帮助理解钻井和完井过程中遇到的储层多变性。一个地区出乎意料的成功可能会抵消另一个地区出乎意料的失败所带来的损失,表明拥有更多致密砂岩勘探区域或项目的重要性。如果技术、成本管理系统和地质条件允许,应该确定单井最低经济产量。尽管无法预料的个别井低于平均产量,如果在开发阶段气田的单井平均产量能够维持稳定,那么这个项目就可以持续。

十一、致密砂岩气发现模式

以下是致密气砂岩勘探开发的一些成功经验。

选择成熟度较高的含气盆地或地区开井,避免流体(水、原油或凝析油)产出,这些流体的产出会影响产气率。

选择沉积非均质性强的储层(如河道沉积系统)作为有利目标,这类储层紧临有机质丰富的烃源层。

选择页岩含量相对高的砂岩而不是低页岩含量(石英岩屑)砂岩,以避免由于胶结作用而导致储层致密化。

尽量选择构造位置钻探,尽可能钻在构造高点上。致密气砂岩并非总像现在一样致密,流体在通过孔喉时,即使受到孔喉摩擦力的阻挡,其流体浮力也会在其中不时地产生作用。

仔细考虑是否要选择高密度裂缝发育的区域,因为它们也可能带来麻烦。在不含水的高密度裂缝区(或者在低压气盆内),裂缝或许会更好地促进生产。在常压或超压盆地内,水更容易充填裂缝网络。裂缝型砂岩储层与致密气砂岩储层有两种非常不同的产量递减曲线,因此早期的生产监控应该可以帮助确定储层的类型。如果最初的产量超出了预期,那么这类储层可能是裂缝型储层,因此需要重新制定相应的生产计划。

尽量避免高产水低产气的储层。天然气储层产气量要比产水量递减更快。如果对水流速度在经济性允许的前提下进行适当控制,而且持续存在的地下水不会降低天然气产率,这样,天然气储层的开发潜力可以维持较长时间。

在气田开发的早期,需要清楚地掌握气藏的物理性质。这可能需要额外的科研投入。分析研究砂岩为什么致密:是否由于黏土、石英或者方解石的胶结作用?有没有不连通的大孔隙空间或者狭小曲折的孔喉路径存在？有没有大量束缚水？此外，也需要增加科学探井并进一步认识沉积相变。

初始井网设计方案一旦实施，便要开始着手做加密井网的计划。通常，致密砂岩气田的开发需要在整个开发周期内不断缩小井距，以有效动用未衰竭的区域。这种加密井网进行开采的方式对非均质储层（如河道砂储层）是非常适用的。

参 考 文 献

Avary, K. L. , 1996, Play Sts: The Lower Silurian Tuscarora Sandstone fractured anticline play, in J. B. Roen and B. J. Walker, eds. , The atlas of major Appalachian gas plays: U. S. Department of Energy Morgantown Energy Technology Center, p. 151 – 155.

Bartberger, G. E. , T. S. Dyman, and S. M. Condon, 2002, Is there a basin – centered gas accumulation in Cotton Valley Group sandstones, Gulf Coast Basin, U. S. A. ?, in V. F. Nuccio and T. S. Dyman, eds. , Geologic studies of basin – centered gas systems: U. S. Geological Survey Bulletin, v. 2184 – D, 38 p.

Belvedere, P. G. , 1988, South Harmony Church field, southwest Louisiana—Further insights on uppermost Wilcox shelf – margin trend (abs.): AAPG Bulletin, v. 72, p. 160.

Blanke, S. J. , and S. P. Kelly, 2006, Vernon field— Waking a sleeping giant in north Louisiana: Transactions of the Gulf Coast Association of Geological Societies, v. 56, p. 77 – 81.

Castle, J. W. , 2001, Foreland – basin sequence response to collisional tectonism: Geological Society of America Bulletin, v. 113, p. 801 – 812.

Cleaves III, A. W. , 1981, Resource evaluation of lower Pennsylvanian (Pottsville) depositional systems of the western Warrior Coal field, Alabama and Mississippi: Mississippi Minerals Resources Research Institute Report of Investigations 81 – 1, 124 p.

Cline, L. M. , 1960, Stratigraphy of the late Paleozoic rocks of the Ouachita Mountains, Oklahoma: Oklahoma Geological Survey Bulletin, v. 85, 113 p.

Cline, L. M. , and F. Moretti, 1956, Two measured sections of Jackfork Group in southeastern Oklahoma: Oklahoma Geological Survey Circular 41, 20 p.

Coleman Jr. , J. L. , 2000, Carboniferous submarine basin development of the Ouachita Mountains of Arkansas and Oklahoma, in A. H. Bouma and C. G. Stone, eds. , Fine – grained turbidite systems: AAPG Memoir 72/SEPM Special Publication 68, p. 21 – 32.

Coleman Jr. , J. L. , and C. J. Coleman, 1981, Stratigraphic, sedimentologic and diagenetic framework for the Jurassic Cotton Valley Terryville massive sandstone complex, northern Louisiana: Transactions of the Gulf Coast Association of Geological Societies, v. 31, p. 71 – 79.

Coleman Jr. , J. L. , and W. A. Wescott, 1985, Diagenesis of Cotton Valley sandstone (Upper Jurassic), east Texas: Implications for tight gas formation pay recognition: Discussion and reply: AAPG Bulletin, v. 69, p. 813 – 818.

Coleman Jr. , J. L. , D. M. Stone, and D. H. Phillips, 2003, Assessment of deep gas potential of the eastern Green River Basin, southern Wyoming (abs.): Rocky Mountain Association of Geologists Petroleum Technology Transfer Council Fall Symposium on Petroleum Systems and Reservoirs of Southwest Wyoming, 12 p.

Danielson, S. E. , 1987, Provenance of the lower Jackfork sandstone, Ouachita Mountains, Arkansas and eastern Oklahoma: Master of Science thesis, University of New Orleans, New Orleans, Louisiana, 187 p.

DeJarnett, B. B. , F. H. L. F. Krystinik, and M. L. Bacon, 2001, Greater Green River Basin production improvement project: U. S. Department of Energy National Energy Technology Laboratory Final Report DE – AC21 – 95MC31063, 37 p. text/116 p.

Dyman, T. S., and S. M. Condon, 2006, Assessment of undiscovered conventional oil and gas resources—Upper Jurassic – Lower Cretaceous Cotton Valley Group, Jurassic Smackover interior salt basins total petroleum system, in the East Texas Basin and Louisiana – Mississippi salt basins provinces: U. S. Geological Survey Digital Data Series DDS – 69 – E, chapter 2, 48 p.

Emme, J. J., and R. W. Stancil, 2002, Anadarko's Bossier gas play— A sleeping giant in a mature basin (abs.): AAPG Bulletin, v. 86, no. 13 (supplement), 1 p., http://www.search and discovery.net/documents/abstracts/annual2002/DATA/2002/13ANNUAL/SHORT/46627.pdf (accessed July 17, 2007).

Epsman, M. L., 1987, Subsurface geology of selected oil and gas fields in the Black Warrior Basin of Alabama: Geological Survey of Alabama Atlas Series Report 21, 255 p.

Hanson, W. B., V. Vega, and D. Cox, 2004, Structural geology, seismic imaging, and genesis of the giant Jonah gas field, Wyoming, U. S. A, in J. W. Robinson and K. W Shanley, eds., Jonah field: Case study of a giant tightgas fluvial reservoir, Rocky Mountain Association of Geologists 2004 Guidebook: AAPG Studies in Geology 52, p. 61 – 92.

Harper, J. A., and D. G. Patchen, 1996, Play Dos: Lower Devonian Otiskany Sandstone structural play, in J. B. Roen and B. J. Walker, eds., The atlas of major Appalachian gas plays: U. S. Department of Energy Morgan – town Energy Technology Center, p. 109 – 117.

Hettinger, R. D., 2001, Subsurface correlations and sequence stratigraphic interpretations of Lower Silurian strata in the Appalachian Basin of northeast Ohio, southwest New York, and northwest Pennsylvania: U. S. Geological Survey Geologic Investigations Series 1 – 2741, 19 p. plus 1 sheet.

Higley, D. K., D. O. Cox, and R. J. Weimer, 2003, Petroleum system and production characteristics of the Muddy (J) Sandstone (Lower Cretaceous) Wattenberg continuous gas field, Denver Basin, Colorado: AAPG Bulletin, v. 87, p. 15 – 37.

Horn, B. W., and R. A. Schrooten, 2001, Development of the Echo Springs – Standard Draw field area: Using technology to enhance an infill program, Washakle Basin, Wyoming, in D. Anderson, J. W. Robinson, J. E. Estes – Jackson, and E. B. Coalson, eds., Gas in the Rockies: Rocky Mountain Association of Geologists, p. 171 – 188.

Houseknecht, D. W., and T. A. McGilvery, 1990, Red Oakfield: AAPG Treatise Field Studies Structural Traps II, p. 201 – 225.

Johnson, R. C., T. M. Finn, and L. N. R. Roberts, 2005, The Mesaverde total petroleum system, southwestern Wyoming province, in U. S. Geological Survey Southwestern Wyoming Province Assessment Team, eds., Petroleum systems and geologic assessment of oil and gas in the southwestern Wyoming province, Wyoming, Colorado, and Utah: U. S. Geological Survey Digital Data Series DDS – 69 – D, chapter 8, 43 p.

Kirschbaum, M. A., and L. N. R. Roberts, 2005, Geologic assessment of undiscovered oil and gas resources in the Mowry composite total petroleum system, south – western Wyoming province, Wyoming, Colorado, and Utah, in U. S. Geological Survey Southwestern Wyoming Province Assessment Team, eds., Petroleum systems and geologic assessment of oil and gas in the south – western Wyoming Province, Wyoming, Colorado and Utah: U. S. Geological Survey Digital Data Series 69 – D, chapter 5, 23 p.

Krystinik, L. F., and F. H. Lim, 1999, Greater Green River Basin production improvement project, Rock Island 4 – H, Table Rock field, Frontier Formation: U. S. Department of Energy National Energy Technology Laboratory 1999 Oil and Gas Conference Proceedings: http://www.netl.doe.gov/publications/proceedings/99/99oil&gas/ngp16.pdf (accessed January 16, 2006).

Laughrey, C. D., D. A. Billman, and M. R. Canich, 2004, Petroleum geology and geochemistry of the Council Run gas field, north central Pennsylvania: AAPG Bulletin, v. 88, p. 213 – 239.

Leding III, E. A., 1986, Regional distribution and reservoir potential of Jackfork sandstones from facies analysis and petrography, central Ouachita Mountains, Oklahoma: Master of Science thesis, University of Arkansas, Fayetteville, Arkansas, 107p.

Louisiana Department of Natural Resources SONRIS database, 2005: http://sonris – www. dnr. state. la. us/www_root/sonris_portal_1. htm (accessed May 24, 2005)

Masters, J. A., 1979, Deep basin gas trap, western Canada: AAPG Bulletin, v. 63, p. 152 – 181.

Masters, J. A, ed., 1984, Elmworth— Case study of a deep basin gas field: AAPG Memoir 38, p. vii – ix.

Matuszczak, R. A., 1974, Wattenberg field, Denver Basin, Colorado: AAPG Memoir 24, p. 136 – 144.

Miller, G. W., and K. J. Smart, 2005, Early and middle Paleozoic stratigraphy in Potato Hills and Potato Hills Jackfork play, in N. I. Suneson, I. Cemen, D. R. Kerr, M. T. Roberts, R. M. Slatt, and C. G. Stone, eds., Stratigraphic and structural evolution of the Ouachita Moun tains and Arkoma Basin, southeastern Oklahoma and west – central Arkansas: Applications to petroleum exploration: Oklahoma Geological Survey Guidebook 34, p. 92 – 99.

Montgomery, S. L., and R. W. Karlewicz, 2001, Bossier play has room to grow, possible limits in East Texas: Oil & Gas Journal, v. 99 (January 29, 2001), no. 5, p. 36 – 42.

Morris, R. C., 1965, Geological investigation of Jackfork Group of Arkansas: Ph. D. dissertation, University of Wisconsin, Madison, Wisconsin, 179 p.

Morris, R. C., 1971, Stratigraphy and sedimentology of the Jackfork Group, Arkansas: AAPG Bulletin, v. 55, p. 387 – 402.

Morris, R. C., M. R. Burkart, P. W. Palmer, and R. R. Russell, 1975, Stratigraphy and structure of part of frontal Ouachita Mountains, Arkansas: AAPG Bulletin, v. 59, p. 747 – 765.

Morton, D., 1992, Whiskey Buttes, in T. S. Miller, F. J. Crockett, and S. H. Hollis, eds, Wyoming Oil and Gas Fields Symposium, Greater Green River Basin and overthrust belt: Wyoming Geological Association, p. 342 – 344.

Naz, H., 1984, Facies analysis of the Pennsylvanian Jack – fork Group at Rich Mountain in LeFlore County, Oklahoma, and Polk County, Arkansas: Master of Science thesis, University of Tulsa, Tulsa, Oklahoma, 125 p.

Nelson, R. D., 2001, Geologic analysis of naturally fractured reservoirs, (2d ed.), lecture slides: Available from companion Web site: http://www. bh. com/companions/08841531771/, specifically sectiond – Fracture. Morphology. pdf (accessed April 14, 2007).

Norris, G. E., T. McClain, and D. H. Phillips, 2005, Wamsutter "acreage capture:" A case study in tight gas sand development, GGRB, southwestern Wyoming, USA (abs.): AAPG Hedberg Conference " Understanding, Exploring, and Developing Tight Gas Sands," April 24 – 29, Vail, Colorado: http://www. searchanddiscovery. com/documents/abstracts/2005hedberg_vail/abstracts/extended/norris/norris. htm (accessed April 14, 2007).

Oklahoma Oil and Gas Conservation Division, 2007: http://www. occ. state. ok. us/Divisions/OG/og. htm (accessed June 5, 2007).

Pashin, J. C., 1994, Cycles and stacking patterns in Carboniferous rocks of the Black Warrior foreland basin: Transactions of the Gulf Coast Association of Geological Societies, v. 44, p. 555 – 563.

Robinson, J. W., 2004, Discovery of Jonah field, Sublette County, Wyoming, in J. W. Robinson and K. W. Shanley, eds., Jonah field: Case study of a tight – gas fluvial reservoir, Rocky Mountain Association of Geologists 2004 Guidebook: AAPG Studies in Geology 5 2, p. 135 – 143.

Schruben, P. G., R. E. Amdt, and W. J. Bawiec, 1998, Geology of the conterminous United States at 1: 2,500,000 scale a digital representation of the 1974 P. B. King and H. M. Beikman map: U. S. Geological Survey DDS – 11 Release 2. CD – ROM.

Seely, D. R., 1963, Structure and stratigraphy of the Rich Mountain area, Oklahoma and Akansas: Oklahoma Geological Survey Bulletin, v. 101, 173 p.

Six, D. A, 1968, Red Oak – Norris gas field, Brazil anticline, Latimer and LeFlore counties, Oklahoma, in B. W. Beebe, ed., Natural gases of North America: AAPG Memoir 9, p. 1644 – 1657.

Sonnenberg, S. A., and R. J. Weimer, 2006, Wattenberg field area, a near miss and lessons learned after 35 years of development history: http://www.mines.edu/Research/PTTC/casestudies/Wattenberg/Wattenberg.pdf (accessed March 27, 2007).

Stoeser, D. B., G. N. Green, L. C. Morath, W, D. Heran, A. B. Wilson, D. W. Moore, and B. S. Van Gosen, 2005, Prelim – inary integrated geologic map databases for the United States: Central states: Montana, Wyoming, Colorado, New Mexico, Kansas, Oklahoma, Texas, Missouri, Arkansas, and Louisiana: U. S. Geological Survey Open – File Report 2005 – 1351, http://pubs.usgs.gov/of/2005/1351/ (accessed July 17, 2007).

Stone, D. M., and D. S. Muller, 2002, A major's view of Rockies gas: Focus on Wamsntter in the Greater Green River Basin of Wyoming (abs.): AAPG Rocky Mountain Section Meeting, September 2002, Abstract with Program, p. 33.

Tye, R. S., T. F. Moslow, W. C. Kimbrell, and C. W. Wheeler, 1991, Lithostratigraphy and production characteristics of the Wilcox Group (Paleocene – Eocene) in central Louisiana: AAPG Bulletin, v. 75, p. 1675 – 1713.

U. S. Geological Survey National Oil and Gas Assessment, 2007: http://energy.cr.usgs.gov/oilgas/noga/index.html (accessed May 23, 2007).

Wach, P. H., 1977, The Moxa arch, an overthvust model?, in E. L. Heisey, D. E. Lawson, E, R. Norwood, P. H. Wach, and L. A. Hale, eds., Rocky Mountain thrust belt geology and resources: Twenty – Ninth Annual Field Conference, Wyoming Geological Association

Guide – book, p. 651 – 664.

Weimer, R. J., S. A. Sonnenberg, and G. B. C. Young, 1986, Wattenberg field, Denver Basin, Colorado: AAPG Studies in Geology 24, p. 143 – 164.

Wray, L. L., 1990, Red Oak and Fanshawe sands: Two submarine – fan channel tight – gas reservoirs in a complex thrust belt, Arkoma Basin (abs.): AAPG Bulletin, v. 74, p. 794.

Wyoming Oil and Gas Conservation Commission, 2006: http://wogcc.state.wy.us/ (accessed January 16, 2006 and May 23, 2007).